铁路科技图书出版基金资助出版

有限单元法
在城市轨道交通振动控制中的应用

金　浩　编著

中国铁道出版社有限公司

2021年·北　京

图书在版编目(CIP)数据

有限单元法在城市轨道交通振动控制中的应用/金浩编著. —北京:中国铁道出版社有限公司,2021.4 (2021.11重印)
ISBN 978-7-113-27588-4

Ⅰ.①有… Ⅱ.①金… Ⅲ.①有限元法-应用-城市铁路-轨道交通-振动控制-研究 Ⅳ.①U239.5

中国版本图书馆 CIP 数据核字(2021)第 072269 号

书　　名:**有限单元法在城市轨道交通振动控制中的应用**
作　　者:金　浩

策　　划:邱金帅
责任编辑:赵雅敏　　**编辑部电话**:(010)51873141　　**电子信箱**:tdcbszhaoym@163.com
封面设计:尚明龙
责任校对:苗　丹
责任印制:高春晓

出版发行:中国铁道出版社有限公司(100054,北京市西城区右安门西街8号)
网　　址:http://www.tdpress.com
印　　刷:北京建宏印刷有限公司
版　　次:2021年4月第1版　2021年11月第2次印刷
开　　本:710 mm×1 000 mm 1/16　印张:20.25　字数:357千
书　　号:ISBN 978-7-113-27588-4
定　　价:110.00元

序

城市轨道交通运行所产生的振动，对沿线居民的日常工作、生活及一些对振动敏感的精密仪器的正常工作造成影响，而且也可能对附近具有文物保护价值的古建筑带来不利影响。这已经成为城市轨道交通建设发展中一个热门的研究课题。其中，对城市轨道交通环境振动影响的预测离不开数值计算与振动测试。本书的内容对于这个问题的研究与学习提供了一定的参考。

本书内容涵盖了主要的城市轨道交通振动问题，对有限单元法下城市轨道交通振动分析进行了较为详细的讲解，包括轨道减振措施的模态试验及有限元模态分析、轨道减振措施的冲击(落锤)试验及其有限元模拟、基于改进蚁群算法轨道减振措施的参数优化、基于有限单元法车辆—轨道耦合动力计算方法、轨道减振措施上线使用的振动测试及有限元计算、轨道交通沿线砌体结构的振动测试及有限元计算。

目前，市面上有关的书籍主要有普适性有限单元法书籍和轨道交通振动相关专著。第一类专著太过通用，没有针对城市轨道交通振动问题进行重点讲解。第二类专著又太广泛，需要有较强的理论基础。本书充分考虑了这两类情况，内容编排层层递进，有机融合，将弹性力学知识、有限单元法理论与城市轨道交通振动问题三部分内容形成一个有机的知识体系，而且包含了有关的测试内容，与计算模拟相互呼应，这样可以让读者能够更好地理解有限单元法的应用。

相信该书的出版将有助于城市轨道交通振动专题的学习、了解和研究，提升设计院等单位进行轨道交通振动问题分析的能力。

2020.9.15

前言

伴随我国快速且大量的城市轨道交通建设,“地铁扰民”相关报道越来越多,城市轨道交通问题也成为研究“热点”之一。

2008 年冬,刘维宁教授安排我协助师姐处理车辆—轨道耦合动力计算结果(图/表),这是我第一次接触轨道交通振动相关的理论知识。2009 年春,又随师兄们进行浮置板轨道的振动测试,开启了轨道交通控制措施的长期研究。由于对数值计算(分析)的由衷热爱,而后学习和研究的重点都聚焦于用数值计算方法解决轨道交通振动问题。2012—2013 年,在 Christop Adam 教授(University of Innsbruck,奥地利)的指导下,开始系统性研究车辆—轨道耦合动力计算方法。2015—2016 年,又在 Ronald Y. S. Pak 教授(University of Colorado Boulder,美国)的指导下,对各种车辆—轨道耦合动力计算方法的数学理论进行了研究。2016 年开始,在同济大学主讲轨道工程专业本科生课程“有限单元法”,研究生课程“弹塑性力学”和“非线性有限元”。让我萌生给学生们写一本关于轨道交通振动方面的有限元书籍。

按照计划,希望形成“有限单元法在城市轨道交通结构工程中的应用”丛书,作为轨道工程专业学生的教材和相关科研人员的参考用书。《有限单元法在城市轨道交通振动控制中的应用》将是该系列的第一本。

《有限单元法在城市轨道交通振动控制中的应用》共分三部分:

第一部分为弹性力学知识,包括弹性力学平面问题、弹性力学空间问题以及能量原理。这部分内容是有限单元法的力学基础,对于系统性理解有限单元法非常重要。当然,读者如果已经学习了弹性力学相关知识,则可以跳过第一部分,直接开始第二部分的学习。鉴于本书定位,第一部分不涉及非线性弹性力学、塑性力学等知识。

第二部分为有限单元法理论,包括一维单元、二维单元、三维单元、静力有限单元法的求解方法以及动力有限单元法的求解方法。对于轨道交通振动研究所需的单元,做了系统、全面地推导。为了便于初学者更好地理解有限单元法,全书通过算例对比,讲解各类型单元的位移、应变和应力特性。同样,读者如果学习了有限单元法相关知识，则可以跳过第二部分，直接进入第三部分的学习。这里需要说明，本书暂不涉及轨道交通振动计算中可能使用的板单元和壳单元。

第三部分为城市轨道交通振动问题，包括轨道减振措施的模态试验及有限元模态分析、轨道减振措施的冲击（落锤）试验及其有限元模拟、基于改进蚁群算法轨道减振措施的参数优化、基于有限单元法车辆—轨道耦合动力计算方法、轨道减振措施上线使用的振动测试及有限元计算、轨道交通沿线砌体结构的振动测试及有限元计算。第三部分采用多种商业有限元软件（ABAQUS、LS-DYNA、COMSOL），主要在于让读者明白，在掌握有限单元法理论后，可以通过多条途径达到同一个目的。

诚如上述所言，本书主要适用于轨道工程专业本科生高年级和研究生低年级的学生，同时也可作为相关企业人员和科研学者的参考用书。

本书得到了国家自然科学基金（51908428）和上海市自然科学基金（19ZR1460400）的资助，以及道路交通工程国家级实验教学示范中心（东南大学）和陕西长美科技有限责任公司的帮助。

感谢2016—2020年帮助过我的朋友。感谢中国铁道出版社有限公司邱金帅为本书出版所作的辛勤工作。感谢硕士研究生周新［上海市政设计研究总院（集团）有限公司］协助第11.4节的模型验证，于凯文［上海勘察设计研究院（集团）有限公司］协助第15.3.5节的模型验证，李政协助第15.5的模型验证，田清荣、赵晨协助第8、9章的公式编辑，博士研究生余朔、周瑜亮协助第2、3、4章的内容校核。感谢轨道交通振动控制相关的各位前辈、同仁、后学。由于作者水平有限，书中缺点和错误在所难免，欢迎读者予以批评指正。

把这本书献给一直默默支持我的家人！

2020.11.1

目　录

第二部分　有限单元法理论

第三部分 城市轨道交通振动问题

1 绪　论

1.1 有限单元法的发展简史

有限单元法(Finite Element Method,FEM)是当今最为流行的数值计算方法之一。其核心思想是“离散逼近”,即将“整体”离散成“个体”,通过“个体”近似,达到“整体”逼近。近几十年,有限单元法依托计算机性能的飞速发展,在轨道交通、土木、机械等领域发挥了巨大作用。

有限单元法发展的关键人物及其贡献如下:

1870 年,英国物理学家 Third Baron Rayleigh(原名:John William Strutt,图1-1),采用试函数对复杂微分方程进行求解。

1909 年,瑞士理论物理学家 Walther Ritz(图 1-2)将上述方法发展成为完善的数值近似方法,为有限单元法的发展奠定了数学基础。Ritz 法核心思想和有限元法相同,主要区别在于 Ritz 法基于全域近似,而有限单元法基于局域(单元)近似。

图 1-1　Third Baron Rayleigh

图 1-2　Walther Ritz

1943 年,德裔美籍数学家 Richard Courant(图 1-3)发表了 *Variational Methods for the Solution of Problems of Equilibrium and Vibrations*,其使用三角形区域的多项式函数对扭转问题进行了求解。

1955 年,希腊计算科学专家 John Argyris(图 1-4)出版了第一本关于结构分析中能量原理和矩阵方法的书籍 *Energy Theorems and Structural Analysis*,进一步夯实了有限单元法的理论基础。

图 1-3 Richard Courant

图 1-4 John Argyris

1956 年,Ray William Clough 教授(图 1-5)等发表了 *Stiffness and Deflection Analysis of Complex Structures*,系统地研究了离散杆、梁、三角形的单元刚度表达式。1960 年,Ray William Clough 教授在处理平面弹性问题时,首次提出了“Finite Elements”(有限单元)这一名称。从此,有限单元法有了属于自己的“名片”。

1967 年,英国数学家 Olgierd Cecil Zienkiewicz(图 1-6)等出版了第一本有限单元法的专著 *Finite Element Method in Structural and Continuum Mechanics*,该书成为广大有限单元法学习者的主要教材之一。

图 1-5 Ray William Clough

图 1-6 Olgierd Cecil Zienkiewicz

1.2 国际主流通用有限元软件

1.2.1 NASTRAN

1966 年,美国航空航天局(NASA,National Aeronautics and Space Administration)

为满足阿波罗登月项目对结构分析的迫切需要，美国政府组织开发了第一个工程实用的结构分析软件 NASTRAN（NASA Structurla Analysis），用于计算不具有可试验性的飞行器结构。

2001 年，NASA 通过 Open Channel Software 有偿向公众发布了包含 NASTRAN 源代码的“NASA Classics”软件包。由此，商业 NASTRAN 版本有 MacNeal-Schwendler Corporation（MSC）软件公司的 MSC NASTRAN、Noran Engineering, Inc.（NEi）软件公司的 NEi NASTRAN 和 UGS 软件公司的 NX NASTRAN。MSC NASTRAN 模型如图 1-7 所示。

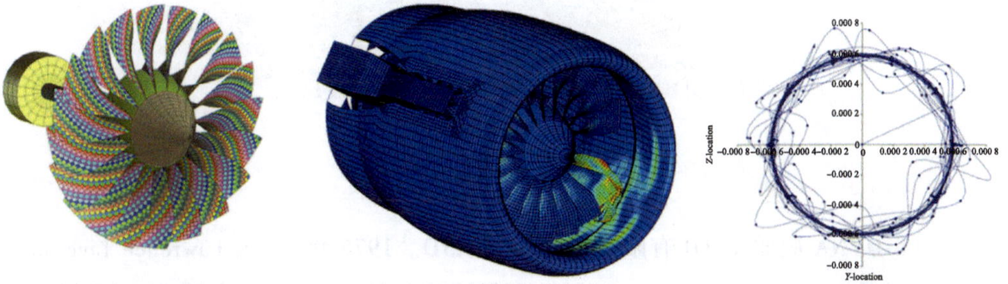

(a)Pre-Stressing of Fan Blades (Implicit Nonlinear)　(b)Fan Blade Out (Explicit Nonlinear)　(c)Resulting Windmilling (Implicit Nonlinear w/Rotordynamics)

图 1-7　MSC NASTRAN 模型

2006 年，西门子公司从私募股权公司手中收购了 UGS 软件公司，获得了 NX NASTRAN 的商业版权，UGS 更名为 Siemens PLM Software。而后，Siemens PLM Software 又更名为 Siemens Digital Industries Software。2014 年，AUTODESK 公司收购了 NEi 软件公司，获得了 NEi NASTRAN 的商业版权。

1.2.2　ANSYS

20 世纪 60 年代，美国 Westinghouse Astronuclear Laboratory 的 John Swanson 初步构思了 ANSYS。彼时，工程师主要通过手算完成有限元计算。鉴于此，John Swanson 提出建立一套能够自动进行有限元计算的通用工程软件，可惜被 Westinghouse Astronuclear Laboratory 拒绝了。1969 年，John Swanson 离开 Westinghouse Astronuclear Laboratory，并在 1970 年创建了以 Swanson Analysis Systems Inc.（SASI）命名的软件 ANSYS。1994 年，SASI 公司更名为 ANSYS。

自 1999 年开始，ANSYS 大量收购其他软件公司，使得 ANSYS 发展成为适用于不同物理场，分析不同问题的综合性有限元软件。如：2000 年收购 ICEM CFD Engineering，用于加强 ANSYS 的网格划分功能；2003 年收购 CFX，2006 年收购 Fluent Inc.，用于加强 ANSYS 的流体动力模拟功能；2008 年收购 Ansoft Corporation，用于加强 ANSYS 的电子设计功能;2014 年收购 SpaceClaim,用于加强 ANSYS 的 3D 建模功能;2017 年收购 3DSIM,用于加强 ANSYS 的 3D 打印模拟功能;2018 年收购 OPTIS,用于加强 ANSYS 的光学模拟功能;2019 年收购 Granta Design、Helic、DfR Solution、LSTC、Dynardo,以及 2020 年收购 Lumerical,用于发展其光子模拟功能。ANSYS 模型如图 1-8 所示。

图 1-8 ANSYS 模型

1.2.3 LS-DYNA

LS-DYNA 脱胎于 3D 有限元程序 DYNA3D。1976 年,美国 Lawrence Livermore National Laboratory(LLNL)的 Hallquist 博士开发了 DYNA3D,主要用于模拟 Full Fusing Option(FUFO)核弹低空释放后的冲击(冲击速度约 40 m/s)作用。虽然,FUFO 核弹最终被取消,但是 DYNA3D 得以继续发展。DYNA3D 是一款采用显式时间积分方法求解非线性动力问题的有限元软件,一开始主要用于结构受不同类型冲击作用下的应力分析。

1978 年,在法国要求下,DYNA3D 源代码被无限制的公之于众,成为开源代码。1979 年,DYNA3D 改进版本被应用于 CRAY-1 超级计算机。1982 年,发布了新增功能的改进版本。1984 年以前,DYNA3D 的开发者只有 Hallquist 博士一人,直到 David J. Benson 的加入。1988 年,Livermore Software Technology Corporation(LSTC)成立,DYNA3D 被更名为 LS-DYNA3D(后来,简称 LS-DYNA)。LS-DYNA 模型如图 1-9 所示。2019 年,LSTC 被 ANSYS 收购,如 1.2.2 节所述。

LS-DYNA 的基本操作,参见附录 3。

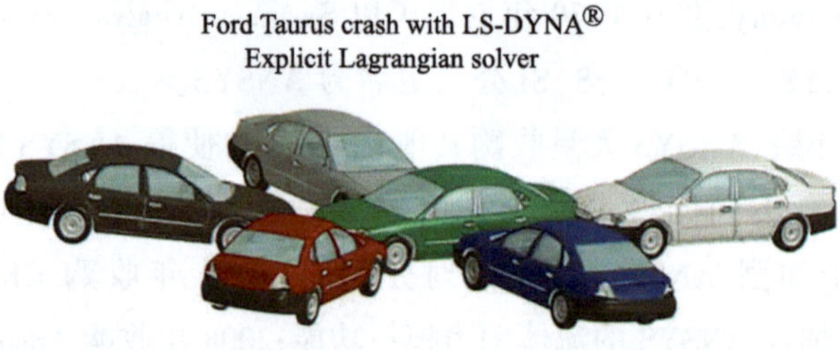

图 1-9 LS-DYNA 模型

1.2.4 ABAQUS

1978 年,David Hibbitt 博士、Bengt Karlsson 博士以及 Paul Sorensen 博士联合创建了 Hibbitt, Karlsson & Sorensen, Inc.(HKS)公司。后来,公司更名为 ABAQUS Inc.。2005 年,ABAQUS Inc. 被 Dassault Systèmes 收购,成为 Dassault Systèmes Simulia Corp. 的一部分,并与其他软件组合为 SIMULIA。ABAQUS 名称及其标志都源于 ABACUS(算盘),读者不妨对照一下。ABAQUS 模型如图 1-10 所示。

图 1-10 ABAQUS 模型

这里,再介绍下 Dassault Systèmes 公司。目前,Dassault Systèmes 公司是欧洲第二大软件公司。2000 年前,Dassault Systèmes 公司主要业务为 3D 设计软件,比如:CATIA、SOLIDWORKS 等。2000 年至 2010 年,Dassault Systèmes 公司通过收购,形成了新的品牌分支,比如:DELMIA 用于制造和全球运营;SIMULIA 用于现实模拟等。2012 年,Dassault Systèmes 公司组合产品,发布了数字产品创新平台 3DEXPERIENCE。

ABAQUS 的基本操作,参见附录 2。

1.2.5 COMSOL Multiphysics

1986 年,Svante Littmarck 和 Farhad Saeidi 在瑞典斯德哥尔摩创建了 COMSOL 公司。1998 年,COMSOL 公司发布 FEMLAB 软件(COMSOL Multiphysics 1.0 版本)。2005 年,发布 FEMLAB 3.2 版本,新增 CAD 导入模块,同时将 FEMLAB 正式更名为 COMSOL Multiphysics。2006 年,发布 3.3 版本,新增优化模块等。2010 年,发布了多个版本,新增电池与燃料电池模块等模块,以及 LiveLink for MATLAB 等功能。而后 10 年,COMSOL 又陆续新增了岩土力学模块、非线性结构材料模块、多体动力学模块等模块。其中,App 开发器和 COMSOL Complier 是两个里程碑式的产品。2014 年,发布的 5.0 版本包含了 App 开发器。同时,发布了 COMSOL Server,用于分发、管理和运行 App。2018 年,发布 COMSOL Compiler,用于编译并创建可独立执行 App 的软件工具。

COMSOL Multiphysics 模型如图 1-11 所示。COMSOL Multiphysics 的基本操作,参见附录 4。

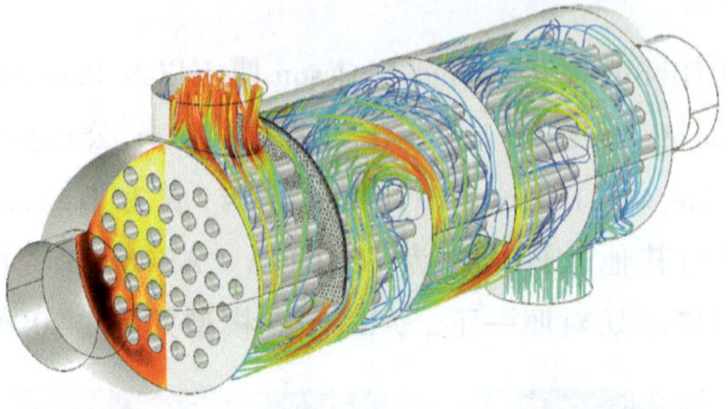

图 1-11　COMSOL Multiphysics 模型

1.3　城市轨道交通振动问题

在列车安全运行的前提下，城市轨道交通振动问题主要指城市轨道交通的环境振动问题。列车运行产生的振动通过轨道结构、土壤介质传播到沿线建筑物，继而影响楼内居民的日常生活和精密仪器的正常工作，振动影响程度如图 1-12 所示。另外，沿线振动敏感的古建筑亦需注意，避免振动产生古建筑的裂缝，致使其文化价值降低。

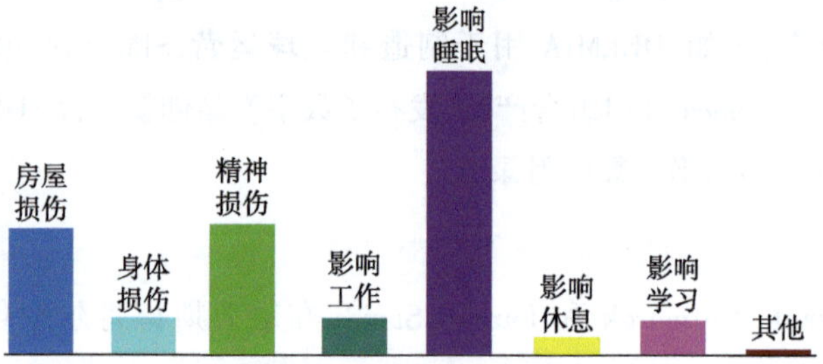

图 1-12　振动影响程度（相对关系）

1.3.1　影响居民的日常生活

振动会影响人的视觉、干扰手的操作、妨碍精神的集中以及影响思维的判断。另外，振动还会引起人体内脏器官的共振。人长期处于振动环境中，身体健康会受到影响。当某些振动频率引起建筑物整体或构件共振时，振动还会向周围空气介质辐射声压波，继而产生二次结构噪声，进一步影响居民的日常生活。

1.3.2　影响精密仪器的正常工作

振动影响精密仪器刻度阅读的准确性和阅读速度。如果振动过大，精密仪器根本无法读数，甚至还会使仪器仪表受到损害。目前，国内有关轨道交通振动对精密仪器影响的典型案例，就是北京地铁临近某科研机构，针对轨道交通振动是否影响精密仪器正常工作的讨论,某线临建建筑物内精密仪器如图 1-13 所示。轨道交通振动对精密仪器影响虽然不如轨道交通振动对居民生活影响那么频繁,但是,随着国内城市轨道交通线网的加密,诸如医院、高等院校、科研机构等单位内的精密仪器,都可能面临轨道交通振动的影响。因此,开展轨道交通振动对精密仪器影响的研究,同样非常迫切。

1.3.3　影响古建筑的文化价值

振动导致沿线古建筑产生微裂缝,导致古建筑文化价值受损。比如:捷克地铁线附近某些砖石结构的古教堂因振动而产生裂缝;Palermo 新建地下铁路系统对始建于 4 世纪的地下墓穴遗迹产生动力影响;西安地铁 2 号线对古城墙和钟楼的振动影响,如图 1-14 所示;北京地下直径线对正阳门城楼和箭楼等的振动影响。

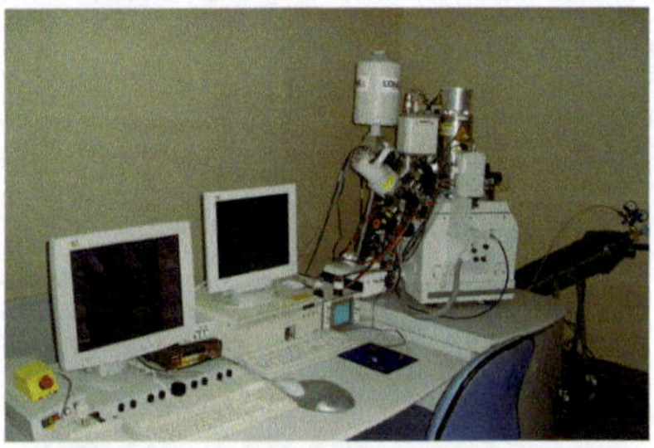

图 1-13　某线临建建筑物内精密仪器

图 1-14　西安钟楼

1.4　城市轨道交通振动控制措施概述

根据(轮轨相互作用)振动波的传播规律,城市轨道交通振动控制措施大致归为四类:车辆减振措施、轨道减振措施、传播途径隔振措施以及受振体隔振措施。

1.4.1　车辆减振措施

依据车辆组成,可以从轮对、转向架及车体等角度出发设置减振措施。比如:在轮箍和轮心之间装填防振橡胶,形成弹性车轮;将阻尼材料铺设在轮毂或轮辐板表面,形成约束层阻尼车轮等。

1.4.2　轨道减振措施

按照减振措施的设置位置,可以将轨道减振措施分为钢轨减振措施、轨下减振措施、枕下减振措施以及道床(下)减振措施。

1. 钢轨减振措施

钢轨减振措施主要指的是钢轨阻尼器,也称钢轨吸振器。目前,主要产品有 Noise Protection System、RailDamper、迷宫式钢轨吸振器和 WAL Rail Damper 等。

2. 轨下减振措施

轨下减振措施主要指扣件。目前,国内外用于减振的扣件已经很多,如英国潘得路(Pandrol)公司生产的 Vanguard 扣件、美国 LORD 公司研制的 LORD 扣件、国内企业生产的Ⅰ(Ⅱ、Ⅲ和Ⅳ)型轨道减振器等。

3. 枕下减振措施

枕下减振措施主要有弹性短轨枕、弹性长轨枕以及梯式轨道等。梯式轨道如图 1-15 所示,梯式轨道作为全书主要计算对象之一,第 10 章将会做进一步介绍。

4. 道床(下)减振措施

道床(下)减振措施主要有聚氨酯减振垫浮置板轨道(图 1-16)、橡胶减振垫浮置板轨道、钢弹簧浮置板轨道(图 1-17)、局域共振型浮置板轨道(图 1-18)以及作者 2013 年提出的橡胶混凝土隔振基础(即橡胶混凝土道床)等。道床(下)减振措施作为全书主要计算对象之一,后续章节会陆续介绍。

图 1-15　梯式轨道

图 1-16　聚氨酯减振垫浮置板轨道

图 1-17　钢弹簧浮置板轨道

图 1-18　局域共振型浮置板轨道

1.4.3　传播途径隔振措施

传播途径隔振措施主要形式为隔振屏障设置,如空沟、连续空心墙、连续实心墙、波阻块等。近年来,周期性理论被应用于轨道交通振动控制。周期性排桩作为新型传播途径隔振措施,受到诸多学者青睐。

1.4.4　受振体隔振措施

依据受振体的不同,隔振措施大致可以分为建筑结构自身隔振、楼板构件隔振以及精密仪器等设备隔振。建筑结构自身隔振措施主要有基础隔振,比如基础弹簧阻尼器、基础铺设聚氨酯(橡胶)减振垫,如图 1-19 所示。楼板构件隔振措施主要形式为房中房,即在既有楼板基础上,铺设聚氨酯(橡胶)减振垫,如图 1-20 所示,而后建造楼板等。精密仪器等设备隔振措施主要有弹簧阻尼器等。

图 1-19 基础隔振措施

图 1-20 楼板隔振措施

1.5 本书使用指南

本书分成三部分:第一部分是弹性力学知识,第二部分是有限单元法理论,第三部分是城市轨道交通振动问题。

第一部分为弹性力学知识,包括第 2 章弹性力学平面问题、第 3 章弹性力学空间问题以及第 4 章能量原理。这部分内容是有限单元法的力学基础,对于系统性理解有限单元法非常重要。当然,读者如果已经学习了弹性力学相关知识,则可以跳过第一部分,直接开始第二部分的学习。

第二部分为有限单元法理论,包括第 5 章一维单元、第 6 章二维单元、第 7 章三维单元、第 8 章静力有限单元法的求解方法以及第 9 章动力有限单元法的求解方法。对于轨道交通振动研究所需的单元,做了系统、全面地推导。为了便于初学者更好地理解有限单元法,全书通过算例对比,讲解各类型单元的位移、应变和应力特性。同样,读者如果学习了有限单元法相关知识,则可以跳过第二部分,直接进入第三部分的学习。

第三部分为城市轨道交通振动问题,包括第 10 章轨道减振措施的模态试验及有限元模态分析、第 11 章轨道减振措施的冲击(落锤)试验及其有限元模拟、第 12 章基于改进蚁群算法轨道减振措施的参数优化、第 13 章基于有限单元法车辆—轨道耦合动力计算方法、第 14 章轨道减振措施上线使用的振动测试及有限元计算、第 15 章轨道交通沿线砌体结构的振动测试及有限元计算。第三部分采用多种商业有限元软件(ABAQUS、LS-DYNA、COMSOL),主要在于让读者明白,在掌握有限单元法理论后,可以通过多条途径达到同一个目的。

每部分和每章的关系如图 1-21 所示。

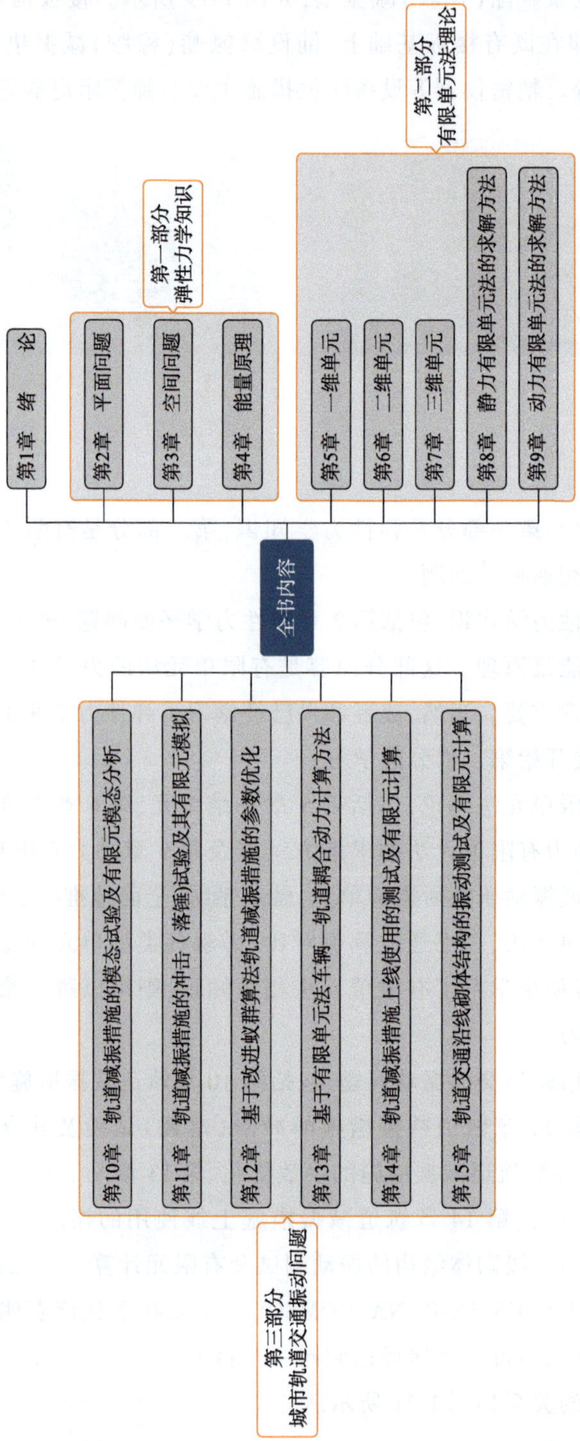
全书内容
第1章 绪 论
第一部分
弹性力学知识
第2章 平面问题
第3章 空间问题
第4章 能量原理
第二部分
有限单元法理论
第5章 一维单元
第6章 二维单元
第7章 三维单元
第8章 静力有限单元法的求解方法
第9章 动力有限单元法的求解方法
第三部分
城市轨道交通振动问题
第10章 轨道减振措施的模态试验及有限元模态分析
第11章 轨道减振措施的冲击（落锤）试验及其有限元模拟
第12章 基于改进蚁群算法轨道减振措施的参数优化
第13章 基于有限单元法车辆—轨道耦合动力计算方法
第14章 轨道减振措施上线使用的测试及有限元计算
第15章 轨道交通沿线砌体结构的振动测试及有限元计算

图 1-21 章节关系

第一部分

弹性力学知识

第一部分内容作为有限单元法的力学基础，主要介绍线性弹性力学的相关内容。考虑到本书是“有限单元法在城市轨道交通结构工程中的应用”系列的第一本（入门）书籍，本部分不介绍非线性弹性力学的相关内容，也不介绍塑性力学等内容。

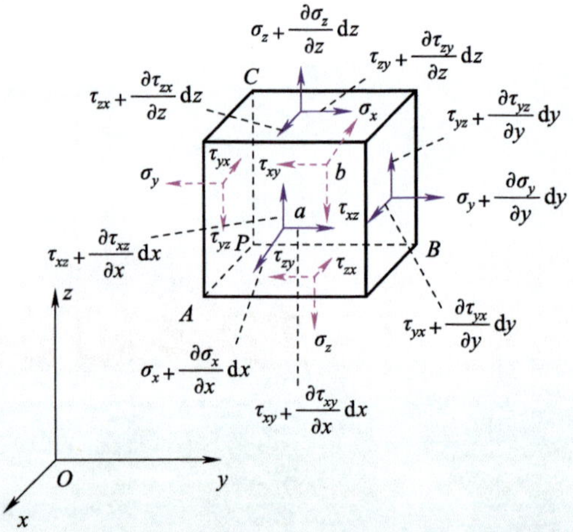

第一部分

空间问题的微元体

2 平面问题

任何一个弹性体都是空间物体,外力都是空间力系。因此,严格地说,任何一个实际问题都是空间问题。但是,如果弹性体具有特定的形状,并且承受特定的外力和约束,就可以把空间问题简化为平面问题。这样处理,分析和计算的工作量将大大减少,而所得结果却仍然能满足要求。

本章从两类平面问题出发,介绍平面问题的平衡微分方程、几何方程、物理方程等知识。

2.1 平面应力问题与平面应变问题

2.1.1 平面应力问题

设有很薄的等厚度薄板(设薄板的厚度为 $\delta,\delta\leqslant a,\delta\leqslant b$),平面应力问题如图 2-1 所示,只在板边上受有平行于板面且不沿厚度变化的面力或约束。同时,体力也平行于板面且不沿厚度变化。实际工程问题中,如工字梁腹板的受力分析如图 2-2 所示。

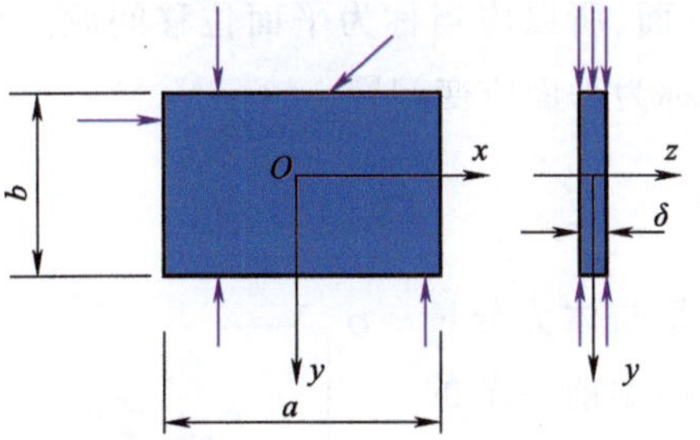

图 2-1 平面应力问题

图 2-2 工字梁腹板

以薄板的中面为 xOy 面,以垂直于中面的任意直线为 z 轴。因为板面上 $z=\pm\dfrac{\delta}{2}$ 不受力,所以有

$$\sigma_z(x,y)\big|_{z=\pm\frac{\delta}{2}}=0,\tau_{zx}(x,y)\big|_{z=\pm\frac{\delta}{2}}=0,\tau_{zy}(x,y)\big|_{z=\pm\frac{\delta}{2}}=0$$

因为板很薄,且外力又不沿厚度变化,所以,平行于 xOy 面的任意截面,平面外应力分量为

$$\sigma_z(x,y)=0,\tau_{zx}(x,y)=0,\tau_{zy}(x,y)=0$$

只剩下平行于 xOy 面的 3 个应力分量 $\sigma_x(x,y)$,$\sigma_y(x,y)$,$\tau_{xy}(x,y)=\tau_{yx}(x,y)$,它们仅是 x 和 y 的函数,这种问题称为平面应力问题。

2.1.2 平面应变问题

设有很长(近似无限长)的柱形体,它的横截面不沿长度方向变化,平面应变问题如图 2-3 所示。面力或约束平行于横截面且不沿长度变化,同时,体力也平行于横截面且不沿长度变化。实际工程问题中,直线段隧道的受力分析就可以简化为平面应变问题进行处理,直线段隧道如图 2-4 所示。

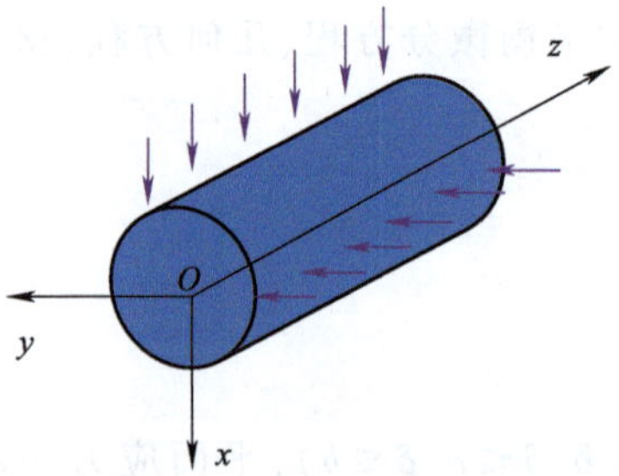

图 2-3 平面应变问题

图 2-4 直线段隧道

任意平行于 xOy 面的横截面,利用对称性质,平面外位移 $w(x,y)=0$,平面内 $u(x,y)\neq 0$ 和 $v(x,y)\neq 0$,可以得出 $\varepsilon_z(x,y)=0$,$\gamma_{zx}(x,y)=0$ 和 $\gamma_{zy}(x,y)=0$。因为这种问题所有各点的位移都平行 xOy 面,所以应当称为平面位移问题。考虑到只剩下平面内应变 ε_x,ε_y 和 γ_{xy},习惯上称为平面应变问题。

2.2 平衡微分方程

首先根据平衡条件,来导出应力分量与体力分量之间的关系,即平面问题的平衡方程。根据前一节的分析,取出一个微小的平行六面体 $PACB$,平面问题的微元体如图 2-5 所示。它在 x 和 y 方向的尺寸分别 dx 和 dy,z 方向取单位长度。

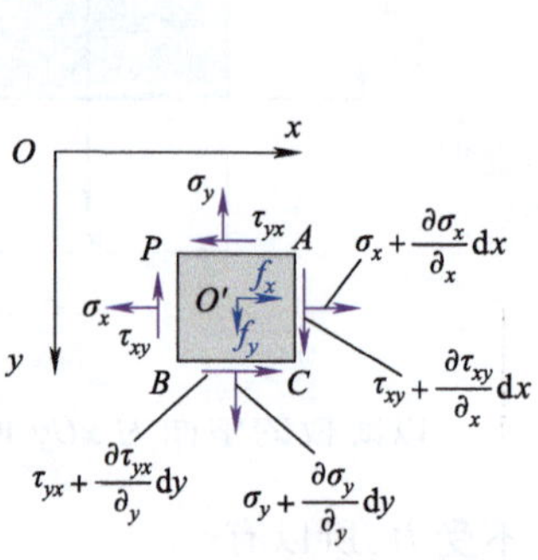

图 2-5 平面问题的微元体

在弹性力学中应力分量的正负号的规定如下:如果某一个截面上的外法线是沿着坐标轴的正方向,这

个截面就称为坐标面的正面,该截面上的应力分量以沿坐标轴正方向为正,沿坐标轴负方向为负;相反,如果某一个截面上的外法线是沿着坐标轴的负方向,这个截面就称为坐标面的负面,该截面上的应力分量以沿坐标轴负方向为正,沿坐标轴正方向为负。

应力分量 σ_x、σ_y 和 $\tau_{xy}(\tau_{yx})$ 是位置坐标 x 和 y 的函数,因此,作用于左右两对面或上下两对面的应力分量不完全相同,而具有微小的差量。设作用于左面 PB 的正应力是 σ_x,则作用于右面 AC 的正应力可用泰勒级数表示为

$$\sigma_x + \frac{\partial \sigma_x}{\partial x}\mathrm{d}x + \frac{1}{2!}\frac{\partial^2 \sigma_x}{\partial x^2}\mathrm{d}x^2 + \cdots$$

略去二阶及更高阶的微量,简化为 $\sigma_x + \frac{\partial \sigma_x}{\partial x}\mathrm{d}x$。

同样,设左面的切应力是 τ_{xy},则右面的切应力是 $\tau_{xy} + \frac{\partial \tau_{xy}}{\partial x}\mathrm{d}x$。

设上面的正应力及切应力分别为 σ_y 及 τ_{yx},则下面的正应力及切应力分别为 $\sigma_y + \frac{\partial \sigma_y}{\partial y}\mathrm{d}y$ 和 $\tau_{yx} + \frac{\partial \tau_{yx}}{\partial y}\mathrm{d}y$。

因为六面体是微小的,所以它在各面上所受的应力可以认为是均匀分布的,其合力作用在对应面的中心。同理,六面体所受的体力,也可以认为是均匀分布的,其合力作用在它的体心。

以 x 轴为投影轴,列出力的平衡方程 $\sum F_x = 0$,即

$$\left(\sigma_x + \frac{\partial \sigma_x}{\partial x}\mathrm{d}x\right)\mathrm{d}y \times 1 - \sigma_x \mathrm{d}y \times 1 + \left(\tau_{yx} + \frac{\partial \tau_{yx}}{\partial y}\mathrm{d}y\right)\mathrm{d}x \times 1 - \tau_{yx}\mathrm{d}x \times 1 + f_x \mathrm{d}x\mathrm{d}y \times 1 = 0$$

约简以后,两边除以 $\mathrm{d}x\mathrm{d}y$,得

$$\frac{\partial \sigma_x}{\partial x} + \frac{\partial \tau_{yx}}{\partial y} + f_x = 0 \tag{2-1}$$

同样,由平衡方程 $\sum F_y = 0$ 可得一个相似的微分方程。

$$\frac{\partial \sigma_y}{\partial y} + \frac{\partial \tau_{xy}}{\partial x} + f_y = 0 \tag{2-2}$$

其次,以通过微元体中心 O' 并平行于 z 轴的直线为矩轴,列出力矩平衡方程 $\sum M_{O'} = 0$,即

$$\left(\tau_{xy} + \frac{\partial \tau_{xy}}{\partial x}\mathrm{d}x\right)\mathrm{d}y \times 1 \times \frac{\mathrm{d}x}{2} + \tau_{xy}\mathrm{d}y \times 1 \times \frac{\mathrm{d}x}{2} - \left(\tau_{yx} + \frac{\partial \tau_{yx}}{\partial y}\mathrm{d}y\right)\mathrm{d}x \times 1 \times \frac{\mathrm{d}y}{2} + \tau_{yx}\mathrm{d}x \times 1 \times \frac{\mathrm{d}y}{2} = 0$$

将上式的两边除以 $\mathrm{d}x\mathrm{d}y$,并合并相同的项,得到

$$\tau_{xy}+\frac{1}{2}\frac{\partial\tau_{xy}}{\partial x}dx=\tau_{yx}+\frac{1}{2}\frac{\partial\tau_{yx}}{\partial y}dy$$

因为 dx、dy 为微小量,去掉含 dx、dy 的项,得出

$$\tau_{xy}=\tau_{yx} \tag{2-3}$$

式(2-1)、式(2-2)和式(2-3)即为平面问题的平衡微分方程。有一点注意,在建立力矩平衡方程时,按照小变形假定,用了微元体变形以前的尺寸,而没有用变形以后的尺寸。

2.3 几何方程

现在,来导出应变分量与位移分量之间的关系式,即平面问题的几何方程。经过弹性体内的任意一点 P,沿 x 轴和 y 轴的正方向取两个微段 PA 和 PB,平面问题的微段如图 2-6 所示。假定弹性体受力以后,P、A、B 三点分别移动到 P'、A'、B'。

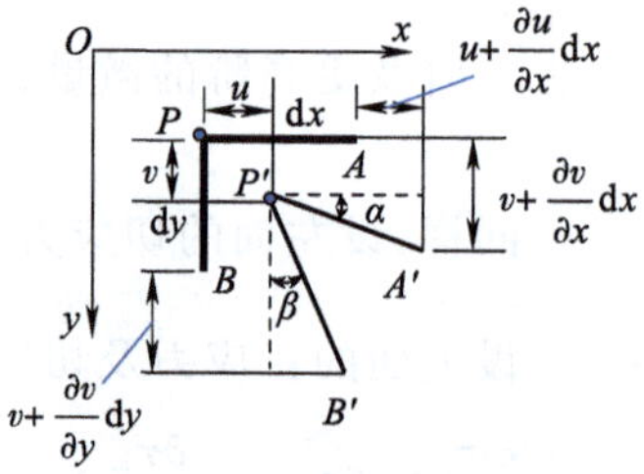

图 2-6 平面问题的微段

首先,来求出线段 PA 和 PB 的正应变。P 点在 x 方向的位移分量是 $u(x,y)$。A 点相较于 P 点,在 x 方向的增量为 dx,即 $PA=dx$。因此,A 点在 x 方向的位移分量,可用泰勒级数表示为

$$u'=u+\frac{\partial u}{\partial x}dx+\frac{1}{2!}\frac{\partial^2u}{\partial x^2}dx^2+\cdots$$

略去高阶微量,简化为 $u'\doteq u+\frac{\partial u}{\partial x}dx$。

线段 PA 的正应变近似为

$$\varepsilon_x=\frac{(PA+u'-u)-PA}{PA}=\frac{\left(dx+u+\frac{\partial u}{\partial x}dx-u\right)-dx}{dx}$$

最终,得出

$$\varepsilon_x=\frac{\partial u}{\partial x} \tag{2-4}$$

同理,可以得出 PB 的正应变:

$$\varepsilon_y=\frac{\partial y}{\partial y} \tag{2-5}$$

求切应变 γ_{xy},即求线段 PA 与 PB 之间直角的改变量。由图 2-6 可见,这个切应变是由 α 和 β 两部分组成的。设 P 点在 y 方向的位移为 $v(x,y)$,则 A 点在 y 方

向的位移分量为

$$v' \doteq v + \frac{\partial v}{\partial x}\mathrm{d}x$$

则转角 α 近似为

$$\alpha \doteq \sin\alpha = \frac{v + \frac{\partial v}{\partial x}\mathrm{d}x - v}{P'A'} \doteq \frac{v + \frac{\partial v}{\partial x}\mathrm{d}x - v}{PA} = \frac{v + \frac{\partial v}{\partial x}\mathrm{d}x - v}{\mathrm{d}x}$$

化简后得出 $\alpha = \frac{\partial v}{\partial x}$。

同理，$\beta = \frac{\partial u}{\partial y}$。

因此，切应变为

$$\gamma_{xy} = \frac{\partial v}{\partial x} + \frac{\partial u}{\partial y} \tag{2-6}$$

式(2-4)、式(2-5)和式(2-6)即为平面问题的几何方程。

2.4 物理方程

现在，来导出应变分量与应力分量之间的关系式，也就是平面问题中的物理方程。在完全弹性的各向同性体内，应变分量与应力分量之间的关系可根据 Hooke 定律建立如下：

$$\varepsilon_x = \frac{1}{E}[\sigma_x - \mu(\sigma_y + \sigma_z)] \tag{2-7}$$

$$\varepsilon_y = \frac{1}{E}[\sigma_y - \mu(\sigma_z + \sigma_x)] \tag{2-8}$$

$$\varepsilon_z = \frac{1}{E}[\sigma_z - \mu(\sigma_x + \sigma_y)] \tag{2-9}$$

$$\gamma_{xy} = \frac{1}{G}\tau_{xy} \tag{2-10}$$

$$\gamma_{yz} = \frac{1}{G}\tau_{yz} \tag{2-11}$$

$$\gamma_{zx} = \frac{1}{G}\tau_{zx} \tag{2-12}$$

式中，E 是拉压弹性模量，又简称为弹性模量；G 是切变模量，又称为刚度模量；μ 是侧向收缩系数，又称为泊松比。这三个弹性常数之间有如下关系：

$$G = \frac{E}{2(1+\mu)}$$

2.5 平面问题中一点的应力状态

若已知任意一点 P 处的应力分量为 σ_x、σ_y、$\tau_{xy}=\tau_{yx}$，试求出经过该点的，且平行于 z 轴而倾斜于 x 轴和 y 轴的任何斜面上的应力。为此，在 P 点附近取一个平面 AB，它平行于上述斜面，并与经过 P 点而垂直于 x 轴和 y 轴的两个平面划出一个微小的三角板或三棱柱 PAB，平面问题中一点的应力状态如图 2-7 所示。厚度(z 轴方向)取单位长度。当平面 AB 与 P 点无限接近时，平面 AB 上的应力就成为上述斜面上的应力。

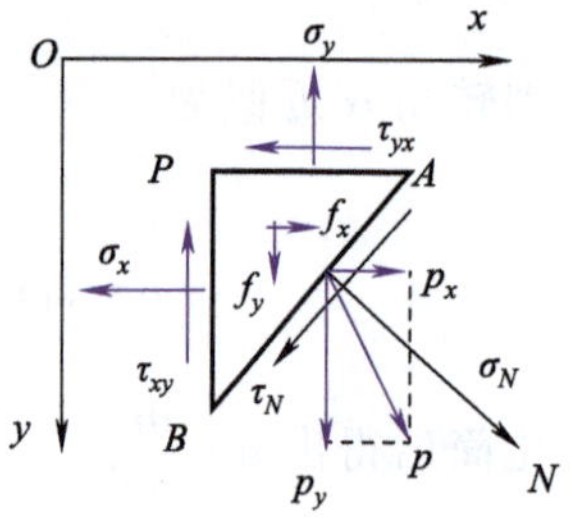

图 2-7 平面问题中一点的应力状态

用 N 代表斜面 AB 的外法线方向，其方向余弦为

$$\cos(N,x)=l$$

$$\cos(N,y)=m$$

p_x 和 p_y 表示该斜面上的应力 p 在 x 轴和 y 轴上的投影。另外，设斜面 AB 的面积为 $\mathrm{d}S$，则截面 PB 及 PA 的长度分别为 $l\mathrm{d}S$ 及 $m\mathrm{d}S$。于是由 PAB 的平衡条件 $\sum F_x=0$ 可得

$$p_x\mathrm{d}S-\sigma_x l\mathrm{d}S-\tau_{yx}m\mathrm{d}S+f_x\frac{1}{2}l\mathrm{d}Sm\mathrm{d}S=0$$

约去 $\mathrm{d}S$，并略去含 $\mathrm{d}S$ 的项，得

$$p_x=l\sigma_x+m\tau_{yx} \tag{2-13}$$

同样，由平衡条件 $\sum F_y=0$ 得出

$$p_y=m\sigma_y+l\tau_{xy} \tag{2-14}$$

1. 斜面上的正应力和切应力

斜面 AB 上的正应力为 σ_N，并规定其沿外法线 N 的正方向为正，反之为负。由投影可得

$$\sigma_N=lp_x+mp_y \tag{2-15}$$

将式(2-13)和式(2-14)代入式(2-15)，得出

$$\sigma_N=l^2\sigma_x+m^2\sigma_y+2lm\tau_{xy} \tag{2-16}$$

命斜面 AB 上的切应力为 τ_N，并规定：如果把 N 转动 90°而达到 τ_N 的方向是顺时针的，则 τ_N 为正，反之为负。由投影可得

$$\tau_N=lp_y-mp_x \tag{2-17}$$

将式(2-13)和式(2-14)代入式(2-17)，得到

$$\tau_N = lm(\sigma_y - \sigma_x) + (l^2 - m^2)\tau_{xy} \tag{2-18}$$

2. 主应力和应力主向

如果经过 P 点的某一斜面上的切应力等于0,则该斜面上的正应力称为 P 点的一个主应力,而该斜面称为 P 点的一个应力主面,该斜面的法线方向(即主应力的方向)称为 P 点的一个应力主向。

在应力主面上,切应力等于0,该面上的全应力 $\boldsymbol{p}$ 就等于该面上的正应力,也就等于主应力 σ。于是该面上的全应力 $\boldsymbol{p}$ 在坐标轴上的投影成为

$$p_x = l\sigma$$

$$p_y = m\sigma$$

将式(2-13)和式(2-14)代入,得到

$$l\sigma_x + m\tau_{xy} = l\sigma \tag{2-19}$$

$$m\sigma_y + l\tau_{xy} = m\sigma \tag{2-20}$$

接下去,是如何求解 σ。上式中包含未知量 l、m 和 σ,只有两个方程。因此,需要将 l 和 m 处理为 $\frac{m}{l}$ $\left(\text{当然,也可以是}\frac{l}{m}\right)$,如此,两个方程包含两个未知量 $\frac{m}{l}$ 和 σ,可以求解。

以上两个方程,消去 $\frac{m}{l}$,得到

$$\sigma^2 - (\sigma_x + \sigma_y)\sigma + (\sigma_x\sigma_y - \tau_{xy}^2) = 0$$

据此,求出两个主应力为

$$\left.\begin{matrix}\sigma_1 \\ \sigma_2\end{matrix}\right\} = \frac{\sigma_x + \sigma_y}{2} \pm \sqrt{\left(\frac{\sigma_x - \sigma_y}{2}\right) + \tau_{xy}^2} \tag{2-21}$$

设 σ_1 与 x 轴的夹角为 α_1,则

$$\tan\alpha_1 = \frac{\sin\alpha_1}{\cos\alpha_1} = \frac{\cos(90° - \alpha_1)}{\cos\alpha_1} = \frac{m_1}{l_1}$$

根据式(2-19)和式(2-20),可以求出 σ_1 与 x 轴的夹角为 α_1 为

$$\alpha_1 = \arctan\left(\frac{\sigma_1 - \sigma_x}{\tau_{xy}}\right) \text{或} \ \alpha_1 = \arctan\left(\frac{\tau_{xy}}{\sigma_1 - \sigma_y}\right) \tag{2-22}$$

同理,可以求得 σ_2 与 x 轴的夹角为 α_2 为

$$\alpha_2 = \arctan\left(\frac{\tau_{xy}}{\sigma_2 - \sigma_y}\right) \text{或} \ \alpha_2 = \arctan\left(\frac{\sigma_2 - \sigma_x}{\tau_{xy}}\right) \tag{2-23}$$

3. 最大应力和最小应力

如果已经求得任一点的两个主应力 σ_1 和 σ_2,以及与之对应的应力主向,将 x

轴和 y 轴分别放在 σ_1 和 σ_2 的方向，于是就有

$$\sigma_x=\sigma_1$$

$$\sigma_y=\sigma_2$$

$$\tau_{xy}=0$$

根据式(2-16)，得出正应力为

$$\sigma_N=l^2\sigma_1+m^2\sigma_2$$

利用关系 $l^2+m^2=1$，得出

$$\sigma_N=l^2(\sigma_1-\sigma_2)+\sigma_2$$

由此，可以得出

(1)σ_N 最大为 σ_1，此时 $l^2=1$；

(2)σ_N 最小为 σ_2，此时 $l^2=0$。

根据式(2-18)，得出切应力为

$$\tau_N=lm(\sigma_2-\sigma_1)$$

利用关系 $l^2+m^2=1$，得出

$$\tau_N=\pm\sqrt{\frac{1}{4}\left(\frac{1}{2}-l^2\right)^2}(\sigma_2-\sigma_1)$$

由此，可以得出 τ_N 最大和最小为 $\pm\frac{1}{2}(\sigma_1-\sigma_2)$，此时 $l=\pm\sqrt{\frac{1}{2}}$。

2.6 平面问题中一点的应变状态

若已知弹性体中任一点 P 处的三个应变分量 ε_x、ε_y、γ_{xy}，求一点的应变状态，即求：

(1)经过该点平行于 xOy 面的任何斜向微小线段 PN 的正应变。

(2)经过该点平行于 xOy 面的任何两个斜向微小线段 PN 与 PN' 之间的夹角的改变。

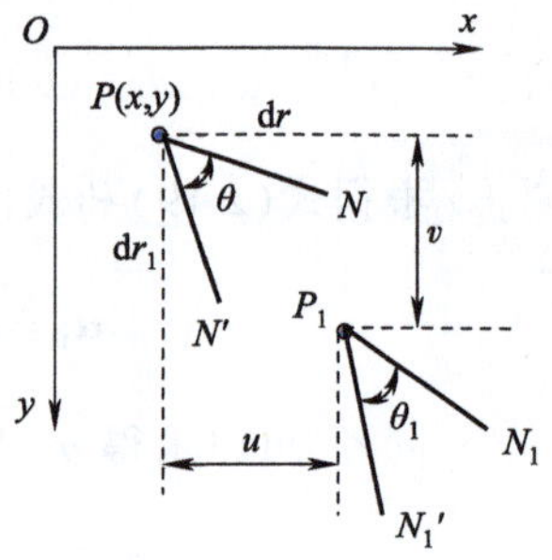

图 2-8 平面问题中一点的应变状态

平面问题中一点的应变状态如图 2-8 所示，命 P 点的坐标为 (x,y)，N 点的坐标为 $(x+\mathrm{d}x,y+\mathrm{d}y)$，$PN$ 的长度为 $\mathrm{d}x$，PN 的方向余弦为 $\cos(PN,x)=l$，$\cos(PN,y)=m$。

设 P 点的位移分量为 u、v，则 N 点的位移分量为

$$u_N=u+\mathrm{d}u=u+\frac{\partial u}{\partial x}\mathrm{d}x+\frac{\partial u}{\partial y}\mathrm{d}y$$

$$v_N=v+\mathrm{d}v=v+\frac{\partial v}{\partial x}\mathrm{d}x+\frac{\partial v}{\partial y}\mathrm{d}y$$

如果线段 PN 的正应变为 ε_N，则线段 PN 变形后的长度为 $\mathrm{d}r+\mathrm{d}r\varepsilon_N$，则

$$(1+\varepsilon_N)^2=\left(\frac{\mathrm{d}x}{\mathrm{d}r}+\frac{\partial u}{\partial x}\frac{\mathrm{d}x}{\mathrm{d}r}+\frac{\partial u}{\partial y}\frac{\mathrm{d}y}{\mathrm{d}r}\right)^2+\left(\frac{\mathrm{d}y}{\mathrm{d}r}+\frac{\partial v}{\partial x}\frac{\mathrm{d}x}{\mathrm{d}r}+\frac{\partial v}{\partial y}\frac{\mathrm{d}y}{\mathrm{d}r}\right)^2$$

将 $\varepsilon_N,\frac{\partial u}{\partial x},\frac{\partial u}{\partial y},\frac{\partial v}{\partial x},\frac{\partial v}{\partial y}$的二次项略去，则得到

$$1+2\varepsilon_N=l^2\left(1+2\frac{\partial u}{\partial x}\right)+2lm\frac{\partial u}{\partial y}+m^2\left(1+2\frac{\partial v}{\partial y}\right)+2lm\frac{\partial v}{\partial x}$$

并利用 $l^2+m^2=1$，最终得到线段 PN 的正应变为

$$\varepsilon_N=l^2\varepsilon_x+m^2\varepsilon_y+lm\gamma_{xy}\tag{2-24}$$

接下去，求线段 PN 和 PN' 的夹角改变量，即切应变 γ_{xy}。根据图 2-8，线段 P_1N_1 的方向余弦为

$$l_1=\cos(P_1N_1,x)=\frac{\mathrm{d}x+\frac{\partial u}{\partial x}\mathrm{d}x+\frac{\partial u}{\partial y}\mathrm{d}y}{\mathrm{d}r(1+\varepsilon_N)}$$

$$m_1=\cos(P_1N_1,y)=\frac{\mathrm{d}y+\frac{\partial v}{\partial x}\mathrm{d}x+\frac{\partial v}{\partial y}\mathrm{d}y}{\mathrm{d}r(1+\varepsilon_N)}$$

利用 $\mathrm{d}x=\mathrm{d}r\cdot l,\mathrm{d}y=\mathrm{d}r\cdot m$ 和$\frac{1}{(1+\varepsilon_N)}\approx1-\varepsilon_N$，并略去二阶小量，得到

$$l_1=l\left(1+\frac{\partial u}{\partial x}-\varepsilon_N\right)+m\frac{\partial u}{\partial y}\tag{2-25}$$

$$m_1=m\left(1+\frac{\partial v}{\partial y}-\varepsilon_N\right)+l\frac{\partial v}{\partial x}\tag{2-26}$$

同理，可以得到 PN'成为 P_1N_1'的方向余弦，即

$$l_1'=l'\left(1+\frac{\partial u}{\partial x}-\varepsilon_{N'}\right)+m'\frac{\partial u}{\partial y}\tag{2-27}$$

$$m_1'=m'\left(1+\frac{\partial v}{\partial y}-\varepsilon_{N'}\right)+l'\frac{\partial v}{\partial x}\tag{2-28}$$

$\cos\theta_1=\cos(\alpha_1-\beta_1)=\cos\alpha_1\cos\beta_1+\sin\alpha_1\sin\beta_1=l_1'l_1+m_1'm_1$，将式(2-25)、式(2-26)、式(2-27)和式(2-28)代入，利用 $\varepsilon_x=\frac{\partial u}{\partial x},\varepsilon_y=\frac{\partial v}{\partial y},\gamma_{xy}=\frac{\partial u}{\partial y}+\frac{\partial v}{\partial x}$，并略去高阶小量，得到

$$\cos\theta_1=(l'l+m'm)(1+\varepsilon_N-\varepsilon_{N'})+2(l'l\varepsilon_x+m'm\varepsilon_x)+(lm'+l'm)\gamma_{xy}$$

PN 与 PN'变形后的夹角改变为 $\theta_1-\theta$，其中有

$$\cos\theta=\cos(\alpha-\beta)=\cos\alpha\cos\beta+\sin\alpha\sin\beta=l'l+m'm$$

据此，可以得到 PN 与 PN'变形后的夹角改变为 $\theta_1-\theta$。

2.7 边界条件

按照边界条件的不同，弹性力学问题分为位移边界问题、应力边界问题和混合边界问题。

1. 位移边界问题

物体在全部边界上的位移分量都是已知的，也就是在边界上，有

$$\begin{cases} u_s = \bar{u} \\ v_s = \bar{v} \end{cases} \tag{2-29}$$

式中，$\bar{u}$ 和 $\bar{v}$ 在边界上是坐标的已知函数。

2. 应力边界问题

弹性体在全部边界上所受的面力都是已知的，也就是说，面力分量 $\bar{f}_x$ 和 $\bar{f}_y$ 在边界上是坐标的已知函数，可以把面力已知的条件变换成为应力方面的条件。根据式(2-13)和式(2-14)，得出

$$\begin{aligned} l(\sigma_x)_s + m(\tau_{xy})_s &= \bar{f}_x \\ m(\sigma_y)_s + l(\tau_{xy})_s &= \bar{f}_y \end{aligned} \tag{2-30}$$

3. 混合边界问题

物体的一部分边界具有已知位移，因而具有位移边界条件；另一部分边界则具有已知面力，因而具有应力边界条件。此外，在同一部分边界上还可能出现混合边界条件，即两个边界条件中的一个是位移边界条件，而另一个则是应力边界条件。

2.8 圣维南原理

在求解弹性力学问题时，使应力分量、应变分量、位移分量完全满足基本方程并不困难；但是，要使得边界条件也得到完全满足，却往往困难很大（因此，弹性力学问题在数学上被称为边值问题）。

另一方面，在很多的工程结构计算中，都会遇到这样的情况：在物体的一小部分边界上，仅仅知道物体所受的面力的合成，而这个面力的分布方式并不明确，因而无从考虑这部分边界上的应力边界条件。

在上述两种情况下，圣维南原理有时可以提供很大的帮助。

圣维南原理为：如果把物体的一小部分边界上的面力变换为分布不同但静力等效的面力（主矢量相同，对于同一点的主矩也相同）。那么，近处的应力分布将有显著的改变，但是远处所受的影响可以忽略不计。

圣维南原理的图解如图 2-9 所示，例如，设有柱形构件，在两端截面的形心受

到大小相等而方向相反的拉力 P。如果把一端或两端的拉力变换为静力等效的力，则只有虚线画出的部分的应力分布有显著的改变，而其余部分所受的影响是可以不计的。如果再将两端的拉力变换为均匀分布的拉力，集度等于 P/A，A 为构件的横截面面积，仍然只有靠近两端部分的应力受到显著的影响。这就是说，在图 2-9 所示的四种情况下，离开两端较远的部分的应力分布，并没有显著的差别。

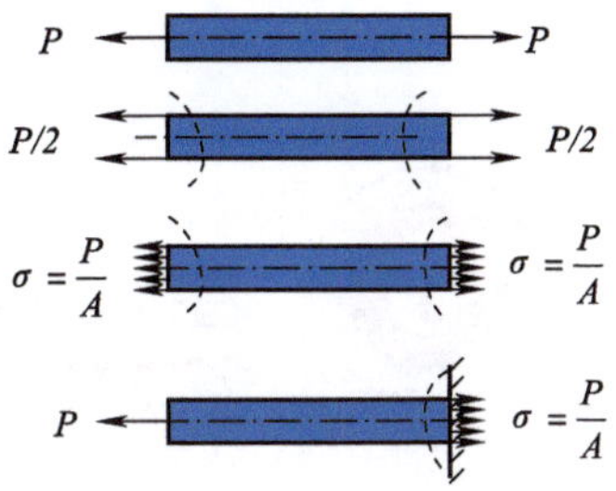

图 2-9　圣维南原理的图解

必须注意：应用圣维南原理，绝不能离开“静力等效”的条件。另外，圣维南原理只能应用于物体的一小部分边界上（又称为局部边界、小边界或次要边界），因为如果应用于大边界上（又称为主要边界），必然使整个物体的应力状态发生显著改变。

Augustin-Louis Cauchy

人物

Augustin-Louis Cauchy（柯西，1789—1857 年）是法国数学家、物理学家、天文学家。1807—1810 年，Cauchy 在 École des-ponts ParisTech（法国国立路桥学校）学习，曾当过交通道路工程师。由于身体欠佳，接受了拉格朗日和拉普拉斯的劝告，放弃工程师而致力于纯数学的研究。Cauchy 在数学上的最大贡献是在微积分中引进了极限概念，并以极限为基础建立了逻辑清晰的分析体系。这是微积分发展史上的精华，也是 Cauchy 对人类科学发展所做的巨大贡献。Cauchy 在其他方面的研究成果也很丰富。复变函数的微积分理论就是由他创立的。在代数方面、理论物理、光学、弹性理论方面，也有突出贡献。

Cauchy、Navier 和 Saint Venant 架设了早期的弹性力学。1828 年，Cauchy 引进了应力和应变的概念，并推导出平衡微分方程和几何方程。因此，人们常以此为弹性力学的真正开端。

3 空间问题

事实上,任何实际问题都是空间问题,平面问题只是空间问题的一种特殊情况。平面应力问题及平面应变问题的应力、应变状态,结合特定边界条件,可以由空间问题的基本理论直接得出平面问题的相关结论。

本章就空间问题的基本理论进行介绍,包括空间问题平衡方程、空间问题几何方程等。

3.1 平衡微分方程

分析空间问题时,仍然要从三方面来考虑:静力学方面、几何学方面和物理学方面。现在考虑空间问题的静力学方面,导出空间问题的平衡微分方程。

在物体内任意一点 P,取一个微小的长方体,它的六面垂直于坐标轴,棱边长为 $PA=\mathrm{d}x$,$PB=\mathrm{d}y$,$PC=\mathrm{d}z$。因为应力分量是位置坐标的函数,所以,作用在这六面体两对面上的应力分量不完全相同,而具有微小的差量。通过泰勒级数展开,并近似处理,六个面上的应力分量如图 3-1 所示。

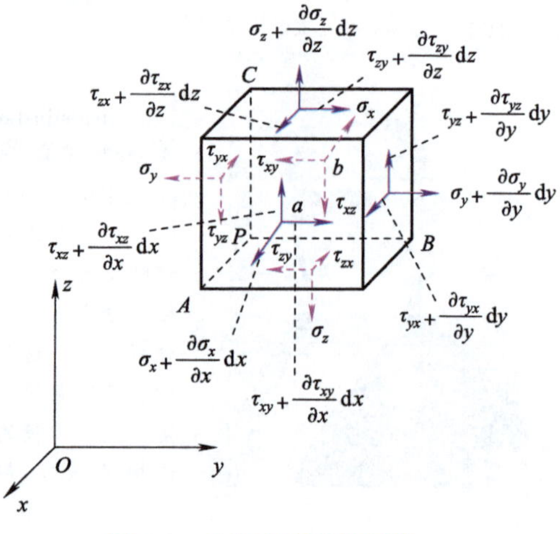

图 3-1 空间问题的微元体

首先,以 x 轴为投影轴,列出平衡方程 $\sum F_x=0$,得

$$\left(\sigma_x+\frac{\partial\sigma_x}{\partial x}\mathrm{d}x\right)\mathrm{d}y\mathrm{d}z-\sigma_x\mathrm{d}y\mathrm{d}z+\left(\tau_{yx}+\frac{\partial\tau_{yx}}{\partial y}\mathrm{d}y\right)\mathrm{d}z\mathrm{d}x-\tau_{yx}\mathrm{d}z\mathrm{d}x+$$

$$\left(\tau_{zx}+\frac{\partial\tau_{zx}}{\partial z}\mathrm{d}z\right)\mathrm{d}x\mathrm{d}y-\tau_{zx}\mathrm{d}x\mathrm{d}y+f_x\mathrm{d}x\mathrm{d}y\mathrm{d}z=0$$

化简后得出

$$\frac{\partial\sigma}{\partial x}+\frac{\partial\tau_{yx}}{\partial y}+\frac{\partial\tau_{zx}}{\partial z}+f_x=0 \tag{3-1}$$

由其余两个平衡方程 $\sum F_y = 0$ 和 $\sum F_z = 0$，可以得出与此相似的两个方程，即

$$\frac{\partial \tau_{xy}}{\partial x} + \frac{\partial \sigma_y}{\partial y} + \frac{\partial \tau_{zy}}{\partial z} + f_y = 0 \tag{3-2}$$

$$\frac{\partial \tau_{xz}}{\partial x} + \frac{\partial \tau_{yz}}{\partial y} + \frac{\partial \sigma_z}{\partial z} + f_z = 0 \tag{3-3}$$

以连接六面体前后两面中心的直线 ab 为矩轴，列出力矩的平衡方程 $\sum M_{ab} = 0$，即

$$\left(\tau_{yz} + \frac{\partial \tau_{yz}}{\partial y}\mathrm{d}y\right)\mathrm{d}x\mathrm{d}z\,\frac{\mathrm{d}y}{2} + \tau_{yz}\mathrm{d}x\mathrm{d}z\,\frac{\mathrm{d}y}{2} - \left(\tau_{zy} + \frac{\partial \tau_{zy}}{\partial z}\mathrm{d}z\right)\mathrm{d}x\mathrm{d}y\,\frac{\mathrm{d}y}{2} - \tau_{zy}\mathrm{d}x\mathrm{d}y\,\frac{\mathrm{d}z}{2} = 0$$

化简以后，得

$$\tau_{yz} = \tau_{zy} \tag{3-4}$$

同理，可以得

$$\tau_{xz} = \tau_{zx} \tag{3-5}$$

$$\tau_{xy} = \tau_{yx} \tag{3-6}$$

式(3-1)、式(3-2)、式(3-3)、式(3-4)、式(3-5)和式(3-6)，就是空间问题的平衡微分方程。

3.2　几何方程

现在考虑空间问题的几何学方面。在空间问题中，可以依据平面问题推导几何方程的方法，推导出另外两个平面的几何方程，形成空间问题的几何方程。应变分量与位移分量应当满足下列六个几何方程：

$$\varepsilon_x = \frac{\partial u}{\partial x} \tag{3-7}$$

$$\varepsilon_y = \frac{\partial v}{\partial y} \tag{3-8}$$

$$\varepsilon_z = \frac{\partial w}{\partial z} \tag{3-9}$$

$$\gamma_{yz} = \frac{\partial w}{\partial y} + \frac{\partial v}{\partial z} \tag{3-10}$$

$$\gamma_{zx} = \frac{\partial u}{\partial z} + \frac{\partial w}{\partial x} \tag{3-11}$$

$$\gamma_{xy} = \frac{\partial y}{\partial x} + \frac{\partial u}{\partial y} \tag{3-12}$$

现在来导出体积的改变与位移分量之间的关系，即体积应变。设有微小的长方体，它的棱边长是 Δx、Δy、Δz，在变形之前，它的体积是 $\Delta V_0 = \Delta x \Delta y \Delta z$，在变形之

后，它的体积为 $\Delta V=(\Delta x+\varepsilon_x\Delta x)(\Delta y+\varepsilon_y\Delta y)(\Delta z+\varepsilon_z\Delta z)$。

因此，体积应变为

$$\theta=\frac{\Delta V-\Delta V_0}{\Delta V_0}=\frac{\Delta x\Delta y\Delta z(1+\varepsilon_x)(1+\varepsilon_y)(1+\varepsilon_z)-\Delta x\Delta y\Delta z}{\Delta x\Delta y\Delta z}$$

$$=\varepsilon_x+\varepsilon_y+\varepsilon_z+\varepsilon_x\varepsilon_y+\varepsilon_y\varepsilon_z+\varepsilon_z\varepsilon_x+\varepsilon_x\varepsilon_y\varepsilon_z$$

因为应变是微小的，所以两个或三个应变分量的乘积可以略去不计，从而得到

$$\theta=\varepsilon_x+\varepsilon_y+\varepsilon_z \tag{3-13}$$

将几何方程代入，得

$$\theta=\frac{\partial u}{\partial x}+\frac{\partial v}{\partial y}+\frac{\partial w}{\partial z} \tag{3-14}$$

3.3　物理方程

各向同性体的应变分量与应力分量之间的关系已在平面问题的物理方程中给出，即

$$\varepsilon_x=\frac{1}{E}[\sigma_x-\mu(\sigma_y+\sigma_z)] \tag{3-15}$$

$$\varepsilon_y=\frac{1}{E}[\sigma_y-\mu(\sigma_z+\sigma_x)] \tag{3-16}$$

$$\varepsilon_z=\frac{1}{E}[\sigma_z-\mu(\sigma_x+\sigma_y)] \tag{3-17}$$

$$\gamma_{yz}=\frac{2(1+\mu)}{E}\tau_{yz} \tag{3-18}$$

$$\gamma_{zx}=\frac{2(1+\mu)}{E}\tau_{zx} \tag{3-19}$$

$$\gamma_{xy}=\frac{2(1+\mu)}{E}\tau_{xy} \tag{3-20}$$

以上表达形式，是用应力分量表示应变分量。现在，给出用应变分量表示应力分量，即

$$\sigma_x=\frac{E}{1+\mu}\left(\frac{\mu}{1-2\mu}\theta+\varepsilon_x\right) \tag{3-21}$$

$$\sigma_y=\frac{E}{1+\mu}\left(\frac{\mu}{1-2\mu}\theta+\varepsilon_y\right) \tag{3-22}$$

$$\sigma_z=\frac{E}{1+\mu}\left(\frac{\mu}{1-2\mu}\theta+\varepsilon_z\right) \tag{3-23}$$

$$\tau_{yz}=\frac{E}{2(1+\mu)}\gamma_{yz} \tag{3-24}$$

$$\tau_{zx} = \frac{E}{2(1+\mu)}\gamma_{zx} \tag{3-25}$$

$$\tau_{xy} = \frac{E}{2(1+\mu)}\gamma_{xy} \tag{3-26}$$

另外，如果已经知道三个主应力，可以利用主应力得出主应变。将坐标轴放在应力主向，并利用式(3-15)、式(3-16)和式(3-17)，得出

$$\varepsilon_1 = \frac{1}{E}[\sigma_1 - \mu(\sigma_2 + \sigma_3)] \tag{3-27}$$

$$\varepsilon_2 = \frac{1}{E}[\sigma_2 - \mu(\sigma_3 + \sigma_1)] \tag{3-28}$$

$$\varepsilon_3 = \frac{1}{E}[\sigma_3 - \mu(\sigma_1 + \sigma_2)] \tag{3-29}$$

另外，还可以通过式(3-15)、式(3-16)和式(3-17)，得出体积应变和体积应力之间的关系，即

$$\varepsilon_x + \varepsilon_y + \varepsilon_z = \frac{1}{E}[(\sigma_x + \sigma_y + \sigma_z) - 2\mu(\sigma_x + \sigma_y + \sigma_z)] = \frac{1-2\mu}{E}(\sigma_x + \sigma_y + \sigma_z)$$

即

$$\theta = \frac{1-2\mu}{E}\Theta \tag{3-30}$$

式中，$\Theta = \sigma_x + \sigma_y + \sigma_z$ 为体积应力，$\frac{1-2\mu}{E}$为体积模量。

引入拉梅(Lame)常数 $\lambda = \frac{E\mu}{(1+\mu)(1-2\mu)}$和 $G = \frac{E}{2(1+\mu)}$，则

$$\sigma_x = \lambda\theta + 2G\varepsilon_x \tag{3-31}$$

$$\sigma_y = \lambda\theta + 2G\varepsilon_y \tag{3-32}$$

$$\sigma_z = \lambda\theta + 2G\varepsilon_z \tag{3-33}$$

$$\tau_{yz} = G\gamma_{yz} \tag{3-34}$$

$$\tau_{zx} = G\gamma_{zx} \tag{3-35}$$

$$\tau_{xy} = G\gamma_{xy} \tag{3-36}$$

3.4 空间问题中一点的应力状态

现在，假定物体在任一点 P 的六个应力分量 σ_x、σ_y、σ_z、τ_{yz}、τ_{zx}、τ_{xy}为已知，试求经过 P 点的任一斜面上的应力。为此，在 P 点附近取一个平面 ABC，平行于这一斜面，并与经过 P 点而平行于坐标面的三个平面形成一个微小的四面体 $PABC$，空间问题中一点的应力状态如图 3-2 所示。当四面体 $PABC$ 无限缩小而趋于 P 点时，平面 ABC 上的应力就成为该斜面上的应力。

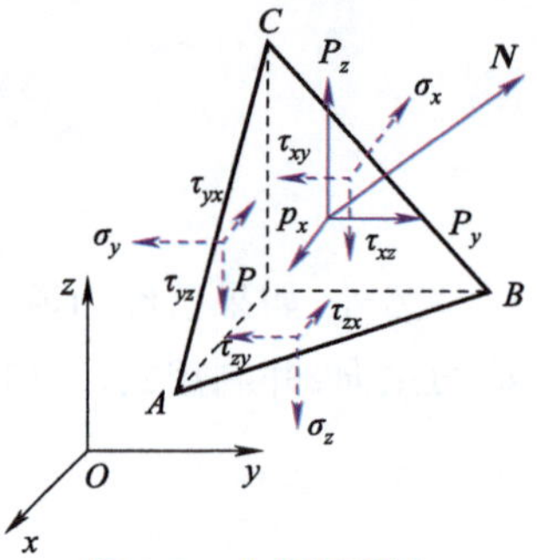

图 3-2 空间问题中一点的应力状态

命平面 ABC 的外法线为 $\boldsymbol{N}$,其方向余弦为

$$\cos(\boldsymbol{N},x)=l$$

$$\cos(\boldsymbol{N},y)=m$$

$$\cos(\boldsymbol{N},z)=n$$

设三角形 ABC 的面积为 ΔS,则三角形 BPC、CPA、APB 的面职分别为 $l\Delta S$、$m\Delta S$、$n\Delta S$。另外,设四面体 $PABC$ 的体积为 ΔV。三角形 ABC 上的全应力 $\boldsymbol{p}$ 在坐标轴方向的分量 p_x、p_y、p_z。

根据四面体的平衡条件 $\sum F_x=0$,得

$$-\sigma_x l\Delta S-\tau_{yx}m\Delta S-\tau_{zx}n\Delta S+f_x\Delta V+p_x\Delta S=0$$

同除 ΔS,并略去高阶项,得

$$p_x=l\sigma_x+m\tau_{yx}+n\tau_{zx} \tag{3-37}$$

同理,可以得出另外两个方向的平衡方程为

$$p_y=l\tau_{xy}+m\sigma_y+n\tau_{zy} \tag{3-38}$$

$$p_z=l\tau_{xz}+m\tau_{yz}+n\sigma_z \tag{3-39}$$

可以根据式(3-37)、式(3-38)、式(3-39),得出空间问题的应力边界条件。如果 ABC 是物体受面力作用的边界面,则 p_x、p_y、p_z 成为面力分量 $\bar{f}_x$、$\bar{f}_y$、$\bar{f}_z$,得出

$$l(\sigma_x)_s+m(\tau_{yx})_s+n(\tau_{zx})_s=\bar{f}_x \tag{3-40}$$

$$l(\tau_{xy})_s+m(\sigma_y)_s+n(\tau_{zy})_s=\bar{f}_y \tag{3-41}$$

$$l(\tau_{xz})_s+m(\tau_{yz})_s+n(\sigma_z)_s=\bar{f}_z \tag{3-42}$$

设斜面 ABC 上的正应力为 σ_N,则由投影可得

$$\sigma_N=lp_x+mp_y+np_z$$

将式(3-37)、式(3-38)、式(3-39)代入上式,得出

$$\sigma_N=l^2\sigma_x+m^2\sigma_y+n^2\sigma_z+2mn\tau_{yz}+2nl\tau_{zx}+2lm\tau_{xy} \tag{3-43}$$

设斜面 ABC 上的切应力为 τ_N,利用 $(p)^2=(\sigma_N)^2+(\tau_N)^2$,得出

$$\tau_N^2=p^2-\sigma_N^2$$

利用 $p^2=p_x^2+p_y^2+p_z^2$,得出

$$\tau_N^2=p_x^2+p_y^2+p_z^2-\sigma_N^2 \tag{3-44}$$

3.4.1 主应力与应力主向

假设在 P 点有一个应力主面存在。这样,由于该面上的切应力等于零,所以该面上的全应力就等于该面上的正应力,也就等于主应力 σ。于是该面上的全应力在坐标轴上的投影成为

$$p_x = l\sigma$$
$$p_y = m\sigma$$
$$p_z = n\sigma$$

将式(3-37)、式(3-38)、式(3-39)代入上式,得出

$$l\sigma_x + m\tau_{yx} + n\tau_{zx} = l\sigma$$
$$l\tau_{xy} + m\sigma_y + n\tau_{zy} = m\sigma$$
$$l\tau_{xz} + m\tau_{yz} + n\sigma_z = n\sigma$$

移项后,得

$$l(\sigma_x - \sigma) + m\tau_{yx} + n\tau_{zx} = 0 \tag{3-45}$$
$$l\tau_{xy} + m(\sigma_y - \sigma) + n\tau_{zy} = 0 \tag{3-46}$$
$$l\tau_{xz} + m\tau_{yz} + n(\sigma_z - \sigma) = 0 \tag{3-47}$$

因为 l、m、n 不全为 0,则以上方程组的系数行列式为 0,即

$$\begin{vmatrix} \sigma_x - \sigma & \tau_{yz} & \tau_{zx} \\ \tau_{xy} & \sigma_y - \sigma & \tau_{zy} \\ \tau_{xz} & \tau_{yz} & \sigma_z - \sigma \end{vmatrix} = 0$$

展开为

$$\sigma^3 - (\sigma_x + \sigma_y + \sigma_z)\sigma^2 + (\sigma_y\sigma_z + \sigma_z\sigma_x + \sigma_x\sigma_y - \tau_{yz}^2 - \tau_{zx}^2 - \tau_{xy}^2)\sigma - (\sigma_x\sigma_y\sigma_z - \sigma_x\tau_{yz}^2 - \sigma_y\tau_{zx}^2 - \sigma_z\tau_{xy}^2 + 2\tau_{yz}\tau_{zx}\tau_{xy}) = 0$$

如何求解 σ 对应的 l、m、n,可以利用式(3-45)、式(3-46)、式(3-47)中的任何两式。比如,式(3-45)和式(3-46)同除 l_1,得

$$(\sigma_x - \sigma_1) + \frac{m_1}{l_1}\tau_{yx} + \frac{n_1}{l_1}\tau_{zx} = 0$$

$$l_1\tau_{xy} + \frac{m_1}{l_1}(\sigma_y - \sigma_1) + \frac{n_1}{l_1}\tau_{zy} = 0$$

据此,可以求出 $\frac{m_1}{l_1}$ 和 $\frac{n_1}{l_1}$,而后利用 $l_1 = \dfrac{1}{\sqrt{1 + \left(\frac{m_1}{l_1}\right)^2 + \left(\frac{n_1}{l_1}\right)^2}}$ 求出 l_1,进一步求出 m_1 和 n_1。

同理,可以求得与主应力 $\sigma_2(\sigma_3)$ 相应的方向余弦 $l_2(l_3)$、$m_2(m_3)$、$n_2(n_3)$。

应力不变量:在一定的应力状态下,物体内任一点的主应力不会随坐标系的改变而有所改变(尽管应力分量随着坐标系改变)。

$$I_1 = \sigma_1 + \sigma_2 + \sigma_3 = \sigma_x + \sigma_y + \sigma_z$$
$$I_2 = \sigma_2\sigma_3 + \sigma_3\sigma_1 + \sigma_1\sigma_2 = \sigma_y\sigma_z + \sigma_z\sigma_x + \sigma_x\sigma_y - \tau_{yz}^2 - \tau_{zx}^2 - \tau_{xy}^2$$
$$I_3 = \sigma_1\sigma_2\sigma_3 = \sigma_x\sigma_y\sigma_z - \sigma_x\tau_{yz}^2 - \sigma_y\tau_{zx}^2 - \sigma_z\tau_{xy}^2 + 2\tau_{yz}\tau_{zx}\tau_{xy}$$

3.4.2 最大与最小的应力

假定物体内某一点的三个应力主向及与之对应的三个主应力 σ_1、σ_2、σ_3 已知，将三个坐标轴放在三个应力主向，于是有 $\sigma_x=\sigma_1,\sigma_y=\sigma_2,\sigma_z=\sigma_3$ 和 $\tau_{yz}=\tau_{zx}=\tau_{xy}=0$。

3.4.2.1 最大与最小的正应力

根据式(3-43)，$\sigma_N=l^2\sigma_1+m^2\sigma_2+n^2\sigma_3$。利用关系式 $l^2+m^2+n^2=1$，得出任一斜面上的正应力 $\sigma_N=(1-m^2-n^2)\sigma_1+m^2\sigma_2+n^2\sigma_3$。为了求出 σ_N 的极值，命 $\dfrac{\partial\sigma_N}{\partial m}=0,\dfrac{\partial\sigma_N}{\partial n}=0$，由此得 $m=0,n=0$，从而有 $l=\pm1$，得出 σ_N 的一个极值，等于 σ_1。

同理，又可得出 σ_N 的另外两个极值，分别等于 σ_2 和 σ_3。

由此可见，在物体内的任意一点，三个主应力中最大的一个是该点的最大正应力，而三个主应力中最小的一个就是该点的最小正应力。由此又可见，在三个主应力相等的特殊情况下，所有各斜面上的正应力都相同，且等于主应力，而切应力都等于零。

3.4.2.2 最大与最小的切应力

在选定的坐标系下，利用式(3-37)、式(3-38)、式(3-39)，有

$$p_x=l\sigma_1$$

$$p_y=m\sigma_2$$

$$p_z=m\sigma_3$$

上式代入 $\tau_N^2=p_x^2+p_y^2+p_z^2-\sigma_N^2$，并结合 $\sigma_N=l^2\sigma_1+m^2\sigma_2+n^2\sigma_3$，得出

$$\tau_N^2=l^2\sigma_1^2+m^2\sigma_2^2+n^2\sigma_3^2-\sigma_N^2=l^2\sigma_1^2+m^2\sigma_2^2+n^2\sigma_3^2-(l^2\sigma_1+m^2\sigma_2+n^2\sigma_3)^2$$

为了求出 τ_N^2 的极值，命 $\dfrac{\partial(\tau_N^2)}{\partial m}=0,\dfrac{\partial(\tau_N^2)}{\partial n}=0$，简化以后，得

$$m\left[(\sigma_2-\sigma_1)m^2+(\sigma_3-\sigma_1)n^2-\frac{1}{2}(\sigma_2-\sigma_1)\right]=0$$

$$n\left[(\sigma_2-\sigma_1)m^2+(\sigma_3-\sigma_1)n^2-\frac{1}{2}(\sigma_3-\sigma_1)\right]=0$$

由此得出，最大切应力和最小切应力为 $\begin{matrix}\tau_{max}\\ \tau_{min}\end{matrix}=\pm\dfrac{\sigma_1-\sigma_3}{2}$。

3.5 空间问题中一点的应变状态

已知物体内任一点 P 处的六个应变分量 ε_x、ε_y、ε_z、γ_{xy}、γ_{xz}、γ_{yz}，有微小线段 $PN=\mathrm{d}r$，其方向余弦为 l、m、n。该线段在坐标轴上的投影为 $\mathrm{d}x=l\mathrm{d}r,\mathrm{d}y=m\mathrm{d}r,\mathrm{d}z=n\mathrm{d}r$，空间问题中一点的应变状态如图 3-3 所示。

设 P 点的位移分量为 u、v、w，则 N 点的位移分量为

$$u_N = u + \frac{\partial u}{\partial x}\mathrm{d}x + \frac{\partial u}{\partial y}\mathrm{d}y + \frac{\partial u}{\partial z}\mathrm{d}z$$

$$v_N = v + \frac{\partial v}{\partial x}\mathrm{d}x + \frac{\partial v}{\partial y}\mathrm{d}y + \frac{\partial v}{\partial z}\mathrm{d}z$$

$$w_N = w + \frac{\partial w}{\partial x}\mathrm{d}x + \frac{\partial w}{\partial y}\mathrm{d}y + \frac{\partial w}{\partial z}\mathrm{d}z$$

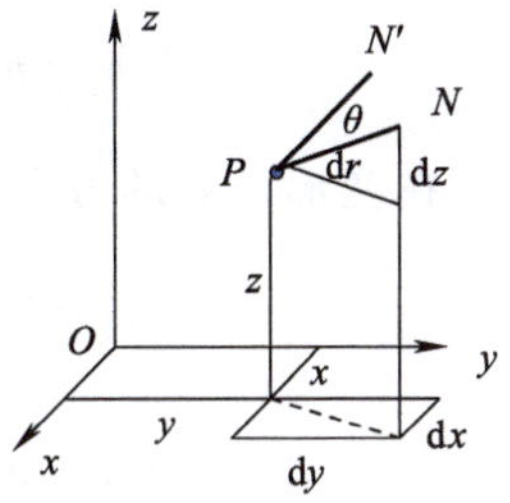

图 3-3　空间问题中一点的应变状态

在变形之后，线段 PN 在坐标轴上的投影成为

$$\mathrm{d}x + u_N - u = \mathrm{d}x + \frac{\partial u}{\partial x}\mathrm{d}x + \frac{\partial u}{\partial y}\mathrm{d}y + \frac{\partial u}{\partial z}\mathrm{d}z$$

$$\mathrm{d}x + v_N - v = \mathrm{d}y + \frac{\partial v}{\partial x}\mathrm{d}x + \frac{\partial v}{\partial y}\mathrm{d}y + \frac{\partial v}{\partial z}\mathrm{d}z$$

$$\mathrm{d}z + w_N - w = \mathrm{d}z + \frac{\partial w}{\partial x}\mathrm{d}x + \frac{\partial w}{\partial y}\mathrm{d}y + \frac{\partial w}{\partial z}\mathrm{d}z$$

命线段 PN 的正应变为 ε_N，根据正应变的定义，该线段在变形之后的长度为 $\mathrm{d}r + \varepsilon_N \mathrm{d}r$，由此得出

$$\begin{aligned}(\mathrm{d}r + \varepsilon_N \mathrm{d}r)^2 &= (\mathrm{d}x + u_N - u)^2 + (\mathrm{d}y + v_N - v)^2 + (\mathrm{d}z + w_N - w)^2 \\ &= \left(\mathrm{d}x + \frac{\partial u}{\partial x}\mathrm{d}x + \frac{\partial u}{\partial y}\mathrm{d}y + \frac{\partial u}{\partial x}\mathrm{d}z\right)^2 + \left(\mathrm{d}y + \frac{\partial v}{\partial x}\mathrm{d}x + \frac{\partial v}{\partial y}\mathrm{d}y + \frac{\partial v}{\partial z}\mathrm{d}z\right)^2 + \\ &\quad \left(\mathrm{d}z + \frac{\partial w}{\partial x}\mathrm{d}x + \frac{\partial w}{\partial y}\mathrm{d}y + \frac{\partial w}{\partial z}\mathrm{d}z\right)^2\end{aligned}$$

化简，并略去微小量，得出

$$\varepsilon_N = l^2 \frac{\partial u}{\partial x} + m^2 \frac{\partial v}{\partial y} + n^2 \frac{\partial w}{\partial z} + mn\left(\frac{\partial w}{\partial y} + \frac{\partial v}{\partial z}\right) + nl\left(\frac{\partial u}{\partial z} + \frac{\partial w}{\partial x}\right) + lm\left(\frac{\partial v}{\partial x} + \frac{\partial v}{\partial y}\right)$$

即

$$\varepsilon_N = l^2 \varepsilon_x + m^2 \varepsilon_y + n^2 \varepsilon_z + mn\gamma_{yz} + nl\gamma_{zx} + lm\gamma_{xy} \tag{3-48}$$

设 PN 在变形之后的方向余弦为 l_1、m_1、n_1，得出

$$l_1 = \frac{\mathrm{d}x + u_N - u}{\mathrm{d}r + \varepsilon_N \mathrm{d}r} = \frac{\mathrm{d}x + \frac{\partial u}{\partial x}\mathrm{d}x + \frac{\partial u}{\partial y}\mathrm{d}y + \frac{\partial u}{\partial z}\mathrm{d}z}{\mathrm{d}r(1 + \varepsilon_N)}$$

化简后，得出

$$l_1 = l\left(1 - \varepsilon_N + \frac{\partial u}{\partial x}\right) + m\frac{\partial u}{\partial y} + n\frac{\partial u}{\partial z}$$

同理，可以得出

$$m_1 = m\left(1 - \varepsilon_N + \frac{\partial v}{\partial y}\right) + n\frac{\partial v}{\partial z} + l\frac{\partial v}{\partial x}$$

$$n_1 = n\left(1 - \varepsilon_N + \frac{\partial w}{\partial z}\right) + l\frac{\partial w}{\partial x} + m\frac{\partial w}{\partial y}$$

设 PN'在变形之后的方向余弦为 l_1'、m_1'、n_1'，得出

$$l_1' = l'\left(1 - \varepsilon_{N'} + \frac{\partial u}{\partial x}\right) + m'\frac{\partial u}{\partial y} + n'\frac{\partial u}{\partial z}$$

$$m_1' = m'\left(1 - \varepsilon_{N'} + \frac{\partial v}{\partial y}\right) + n'\frac{\partial v}{\partial z} + l'\frac{\partial v}{\partial x}$$

$$n_1' = n'\left(1 - \varepsilon_{N'} + \frac{\partial w}{\partial z}\right) + l'\frac{\partial w}{\partial x} + m'\frac{\partial w}{\partial y}$$

命线段 PN 及 PN'在变形之后的夹角为 θ_1，则

$$\cos\theta_1 = l_1 l_1' + m_1 m_1' + n_1 n_1'$$

将 l_1、l_1'、m_1、m_1'、n_1、n_1'、代入上述方程，得

$$\cos\theta_1 = (1 - \varepsilon_N - \varepsilon_{N'})\cos\theta + 2(ll'\varepsilon_x + mm'\varepsilon_y + nn'\varepsilon_z) + (mn' + m'n)\gamma_{yz} + (nl' + ln')\gamma_{zx} + (lm' + l'm)\gamma_{xy}$$

求出 θ_1 以后，即可求得 PN 与 PN'之间的夹角的改变为 $\theta_1 - \theta$。

3.6 空间轴对称问题

空间轴对称问题的定义：在空间问题中，如果弹性体的几何形状、约束情况及所受的外来因素，都对称于某一轴（通过这个轴的任一平面都是对称面），则所有的应力、应变和位移也对称于这一轴。

在描述轴对称问题中的应力、应变、位移时，用圆柱坐标 ρ、φ、z 比用直角坐标 x、y、z 方便得多。这是因为，如果以弹性体的对称轴为 z 轴，则所有的应力分量、应变分量和位移分量都将只是 ρ 和 z 的函数，不随 φ 而变，空间轴对称问题的微元体如图 3-4 所示。

取 z 轴铅直向上，用相距 $\mathrm{d}\rho$ 的两个圆柱面、互成 $\mathrm{d}\varphi$ 角的两个铅直面及相距 $\mathrm{d}z$ 的两个水平面，从弹性体割取一个微小六面体 $PABC$。沿 ρ 方向的正应力称为径向正应力，用 σ_ρ 表示；沿 φ 方向的正应力称为环向正应力，用 σ_φ 表示；沿 z 方向的正应力称为轴向正应力，用 σ_z 表示；作用在圆柱面上、沿 z 方向作用的切应力用 $\tau_{\rho z}$表示，作用在水平面上、沿 ρ 方向作用的切应力用 $\tau_{z\rho}$表示。根据切应力的互等关系，$\tau_{\rho z} = \tau_{z\rho}$。由于对称性，$\tau_{\rho\varphi} = \tau_{\varphi\rho}$、$\tau_{\varphi z} = \tau_{z\varphi}$都不存在。这样，总共只有四个应力分量：$\sigma_\rho$、$\sigma_\varphi$、$\sigma_z$、$\tau_{\rho z} = \tau_{z\rho}$，它们只是 ρ 和 z 的函数。

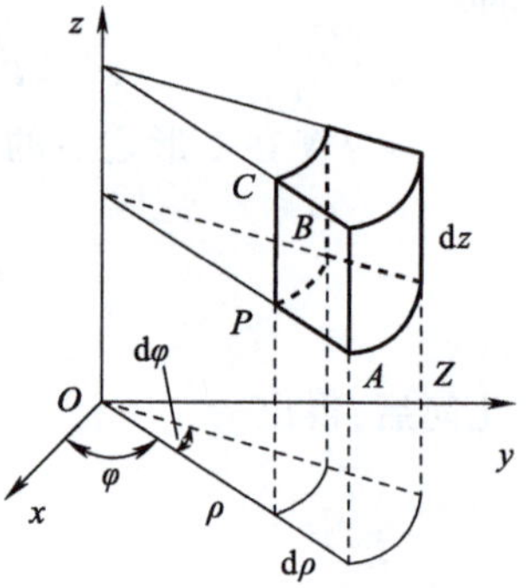

图 3-4 空间轴对称问题的微元体

如果六面体的内圆柱面上的平均正应力是 σ_ρ，则外圆柱面上的平均正应力是 $\sigma_\rho+\dfrac{\partial\sigma_\rho}{\partial\rho}\mathrm{d}\rho$。由于对称，$\sigma_\varphi$ 在 φ 方向（环向）没有增量。如果六面体下面的平均正应力是 σ_z，则上面的平均正应力应当是 $\sigma_z+\dfrac{\partial\sigma_z}{\partial z}\mathrm{d}z$。同样，内面及外面的平均切应力分别为 $\tau_{\rho z}$ 和 $\tau_{\rho z}+\dfrac{\partial\tau_{\rho z}}{\partial\rho}\mathrm{d}\rho$，下面及上面的平均切应力分别为 $\tau_{z\rho}$ 及 $\tau_{z\rho}+\dfrac{\partial\tau_{z\rho}}{\partial z}\mathrm{d}z$。径向的体力分量用 f_ρ 表示；轴向的体力分量，即 z 方向的体力分量，仍然用 f_z 表示。由于对称性，环向的体力分量为零。微元体的投影面如图 3-5 所示。

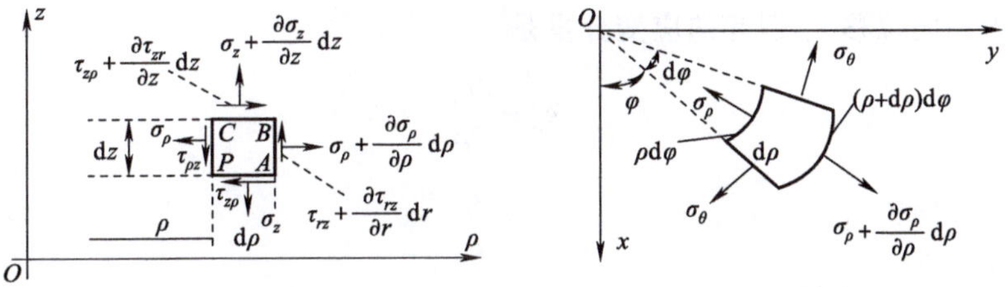

(a)ρOz 平面　　(b)$\rho O\varphi$ 平面

图 3-5　微元体的投影面

将六面体所受的各力投影到六面体中心的径向轴上，取 $\sin\dfrac{\mathrm{d}\varphi}{2}$ 和 $\cos\dfrac{\mathrm{d}\varphi}{2}$ 分别近似等于 $\dfrac{\mathrm{d}\varphi}{2}$ 和 1，得平衡方程为

$$\left(\sigma_\rho+\frac{\partial\sigma_\rho}{\partial\rho}\mathrm{d}\rho\right)\mathrm{d}z(\rho+\mathrm{d}\rho)\mathrm{d}\varphi-\sigma_\rho\mathrm{d}z\rho\mathrm{d}\varphi+\left(\tau_{z\rho}+\frac{\partial\tau_{z\rho}}{\partial z}\mathrm{d}z\right)\rho\mathrm{d}\varphi\mathrm{d}\rho-$$

$$\tau_{z\rho}\rho\mathrm{d}\varphi\mathrm{d}\rho-2\sigma_\varphi\sin\frac{\mathrm{d}\varphi}{2}\mathrm{d}z\mathrm{d}\rho+f_\rho\rho\mathrm{d}\varphi\mathrm{d}\rho\mathrm{d}z=0 \tag{3-49}$$

简化以后，除以 $\rho\mathrm{d}\varphi\mathrm{d}\rho\mathrm{d}z$，然后略去微量，得

$$\frac{\partial\sigma_\rho}{\partial\rho}+\frac{\partial\tau_{z\rho}}{\partial z}+\frac{\sigma_\rho-\sigma_\varphi}{\rho}+f_\rho=0 \tag{3-50}$$

将六面体所受的各力投影到 z 轴上，得平衡方程为

$$\left(\tau_{\rho z}+\frac{\partial\tau_{\rho z}}{\partial\rho}\mathrm{d}\rho\right)\mathrm{d}z(\rho+\mathrm{d}\rho)\mathrm{d}\varphi-\sigma_z\rho\mathrm{d}\rho\mathrm{d}\varphi+\left(\sigma_z+\frac{\partial\sigma_z}{\partial z}\mathrm{d}z\right)\rho\mathrm{d}\varphi\mathrm{d}\rho-$$

$$\tau_{\rho z}\rho\mathrm{d}\varphi\mathrm{d}z+f_z\rho\mathrm{d}\varphi\mathrm{d}\rho\mathrm{d}z=0 \tag{3-51}$$

简化以后，除以 $\rho\mathrm{d}\varphi\mathrm{d}\rho\mathrm{d}z$，然后略去微量，得

$$\frac{\partial\sigma_z}{\partial z}+\frac{\partial\tau_{\rho z}}{\partial\rho}+\frac{\tau_{\rho z}}{\rho}+f_z=0 \tag{3-52}$$

于是，得空间轴对称问题的平衡微分方程如下：

$$\begin{cases}\dfrac{\partial\sigma_\rho}{\partial\rho}+\dfrac{\partial\tau_{z\rho}}{\partial z}+\dfrac{\sigma_\rho-\sigma_\varphi}{\rho}+f_\rho=0\\ \dfrac{\partial\sigma_z}{\partial z}+\dfrac{\partial\tau_{\rho z}}{\partial\rho}+\dfrac{\tau_{\rho z}}{\rho}+f_z=0\end{cases} \tag{3-53}$$

沿 ρ 方向的正应变称为径向正应变,用 ε_ρ 表示;沿 φ 方向的正应变称为环向正应变,用 ε_φ 表示;沿 z 方向的正应变称为轴向正应变,用 ε_z 表示;ρ 方向与 z 方向之间的切应变用 $\gamma_{z\rho}$表示。由于对称,切应变 $\gamma_{\rho\varphi}$及 $\gamma_{z\varphi}$都等于零。沿 ρ 方向的位移分量称为径向位移,用 u_ρ 表示,沿 z 方向的位移分量称为轴向位移,用 w 表示。由于对称,环向位移 $u_\varphi=0$。

由于径向位移 u_ρ 引起的应变分量是

$$\begin{aligned}\varepsilon_\rho&=\frac{\partial u_\rho}{\partial\rho}\\ \varepsilon_\varphi&=\frac{u_\rho}{\rho}\\ \gamma_{z\rho}&=\frac{\partial u_\rho}{\partial z}\end{aligned} \tag{3-54}$$

由于轴向位移 w 引起的应变分量是

$$\begin{aligned}\varepsilon_z&=\frac{\partial w}{\partial z}\\ \gamma_{z\rho}&=\frac{\partial w}{\partial\rho}\end{aligned} \tag{3-55}$$

将以上两组关系式相叠加,即得空间轴对称问题的几何方程:

$$\begin{aligned}\varepsilon_\rho&=\frac{\partial u_\rho}{\partial\rho}\\ \varepsilon_\varphi&=\frac{u_\rho}{\rho}\\ \gamma_{z\rho}&=\frac{\partial u_\rho}{\partial z}+\frac{\partial w}{\partial\rho}\\ \varepsilon_z&=\frac{\partial w}{\partial z}\end{aligned} \tag{3-56}$$

由于圆柱坐标也是和直角坐标一样的正交坐标,所以物理方程可以直接根据胡克定律得来。在轴对称问题中,物理方程是

$$\begin{cases}\varepsilon_\rho=\dfrac{1}{E}[\sigma_\rho-\mu(\sigma_\varphi+\sigma_z)]\\ \varepsilon_\varphi=\dfrac{1}{E}[\sigma_\varphi-\mu(\sigma_z+\sigma_\rho)]\\ \varepsilon_z=\dfrac{1}{E}[\sigma_z-\mu(\sigma_\rho+\sigma_\varphi)]\\ \gamma_{z\rho}=\dfrac{2(1+\mu)}{E}\tau_{z\rho}\end{cases} \tag{3-57}$$

还可以得到用应变分量表示应力分量的物理方程为

$$\begin{cases}\sigma_\rho=\dfrac{E}{1+\mu}\left[\dfrac{\mu}{1-2\mu}(\varepsilon_\rho+\varepsilon_\varphi+\varepsilon_z)+\varepsilon_\rho\right]\\ \sigma_\varphi=\dfrac{E}{1+\mu}\left[\dfrac{\mu}{1-2\mu}(\varepsilon_\rho+\varepsilon_\varphi+\varepsilon_z)+\varepsilon_\varphi\right]\\ \sigma_z=\dfrac{E}{1+\mu}\left[\dfrac{\mu}{1-2\mu}(\varepsilon_\rho+\varepsilon_\varphi+\varepsilon_z)+\varepsilon_z\right]\\ \tau_{z\rho}=\dfrac{E}{2(1+\mu)}\gamma_{z\rho}\end{cases} \tag{3-58}$$

3.7 叠加原理

对于同一个弹性体，分别受到两组不同的体力、面力和已知位移的作用，当弹性体在该两组荷载和已知位移同时作用下，其应力、应变和位移解答为每组荷载和已知位移分别作用所得的两组解答之和。

Claude-Louis Navier 人物

Claude-Louis Navier（纳维，1785—1836 年）是法国力学家、工程师，其主要贡献是建立了弹性力学的基本方程。

1821 年，Navier 导出了弹性固体的平衡和运动方程（发表于 1827 年）。这组方程只含有一个弹性常数，其中，有两个弹性常数的各向同性弹性力学基本方程是 1823 年 Cauchy 得出的。

Navier 的科学论文发表在法国各科学期刊上，关于弹性固体平衡和运动方程的文章载于法国科学院研究报告集第 7 卷（1827 年）。

4 能量原理

能量原理(虚位移原理或最小势能原理)是有限单元法刚度方程构建的关键步骤。因此,本章将对能量原理进行介绍,包括弹性体的应变能概念、虚位移原理、最小势能原理及位移变分法。

4.1 弹性体的应变能

假定弹性体在受力过程中始终保持静力平衡,因而没有功能的改变,而且弹性体的非机械能也没有变化。于是,根据热力学第一定律,外力所做的功就完全转变为弹性体因变形而储存于弹性体内部的能量。这个储存于弹性体内部的能量,称为应变能(也称形变势能或内能)。

应变能可以用应力在其相应的应变上所做的功来计算。设弹性体只在某一个方向(如 x 方向)受有均匀的正应力 σ_x,相应的正应变为 ε_x,则单位体积内具有的应变能,即应变能密度为

$$v_\varepsilon = \int_0^{\varepsilon_x} \sigma_x \mathrm{d}\varepsilon_x$$

当弹性体的应力—应变关系为线性时,由于 $\sigma_x = E\varepsilon_x$,则有

$$v_\varepsilon = \int_0^{\varepsilon_x} \sigma_x \mathrm{d}\varepsilon_x = \frac{1}{2}\sigma_x \varepsilon_x$$

弹性力学基本假定之一:完全弹性假定

假定物体在引起变形的外界因素被取消以后,能完全恢复原状而没有任何剩余变形,并且完全服从胡克定律,即应变与引起该应变的应力成比例,二者具有线性关系。

设弹性体只在某两个互相垂直的方向(如 x 和 y 方向,)受有均匀的切应力 τ_{xy},相应的切应变为 γ_{xy},则应变能密度为$\frac{1}{2}\tau_{xy}\gamma_{xy}$。

设弹性体受有全部六个应力分量,则应变能的计算似乎很复杂,因为这时每一

个应力分量会引起与另一个应力分量相应的应变分量，好像应变能将随着弹性体受力次序不同而不同。但是，根据能量守恒定理，应变能的多少与弹性体受力的次序无关，而完全确定于应力及应变的最终大小。因此，假定六个应力分量和六个应变分量全都同时按同样的比例增加到最后的大小，这样就可以很简单地算出相应于每一个应力分量的应变能密度，然后把它们相叠加，从而得出全部应变能密度为

$$v_\varepsilon=\frac{1}{2}(\sigma_x\varepsilon_x+\sigma_y\varepsilon_y+\sigma_z\varepsilon_z+\tau_{yz}\gamma_{yz}+\tau_{zx}\gamma_{zx}+\tau_{xy}\gamma_{xy})$$

在一般的情况下，弹性体受力并不均匀，各个应力分量和应变分量一般都是位置坐标的函数，因而应变能密度 v_ε 一般也是位置坐标的函数。为了得出整个弹性体的应变能 V_ε，必须把应变能密度 v_ε 在整个弹性体内进行积分，设弹性体的体积为 V，则有

$$V_\varepsilon=\int v_\varepsilon \mathrm{d}V=\iiint v_\varepsilon \mathrm{d}x\mathrm{d}y\mathrm{d}z=\iiint\frac{1}{2}(\sigma_x\varepsilon_x+\sigma_y\varepsilon_y+\sigma_z\varepsilon_z+\tau_{yz}\gamma_{yz}+\tau_{zx}\gamma_{zx}+\tau_{xy}\gamma_{xy})\mathrm{d}x\mathrm{d}y\mathrm{d}z$$

为了将应变能密度和应变能用应变分量来表示，须利用应变分量表示应力分量的物理方程。由此得出

$$V_\varepsilon=\iiint\frac{E}{2(1+\mu)}\left[\frac{\mu}{1-2\mu}\theta^2+(\varepsilon_x^2+\varepsilon_y^2+\varepsilon_z^2)+\frac{1}{2}(\gamma_{yz}^2+\gamma_{zx}^2+\gamma_{xy}^2)\right]\mathrm{d}x\mathrm{d}y\mathrm{d}z$$

由于 $0<\mu<0.5$，故由上式可见：不论变形如何，弹性体的应变能总不会是负的。在所有的应变分量都等于零的情况下，应变能才等于零。

知识扩展

$v_\varepsilon=\frac{1}{2}(\sigma_x\varepsilon_x+\sigma_y\varepsilon_y+\sigma_z\varepsilon_z+\tau_{yz}\gamma_{yz}+\tau_{zx}\gamma_{zx}+\tau_{xy}\gamma_{xy})$ 分别对六个应变分量求导，得出

$$\frac{\partial v_\varepsilon}{\partial\varepsilon_x}=\sigma_x$$

$$\frac{\partial v_\varepsilon}{\partial\varepsilon_y}=\sigma_y$$

$$\frac{\partial v_\varepsilon}{\partial\varepsilon_z}=\sigma_z$$

$$\frac{\partial v_\varepsilon}{\partial\gamma_{yz}}=\tau_{yz}$$

$$\frac{\partial v_\varepsilon}{\partial\gamma_{zx}}=\tau_{zx}$$

$$\frac{\partial v_\varepsilon}{\partial\gamma_{xy}}=\tau_{xy}$$

以上式子表明：弹性体的应变能密度对于任一应变分量的改变率，就等于相应的应力分量。

另外，应变能还可以用位移分量来表示，只须将几何方程代入即可。

类似的，可以用 $v_c=\int_0^{\sigma_x}\varepsilon_x \mathrm{d}\sigma_x=\frac{1}{2}\varepsilon_x\sigma_x$ 表示单位体积内的应变余能，即应变余能密度。虽然应变余能密度和应变能密度的数值相等，但它们的自变量是不同的。整个弹性体的应变余能也可以类似推导。

4.2 虚位移原理（虚功原理）

设有任一弹性体，在一定的外力作用下处于平衡状态。命 u,v,w 为该弹性体中实际存在的位移分量，它们满足用位移分量表示的平衡微分方程，并满足位移边界条件以及用位移分量表示的应力边界条件。现在，假想这些位移分量发生了位移边界条件所容许的微小改变，即所谓虚位移 δu、δv、δw（位移变分），成为 $u'=u+\delta u$，$v'=v+\delta v$，$w'=w+\delta w$。

假定弹性体在虚位移过程中没有温度的改变，也没有速度的改变，因而也就没有热能或动能的改变。这样，依据能量守恒定理，应变能的增加应当等于外力所做的功（虚功）。注意，外力包括分量为 f_x、f_y、f_z 的体力，以及分量为 $\bar{f}_x$、$\bar{f}_y$、$\bar{f}_z$ 的面力；并且，由于虚位移是微小的，在虚位移的过程中，外力的大小和方向可以认为不变。这样，应变能的增加为

$$\delta V_\varepsilon=\iiint(f_x\mathrm{d}x\mathrm{d}y\mathrm{d}z\cdot\delta u+f_y\mathrm{d}x\mathrm{d}y\mathrm{d}z\cdot\delta v+f_z\mathrm{d}x\mathrm{d}y\mathrm{d}z\cdot\delta w)+$$
$$\iint(\bar{f}_x\mathrm{d}S\cdot\delta u+\bar{f}_y\mathrm{d}S\cdot\delta v+\bar{f}_z\mathrm{d}S\cdot\delta w)$$

式中，S 是弹性体的边界。由于虚位移是在位移边界条件所容许下发生的，因此，在位移边界 S_u 上 $\delta u=\delta v=\delta w=0$，上式的面积分只须包括全部受已知面力的边界 S_σ。将上式进行归项以后，得到

$$\delta V_\varepsilon=\int_V(f_x\delta u+f_y\delta v+f_z\delta w)\mathrm{d}V+\int_{S_\sigma}(\bar{f}_x\delta u+\bar{f}_y\delta v+\bar{f}_z\delta w)\mathrm{d}S \tag{4-1}$$

这个方程被称为位移变分方程，也称为拉格朗日变分方程。

按照变分法（参见附录 3），变分的运算与定积分的运算可以交换次序，即

$$\delta V_\varepsilon=\delta\int_V v_\varepsilon\mathrm{d}V=\int_V\delta v_\varepsilon\mathrm{d}V$$

把应变能密度 v_ε 看作应变分量的函数，并应用上节知识，可由上式得到

$$\delta V_\varepsilon=\int_V\left(\frac{\partial v_\varepsilon}{\partial\varepsilon_x}\delta\varepsilon_x+\frac{\partial v_\varepsilon}{\partial\varepsilon_y}\delta\varepsilon_y+\frac{\partial v_\varepsilon}{\partial\varepsilon_z}\delta\varepsilon_z+\frac{\partial v_\varepsilon}{\partial\gamma_{yz}}\delta\gamma_{yz}+\frac{\partial v_\varepsilon}{\partial\gamma_{zx}}\delta\gamma_{zx}+\frac{\partial v_\varepsilon}{\partial\gamma_{xy}}\delta\gamma_{xy}\right)\mathrm{d}V$$
$$=\int_V(\sigma_x\delta\varepsilon_x+\sigma_y\delta\varepsilon_y+\sigma_z\delta\varepsilon_z+\tau_{yz}\delta\gamma_{yz}+\tau_{zx}\delta\gamma_{zx}+\tau_{xy}\delta\gamma_{xy})\mathrm{d}V$$

代入式(4-1),得到虚位移原理(也称虚功原理或虚功方程)的表达式为

$$\int_V (f_x \delta u + f_y \delta v + f_z \delta w)\,\mathrm{d}V + \int_{S_\sigma} (\bar{f}_x \delta u + \bar{f}_y \delta v + \bar{f}_z \delta w)\,\mathrm{d}S =$$

$$\int_V (\sigma_x \delta\varepsilon_x + \sigma_y \delta\varepsilon_y + \sigma_z \delta\varepsilon_z + \tau_{yz}\delta\gamma_{yz} + \tau_{zx}\delta\gamma_{zx} + \tau_{xy}\delta\gamma_{xy})\,\mathrm{d}V$$

把该方程右边的各项称为应力在虚应变上所做的虚功,则虚位移原理可以表述如下:如果在虚位移发生之前,弹性体是处于平衡状态,那么,在虚位移过程中,外力在虚位移上所做的虚功就等于应力在与该虚位移相应的虚应变上所做的虚功。

4.3　最小势能原理

由于在虚位移过程中,外力的大小和方向可以当做保持不变,只是作用点有了改变。于是,可以把式(4-1)改写为

$$\delta V_\varepsilon = \int_V \left[\delta(f_x u) + \delta(f_y v) + \delta(f_z w) \right] \mathrm{d}V + \int_{S_\sigma} \left[\delta\left(\bar{f}_x u\right) + \delta\left(\bar{f}_y v\right) + \delta\left(\bar{f}_z w\right) \right] \mathrm{d}S$$

将变分与定积分交换次序,并进行移项,得

$$\delta\left[V_\varepsilon - \int_V \left(f_x u + f_y v + f_z w\right)\mathrm{d}V - \int_{S_\sigma} \left(\bar{f}_x u + \bar{f}_y v + \bar{f}_z w\right)\mathrm{d}S \right] = 0$$

外力势能 $V_\mathrm{p} = -\int_V (f_x u + f_y v + f_z w)\,\mathrm{d}V - \int_{S_\sigma} (\bar{f}_x u + \bar{f}_y v + \bar{f}_z w)\,\mathrm{d}S$, 以 $u = v = w = 0$ 时的自然状态下的势能为0,则

$$\delta(V_\varepsilon + V_\mathrm{p}) = 0$$

因为 $V_\varepsilon + V_\mathrm{p}$ 是应变能(内能)与外力势能的总和,也称为弹性体的总势能,所以,在给定的外力作用下,实际存在的位移应使总势能的变分成为零。最小势能原理可以如下描述:在给定的外力作用下,在满足位移边界条件的所有各组位移中,实际存在的一组位移应使总势能成为极值。如果考虑二阶变分,则得到 $\delta^2(V_\varepsilon + V_\mathrm{p}) > 0$,由此就可以证明:对于稳定平衡状态,这个极值是极小值。又由于弹性力学的解具有唯一性,总势能的极小值就是最小值。

4.4　位移变分法

上一节中导出的位移变分方程,给弹性力学问题提供这样一个近似解法:设定一组包含若干待定系数的位移分量的表达式,使其满足位移边界条件,然后再令其满足位移变分方程(等价于平衡微分方程和应力边界条件),从中求出待定系数,从而得出问题的位移解答。

试取位移分量的表达式如下：

$$u = u_0 + \sum_m A_m u_m$$

$$v = v_0 + \sum_m B_m v_m$$

$$w = w_0 + \sum_m C_m w_m$$

式中，A_m、B_m、C_m 为互不依赖的 $3m$ 个系数；u_0、v_0、w_0 为设定的函数，在给定位移的边界上，它们的边界值等于边界上的已知位移；u_m、v_m、w_m 为在该边界上等于零的设定函数。这样，不论系数 A_m、B_m、C_m 如何取值，u、v、w 总能满足位移边界条件。注意：位移的变分只是由系数 A_m、B_m、C_m 的变分来实现，至于各个设定函数，则仅随坐标而变，与位移的变分完全无关。

根据上式，位移分量的变分是

$$\delta u = \sum_m u_m \delta A_m$$

$$\delta v = \sum_m v_m \delta B_m$$

$$\delta w = \sum_m w_m \delta C_m$$

而应变能的变分是

$$\delta V_\varepsilon = \sum_m \frac{\partial V_\varepsilon}{\partial A_m}\delta A_m + \sum_m \frac{\partial V_\varepsilon}{\partial B_m}\delta B_m + \sum_m \frac{\partial V_\varepsilon}{\partial C_m}\delta C_m$$

根据式(4-1)，得

$$\sum_m \frac{\partial V_\varepsilon}{\partial A_m}\delta A_m + \sum_m \frac{\partial V_\varepsilon}{\partial B_m}\delta B_m + \sum_m \frac{\partial V_\varepsilon}{\partial C_m}\delta C_m = \sum_m \int_V (f_x u_m \delta A_m + f_y v_m \delta B_m + f_z w_m \delta C_m)\,\mathrm{d}V + \sum_m \int_{S_\sigma} (\bar{f}_x u_m \delta A_m + \bar{f}_y v_m \delta B_m + \bar{f}_z w_m \delta C_m)\,\mathrm{d}S$$

进行移项，将每个系数的变分归并，得到

$$\sum_m \left[\frac{\partial V_\varepsilon}{\partial A_m} - \int_V (f_x u_m)\,\mathrm{d}V - \int_{S_\sigma} (\bar{f}_x u_m)\,\mathrm{d}S\right]\delta A_m + \sum_m \left[\frac{\partial V_\varepsilon}{\partial B_m} - \int_V (f_y v_m)\,\mathrm{d}V - \int_{S_\sigma} (\bar{f}_y v_m)\,\mathrm{d}S\right]\delta B_m + \sum_m \left[\frac{\partial V_\varepsilon}{\partial C_m} - \int_V (f_z w_m)\,\mathrm{d}V - \int_{S_\sigma} (\bar{f}_z w_m)\,\mathrm{d}S\right]\delta C_m = 0$$

因为变分 δA_m、δB_m、δC_m 是完全任意的，而且是互不依赖的，所以它们在上式中的系数必须等于零。于是得到

$$\frac{\partial V_\varepsilon}{\partial A_m} - \int_V (f_x u_m)\,\mathrm{d}V - \int_{S_\sigma} (\bar{f}_x u_m)\,\mathrm{d}S = 0$$

$$\frac{\partial V_\varepsilon}{\partial B_m} - \int_V (f_y v_m)\,\mathrm{d}V - \int_{S_\sigma} (\bar{f}_y v_m)\,\mathrm{d}S = 0$$

$$\frac{\partial V_\varepsilon}{\partial C_m}-\int_V (f_z w_m)\,\mathrm{d}V-\int_{S_\sigma}(\bar{f}_z w_m)\,\mathrm{d}S=0$$

上式中各系数是互不依赖的,因此总可以由这些方程求得各个系数,从而求得位移分量。很多文献上把这个方法称为里茨法。

如果 $u=u_0+\sum\limits_m A_m u_m$, $v=v_0+\sum\limits_m B_m v_m$, $w=w_0+\sum\limits_m C_m w_m$, 使得位移边界条件和应力边界条件都能得到满足,则可以得到

$$\sum_m \iiint\left(\frac{\partial\sigma_x}{\partial x}+\frac{\partial\tau_{yx}}{\partial y}+\frac{\partial\tau_{zx}}{\partial z}+X\right)u_m\delta A_m\mathrm{d}x\mathrm{d}y\mathrm{d}z+\sum_m \iiint\left(\frac{\partial\tau_{xy}}{\partial x}+\frac{\partial\sigma_y}{\partial y}+\frac{\partial\tau_{zy}}{\partial z}+Y\right)v_m\delta B_m\mathrm{d}x\mathrm{d}y\mathrm{d}z+$$
$$\sum_m \iiint\left(\frac{\partial\tau_{xz}}{\partial x}+\frac{\partial\tau_{yz}}{\partial y}+\frac{\partial\sigma_z}{\partial z}+Z\right)w_m\delta C_m\mathrm{d}x\mathrm{d}y\mathrm{d}z=0$$

根据 δA_m、δB_m、δC_m 的任意性,它们的系数应当分别等于零,于是得到

$$\iiint\left(\frac{\partial\sigma_x}{\partial x}+\frac{\partial\tau_{yx}}{\partial y}+\frac{\partial\tau_{zx}}{\partial z}+X\right)u_m\mathrm{d}x\mathrm{d}y\mathrm{d}z=0$$

$$\iiint\left(\frac{\partial\tau_{xy}}{\partial x}+\frac{\partial\sigma_y}{\partial y}+\frac{\partial\tau_{zy}}{\partial z}+Y\right)v_m\mathrm{d}x\mathrm{d}y\mathrm{d}z=0$$

$$\iiint\left(\frac{\partial\tau_{xz}}{\partial x}+\frac{\partial\tau_{yz}}{\partial y}+\frac{\partial\sigma_z}{\partial z}+Z\right)w_m\mathrm{d}x\mathrm{d}y\mathrm{d}z=0$$

将上述三方程中的应力分量通过物理方程用应变分量表示,再通过几何方程用位移分量表示,简化以后,即得

$$\iiint\left[\frac{E}{2(1+\mu)}\left(\frac{1}{1-2\mu}\frac{\partial e}{\partial x}+\nabla^2 u\right)+X\right]u_m\mathrm{d}x\mathrm{d}y\mathrm{d}z=0$$

$$\iiint\left[\frac{E}{2(1+\mu)}\left(\frac{1}{1-2\mu}\frac{\partial e}{\partial y}+\nabla^2 v\right)+Y\right]v_m\mathrm{d}x\mathrm{d}y\mathrm{d}z=0$$

$$\iiint\left[\frac{E}{2(1+\mu)}\left(\frac{1}{1-2\mu}\frac{\partial e}{\partial z}+\nabla^2 w\right)+Z\right]w_m\mathrm{d}x\mathrm{d}y\mathrm{d}z=0$$

这个方法称为伽辽金法。

用位移变分法求得位移分量以后,不难通过弹性方程求得应力分量,但往往出现这样的情况。取少量系数 A_m、B_m、C_m,就可以求得较精确的位移,而由此求出的应力却很不精确。为了求得的应力充分精确,必须取更多的系数。

Adhémar Jean Claude Barré de Saint-Venant

人物

Adhémar Jean Claude Barré de Saint-Venant（圣维南，1797—1886 年）是法国力学家。1855 年和 1856 年，Saint-Venant 用半逆解法分别求解柱体扭转和弯曲问题，其认为"如果柱体端部两种外加载荷在静力学上是等效的，则端部以外区域内两种情况中应力场的差别甚微"。1885 年，布森涅斯克把这个思想加以推广，并称之为"圣维南原理"。

Saint-Venant 研究结果大多发表于法国科学院学报上。1864 年，他在为老师 Navier 的著作《力学在结构和机械方面的应用》编辑第三版时，在书中加入了大量注释和附篇，使 Navier 的原著只占全书的十分之一。Saint-Venant 在这些注释和附篇中表述了自己对材料力学和弹性力学的许多见解。

第二部分

有限单元法理论

基于第一部分(弹性力学知识)的学习,第二部分内容主要讲解一维单元、二维单元、三维单元、静力有限单元法的求解方法以及动力有限单元法的求解方法。通过学习,有助于读者更好地理解 ABAQUS、LS-DYNA、COMSOL 等商业软件的使用,更好地掌握第三部分的内容。

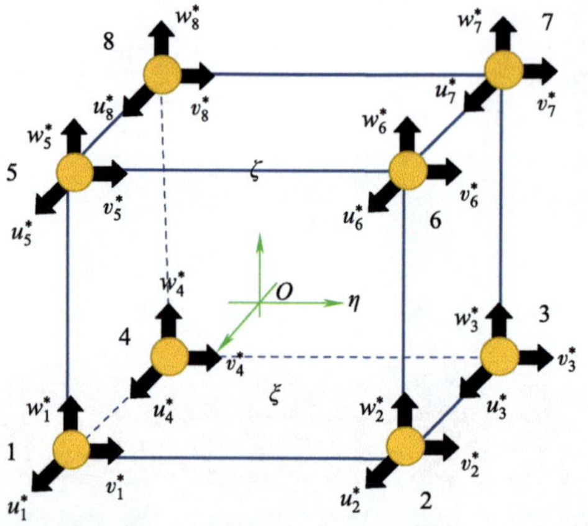

六面体单元

5 一维单元

一维单元主要有弹簧单元、杆单元、梁单元。其中,弹簧单元可用于模拟扣件,如图 5-1 所示。杆单元可用于桁架计算,如图 5-2 所示。梁单元可用于刚架计算和钢轨模拟,如图 5-3 和图 5-4 所示。本章将详细推导弹簧单元、杆单元、梁单元,并采用 MATLAB 和 ABAQUS 对相关算例进行分析。

图 5-1　扣件

图 5-2　桁架

图 5-3　刚架

图 5-4　钢轨

5.1　弹簧单元

5.1.1　局部坐标系中的弹簧单元

图 5-5 为局部坐标系中的弹簧单元,弹簧单元(Spring Element)有 2 个端节点(Node)。$x = x_1$ 处为节点 1,$x = x_2$ 处为节点 2。因此,弹簧单元有 2 个自由度。

[自由度(Degree of Freedom,DOF):描述物体位置状态的独立变量]

图 5-5 局部坐标系中的弹簧单元

本书中,x 方向位移用 u 表示,y 方向位移用 v 表示,z 方向位移用 w 表示,后续章节不再说明。图 5-5 所示局部坐标系中,弹簧单元节点仅发生 x 方向的位移。因此,局部坐标系中弹簧单元节点 1 的位移可以用 u_1 表示,节点 2 的位移可以用 u_2 表示。则,局部坐标系中弹簧单元的节点位移列阵为

$$\boldsymbol{\delta}^e = \{u_1 \quad u_2\}^{\mathrm{T}}$$

图 5-5 所示局部坐标系中,弹簧单元节点仅受到 x 方向的荷载。因此,局部坐标系中弹簧单元节点 1 受到的力可以用 F_1 表示,节点 2 受到的力可以用 F_2 表示。则,局部坐标系中弹簧单元的节点荷载列阵为

$$\boldsymbol{F}^e = \{F_1 \quad F_2\}^{\mathrm{T}}$$

已知弹簧的线弹性系数为 k,进而对节点 1 和节点 2 进行受力分析,有

$$\begin{cases} F_1 + k(u_2 - u_1) = 0 \\ F_2 - k(u_2 - u_1) = 0 \end{cases}$$

写成矩阵形式,即局部坐标系中弹簧单元的刚度方程为

$$\boldsymbol{F}^e = \begin{bmatrix} k & -k \\ -k & k \end{bmatrix} \boldsymbol{\delta}^e = \boldsymbol{K}^e \boldsymbol{\delta}^e$$

则局部坐标系中弹簧单元的刚度矩阵为

$$\boldsymbol{K}^e = \begin{bmatrix} k & -k \\ -k & k \end{bmatrix} \tag{5-1}$$

局部坐标系中的总势能为弹簧势能加上外力势能,得

$$\Pi^e = \frac{1}{2}k\,(\Delta x)^2 - F_1 u_1 - F_2 u_2$$

代入前述关系,可以得到

$$\Pi^e = \frac{1}{2}\boldsymbol{\delta}^{e\mathrm{T}}\boldsymbol{K}^e\boldsymbol{\delta}^e - \boldsymbol{F}^{e\mathrm{T}}\boldsymbol{\delta}^e$$

5.1.2 平面问题整体坐标系中的弹簧单元

平面问题中的弹簧单元可能处于整体坐标系中的任意位置,平面问题中弹簧单元的坐标变换如图 5-6 所示。这就需要将局部坐标系中弹簧单元的表达变换到

整体坐标系中。这样,不同位置的弹簧单元才有公共的基准,才能对所有弹簧单元进行集成。

弹簧单元的局部坐标系为(xOy),整体坐标系为($\bar{x}\,\bar{O}\,\bar{y}$),局部坐标系 x 轴和整体坐标系 $\bar{x}$ 轴之间的夹角为 α,如图 5-6 所示。已知,局部坐标系中的节点位移列阵为

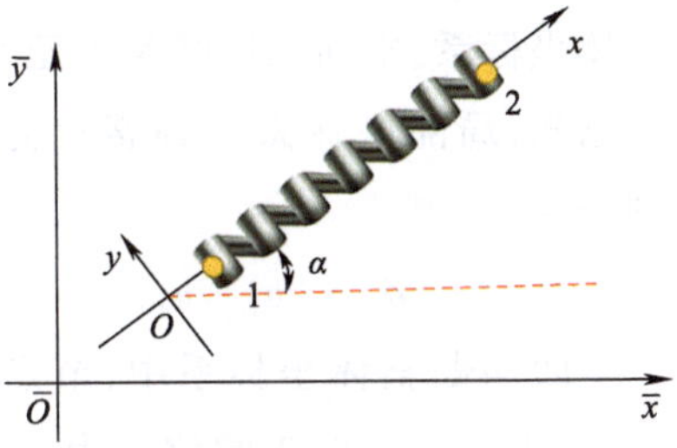

图 5-6　平面问题中弹簧单元的坐标变换

$$\boldsymbol{\delta}^e = \{u_1 \quad u_2\}^{\mathrm{T}}$$

整体坐标系中,节点 1 的位移为 $\bar{u}_1$ 和 $\bar{v}_1$,节点 2 的位移为 $\bar{u}_2$ 和 $\bar{v}_2$,即整体坐标系中的节点位移列阵为

$$\bar{\boldsymbol{\delta}}^e = \{\bar{u}_1 \quad \bar{v}_1 \quad \bar{u}_2 \quad \bar{v}_2\}^{\mathrm{T}}$$

局部坐标系和整体坐标系存在以下等价变换关系:

$$\begin{cases} u_1 = \bar{u}_1 \cos\alpha + \bar{v}_1 \sin\alpha \\ u_2 = \bar{u}_2 \cos\alpha + \bar{v}_2 \sin\alpha \end{cases}$$

写成矩阵形式,即

$$\boldsymbol{\delta}^e = \{u_1 \quad u_2\}^{\mathrm{T}} = \begin{bmatrix} \cos\alpha & \sin\alpha & 0 & 0 \\ 0 & 0 & \cos\alpha & \sin\alpha \end{bmatrix} \begin{Bmatrix} \bar{u}_1 \\ \bar{v}_1 \\ \bar{u}_2 \\ \bar{v}_2 \end{Bmatrix} = \boldsymbol{T}^e \bar{\boldsymbol{\delta}}^e \tag{5-2}$$

式中,$\boldsymbol{T}^e = \begin{bmatrix} \cos\alpha & \sin\alpha & 0 & 0 \\ 0 & 0 & \cos\alpha & \sin\alpha \end{bmatrix}$就是平面问题的坐标变换矩阵。

由于势能是一个标量,不会因坐标系的不同而改变。因此,可将式(5-2)代入基于局部坐标系得出的势能表达式中,即

$$\Pi^e = \frac{1}{2}\boldsymbol{\delta}^{e\mathrm{T}}\boldsymbol{K}^e\boldsymbol{\delta}^e - \boldsymbol{F}^{e\mathrm{T}}\boldsymbol{\delta}^e = \frac{1}{2}\bar{\boldsymbol{\delta}}^{e\mathrm{T}}\boldsymbol{T}^{e\mathrm{T}}\boldsymbol{K}^e\boldsymbol{T}^e\bar{\boldsymbol{\delta}}^e - (\boldsymbol{T}^{e\mathrm{T}}\boldsymbol{F}^e)^{\mathrm{T}}\bar{\boldsymbol{\delta}}^e = \frac{1}{2}\bar{\boldsymbol{\delta}}^{e\mathrm{T}}\bar{\boldsymbol{K}}^e\bar{\boldsymbol{\delta}}^e - \bar{\boldsymbol{F}}^{e\mathrm{T}}\bar{\boldsymbol{\delta}}^e$$

由最小势能原理,可以得到整体坐标系中的刚度方程为

$$\bar{\boldsymbol{F}}^e = \bar{\boldsymbol{K}}^e\bar{\boldsymbol{\delta}}^e \tag{5-3}$$

式中,$\bar{\boldsymbol{F}}^e$ 为整体坐标系中的荷载列阵,$\bar{\boldsymbol{K}}^e = \boldsymbol{T}^{e\mathrm{T}}\boldsymbol{K}^e\boldsymbol{T}^e$ 为整体坐标系中的弹簧单元刚度矩阵,具体表达式为

$$\bar{\boldsymbol{K}}^e = k\begin{bmatrix} \cos^2\alpha & \cos\alpha\sin\alpha & -\cos^2\alpha & -\cos\alpha\sin\alpha \\ \cos\alpha\sin\alpha & \sin^2\alpha & -\cos\alpha\sin\alpha & -\sin^2\alpha \\ -\cos^2\alpha & -\cos\alpha\sin\alpha & \cos^2\alpha & \cos\alpha\sin\alpha \\ -\cos\alpha\sin\alpha & -\sin^2\alpha & \cos\alpha\sin\alpha & \sin^2\alpha \end{bmatrix} \tag{5-4}$$

5.1.3 空间问题整体坐标系中的弹簧单元

空间问题与平面问题类似，需将局部坐标系中弹簧单元的表达变换到空间问题整体坐标系，空间问题弹簧单元的坐标变换如图 5-7 所示。

已知，局部坐标系中弹簧单元的节点位移列阵为

$$\boldsymbol{\delta}^e = \{u_1 \quad u_2\}^{\mathrm{T}}$$

空间问题整体坐标系中，节点 1 的位移为 $\bar{u}_1$、$\bar{v}_1$ 和 $\bar{w}_1$，节点 2 的位移为 $\bar{u}_2$、$\bar{v}_2$ 和 $\bar{w}_2$，则整体坐标系中弹簧单元的节点位移列阵为

$$\bar{\boldsymbol{\delta}}^e = \{\bar{u}_1 \quad \bar{v}_1 \quad \bar{w}_1 \quad \bar{u}_2 \quad \bar{v}_2 \quad \bar{w}_2\}^{\mathrm{T}}$$

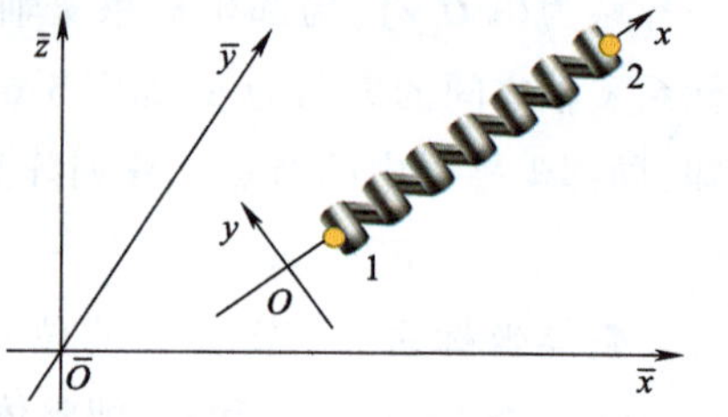

图 5-7 空间问题弹簧单元的坐标变换

已知，局部坐标系 x 轴与整体坐标系 $\bar{x}$ 轴、$\bar{y}$ 轴和 $\bar{z}$ 轴的夹角分别为 α、β 和 γ。则局部坐标系和整体坐标系存在以下变换关系：

$$\begin{cases} u_1 = \bar{u}_1\cos\alpha + \bar{v}_1\cos\beta + \bar{w}_1\cos\gamma \\ u_2 = \bar{u}_2\cos\alpha + \bar{v}_2\cos\beta + \bar{w}_2\cos\gamma \end{cases}$$

写成矩阵形式，即

$$\boldsymbol{\delta}^e = \{u_1 \quad u_2\}^{\mathrm{T}} = \begin{bmatrix} \cos\alpha & \cos\beta & \cos\gamma & 0 & 0 & 0 \\ 0 & 0 & 0 & \cos\alpha & \cos\beta & \cos\gamma \end{bmatrix} \begin{Bmatrix} \bar{u}_1 \\ \bar{v}_1 \\ \bar{w}_1 \\ \bar{u}_2 \\ \bar{v}_2 \\ \bar{w}_2 \end{Bmatrix} = \boldsymbol{T}^e \bar{\boldsymbol{\delta}}^e \tag{5-5}$$

式中，$\boldsymbol{T}^e = \begin{bmatrix} \cos\alpha & \cos\beta & \cos\gamma & 0 & 0 & 0 \\ 0 & 0 & 0 & \cos\alpha & \cos\beta & \cos\gamma \end{bmatrix}$就是空间问题的坐标变换矩阵。

同平面问题，势能是一个标量，不会因坐标系的不同而改变。因此，可将式(5-5)代入基于局部坐标系得出的势能表达式中，有

$$\Pi^e = \frac{1}{2}\boldsymbol{\delta}^{e\mathrm{T}}\boldsymbol{K}^e\boldsymbol{\delta}^e - \boldsymbol{F}^{e\mathrm{T}}\boldsymbol{\delta}^e = \frac{1}{2}\bar{\boldsymbol{\delta}}^{e\mathrm{T}}\boldsymbol{T}^{e\mathrm{T}}\boldsymbol{K}^e\boldsymbol{T}^e\bar{\boldsymbol{\delta}}^e - \boldsymbol{F}^{e\mathrm{T}}\boldsymbol{T}^e\bar{\boldsymbol{\delta}}^e$$

由最小势能原理，可以得到整体坐标系中的刚度方程为

$$\bar{\boldsymbol{F}}^e = \bar{\boldsymbol{K}}^e\bar{\boldsymbol{\delta}}^e \tag{5-6}$$

式中，$\bar{\boldsymbol{F}}^e = \boldsymbol{T}^{e\mathrm{T}}\boldsymbol{K}^e\boldsymbol{T}^e$ 为空间问题整体坐标系中的弹簧单元刚度矩阵，具体表达式为

$$
\overline{\boldsymbol{K}}^e = k\begin{bmatrix}
\cos\alpha\cos\alpha & \cos\alpha\cos\beta & \cos\alpha\cos\gamma & -\cos\alpha\cos\alpha & -\cos\alpha\cos\beta & -\cos\alpha\cos\gamma \\
\cos\beta\cos\alpha & \cos\beta\cos\beta & \cos\beta\cos\gamma & -\cos\beta\cos\alpha & -\cos\beta\cos\beta & -\cos\beta\cos\gamma \\
\cos\gamma\cos\alpha & \cos\gamma\cos\beta & \cos\gamma\cos\gamma & -\cos\gamma\cos\alpha & -\cos\gamma\cos\beta & -\cos\gamma\cos\gamma \\
-\cos\alpha\cos\alpha & -\cos\alpha\cos\beta & -\cos\alpha\cos\gamma & \cos\alpha\cos\alpha & \cos\alpha\cos\beta & \cos\alpha\cos\gamma \\
-\cos\beta\cos\alpha & -\cos\beta\cos\beta & -\cos\beta\cos\gamma & \cos\beta\cos\alpha & \cos\beta\cos\beta & \cos\beta\cos\gamma \\
-\cos\gamma\cos\alpha & -\cos\gamma\cos\beta & -\cos\gamma\cos\gamma & \cos\gamma\cos\alpha & \cos\gamma\cos\beta & \cos\gamma\cos\gamma
\end{bmatrix} \tag{5-7}
$$

5.2　弹簧单元算例

5.2.1　算例 1

5.2.1.1　问题

图 5-8 所示的串联弹簧，节点 2 上作用水平向左荷载 $P = 10$ kN，节点 3 上作用水平向右位移 0.002 m，弹簧线弹性系数 $k_1 = 1\times10^6$ N/m，$k_2 = 2\times10^6$ N/m，弹簧 1-2 长度为 1.5 m，弹簧 2-3 长度为 1 m，求：

(1) 节点 2 的位移；

(2) 节点 1 和节点 3 的支反力。

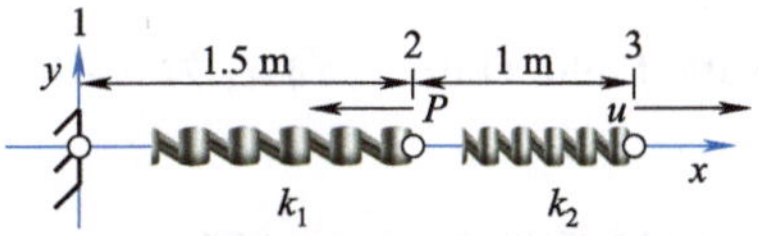

图 5-8　弹簧单元算例 1

5.2.1.2　MATLAB 编程计算

此问题，局部坐标系和整体坐标系重合，不需要进行坐标变换。局部坐标系如图 5-8 所示，依据式(5-1)构建局部坐标系下单元刚度矩阵，并根据如下方法形成总刚矩阵：

$K(i,i) = K(i,i) + k(1,1)$；

$K(i,j) = K(i,j) + k(1,2)$；

$K(j,i) = K(j,i) + k(2,1)$；

$K(j,j) = K(j,j) + k(2,2)$。

根据问题表述，位移条件为 $u_1 = 0$，$u_3 = 0.002$，则位移列阵为

$$\boldsymbol{\delta} = \{0 \quad u_2 \quad 0.002\}^{\mathrm{T}}$$

荷载条件为 $F_2 = -10\,000$ N，则荷载列阵为

$$\boldsymbol{F} = \{F_1 \quad -10\,000 \quad F_3\}^{\mathrm{T}}$$

计算可得 $u_2 = -0.002$ m，$F_1 = 2\,000$ N，$F_3 = 8\,000$ N。

5.2.1.3 ABAQUS 计算

1. Part 模块

(1)Module、Part、Create Part,命名为 Point-1。Modeling Space 选择 2D Planar, Type 选择 Deformable, Base Feature 选择 Point,在 Approximate Size 输入 5[默认长度单位为米(m)]。在 Enter the Coordinates of the Point 中输入 0,0。

(2)同理,创建 Point-2 和 Point-3,其中 Point-1 和 Point-2 之间距离 1.5 m, Point-2 和 Point-3 之间距离 1 m。

2. Assembly 模块

Module、Assembly、Create Instance,选择 Parts,选中 Point-1、Point-2、Point-3, Instance Type 选择 Dependent(Mesh on Part),也可以选择 Independent(Mesh on Instance)。

3. Step 模块

(1)Module、Step、Create Step,命名为 Step-1, Procedure Type 选择 General,进一步选择 Static、General。

(2)点击 Continue,本问题可以不做任何处理,保留默认,点击 OK 保存退出。

(3)给每个 Point 设置一个 Set。

(4)Module、Step、Create Field Output,命名为 F-Output-2(默认情况,创建有 F-Output-1),选择 Step-1。

(5)Domian 中选择 Set,然后选择 Set-1(即 Point-1),选择支反力选项(RT, Reaction Forces),点击 OK 保存退出。

(6)同理,设置 Point-2 和 Point-3。

4. Interaction 模块

(1)Special, Springs/Dashpots, Create Springs/Dashpots,命名为 Springs/Dashpots-1, Connectivity Type 选择 Connect Two Points,选择 Point-1 和 Point-2。

(2)Property 中勾选 Spring Stiffness,输入 1E6。

(3)同理,设置 Point-2 和 Point-3 之间的弹簧。

5. Load 模块

(1)Module、Load、Create Boundary Condition,命名为 BC-1, Category 选择 Mechanical, Types for Selected Step 选择 Displacement/Rotation。

(2)点击 Continue,选择左端点,即节点 1, Done, U1 处输入 0,点击 OK 保存退出。

(3)同理,在节点 3 上设置水平向右位移 0.002。

(4)Module、Load、Creat Load,命名为 Load-1, Category 选择 Mechanical, Types for Selected Step 选择 Consentrated Force。

(5)点击 Continue,选中节点 2,CF1 输入 -10 000,点击 OK 保存退出。

6. Job 模块

Module、Job、Create Job,点击 Submit 提交运算。对于复杂问题,也可以先 Data Check。运算完后,点击 Results,进入 Visualization。

7. Visualization 模块

通过 Creat X Y data,获取节点 2 的水平向位移为 -0.002 m,节点 1 的水平向支反力为 2 000 N,节点 3 的水平向支反力为 8 000 N。

5.2.2　算例 2

5.2.2.1　问题

图 5-9 所示弹簧结构,节点 1 承受竖向向下荷载 $P = 80$ kN。弹簧 1-2 线弹性系数 $k_1 = 1 \times 10^6$ N/m,弹簧 1-3 线弹性系数 $k_2 = 2 \times 10^6$ N/m,弹簧 1-2 长度为 2 m。弹簧之间夹角以及整体坐标系如图 5-9 所示。求节点 1 的水平位移和竖向位移。

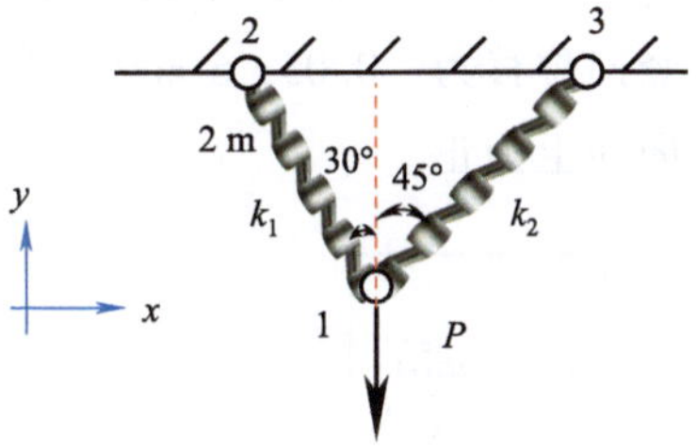

图 5-9　弹簧单元算例 2

5.2.2.2　MATLAB 编程计算

根据问题表述,位移条件为 $\bar{u}_2 = 0, \bar{v}_2 = 0, \bar{u}_3 = 0, \bar{v}_3 = 0$,则位移列阵为

$$\bar{\boldsymbol{\delta}} = \{\bar{u}_1 \quad \bar{v}_1 \quad 0 \quad 0 \quad 0 \quad 0\}^{\mathrm{T}}$$

荷载条件为 $\bar{F}_{1x} = 0, \bar{F}_{1y} = -80\ 000$ N,则荷载列阵为

$$\bar{\boldsymbol{F}} = \{0 \quad -80\ 000 \quad \bar{F}_{2\bar{x}} \quad \bar{F}_{2\bar{y}} \quad \bar{F}_{3\bar{x}} \quad \bar{F}_{3\bar{y}}\}^{\mathrm{T}}$$

根据式(5-4),构建平面问题整体坐标系中弹簧单元的刚度矩阵。而后,通过如下方式构建总刚矩阵:

$K(2 \times i-1, 2 \times i-1) = K(2 \times i-1, 2 \times i-1) + k(1,1)$;

$K(2 \times i-1, 2 \times i) = K(2 \times i-1, 2 \times i) + k(1,2)$;

$K(2 \times i-1, 2 \times j-1) = K(2 \times i-1, 2 \times j-1) + k(1,3)$;

$K(2 \times i-1, 2 \times j) = K(2 \times i-1, 2 \times j) + k(1,4)$;

$K(2 \times i, 2 \times i-1) = K(2 \times i, 2 \times i-1) + k(2,1)$;

$K(2 \times i, 2 \times i) = K(2 \times i, 2 \times i) + k(2,2)$;

$K(2 \times i, 2 \times j-1) = K(2 \times i, 2 \times j-1) + k(2,3)$;

$K(2 \times i, 2 \times j) = K(2 \times i, 2 \times j) + k(2,4)$;

$K(2 \times j-1, 2 \times i-1) = K(2 \times j-1, 2 \times i-1) + k(3,1)$;

$K(2\times j-1,2\times i)=K(2\times j-1,2\times i)+k(3,2)$;

$K(2\times j-1,2\times j-1)=K(2\times j-1,2\times j-1)+k(3,3)$;

$K(2\times j-1,2\times j)=K(2\times j-1,2\times j)+k(3,4)$;

$K(2\times j,2\times i-1)=K(2\times j,2\times i-1)+k(4,1)$;

$K(2\times j,2\times i)=K(2\times j,2\times i)+k(4,2)$;

$K(2\times j,2\times j-1)=K(2\times j,2\times j-1)+k(4,3)$;

$K(2\times j,2\times j)=K(2\times j,2\times j)+k(4,4)$。

计算得出:节点 1 的水平向位移 0.024 3 m,竖向位移为 -0.053 6 m。

5.2.2.3 ABAQUS 计算

采用和算例 1 类似的操作,得到弹簧结构水平向位移如图 5-10(a)所示,竖向位移如图 5-10(b)所示,并通过查询功能,得到节点 1 的水平向位移为 0.024 3 m,竖向位移为 -0.053 6 m。注意,图 5-10 所示坐标系同图 5-9,即水平向右为正,竖向向上为正。

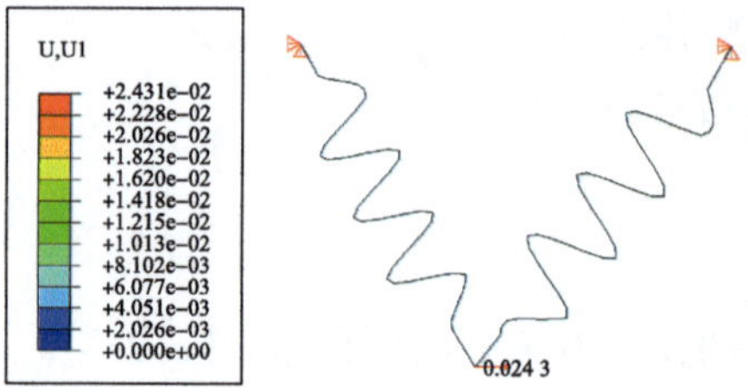

(a) U1

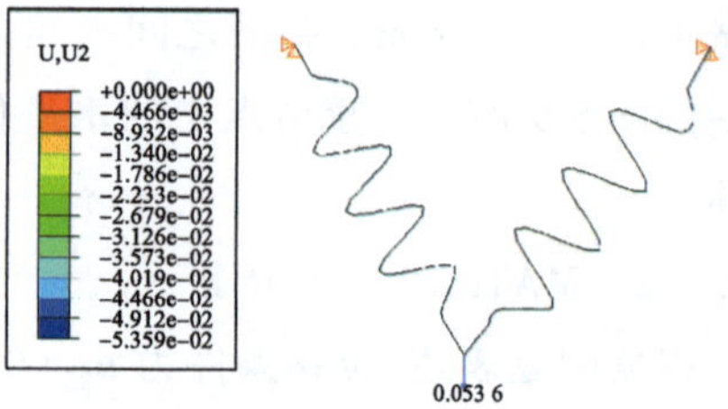

(b) U2

图 5-10 弹簧结构的位移云图

5.2.3 算例 3

5.2.3.1 问题

图 5-11 所示弹簧结构,节点 1、节点 2 和节点 3 均固定,节点 4 承受竖向向下荷载 $P=10$ kN。3 根弹簧的线弹性系数均为 $k_{1,2,3}=1\times10^6$ N/m。整体坐标系如图 5-11 所示,节点 1 到原点的距离为 1 m,节点 2 到原点的距离为 1 m,节点 3 到原点的距离为 1 m,节点 4 到原点的距离为 1 m。求节点 4 的水平向(x 和 y 方向)位移以及竖向(z 方向)位移。

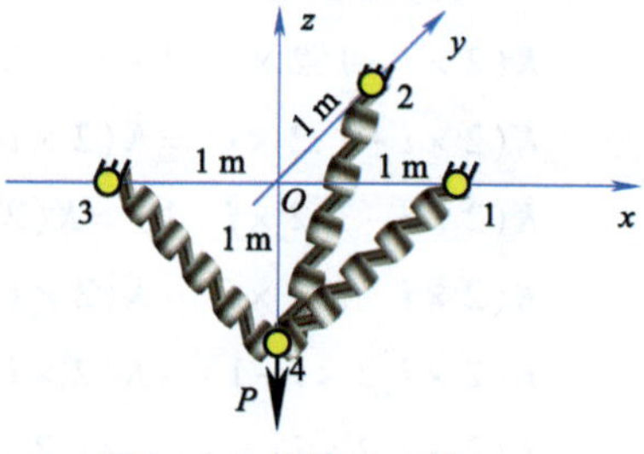

图 5-11 弹簧单元算例 3

5.2.3.2 MATLAB 编程计算

根据问题表述，位移条件为 $\overline{u}_1=0,\overline{v}_1=0,\overline{w}_1=0,\overline{u}_2=0,\overline{v}_2=0,\overline{w}_2=0,\overline{u}_3=0,\overline{v}_3=0,\overline{w}_3=0$，则位移列阵为

$$\overline{\boldsymbol{\delta}}=\{0\quad 0\quad 0\quad 0\quad 0\quad 0\quad 0\quad 0\quad 0\quad \overline{u}_4\quad \overline{v}_4\quad \overline{w}_4\}^{\mathrm{T}}$$

荷载条件为 $\overline{F}_{4x}=0,\overline{F}_{4y}=0,\overline{F}_{4z}=-10\ 000$ N，则荷载列阵为

$$\overline{\boldsymbol{F}}=\{\overline{F}_{1\bar{x}}\quad \overline{F}_{1\bar{y}}\quad \overline{F}_{1\bar{z}}\quad \overline{F}_{2\bar{x}}\quad \overline{F}_{2\bar{y}}\quad \overline{F}_{2\bar{z}}\quad \overline{F}_{3\bar{x}}\quad \overline{F}_{3\bar{y}}\quad \overline{F}_{3\bar{z}}\quad 0\quad 0\quad -10\ 000\}^{\mathrm{T}}$$

根据式(5-7)，构建整体坐标系下单元刚度矩阵。而后，通过如下方式构建总刚矩阵：

$K(3\times i-2,3\times i-2)=K(3\times i-2,3\times i-2)+k(1,1)$;

$K(3\times i-2,3\times i-1)=K(3\times i-2,3\times i-1)+k(1,2)$;

$K(3\times i-2,3\times i)=K(3\times i-2,3\times i)+k(1,3)$;

$K(3\times i-2,3\times j-2)=K(3\times i-2,3\times j-2)+k(1,4)$;

$K(3\times i-2,3\times j-1)=K(3\times i-2,3\times j-1)+k(1,5)$;

$K(3\times i-2,3\times j)=K(3\times i-2,3\times j)+k(1,6)$;

$K(3\times i-1,3\times i-2)=K(3\times i-1,3\times i-2)+k(2,1)$;

$K(3\times i-1,3\times i-1)=K(3\times i-1,3\times i-1)+k(2,2)$;

$K(3\times i-1,3\times i)=K(3\times i-1,3\times i)+k(2,3)$;

$K(3\times i-1,3\times j-2)=K(3\times i-1,3\times j-2)+k(2,4)$;

$K(3\times i-1,3\times j-1)=K(3\times i-1,3\times j-1)+k(2,5)$;

$K(3\times i-1,3\times j)=K(3\times i-1,3\times j)+k(2,6)$;

$K(3\times i,3\times i-2)=K(3\times i,3\times i-2)+k(3,1)$;

$K(3\times i,3\times i-1)=K(3\times i,3\times i-1)+k(3,2)$;

$K(3\times i,3\times i)=K(3\times i,3\times i)+k(3,3)$;

$K(3\times i,3\times j-2)=K(3\times i,3\times j-2)+k(3,4)$;

$K(3\times i,3\times j-1)=K(3\times i,3\times j-1)+k(3,5)$;

$K(3\times i,3\times j)=K(3\times i,3\times j)+k(3,6)$;

$K(3\times j-2,3\times i-2)=K(3\times j-2,3\times i-2)+k(4,1)$;

$K(3\times j-2,3\times i-1)=K(3\times j-2,3\times i-1)+k(4,2)$;

$K(3\times j-2,3\times i)=K(3\times j-2,3\times i)+k(4,3)$;

$K(3\times j-2,3\times j-2)=K(3\times j-2,3\times j-2)+k(4,4)$;

$K(3\times j-2,3\times j-1)=K(3\times j-2,3\times j-1)+k(4,5)$;

$K(3\times j-2,3\times j)=K(3\times j-2,3\times j)+k(4,6)$;

$K(3\times j-1,3\times i-2)=K(3\times j-1,3\times i-2)+k(5,1)$;

$K(3\times j-1,3\times i-1)=K(3\times j-1,3\times i-1)+k(5,2)$;

$K(3\times j-1,3\times i)=K(3\times j-1,3\times i)+k(5,3)$;

$K(3\times j-1,3\times j-2)=K(3\times j-1,3\times j-2)+k(5,4)$;

$K(3\times j-1,3\times j-1)=K(3\times j-1,3\times j-1)+k(5,5)$;

$K(3\times j-1,3\times j)=K(3\times j-1,3\times j)+k(5,6)$;

$K(3\times j,3\times i-2)=K(3\times j,3\times i-2)+k(6,1)$;

$K(3\times j,3\times i-1)=K(3\times j,3\times i-1)+k(6,2)$;

$K(3\times j,3\times i)=K(3\times j,3\times i)+k(6,3)$;

$K(3\times j,3\times j-2)=K(3\times j,3\times j-2)+k(6,4)$;

$K(3\times j,3\times j-1)=K(3\times j,3\times j-1)+k(6,5)$;

$K(3\times j,3\times j)=K(3\times j,3\times j)+k(6,6)$。

计算得出节点 4 的 x 方向位移为 0,y 方向位移为 0.01 m,z 方向位移为 −0.01 m。

5.2.3.3　ABAQUS 计算

采用和算例 2 类似的操作,得到弹簧结构水平方向(y 方向)位移如图 5-12(a)所示,竖向位移如图 5-12(b)所示。并通过查询功能,得到节点 4 的 x 方向位移为 0,y 方向位移为 0.01 m,z 方向位移为 −0.01 m。注意,图 5-12 所示坐标系同图 5-11 相同,即竖向向上为正。

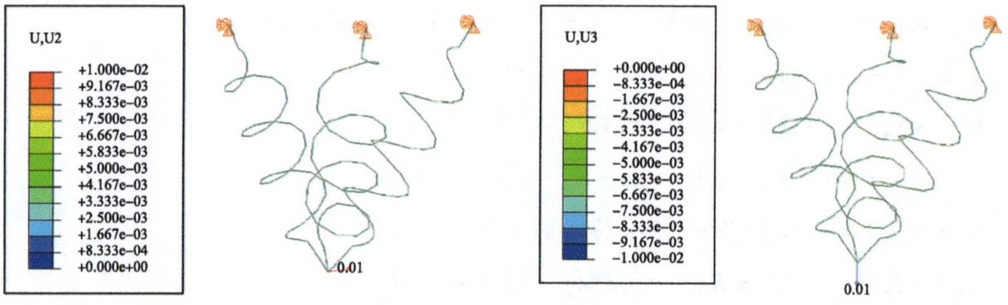

(a) U2　　(b) U3

图 5-12　弹簧结构的位移云图

5.3　杆单元

5.3.1　局部坐标系中的杆单元

图 5-13 所示局部坐标系中,杆单元(Bar Element)有 2 个端节点。$x=x_1$ 处为节点 1,

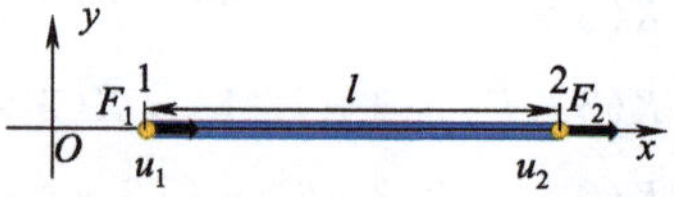

图 5-13　局部坐标系中的杆单元

$x = x_2$ 处为节点 2,杆长 $l = x_2 - x_1$。

局部坐标系中杆单元的节点位移列阵为

$$\boldsymbol{\delta}^e = \{u_1 \quad u_2\}^{\mathrm{T}}$$

局部坐标系中杆单元的节点荷载列阵为

$$\boldsymbol{F}^e = \{F_1 \quad F_2\}^{\mathrm{T}}$$

局部坐标系下杆单元刚度矩阵的推导,可以类似局部坐标系下弹簧单元刚度矩阵的推导。分别对节点 1 和节点 2 进行受力分析,建立节点 1 和节点 2 的力平衡方程,从而得出局部坐标系下杆单元的刚度矩阵。但是,为了和本书后续各类型单元统一,局部坐标系下杆单元刚度矩阵采用能量原理进行推导。

1. 单元位移场的描述

杆单元有 2 个自由度,因此,杆单元的位移插值模式可为

$$u(x) = a_0 + a_1 x \tag{5-8}$$

式中,a_0 和 a_1 为待定系数。

已知,杆单元节点的边界条件为

$$\begin{cases} u(x)\big|_{x=x_1} = u_1 \\ u(x)\big|_{x=x_2} = u_2 \end{cases}$$

将边界条件代入式(5-8),得出

$$\begin{cases} a_0 = \dfrac{u_1(l + x_1) - u_2 x_1}{l} \\ a_1 = \dfrac{u_1 - u_2}{x_1 - x_2} = \dfrac{u_2 - u_1}{l} \end{cases}$$

将 a_0、a_1 代回式(5-8),得出

$$u(x) = \frac{u_1(l + x_1) - u_2 x_1}{l} + \frac{u_2 - u_1}{l}x = \left(1 - \frac{x - x_1}{l}\right)u_1 + \frac{x - x_1}{l}u_2 = \boldsymbol{N}\boldsymbol{\delta}^e \tag{5-9}$$

式中,形函数矩阵 $\boldsymbol{N} = \left[1 - \dfrac{x - x_1}{l} \quad \dfrac{x - x_1}{l}\right]$。

2. 单元应变场的描述

依据本书第一部分弹性力学所学知识(几何方程),并考虑杆单元所属一维问题(仅有 1 个变量 x),应变可以写成

$$\varepsilon(x) = \frac{\mathrm{d}u(x)}{\mathrm{d}x}$$

将式(5-9)代入,得

$$\varepsilon(x) = -\frac{1}{l}u_1 + \frac{1}{l}u_2 = \frac{1}{l}[-1 \quad 1]\boldsymbol{\delta}^e = \boldsymbol{B}\boldsymbol{\delta}^e \tag{5-10}$$

式中，应变—位移矩阵 $\boldsymbol{B}=\frac{1}{l}[-1 \quad 1]$。

3. 单元应力场的描述

依据本书第一部分弹性力学所学知识（物理方程），并考虑杆单元所属一维问题（仅有1个变量 x），应力可以写成

$$\sigma(x)=E\varepsilon(x)$$

将式(5-10)代入，得

$$\sigma(x)=\frac{E}{l}[-1 \quad 1]\boldsymbol{\delta}^e=\boldsymbol{S\delta}^e \tag{5-11}$$

式中，应力—位移矩阵 $\boldsymbol{S}=\frac{E}{l}[-1 \quad 1]$。

4. 杆单元刚度矩阵

本书统一采用最小势能原理进行推导，读者亦可以用虚功原理进行推导。杆单元势能的表达式可以写成

$$\begin{aligned}\Pi^e=U^e-W^e&=\frac{1}{2}\int_{\Omega^e}\sigma(x)\varepsilon(x)\mathrm{d}\Omega-(F_1u_1+F_2u_2)\\&=\frac{1}{2}A\int_0^l\sigma(x)\varepsilon(x)\mathrm{d}x-(F_1u_1+F_2u_2)\end{aligned}$$

式中，A 为杆截面面积（此处假定等截面杆）。

将式(5-10)和式(5-11)代入势能表达式，得

$$\begin{aligned}\Pi^e=U^e-W^e&=\frac{1}{2}A\int_0^l(\boldsymbol{S\delta}^e)^{\mathrm{T}}(\boldsymbol{B\delta}^e)\mathrm{d}x-(F_1u_1+F_2u_2)\\&=\frac{1}{2}A\int_0^l\boldsymbol{\delta}^{e\mathrm{T}}\boldsymbol{S}^{\mathrm{T}}\boldsymbol{B\delta}^e\mathrm{d}x-\boldsymbol{F}^{e\mathrm{T}}\boldsymbol{\delta}^e\end{aligned}$$

化简后得出

$$\Pi^e=\frac{1}{2}\boldsymbol{\delta}^{e\mathrm{T}}\boldsymbol{K}^e\boldsymbol{\delta}^e-\boldsymbol{F}^{e\mathrm{T}}\boldsymbol{\delta}^e \tag{5-12}$$

利用最小势能原理，即 $\delta\Pi^e=0$。据此，可以得到杆单元的刚度方程为

$$\boldsymbol{F}^e=\boldsymbol{K}^e\boldsymbol{\delta}^e \tag{5-13}$$

式中，杆单元刚度矩阵为

$$\boldsymbol{K}^e=A\int_0^l(\boldsymbol{S}^{\mathrm{T}}\boldsymbol{B})\mathrm{d}x=\frac{EA}{l}\begin{bmatrix}1&-1\\-1&1\end{bmatrix} \tag{5-14}$$

这里可以看到，对于局部坐标系中的杆单元，节点坐标并不影响单元刚度矩阵。为求解方便，可以将杆单元某一节点（比如节点1）放置于局部坐标系原点。

由此，局部坐标系中的杆单元刚度矩阵推导将变得简单。对于单一方向的杆系问题，此局部坐标系将等同于整体坐标系，也就是所谓的局部坐标系和整体坐标系一致。此外，读者可依次类推 3 节点杆单元。

5.3.2　平面问题整体坐标系中的杆单元

平面问题中的杆单元可处于整体坐标系中的任意位置，平面问题中杆单元的坐标变换如图 5-14 所示。这就需要将局部坐标系中杆单元的表达变换到整体坐标系中。这样，不同位置的杆单元才有公共的基准坐标，才能对所有杆单元进行集成。

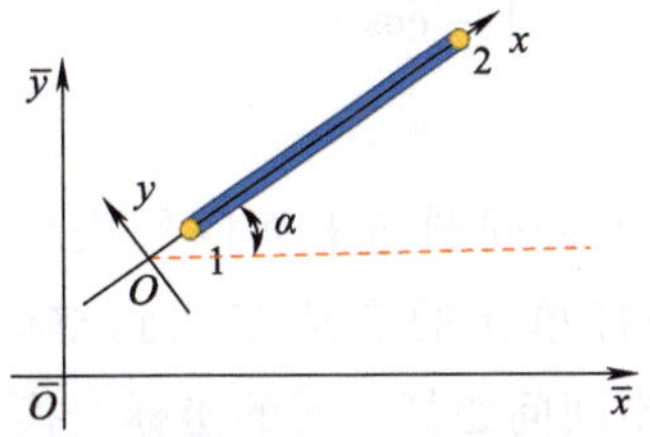

图 5-14　平面问题中杆单元的坐标变换

杆单元的局部坐标系为 xOy，整体坐标系为 $\bar{x}\bar{O}\bar{y}$，局部坐标系 x 轴和整体坐标系 $\bar{x}$ 轴之间的夹角为 α，如图 5-14 所示。局部坐标系中的节点位移为

$$\boldsymbol{\delta}^e = \{u_1 \quad u_2\}^{\mathrm{T}}$$

整体坐标系中，节点 1 的位移为 $\bar{u}_1$ 和 $\bar{v}_1$，节点 2 的位移为 $\bar{u}_2$ 和 $\bar{v}_2$，即整体坐标系中的节点位移为

$$\bar{\boldsymbol{\delta}}^e = \{\bar{u}_1 \quad \bar{v}_1 \quad \bar{u}_2 \quad \bar{v}_2\}^{\mathrm{T}}$$

局部坐标系和整体坐标系存在以下变换关系：

$$\begin{cases} u_1 = \bar{u}_1\cos\alpha + \bar{v}_1\sin\alpha \\ u_2 = \bar{u}_2\cos\alpha + \bar{v}_2\sin\alpha \end{cases}$$

写成矩阵形式为

$$\boldsymbol{\delta}^e = \{u_1 \quad u_2\}^{\mathrm{T}} = \begin{bmatrix} \cos\alpha & \sin\alpha & 0 & 0 \\ 0 & 0 & \cos\alpha & \sin\alpha \end{bmatrix} \begin{Bmatrix} \bar{u}_1 \\ \bar{v}_1 \\ \bar{u}_2 \\ \bar{v}_2 \end{Bmatrix} = \boldsymbol{T}^e\bar{\boldsymbol{\delta}}^e \tag{5-15}$$

式中，$\boldsymbol{T}^e = \begin{bmatrix} \cos\alpha & \sin\alpha & 0 & 0 \\ 0 & 0 & \cos\alpha & \sin\alpha \end{bmatrix}$为平面问题杆单元的坐标变换矩阵。

同样，可将式(5-15)代入基于局部坐标系所得的势能表达式中，即

$$\Pi^e = \frac{1}{2}\boldsymbol{\delta}^{e\mathrm{T}}\boldsymbol{K}^e\boldsymbol{\delta}^e - \boldsymbol{F}^{e\mathrm{T}}\boldsymbol{\delta}^e = \frac{1}{2}\bar{\boldsymbol{\delta}}^{e\mathrm{T}}\boldsymbol{T}^{e\mathrm{T}}\boldsymbol{K}^e\boldsymbol{T}^e\bar{\boldsymbol{\delta}}^e - \boldsymbol{F}^{e\mathrm{T}}\boldsymbol{T}^e\bar{\boldsymbol{\delta}}^e$$

由最小势能原理，可以得到整体坐标系中的刚度方程为

$$\bar{\boldsymbol{F}}^e = \bar{\boldsymbol{K}}^e\bar{\boldsymbol{\delta}}^e \tag{5-16}$$

式中，$\overline{\boldsymbol{K}}^e = \boldsymbol{T}^{e\mathrm{T}}\boldsymbol{K}^e\boldsymbol{T}^e$ 为整体坐标系中的杆单元刚度矩阵，具体表达式为

$$\overline{\boldsymbol{K}}^e = \frac{EA}{l}\begin{bmatrix} \cos^2\alpha & \cos\alpha\sin\alpha & -\cos^2\alpha & -\cos\alpha\sin\alpha \\ \cos\alpha\sin\alpha & \sin^2\alpha & -\cos\alpha\sin\alpha & -\sin^2\alpha \\ -\cos^2\alpha & -\cos\alpha\sin\alpha & \cos^2\alpha & \cos\alpha\sin\alpha \\ -\cos\alpha\sin\alpha & -\sin^2\alpha & \cos\alpha\sin\alpha & \sin^2\alpha \end{bmatrix} \tag{5-17}$$

5.3.3　空间问题整体坐标系中的杆单元

空间问题与平面问题类似，需将局部坐标系中杆单元的表达变换到空间问题整体坐标系，空间问题杆单元的坐标变换如图 5-15 所示。

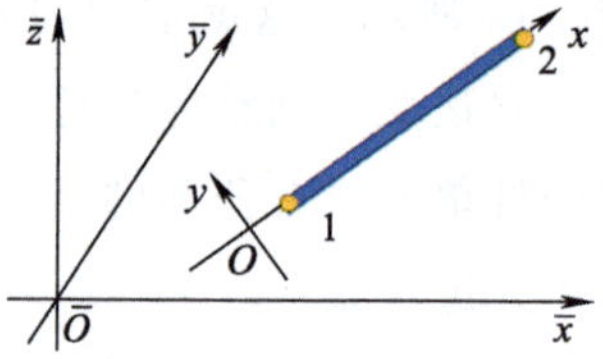

图 5-15　空间问题杆单元的坐标变换

已知，局部坐标系中的节点位移为

$$\boldsymbol{\delta}^e = \{u_1 \quad u_2\}^{\mathrm{T}}$$

整体坐标系下，节点 1 的位移为 $\bar{u}_1$、$\bar{v}_1$ 和 $\bar{w}_1$，节点 2 的位移为 $\bar{u}_2$、$\bar{v}_2$、$\bar{w}_2$，即整体坐标系中的节点位移为

$$\overline{\boldsymbol{\delta}}^e = \{\bar{u}_1 \quad \bar{v}_1 \quad \bar{w}_1 \quad \bar{u}_2 \quad \bar{v}_2 \quad \bar{w}_2\}^{\mathrm{T}}$$

局部坐标系 x 轴与整体坐标系 $\bar{x}$ 轴、$\bar{y}$ 轴和 $\bar{z}$ 轴的夹角分别为 α、β 和 γ。局部坐标系和整体坐标系存在以下变换关系：

$$\begin{cases} u_1 = \bar{u}_1\cos\alpha + \bar{v}_1\cos\beta + \bar{w}_1\cos\gamma \\ u_2 = \bar{u}_2\cos\alpha + \bar{v}_2\cos\beta + \bar{w}_2\cos\gamma \end{cases}$$

写成矩阵形式为

$$\boldsymbol{\delta}^e = \{u_1 \quad u_2\}^{\mathrm{T}} = \begin{bmatrix} \cos\alpha & \cos\beta & \cos\gamma & 0 & 0 & 0 \\ 0 & 0 & 0 & \cos\alpha & \cos\beta & \cos\gamma \end{bmatrix}\begin{Bmatrix} \bar{u}_1 \\ \bar{v}_1 \\ \bar{w}_1 \\ \bar{u}_2 \\ \bar{v}_2 \\ \bar{w}_2 \end{Bmatrix} = \boldsymbol{T}^e\overline{\boldsymbol{\delta}}^e \tag{5-18}$$

式中，$\boldsymbol{T}^e = \begin{bmatrix} \cos\alpha & \cos\beta & \cos\gamma & 0 & 0 & 0 \\ 0 & 0 & 0 & \cos\alpha & \cos\beta & \cos\gamma \end{bmatrix}$为空间问题杆单元的坐标变换矩阵。

同平面问题，可将式(5-18)代入基于局部坐标系所得的势能表达式中，有

$$\Pi^e = \frac{1}{2}\boldsymbol{\delta}^{e\mathrm{T}}\boldsymbol{K}^e\boldsymbol{\delta}^e - \boldsymbol{F}^{e\mathrm{T}}\boldsymbol{\delta}^e = \frac{1}{2}\overline{\boldsymbol{\delta}}^{e\mathrm{T}}\boldsymbol{T}^{e\mathrm{T}}\boldsymbol{K}^e\boldsymbol{T}^e\overline{\boldsymbol{\delta}}^e - \boldsymbol{F}^{e\mathrm{T}}\boldsymbol{T}^e\overline{\boldsymbol{\delta}}^e$$

由最小势能原理，可以得到整体坐标系中的刚度方程为

$$\overline{F}^e = \overline{K}^e \overline{\delta}^e \tag{5-19}$$

式中，$\overline{K}^e = T^{eT} K^e T^e$ 为整体坐标系中的杆单元刚度矩阵，具体表达式为

$$\overline{K}^e = \frac{EA}{l}\begin{bmatrix} \cos\alpha\cos\alpha & \cos\alpha\cos\beta & \cos\alpha\cos\gamma & -\cos\alpha\cos\alpha & -\cos\alpha\cos\beta & -\cos\alpha\cos\gamma \\ \cos\beta\cos\alpha & \cos\beta\cos\beta & \cos\beta\cos\gamma & -\cos\beta\cos\alpha & -\cos\beta\cos\beta & -\cos\beta\cos\gamma \\ \cos\gamma\cos\alpha & \cos\gamma\cos\beta & \cos\gamma\cos\gamma & -\cos\gamma\cos\alpha & -\cos\gamma\cos\beta & -\cos\gamma\cos\gamma \\ -\cos\alpha\cos\alpha & -\cos\alpha\cos\beta & -\cos\alpha\cos\gamma & \cos\alpha\cos\alpha & \cos\alpha\cos\beta & \cos\alpha\cos\gamma \\ -\cos\beta\cos\alpha & -\cos\beta\cos\beta & -\cos\beta\cos\gamma & \cos\beta\cos\alpha & \cos\beta\cos\beta & \cos\beta\cos\gamma \\ -\cos\gamma\cos\alpha & -\cos\gamma\cos\beta & -\cos\gamma\cos\gamma & \cos\gamma\cos\alpha & \cos\gamma\cos\beta & \cos\gamma\cos\gamma \end{bmatrix} \tag{5-20}$$

5.4　杆单元算例

5.4.1　算例 1

5.4.1.1　问题

图 5-16 所示的杆系结构，节点 2 上作用水平向左荷载 $P = 10$ kN，节点 3 上作用水平向右位移 0.002 m，杆的弹性模量 $E = 210$ GPa，杆截面面积 $A = 0.003\ \text{m}^2$，求：

(1)节点 2 的位移；

(2)节点 1 和节点 3 的支反力；

(3)每根杆的应力。

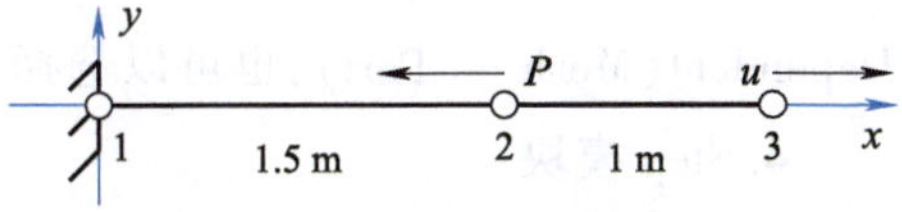

图 5-16　杆单元算例 1

5.4.1.2　MATLAB 编程计算

根据问题表述，位移条件为 $u_1 = 0$，$u_3 = 0.002$，则位移列阵为

$$\boldsymbol{\delta} = \{0 \quad u_2 \quad 0.002\}^{T}$$

荷载条件为 $F_2 = -10\ 000$ N，则荷载列阵为

$$\boldsymbol{F} = \{F_1 \quad -10\ 000 \quad F_3\}^{T}$$

此问题，局部坐标系和整体坐标系重合，不需要进行坐标变换。根据式(5-13)，构建局部坐标系下单元刚度矩阵，并根据如下方法，形成总刚矩阵：

$K(i,i) = K(i,i) + k(1,1)$；

$K(i,j) = K(i,j) + k(1,2)$；

$K(j,i) = K(j,i) + k(2,1)$；

$K(j,j) = K(j,j) + k(2,2)$。

计算得 $u_2 = 0.001\ 190\ 5$ m。进而，可以求出荷载列阵，得 $F_1 = -500$ kN，$F_3 = 510$ kN。根据各单元的节点位移，求出各单元的应力，即单元 1 的应力为 166.7 MPa，

单元 2 的应力为 170 MPa。

5.4.1.3 ABAQUS 计算

1. Part 模块

Module、Part、Create Part，命名为 Bar-1。Modeling Space 选择 2D Planar，Type 选择 Deformable，Base Feature 选择 Wire，在 Approximate Size 输入 5[默认长度单位为米(m)]。转入 Sketch 后，通过 Creat Lines：Connected 工具画出题目所示多段线。

2. Property 模块

(1) Module、Property、Ceate Material 命名为 Material-1，选择 Mechanical，Elasticity，Elastic，在 Young's Modulus 输入 210E9，点击 OK 保存退出。

(2) Module、Property、Ceate Section 命名为 Section-1，Category 选择 Beam，Type 选择 Truss，点 Continue。

(3) Edit Section 中，Material 选择 Material-1，Cross-sectional Area 输入 0.003，点击 OK 保存退出。

(4) Module、Property、Assign Section，选择 Bar-1。完成属性的定义。

3. Assembly 模块

Module、Assembly、Create Instance，选择 Parts，选中 Bar-1，Instance Type 选择 Dependent(Mesh on Part)，也可以选择 Independent(Mesh on Instance)。

4. Step 模块

(1) Module、Step、Create Step，命名为 Step-1，Procedure Type 选择 General，进一步选择 Static、General。

(2) 点击 Continue，本问题可以不做任何处理，保留默认，点击 OK 保存退出。

(3) Module、Step、Create Field Output，命名为 F-Outpur-2，选择 Step-1。

(4) 根据本算例求解的需要，选择位移(U)、支反力(RF)、应力(S)选项，点击 OK 保存退出。

5. Load 模块

(1) Module、Load、Create Boundary Condition，命名为 BC-1，Category 选择 Mechanical，Types for Selected Step 选择 Displacement/Rotation。

(2) 点击 Continue，选择左端点，即节点 1，Done，U1 处输入 0，点击 OK 保存退出。

(3) 同理，在节点 3 上设置水平向右位移 0.002。

(4) Module、Load、Creat Load，命名为 Load-1，Category 选择 Mechanical，Types for Selected Step 选择 Consentrated Force。

(5) 点击 Continue，选中节点 2，CF1 输入 -10 000，点击 OK 保存退出。

6. Mesh 模块

(1) Module、Mesh、Seed Edges，选择 By Numbers，Number of Elements 处输入 1，Bias 选择 None，点击 OK。

(2) Module、Mesh、Assign Element Type 选择 Truss。

(3) Module、Mesh、Mesh Part 划分网格。

7. Job 模块

Module、Job、Create Job，点击 Submit 提交运算。对于复杂问题，也可以先 Data Check。运算完后，点击 Results，进入 Visualization。

8. Visualization 模块

图 5-17 为杆系结构位移云图，图 5-18 为杆系结构支反力云图。

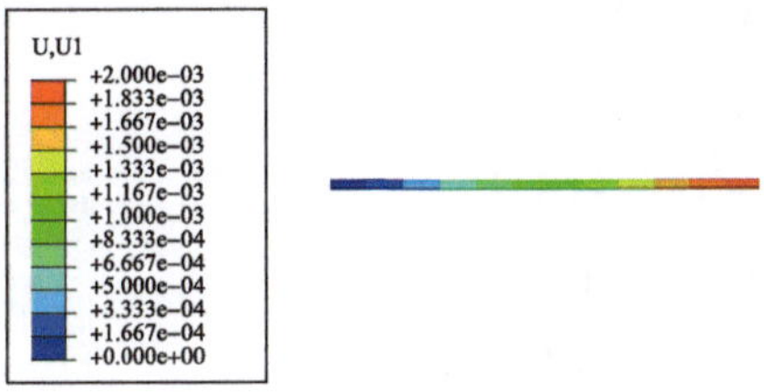

图 5-17　杆系结构位移云图

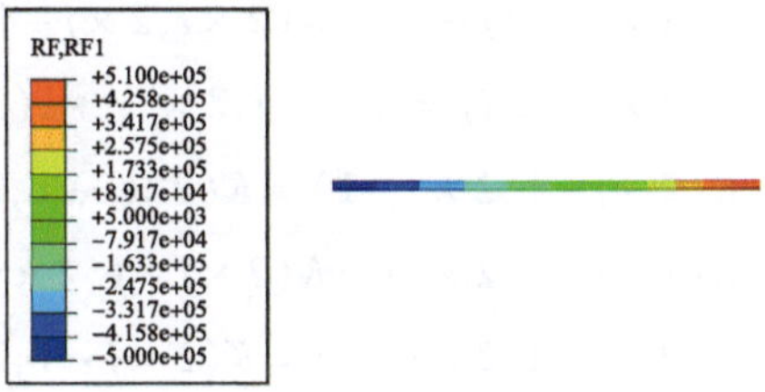

图 5-18　杆系结构支反力云图

Field Output Dialog 中选择 U，U1，然后使用 Query Information 工具，查询节点 2 的位移 0.001 190 5 m，节点 1 的支反力为 −500 kN，节点 3 的支反力为 510 kN，单元 1 的应力为 166.7 MPa，单元 2 的应力为 170 MPa。

5.4.2　算例 2

5.4.2.1　问题

图 5-19 所示桁架，由圆截面杆 1-2 和杆 1-3 组成，节点 1 承受荷载 $P=80$ kN 作用。杆 1-2 和杆 1-3 的直径分别为 $d_1=30$ mm 和 $d_2=20$ mm，两杆的弹性模量均为 $E=210$ GPa，杆 1-2 的长度为 2 m，两根杆相互之间的夹角如图 5-19 所示。求各杆的应力。

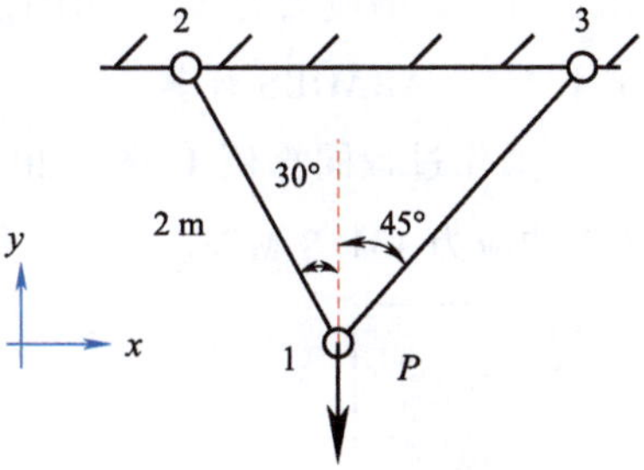

图 5-19　杆单元算例 2

5.4.2.2　MATLAB 编程计算

根据问题表述，位移条件为 $\bar{u}_2=0,\bar{v}_2=0,\bar{u}_3=0,\bar{v}_3=0$，则位移列阵为

$$\bar{\boldsymbol{\delta}}=\{\bar{u}_1\quad \bar{v}_1\quad 0\quad 0\quad 0\quad 0\}^{\mathrm{T}}$$

荷载条件为 $\overline{F}_{1x}=0,\overline{F}_{1y}=-80\ 000$，则荷载列阵为

$$\overline{F}=\{0\quad -80\ 000\quad \overline{F}_{2\bar{x}}\quad \overline{F}_{2\bar{y}}\quad \overline{F}_{3\bar{x}}\quad \overline{F}_{3\bar{y}}\}^{\mathrm{T}}$$

根据式(5-17)，构建整体坐标系中杆单元得刚度矩阵。而后，通过如下方式构建总刚矩阵：

$K(2\times i-1,2\times i-1)=K(2\times i-1,2\times i-1)+k(1,1)$；

$K(2\times i-1,2\times i)=K(2\times i-1,2\times i)+k(1,2)$；

$K(2\times i-1,2\times j-1)=K(2\times i-1,2\times j-1)+k(1,3)$；

$K(2\times i-1,2\times j)=K(2\times i-1,2\times j)+k(1,4)$；

$K(2\times i,2\times i-1)=K(2\times i,2\times i-1)+k(2,1)$；

$K(2\times i,2\times i)=K(2\times i,2\times i)+k(2,2)$；

$K(2\times i,2\times j-1)=K(2\times i,2\times j-1)+k(2,3)$；

$K(2\times i,2\times j)=K(2\times i,2\times j)+k(2,4)$；

$K(2\times j-1,2\times i-1)=K(2\times j-1,2\times i-1)+k(3,1)$；

$K(2\times j-1,2\times i)=K(2\times j-1,2\times i)+k(3,2)$；

$K(2\times j-1,2\times j-1)=K(2\times j-1,2\times j-1)+k(3,3)$；

$K(2\times j-1,2\times j)=K(2\times j-1,2\times j)+k(3,4)$；

$K(2\times j,2\times i-1)=K(2\times j,2\times i-1)+k(4,1)$；

$K(2\times j,2\times i)=K(2\times j,2\times i)+k(4,2)$；

$K(2\times j,2\times j-1)=K(2\times j,2\times j-1)+k(4,3)$；

$K(2\times j,2\times j)=K(2\times j,2\times j)+k(4,4)$。

计算得 $\bar{u}_1=-0.000\ 8$ m，$\bar{v}_1=-0.001\ 4$ m。进一步，根据各单元的节点位移，求出杆 1-2 的应力为 82.9 MPa，杆 1-3 的应力为 131.8 MPa。

5.4.2.3 ABAQUS 计算

操作过程同算例 1，图 5-20 为桁架位移云图，得出杆 1-2 的应力 82.9 MPa，杆 1-3 的应力 131.8 MPa。

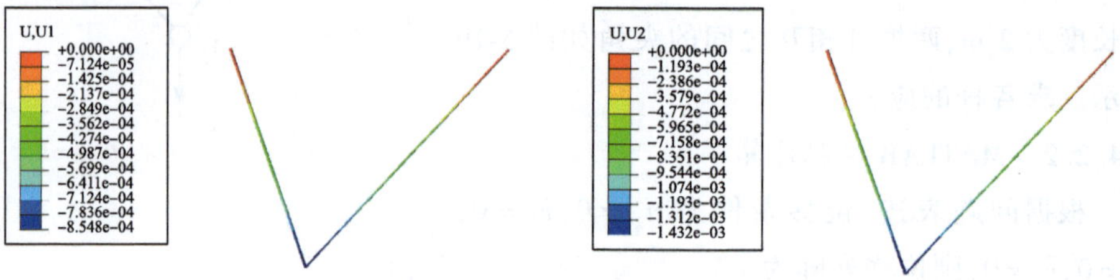

(a) U1　　(b) U2

图 5-20 桁架位移云图

5.4.3　算例 3

5.4.3.1　问题

图 5-21 所示的杆系结构，节点 1、节点 2 和节点 3 均固定，节点 4 承受竖向向下荷载 $P=10\ \text{kN}$。杆的直径都为 $d_{1,2,3}=30\ \text{mm}$，杆的弹性模量都为 $E_{1,2,3}=210\ \text{GPa}$，求节点 4 的三向位移。

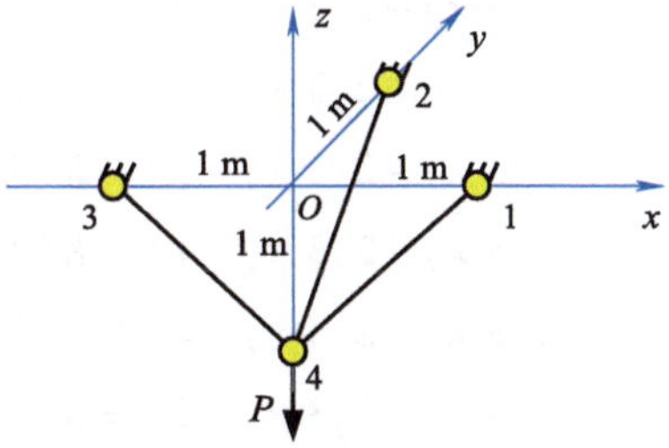

图 5-21　杆单元算例 3

5.4.3.2　MATLAB 编程计算

根据问题表述，位移条件为 $\bar{u}_1=0$，$\bar{v}_1=0$，$\bar{w}_1=0$，$\bar{u}_2=0$，$\bar{v}_2=0$，$\bar{w}_2=0$，$\bar{u}_3=0$，$\bar{v}_3=0$，$\bar{w}_3=0$，则位移列阵为

$$\bar{\boldsymbol{\delta}}=\{0\quad 0\quad 0\quad 0\quad 0\quad 0\quad 0\quad 0\quad 0\quad \bar{u}_4\quad \bar{v}_4\quad \bar{w}_4\}^{\mathrm{T}}$$

荷载条件为 $\bar{F}_{4x}=0$，$\bar{F}_{4y}=0$，$\bar{F}_{4z}=-10\ 000\ \text{N}$，则荷载列阵为

$$\bar{\boldsymbol{F}}=\{\bar{F}_{1\bar{x}}\quad \bar{F}_{1\bar{y}}\quad \bar{F}_{1\bar{z}}\quad \bar{F}_{2\bar{x}}\quad \bar{F}_{2\bar{y}}\quad \bar{F}_{2\bar{z}}\quad \bar{F}_{3\bar{x}}\quad \bar{F}_{3\bar{y}}\quad \bar{F}_{3\bar{z}}\quad 0\quad 0\quad -10\ 000\}^{\mathrm{T}}$$

根据式(5-20)，构建局部坐标系中杆单元的刚度矩阵。而后，通过如下方式构建总刚矩阵：

$K(3\times i-2,3\times i-2)=K(3\times i-2,3\times i-2)+k(1,1)$;

$K(3\times i-2,3\times i-1)=K(3\times i-2,3\times i-1)+k(1,2)$;

$K(3\times i-2,3\times i)=K(3\times i-2,3\times i)+k(1,3)$;

$K(3\times i-2,3\times j-2)=K(3\times i-2,3\times j-2)+k(1,4)$;

$K(3\times i-2,3\times j-1)=K(3\times i-2,3\times j-1)+k(1,5)$;

$K(3\times i-2,3\times j)=K(3\times i-2,3\times j)+k(1,6)$;

$K(3\times i-1,3\times i-2)=K(3\times i-1,3\times i-2)+k(2,1)$;

$K(3\times i-1,3\times i-1)=K(3\times i-1,3\times i-1)+k(2,2)$;

$K(3\times i-1,3\times i)=K(3\times i-1,3\times i)+k(2,3)$;

$K(3\times i-1,3\times j-2)=K(3\times i-1,3\times j-2)+k(2,4)$;

$K(3\times i-1,3\times j-1)=K(3\times i-1,3\times j-1)+k(2,5)$;

$K(3\times i-1,3\times j)=K(3\times i-1,3\times j)+k(2,6)$;

$K(3\times i,3\times i-2)=K(3\times i,3\times i-2)+k(3,1)$;

$K(3\times i,3\times i-1)=K(3\times i,3\times i-1)+k(3,2)$;

$K(3\times i,3\times i)=K(3\times i,3\times i)+k(3,3)$;

$K(3\times i,3\times j-2)=K(3\times i,3\times j-2)+k(3,4)$;

$K(3\times i,3\times j-1)=K(3\times i,3\times j-1)+k(3,5)$;

$K(3\times i,3\times j)=K(3\times i,3\times j)+k(3,6)$;

$K(3\times j-2,3\times i-2)=K(3\times j-2,3\times i-2)+k(4,1)$;

$K(3\times j-2,3\times i-1)=K(3\times j-2,3\times i-1)+k(4,2)$;

$K(3\times j-2,3\times i)=K(3\times j-2,3\times i)+k(4,3)$;

$K(3\times j-2,3\times j-2)=K(3\times j-2,3\times j-2)+k(4,4)$;

$K(3\times j-2,3\times j-1)=K(3\times j-2,3\times j-1)+k(4,5)$;

$K(3\times j-2,3\times j)=K(3\times j-2,3\times j)+k(4,6)$;

$K(3\times j-1,3\times i-2)=K(3\times j-1,3\times i-2)+k(5,1)$;

$K(3\times j-1,3\times i-1)=K(3\times j-1,3\times i-1)+k(5,2)$;

$K(3\times j-1,3\times i)=K(3\times j-1,3\times i)+k(5,3)$;

$K(3\times j-1,3\times j-2)=K(3\times j-1,3\times j-2)+k(5,4)$;

$K(3\times j-1,3\times j-1)=K(3\times j-1,3\times j-1)+k(5,5)$;

$K(3\times j-1,3\times j)=K(3\times j-1,3\times j)+k(5,6)$;

$K(3\times j,3\times i-2)=K(3\times j,3\times i-2)+k(6,1)$;

$K(3\times j,3\times i-1)=K(3\times j,3\times i-1)+k(6,2)$;

$K(3\times j,3\times i)=K(3\times j,3\times i)+k(6,3)$;

$K(3\times j,3\times j-2)=K(3\times j,3\times j-2)+k(6,4)$;

$K(3\times j,3\times j-1)=K(3\times j,3\times j-1)+k(6,5)$;

$K(3\times j,3\times j)=K(3\times j,3\times j)+k(6,6)$。

计算得出节点 4 的 x 方向位移为 0，y 方向位移为 0.95×10^{-4} m，z 方向位移为 -0.95×10^{-4} m。

5.4.3.3　ABAQUS 计算

采用和算例 2 类似的操作，图 5-20 为杆系结构的位移云图。可以得出，节点 4 的 x 方向位移为 0，y 方向位移为 0.95×10^{-4} m，z 方向位移为 -0.95×10^{-4} m。

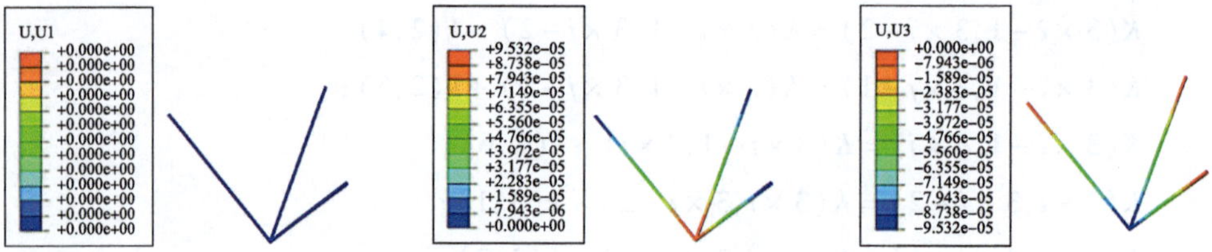

(a) U1　　(b) U2　　(c) U3

图 5-22　杆系结构位移云图

5.5　梁单元

5.5.1　平面细长梁的基本理论

因为空间细长梁的基本理论,可以通过平面细长梁的基本理论进行叠加。所以,本书首先对平面细长梁的基本理论进行推导。另外,本书所述细长梁均为欧拉-伯努利梁。如果读者实际使用过程中需要使用铁木辛柯梁单元,也可以类似欧拉-伯努利梁进行推导。

如图 5-23 所示平面细长梁,在 xOy 坐标系下,基本变量为位移 $v(x,\hat{y}=0)$。$\hat{y}$ 是以梁的中性层(梁弯曲过程中,一个既不受拉,又不受压的过渡层,应力几乎等于零,变形几乎不变)为起点的 y 坐标。

图 5-23　细长梁

从细长梁中截取一个"微段",坐标系位于微段中心,细长梁的"微段"如图 5-24 所示。按照前述弹性力学有关正应力方向的规定,在不考虑体力的情况下,"微段"受力如图 5-24 所示。

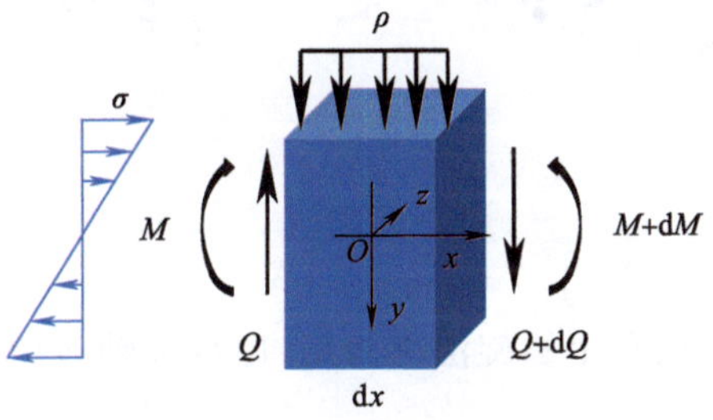

图 5-24　细长梁的"微段"

首先,由 x 方向的合力等效,有截面上的弯矩为

$$M=\int_A \sigma\hat{y}\mathrm{d}A \tag{5-21}$$

其次,对于 y 方向的合力平衡 $\sum Y=0$,有

$$\frac{\mathrm{d}Q}{\mathrm{d}x}+p=0 \tag{5-22}$$

注意,p 为线荷载,单位为 N/m。

再次,依据弯矩平衡 $\sum M=0$,有

$$Q=\frac{\mathrm{d}M}{\mathrm{d}x} \tag{5-23}$$

此处略去 $\mathrm{d}x$ 的二次项 $p\dfrac{(\mathrm{d}x)^2}{2}$。

考虑梁的纯弯变形,由变形后的几何关系,可得到位于 $\hat{y}$ 处纤维层的应变(即相对伸长量)为

$$\varepsilon(\hat{y})=\frac{(R-\hat{y})\mathrm{d}\theta-R\mathrm{d}\theta}{R\mathrm{d}\theta}=-\frac{\hat{y}}{R}$$

式中，R 为曲率半径，并已知曲率半径 R 和曲率 κ 的关系为 $R=\dfrac{1}{\kappa}$，则

$$\varepsilon(\hat{y}) = -\kappa\hat{y}$$

已知

$$\kappa = \frac{v''}{[1+(v')^2]^{3/2}} \approx \frac{\mathrm{d}^2 v}{\mathrm{d}x^2}$$

得出梁的几何方程为

$$\varepsilon(x,\hat{y}) = -\hat{y}\frac{\mathrm{d}^2 v}{\mathrm{d}x^2} \tag{5-24}$$

5.5.2 平面问题局部坐标系中的纯弯梁单元

图 5-25 所示为一局部坐标系中的纯弯梁单元(Beam Element)，其长度为 l，弹性模量为 E，横截面的惯性矩为 I。梁单元有 2 个端节点，节点 1 的坐标为 x_1，节点 2 的坐标为 x_2，节点位移列阵为

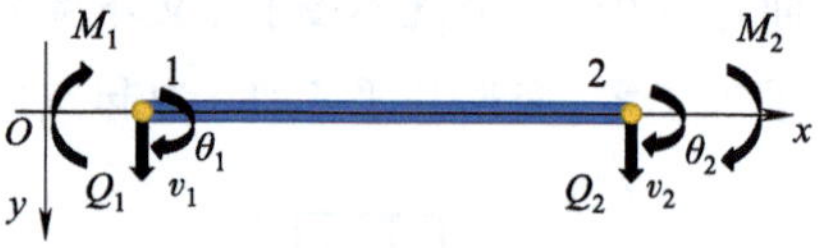

图 5-25 局部坐标系中的梁单元

$$\boldsymbol{\delta}^e = \{v_1 \quad \theta_1 \quad v_2 \quad \theta_2\}^{\mathrm{T}}$$

式中，v 和 θ 分别为各节点的挠度和转角，θ 服从右手螺旋法则为正，即从 x 轴转向 y 轴。

节点力列阵为

$$\boldsymbol{F}^e = \{Q_1 \quad M_1 \quad Q_2 \quad M_2\}^{\mathrm{T}}$$

式中，Q 和 M 分别为各节点的剪力和弯矩。

1. 单元位移场的描述

平面梁单元具有 4 个自由度，因此，位移插值模式可以取

$$v(x) = a_0 + a_1 x + a_2 x^2 + a_3 x^3 \tag{5-25}$$

已知，图 5-25 所示梁单元的节点位移条件为

$$v\big|_{x=x_1} = v_1,\ v'\big|_{x=x_1} = \theta_1$$
$$v\big|_{x=x_2} = v_2,\ v'\big|_{x=x_2} = \theta_2$$

由此，求出

$$a_0 = \frac{v_1x_2^3 - v_2x_1^3 - 3v_1x_1x_2^2 + 3v_2x_1^2x_2 + \theta_1x_1^2x_2^2 - \theta_2x_1^2x_2^2 - \theta_1x_1x_2^3 + \theta_2x_1^3x_2}{l^3}$$

$$a_1 = \frac{\theta_1x_2^3 - \theta_2x_1^3 + 6v_1x_1x_2 - 6v_2x_1x_2 + \theta_1x_1x_2^2 - 2\theta_1x_1^2x_2 + 2\theta_2x_1x_2^2 - \theta_2x_1^2x_2}{l^3}$$

$$a_2 = -\frac{3v_1x_1 + 3v_1x_2 - 3v_2x_1 - 3v_2x_2 - \theta_1x_1^2 + 2\theta_1x_2^2 - 2\theta_2x_1^2 + \theta_2x_2^2 - \theta_1x_1x_2 + \theta_2x_1x_2}{l^3}$$

$$a_3 = \frac{2v_1 - 2v_2 - \theta_1x_1 + \theta_1x_2 - \theta_2x_1 + \theta_2x_2}{l^3}$$

将其代入式(5-25),得

$$v(x) = \frac{v_1x_2^3 - v_2x_1^3 - \theta_1x_1x_2^3 + \theta_2x_1^3x_2 - 3v_1x_1x_2^2 + 3v_2x_1^2x_2 + \theta_1x_1^2x_2^2 - \theta_2x_1^2x_2^2}{l^3} + \frac{\theta_1x_2^3 - \theta_2x_1^3 + \theta_1x_1x_2^2 - 2\theta_1x_1^2x_2 + 2\theta_2x_1x_2^2 - \theta_2x_1^2x_2 + 6v_1x_1x_2 - 6v_2x_1x_2}{l^3}x - \frac{3v_1x_1 + 3v_1x_2 - 3v_2x_1 - 3v_2x_2 - \theta_1x_1^2 + 2\theta_1x_2^2 - 2\theta_2x_1^2 + \theta_2x_2^2 - \theta_1x_1x_2 + \theta_2x_1x_2}{l^3}x^2 + \frac{2v_1 - 2v_2 - \theta_1x_1 + \theta_1x_2 - \theta_2x_1 + \theta_2x_2}{l^3}x^3 \tag{5-26}$$

将 v_1、θ_1、v_2、θ_2 合并同类项,写成矩阵形式,即

$$v(x) = [N_1 \quad N_2 \quad N_3 \quad N_4]\begin{Bmatrix} v_1 \\ \theta_1 \\ v_2 \\ \theta_2 \end{Bmatrix} = \boldsymbol{N\delta}^e \tag{5-27}$$

式中,形状函数矩阵 $\boldsymbol{N}$ 的各元素为

$$N_1 = \frac{x_2^3 - 3x_1x_2^2 + 6x_1x_2x - (3x_1 + 3x_2)x^2 + 2x^3}{l^3}$$

$$N_2 = \frac{-x_1x_2^3 + x_1^2x_2^2 + (x_2^3 + x_1x_2^2 - 2x_1^2x_2)x + (x_1^2 - 2x_2^2 + x_1x_2)x^2 + (-x_1 + x_2)x^3}{l^3}$$

$$N_3 = \frac{-x_1^3 + 3x_1^2x_2 - 6x_1x_2x + (3x_1 + 3x_2)x^2 - 2x^3}{l^3}$$

$$N_4 = \frac{x_1^3x_2 - x_1^2x_2^2 + (-x_1^3 + 2x_1x_2^2 - x_1^2x_2)x + (2x_1^2 - x_2^2 - x_1x_2)x^2 + (-x_1 + x_2)x^3}{l^3}$$

2. 单元应变场的描述

依据梁的几何方程,梁的应变表达式为 $\varepsilon(x,\hat{y}) = -\hat{y}\dfrac{\mathrm{d}^2v(x)}{\mathrm{d}x^2}$。其中,$\hat{y}$ 是以中性层为起点的 y 方向的坐标。

将式(5-27)代入,得

$$\varepsilon = \boldsymbol{B\delta}^e \tag{5-28}$$

式中，$\boldsymbol{B} = -\hat{y}[B_1 \quad B_2 \quad B_3 \quad B_4]$为单元的应变—位移矩阵，其中

$$B_1 = \frac{-6(x_1 + x_2) + 12x}{l^3}$$

$$B_2 = \frac{2(x_1^2 - 2x_2^2 + x_1x_2) + 6(-x_1 + x_2)x}{l^3}$$

$$B_3 = \frac{6(x_1 + x_2) - 12x}{l^3}$$

$$B_4 = \frac{2(2x_1^2 - x_2^2 - x_1x_2) + 6lx}{l^3}$$

3. 单元应力场的描述

由梁的物理方程 $\sigma = E\varepsilon$，则

$$\sigma = E\varepsilon = E\boldsymbol{B}\boldsymbol{\delta}^e = \boldsymbol{S}\boldsymbol{\delta}^e \tag{5-29}$$

式中，$\boldsymbol{S} = -\hat{y}[S_1 \quad S_2 \quad S_3 \quad S_4]$为单元的应力—位移矩阵，其中

$$S_1 = \frac{E[-6(x_1 + x_2) + 12x]}{l^3}$$

$$S_2 = \frac{E[2(x_1^2 - 2x_2^2 + x_1x_2) + 6lx]}{l^3}$$

$$S_3 = \frac{E[6(x_1 + x_2) - 12x]}{l^3}$$

$$S_4 = \frac{E[2(2x_1^2 - x_2^2 - x_1x_2) + 6lx]}{l^3}$$

4. 纯弯梁单元刚度矩阵

梁单元的势能为

$$\Pi^e = U^e - W^e = \frac{1}{2}\int_{\Omega^e} \sigma\varepsilon \mathrm{d}\Omega - (Q_1v_1 + M_1\theta_1 + Q_2v_2 + M_2\theta_2)$$

$$= \frac{1}{2}\int_{\Omega^e} \sigma\varepsilon \mathrm{d}\Omega - \boldsymbol{F}^{e\mathrm{T}}\boldsymbol{\delta}^e$$

代入式(5-28)和式(5-29)，得出

$$\Pi^e = \frac{1}{2}\int_{\Omega^e} \boldsymbol{\delta}^{e\mathrm{T}}\boldsymbol{S}^{\mathrm{T}}\boldsymbol{B}\boldsymbol{\delta}^e \mathrm{d}\Omega - \boldsymbol{F}^{e\mathrm{T}}\boldsymbol{\delta}^e = \frac{1}{2}\boldsymbol{\delta}^{e\mathrm{T}}\boldsymbol{K}^e\boldsymbol{\delta}^e - \boldsymbol{F}^{e\mathrm{T}}\boldsymbol{\delta}^e \tag{5-30}$$

利用最小势能原理，即 $\delta\Pi^e = 0$。据此，可以得到梁单元的刚度方程为

$$\boldsymbol{F}^e = \boldsymbol{K}^e\boldsymbol{\delta}^e \tag{5-31}$$

其中，平面梁单元的刚度矩阵为

$$
\boldsymbol{K}^e=\frac{EI}{l^3}\begin{bmatrix} 12 & 6l & -12 & 6l \\ 6l & 4l^2 & -6l & 2l^2 \\ -12 & 6l & 12 & -6l \\ 6l & 2l^2 & -6l & 4l^2 \end{bmatrix} \tag{5-32}
$$

和杆单元类似，对于局部坐标系中的梁单元，节点坐标并不影响梁单元的刚度矩阵。对于单一方向的组合梁问题，此局部坐标系将等同于整体坐标系，也就是所谓的局部坐标系和整体坐标系一致。

类似地，对于3节点梁单元也可以依此类推。

5.5.3 平面问题局部坐标系中的一般梁单元

局部坐标系中的一般梁单元(图5-26)，包含梁的弯曲变形以及轴向变形。

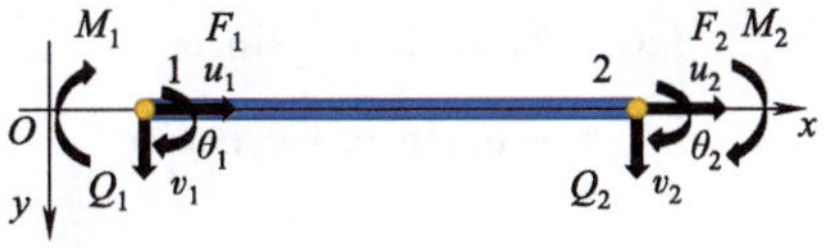

图5-26 平面问题局部坐标系中的一般梁单元

梁单元的节点位移列阵为

$$
\boldsymbol{\delta}^e=\{u_1 \quad v_1 \quad \theta_1 \quad u_2 \quad v_2 \quad \theta_2\}^{\mathrm{T}}
$$

节点力列阵为

$$
\boldsymbol{F}^e=\{F_1 \quad Q_1 \quad M_1 \quad F_2 \quad Q_2 \quad M_2\}^{\mathrm{T}}
$$

平面问题局部坐标中一般梁单元的刚度矩阵，可以通过叠加杆单元刚度矩阵和纯弯梁单元刚度矩阵形成，即

$$
\boldsymbol{K}^e=\begin{bmatrix} \frac{EA}{l} & 0 & 0 & -\frac{EA}{l} & 0 & 0 \\ 0 & \frac{12EI}{l^3} & \frac{6EI}{l^2} & 0 & -\frac{12EI}{l^3} & \frac{6EI}{l^2} \\ 0 & \frac{6EI}{l^2} & \frac{4EI}{l} & 0 & -\frac{6EI}{l^2} & \frac{2EI}{l} \\ -\frac{EA}{l} & 0 & 0 & \frac{EA}{l} & 0 & 0 \\ 0 & -\frac{12EI}{l^3} & -\frac{6EI}{l^2} & 0 & \frac{12EI}{l^3} & -\frac{6EI}{l^2} \\ 0 & \frac{6EI}{l^2} & \frac{2EI}{l} & 0 & -\frac{6EI}{l^2} & \frac{4EI}{l} \end{bmatrix} \tag{5-33}
$$

5.5.4 平面问题整体坐标系中的一般梁单元

图5-27所示为一整体坐标系中的平面梁单元，它有2个端节点，梁的长度为

l,弹性模量为 E,惯性矩为 I,$\bar{x}$ 轴线和 x 轴线夹角为 α。

局部坐标系(xOy)下的节点位移列阵为

$$\boldsymbol{\delta}^e = \{u_1 \quad v_1 \quad \theta_1 \quad u_2 \quad v_2 \quad \theta_2\}^{\mathrm{T}}$$

整体坐标系($\bar{x}\,\bar{O}\,\bar{y}$)下的节点位移列阵为

$$\bar{\boldsymbol{\delta}}^e = \{\bar{u}_1 \quad \bar{v}_1 \quad \bar{\theta}_1 \quad \bar{u}_2 \quad \bar{v}_2 \quad \bar{\theta}_2\}^{\mathrm{T}}$$

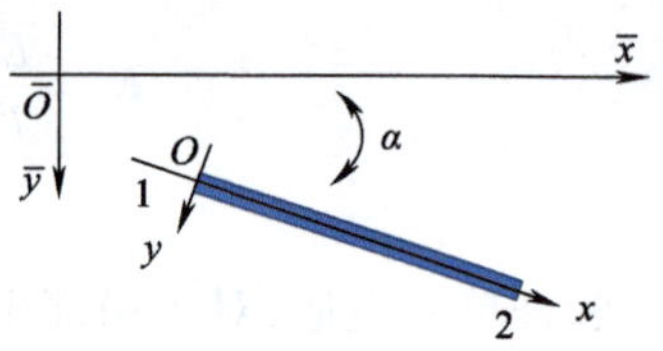

图 5-27　平面梁单元的坐标变换

因为转角不随坐标系的改变而改变,所以,局部坐标系和全局坐标系的转角变量是相同的,即 $\bar{\theta}_1 = \theta_1, \bar{\theta}_2 = \theta_2$。按照两个坐标系中的位移向量等效的原则,有如下变换关系:

$$\begin{cases} u_1 = \bar{u}_1 \cos\alpha + \bar{v}_1 \sin\alpha \\ v_1 = -\bar{u}_1 \sin\alpha + \bar{v}_1 \cos\alpha \end{cases}$$

$$\begin{cases} u_2 = \bar{u}_2 \cos\alpha + \bar{v}_2 \sin\alpha \\ v_2 = -\bar{u}_2 \sin\alpha + \bar{v}_2 \cos\alpha \end{cases}$$

写成矩阵形式有

$$\boldsymbol{\delta}^e = \begin{Bmatrix} u_1 \\ v_1 \\ \theta_1 \\ u_2 \\ v_2 \\ \theta_2 \end{Bmatrix} = \begin{bmatrix} \cos\alpha & \sin\alpha & 0 & 0 & 0 & 0 \\ -\sin\alpha & \cos\alpha & 0 & 0 & 0 & 0 \\ 0 & 0 & 1 & 0 & 0 & 0 \\ 0 & 0 & 0 & \cos\alpha & \sin\alpha & 0 \\ 0 & 0 & 0 & -\sin\alpha & \cos\alpha & 0 \\ 0 & 0 & 0 & 0 & 0 & 1 \end{bmatrix} \begin{Bmatrix} \bar{u}_1 \\ \bar{v}_1 \\ \bar{\theta}_1 \\ \bar{u}_2 \\ \bar{v}_2 \\ \bar{\theta}_2 \end{Bmatrix} = \boldsymbol{T}^e \bar{\boldsymbol{\delta}}^e \qquad (5\text{-}34)$$

$$\boldsymbol{T}^e = \begin{bmatrix} \cos\alpha & \sin\alpha & 0 & 0 & 0 & 0 \\ -\sin\alpha & \cos\alpha & 0 & 0 & 0 & 0 \\ 0 & 0 & 1 & 0 & 0 & 0 \\ 0 & 0 & 0 & \cos\alpha & \sin\alpha & 0 \\ 0 & 0 & 0 & -\sin\alpha & \cos\alpha & 0 \\ 0 & 0 & 0 & 0 & 0 & 1 \end{bmatrix}$$ 为平面梁单元的坐标变换矩阵。

将式(5-34)代入基于局部坐标系得到的势能表达式,有

$$\Pi^e = \frac{1}{2}\boldsymbol{\delta}^{e\mathrm{T}}\boldsymbol{K}^e\boldsymbol{\delta}^e - \boldsymbol{F}^{e\mathrm{T}}\boldsymbol{\delta}^e = \frac{1}{2}\bar{\boldsymbol{\delta}}^{e\mathrm{T}}\boldsymbol{T}^{e\mathrm{T}}\boldsymbol{K}^e\boldsymbol{T}^e\bar{\boldsymbol{\delta}}^e - \boldsymbol{F}^{e\mathrm{T}}\boldsymbol{T}^e\bar{\boldsymbol{\delta}}^e$$

由此,得出平面梁单元在整体坐标系中的刚度方程为

$$\bar{\boldsymbol{F}}^e = \bar{\boldsymbol{K}}^e\bar{\boldsymbol{\delta}}^e \qquad (5\text{-}35)$$

式中,平面整体坐标系下的梁单元刚度矩阵为

$$\bar{\boldsymbol{K}}^e = \boldsymbol{T}^{e\mathrm{T}}\boldsymbol{K}^e\boldsymbol{T}^e \qquad (5\text{-}36)$$

5.5.5 空间问题局部坐标系中的一般梁单元

空间问题中梁单元可以承受轴力、弯矩和扭矩，其中，弯矩存在于2个坐标面。根据前面平面问题局部坐标系得出的梁单元刚度矩阵特点，将空间梁单元某一节点放置于局部坐标系原点，空间问题局部坐标系中的一般梁单元如图5-28所示。空间梁单元长度为 l，弹性模量为 E，剪切模量为 G，横截面的惯性矩为 I_y（绕 y 轴）和 I_z（绕 z 轴），横截面的扭转惯性矩为 J。

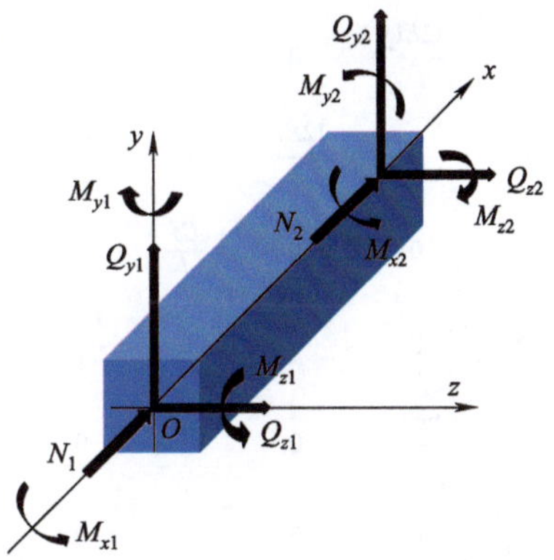

图5-28 空间问题局部坐标系中的一般梁单元

节点位移列阵为

$$\boldsymbol{\delta}^e=\{u_1\quad v_1\quad w_1\quad \theta_{x1}\quad \theta_{y1}\quad \theta_{z1}\quad u_2\quad v_2\quad w_2\quad \theta_{x2}\quad \theta_{y2}\quad \theta_{z2}\}^{\mathrm{T}}$$

节点力列阵为

$$\boldsymbol{F}^e=\{N_1\quad Q_{y1}\quad Q_{z1}\quad M_{x1}\quad M_{y1}\quad M_{z1}\quad N_2\quad Q_{y2}\quad Q_{z2}\quad M_{x2}\quad M_{y2}\quad M_{z2}\}^{\mathrm{T}}$$

式中，u、v、w 和 θ 分别为各节点的挠度和转角。根据前面推导的平面问题杆单元和平面问题梁单元，并利用“叠加原理”，推导空间梁单元的刚度矩阵。

对于轴向位移，即杆单元的刚度矩阵

$$\boldsymbol{K}^e_{u_1u_2}=\frac{EA}{l}\begin{bmatrix}1 & -1\\ -1 & 1\end{bmatrix}$$

对于扭转位移，刚度矩阵为

$$\boldsymbol{K}^e_{\theta_{x1}\theta_{x2}}=\frac{GJ}{l}\begin{bmatrix}1 & -1\\ -1 & 1\end{bmatrix}$$

对于 xOy 平面内的位移，即 xOy 平面内梁，刚度矩阵为

$$\boldsymbol{K}^e_{(xOy)}=\frac{EI_z}{l^3}\begin{bmatrix}12 & 6l & -12 & 6l\\ 6l & 4l^2 & -6l & 2l^2\\ -12 & -6l & 12 & -6l\\ 6l & 2l^2 & -6l & 4l^2\end{bmatrix}$$

对于 xOz 平面内的位移，即 xOz 平面内梁，刚度矩阵为

$$\boldsymbol{K}^e_{(xOz)}=\frac{EI_y}{l^3}\begin{bmatrix}12 & 6l & -12 & 6l\\ 6l & 4l^2 & -6l & 2l^2\\ -12 & -6l & 12 & -6l\\ 6l & 2l^2 & -6l & 4l^2\end{bmatrix}$$

通过“叠加原理”，得到空间梁单元的刚度矩阵为

$$
\boldsymbol{K}^e=\begin{bmatrix}
\frac{EA}{l} & 0 & 0 & 0 & 0 & 0 & -\frac{EA}{l} & 0 & 0 & 0 & 0 & 0\\
0 & \frac{12EI_z}{l^3} & 0 & 0 & 0 & \frac{6EI_z}{l^2} & 0 & -\frac{12EI_z}{l^3} & 0 & 0 & 0 & \frac{6EI_z}{l^2}\\
0 & 0 & \frac{12EI_y}{l^3} & 0 & \frac{6EI_y}{l^2} & 0 & 0 & 0 & \frac{12EI_y}{l^3} & 0 & \frac{6EI_y}{l^2} & 0\\
0 & 0 & 0 & \frac{GJ}{l} & 0 & 0 & 0 & 0 & 0 & -\frac{GJ}{l} & 0 & 0\\
0 & 0 & \frac{6EI_y}{l^2} & 0 & \frac{4EI_y}{l} & 0 & 0 & 0 & -\frac{6EI_y}{l^2} & 0 & \frac{2EI_y}{l} & 0\\
0 & \frac{6EI_z}{l^2} & 0 & 0 & 0 & \frac{4EI_z}{l} & 0 & -\frac{6EI_z}{l^2} & 0 & 0 & 0 & \frac{2EI_z}{l}\\
-\frac{EA}{l} & 0 & 0 & 0 & 0 & 0 & \frac{EA}{l} & 0 & 0 & 0 & 0 & 0\\
0 & -\frac{12EI_z}{l^3} & 0 & 0 & 0 & -\frac{6EI_z}{l^2} & 0 & \frac{12EI_z}{l^3} & 0 & 0 & 0 & -\frac{6EI_z}{l^2}\\
0 & 0 & -\frac{12EI_y}{l^3} & 0 & -\frac{6EI_y}{l^2} & 0 & 0 & 0 & -\frac{12EI_y}{l^3} & 0 & -\frac{6EI_y}{l^2} & 0\\
0 & 0 & 0 & -\frac{GJ}{l} & 0 & 0 & 0 & 0 & 0 & \frac{GJ}{l} & 0 & 0\\
0 & 0 & \frac{6EI_y}{l^2} & 0 & \frac{2EI_y}{l} & 0 & 0 & 0 & -\frac{6EI_y}{l^2} & 0 & \frac{4EI_y}{l} & 0\\
0 & \frac{6EI_z}{l^2} & 0 & 0 & 0 & \frac{2EI_z}{l} & 0 & -\frac{6EI_z}{l^2} & 0 & 0 & 0 & \frac{4EI_z}{l}
\end{bmatrix}
$$

5.5.6 空间问题整体坐标系中的一般梁单元

空间梁单元坐标变换的原理和方法与平面梁单元的坐标变换相同，即利用局部坐标系与整体坐标系的位移向量等效关系。

由上节已知，局部坐标系下节点位移列阵为

$$\boldsymbol{\delta}^e=\{u_1\quad v_1\quad w_1\quad \theta_{x1}\quad \theta_{y1}\quad \theta_{z1}\quad u_2\quad v_2\quad w_2\quad \theta_{x2}\quad \theta_{y2}\quad \theta_{z2}\}^{\mathrm{T}}$$

令整体坐标系中的节点位移列阵为

$$\bar{\boldsymbol{\delta}}^e=\{\bar{u}_1\quad \bar{v}_1\quad \bar{w}_1\quad \bar{\theta}_{x1}\quad \bar{\theta}_{y1}\quad \bar{\theta}_{z1}\quad \bar{u}_2\quad \bar{v}_2\quad \bar{w}_2\quad \bar{\theta}_{x2}\quad \bar{\theta}_{y2}\quad \bar{\theta}_{z2}\}^{\mathrm{T}}$$

对于节点 1 的平动自由度，有

$$
\begin{Bmatrix} u_1\\ v_1\\ w_1\end{Bmatrix}=\begin{Bmatrix}\bar{u}_1\cos(x,\bar{x})+v_1\cos(x,\bar{y})+w_1\cos(x,\bar{z})\\ \bar{u}_1\cos(y,\bar{x})+\bar{u}_1\cos(y,\bar{y})+\bar{u}_1\cos(y,\bar{z})\\ \bar{u}_1\cos(z,\bar{x})+\bar{u}_1\cos(z,\bar{y})+\bar{u}_1\cos(z,\bar{z})\end{Bmatrix}
$$

$$
=\begin{bmatrix}\cos(x,\bar{x}) & \cos(x,\bar{y}) & \cos(x,\bar{z})\\ \cos(y,\bar{x}) & \cos(y,\bar{y}) & \cos(y,\bar{z})\\ \cos(z,\bar{x}) & \cos(z,\bar{y}) & \cos(z,\bar{z})\end{bmatrix}\begin{Bmatrix}\bar{u}_1\\ \bar{v}_1\\ \bar{w}_1\end{Bmatrix}=\boldsymbol{\lambda}\begin{Bmatrix}\bar{u}_1\\ \bar{v}_1\\ \bar{w}_1\end{Bmatrix}
$$

对于节点 1 的转动自由度，类似有

$$\begin{Bmatrix} \theta_{x1} \\ \theta_{y1} \\ \theta_{z1} \end{Bmatrix} = \begin{bmatrix} \cos(x,\bar{x}) & \cos(x,\bar{y}) & \cos(x,\bar{z}) \\ \cos(y,\bar{x}) & \cos(y,\bar{y}) & \cos(y,\bar{z}) \\ \cos(z,\bar{x}) & \cos(z,\bar{y}) & \cos(z,\bar{z}) \end{bmatrix} \begin{Bmatrix} \bar{\theta}_{x1} \\ \bar{\theta}_{y1} \\ \bar{\theta}_{z1} \end{Bmatrix} = \boldsymbol{\lambda} \begin{Bmatrix} \bar{\theta}_{x1} \\ \bar{\theta}_{y1} \\ \bar{\theta}_{z1} \end{Bmatrix}$$

同理，节点 2 的平动自由度有 $\begin{Bmatrix} u_2 \\ v_2 \\ w_2 \end{Bmatrix} = \boldsymbol{\lambda} \begin{Bmatrix} \bar{u}_2 \\ \bar{v}_2 \\ \bar{w}_2 \end{Bmatrix}$，转动自由度有 $\begin{Bmatrix} \theta_{x2} \\ \theta_{y2} \\ \theta_{z2} \end{Bmatrix} = \boldsymbol{\lambda} \begin{Bmatrix} \bar{\theta}_{x2} \\ \bar{\theta}_{y2} \\ \bar{\theta}_{z2} \end{Bmatrix}$。

综上，$\boldsymbol{\delta}^e = \begin{bmatrix} \boldsymbol{\lambda} & \boldsymbol{0} & \boldsymbol{0} & \boldsymbol{0} \\ \boldsymbol{0} & \boldsymbol{\lambda} & \boldsymbol{0} & \boldsymbol{0} \\ \boldsymbol{0} & \boldsymbol{0} & \boldsymbol{\lambda} & \boldsymbol{0} \\ \boldsymbol{0} & \boldsymbol{0} & \boldsymbol{0} & \boldsymbol{\lambda} \end{bmatrix} \bar{\boldsymbol{\delta}}^e = \boldsymbol{T}^e \bar{\boldsymbol{\delta}}^e$。

注意，$\boldsymbol{0}$ 为 3×3 的零矩阵。

所以，整体坐标系下的空间一般梁单元刚度矩阵为

$$\bar{\boldsymbol{K}}^e = \boldsymbol{T}^{e\mathrm{T}} \boldsymbol{K}^e \boldsymbol{T}^e \tag{5-37}$$

5.5.7 梁单元的等效节点荷载

根据外力功的计算公式

$$W^e = \int_l p(x) v(x) \mathrm{d}x = \int_l p(x) \boldsymbol{N} \mathrm{d}x \delta^e = \boldsymbol{F}^e \boldsymbol{\delta}^e$$

可以得出梁单元的等效节点荷载。表 5-1 列出了常用的梁单元在承受非节点载荷下的等效节点载荷。为方便读者理解，对序号 1 给予推导，其他情况，可以依此类推。

根据 5.5.2，已知梁单元的整体坐标系和局部坐标系一致。因此，可以将梁单元左端点移动到坐标原点进行分析，即 $x_1 = 0, x_2 = l$。对于集中荷载，不需要做积分，上述外力功的计算公式简化为

$$W^e = Fv\left(x = \frac{l}{2}\right) = F\boldsymbol{N}\left(x = \frac{l}{2}\right)\boldsymbol{\delta}^e = \boldsymbol{F}^e \boldsymbol{\delta}^e$$

已知

$$N_1 = \frac{l^3 - 3lx^2 + 2x^3}{l^3}$$

$$N_2 = \frac{l^3 x - 2l^2 x^2 + lx^3}{l^3}$$

$$N_3 = \frac{3lx^2 - 2x^3}{l^3}$$

$$N_4 = \frac{-l^2x^2 + lx^3}{l^3}$$

则可以得出

$$Q_1 = \frac{F}{2}$$

$$M_1 = \frac{Fl}{8}$$

$$Q_2 = \frac{F}{2}$$

$$M_2 = -\frac{Fl}{8}$$

表 5-1　梁单元的常见等效节点载荷

序号	支承与外载情况	等效节点载荷
1	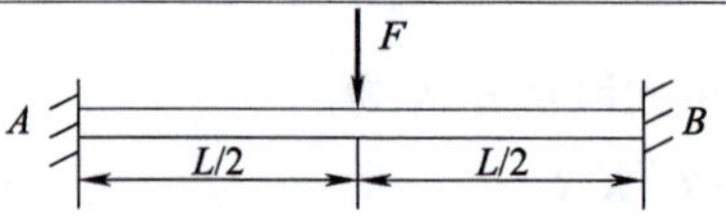 (a)	$Q_A = F/2, Q_B = F/2$ $M_A = FL/8, M_B = -FL/8$
2	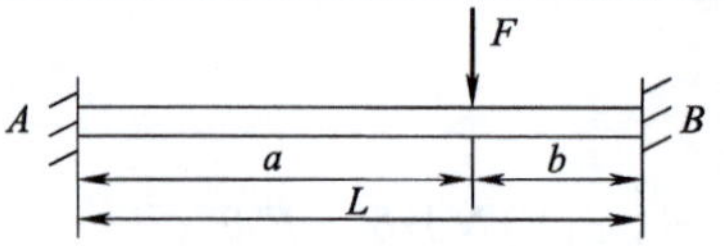 (b)	$Q_A = (Fb^2/L^3)(3a+b)$ $Q_B = (Fb^2/L^3)(a+3b)$ $M_A = Fab^2/L^2$ $M_B = -Fa^2b/L^2$
3	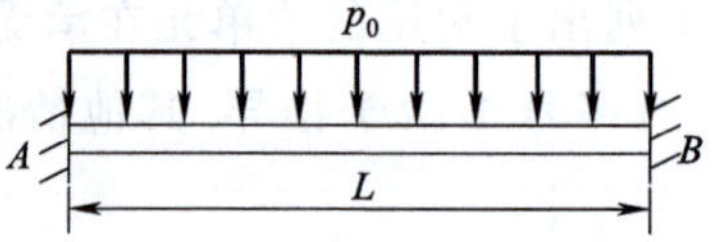 (c)	$Q_A = p_0L/2$ $Q_B = p_0L/2$ $M_A = p_0L^2/12$ $M_B = -p_0L^2/12$
4	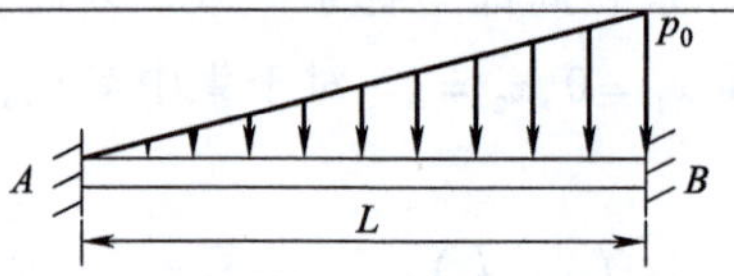 (d)	$Q_A = 3p_0L/20$ $Q_B = 7p_0L/20$ $M_A = p_0L^2/30$ $M_B = -p_0L^2/20$

5.6 梁单元算例

5.6.1 算例 1

5.6.1.1 问题

考虑如图 5-29 所示的梁结构，$E = 210$ GPa，截面为 0.3 m × 0.3 m 的正方形，$I = 6.75\times10^{-4}$ m^4，$P = 20$ kN，$L = 2$ m，求：

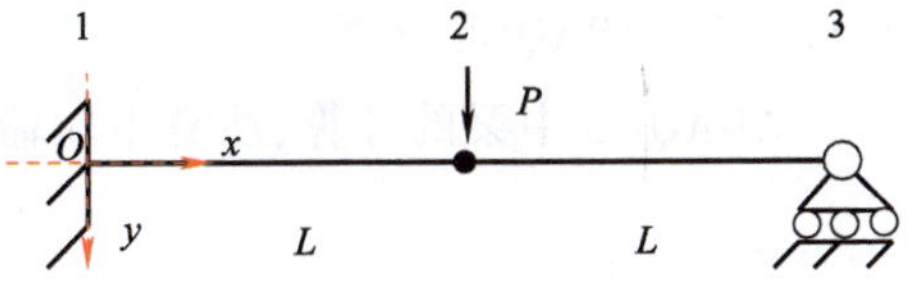

图 5-29　梁单元算例 1

(1)节点 2 的垂直位移;

(2)节点 2 和节点 3 的转角;

(3)节点 1 和节点 3 的支反力。

5.6.1.2　MATLAB 编程计算

根据题目表述,位移条件为 $v_1=0$, $\theta_1=0$, $v_3=0$,则位移列阵为

$$\boldsymbol{\delta}=\{0\quad 0\quad v_2\quad \theta_2\quad 0\quad \theta_3\}^{\mathrm{T}}$$

外荷载 $Q_{2v}=20\,000$ N, $M_2=0$, $M_3=0$,则荷载列阵为

$$\boldsymbol{F}=\{Q_1\quad M_1\quad 20\,000\quad 0\quad Q_3\quad 0\}^{\mathrm{T}}$$

根据式(5-32),得到整体坐标系下单元刚度矩阵,并按照如下方式构建总刚矩阵:

$K(2\times i-1,2\times i-1)=K(2\times i-1,2\times i-1)+k(1,1)$;

$K(2\times i-1,2\times i)=K(2\times i-1,2\times i)+k(1,2)$;

$K(2\times i-1,2\times j-1)=K(2\times i-1,2\times j-1)+k(1,3)$;

$K(2\times i-1,2\times j)=K(2\times i-1,2\times j)+k(1,4)$;

$K(2\times i,2\times i-1)=K(2\times i,2\times i-1)+k(2,1)$;

$K(2\times i,2\times i)=K(2\times i,2\times i)+k(2,2)$;

$K(2\times i,2\times j-1)=K(2\times i,2\times j-1)+k(2,3)$;

$K(2\times i,2\times j)=K(2\times i,2\times j)+k(2,4)$;

$K(2\times j-1,2\times i-1)=K(2\times j-1,2\times i-1)+k(3,1)$;

$K(2\times j-1,2\times i)=K(2\times j-1,2\times i)+k(3,2)$;

$K(2\times j-1,2\times j-1)=K(2\times j-1,2\times j-1)+k(3,3)$;

$K(2\times j-1,2\times j)=K(2\times j-1,2\times j)+k(3,4)$;

$K(2\times j,2\times i-1)=K(2\times j,2\times i-1)+k(4,1)$;

$K(2\times j,2\times i)=K(2\times j,2\times i)+k(4,2)$;

$K(2\times j,2\times j-1)=K(2\times j,2\times j-1)+k(4,3)$;

$K(2\times j,2\times j)=K(2\times j,2\times j)+k(4,4)$。

依据位移列阵和荷载列阵,得到线性代数方程组。求解得出节点 2 的垂直位移为 0.823×10^{-4} m(方向向下),节点 2 的转角为 $0.176\,4\times10^{-4}$(顺时针方向),节点 3 的转角为 $-0.705\,5\times10^{-4}$(逆时针方向)。

有了各节点的位移后,利用刚度方程,即可求得节点力列阵。由此,可以得出节点 1 的竖向支反力为 -13.75 kN(方向向上),弯矩为 -15 kN·m(逆时针方向),节点 3 的支反力为 -6.25 kN(方向向上)。

5.6.1.3　ABAQUS 计算

ABAQUS 中梁的计算，注意不能输入截面惯性矩 I，只能指定截面面积。并且，必须指定梁的方向，t 为梁轴线，n_1 为梁中性轴方向，n_2 为垂直中性轴方向，梁方向的指定如图 5-30 所示。另外，ABAQUS 中欧拉-伯努利梁单元为 B23（平面）以及 B33（空间）。

图 5-30　梁方向的指定

1. Part 模块

Module、Part、Create Part，命名为 Part-1，选择 2D，Deformable、Wire，输入 Approximate Size 5[默认长度单位为米(m)]。

2. Property 模块

(1) Module、Property, Ceate Material 命名为 Material-1，选择 Mechanical, Elasticity, Elastic，在 Young's Modulus 输入 210E9，点 OK 保存退出。

(2) Module、Property、Create Profile，根据题目表述，选择 Rectangular，长、宽分别输入 0.3，点击 OK 保存退出。

(3) Module、Property, Ceate Section 命名为 Section-1，选择 Beam, Type 为 Beam，点 Continue。

(4) 选择 Beam Shape 为 Profile-1, Material 为 Material-1，点 OK 保存退出。

(5) Module、Property、Assign Section，选择 Part-1，完成属性的定义。

(6) Module、Property、Assign Beam Orientation。

3. Assembly 模块

Module、Assembly、Create Instance，选择 Parts，选中 Part-1, Instance Type 选择 Dependent(Mesh on Part)，也可以选择 Independent(Mesh on Instance)。

4. Step 模块

(1) Module、Step、Create Step，命名为 Step-1，选择 Static, General。

(2) 点击 Continue，本问题可以不做任何处理，保留默认，点击 OK 保存退出。

(3) Module、Step、Create Field Output，命名为 F-Outpur-2，选择 Step-1。

(4) 根据本算例求解的需要，选择位移(U)、支反力(RF)选项，点击 OK 保存退出。

5. Load 模块

(1) Module、Load、Create Boundary Condition，命名为 BC-1, Category 选择 Mechanical, Types for Selected Step 选择 Displacement/Rotation。

(2) 点击 Continue，选择左端点，即节点 1, Done, U2 处输入 0, UR3 处输入 0，点击 OK 保存退出。

(3)类似的，处理右端点，即节点 3，U2 处输入 0。

(4)Module、Load、Creat Load，命名为 Load-1，Category 选择 Mechanical，Types for Selected Step 选择 Consentrated Force。

(5)点击 Continue，选中中间节点，即节点 2，CF2 输入 $-20\ 000$，点击 OK 保存退出。

6. Mesh 模块

(1)Module、Mesh、Seed Part 为节点数量控制。

(2)Module、Mesh、Assign Element Type 选择 Beam。

(3)Module、Mesh、Mesh Part 划分网格。

7. Job 模块

Module、Job、Create Job，点击 Submit 提交运算。对于复杂问题，也可以先 Data Check。运算完后，点击 Results，进入 Visualization。

8. Visualization 模块

图(5-31)为梁结构的位移/转角云图。计算得到，节点 2 的垂直位移为 -0.823×10^{-4} m(方向向下)，节点 2 的转角为 $-0.176\ 4\times10^{-4}$(顺时针方向)，节点 3 的转角为 $0.705\ 5\times10^{-4}$(逆时针方向)。节点 1 的竖向支反力为 13.75 kN(方向向上)，弯矩为 15 kN · m(逆时针方向)，节点 3 的竖向支反力为 6.25 kN(方向向上)。

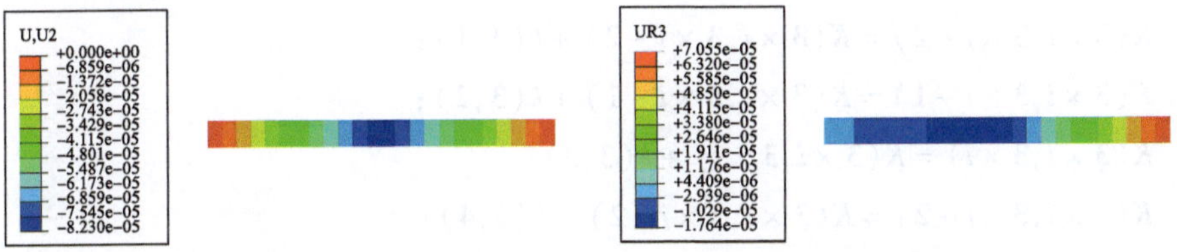

(a)U2　　(b)UR3

图 5-31　梁结构位移/转角云图

5.6.2　算例 2

5.6.2.1　问题

如图 5-32 所示的平面刚架结构，$E=210$ GPa、截面为 $0.3\ \text{m}\times0.3\ \text{m}$ 的正方形，$I=6.75\times10^{-4}\ \text{m}^4$，$P=20$ kN，$L=2$ m，求：

(1)节点 2 和节点 3 的水平位移；

(2)节点 1 和节点 4 的支反力。

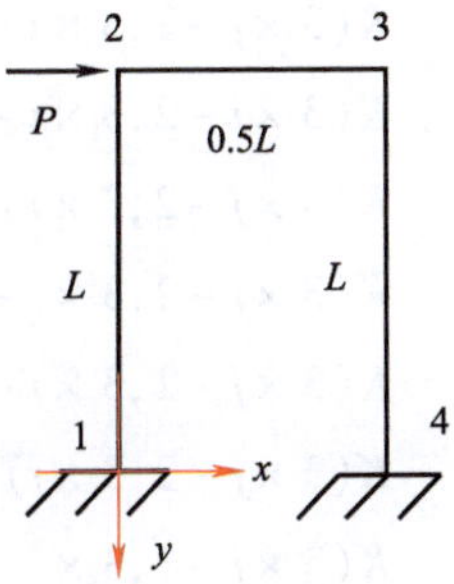

图 5-32　梁单元算例 2

5.6.2.2 MATLAB 编程计算

根据题目表述，位移条件为 $u_1=0, v_1=0, \theta_1=0, u_4=0, v_4=0, \theta_4=0$，则位移列阵为

$$\overline{\boldsymbol{\delta}}=[0\quad 0\quad 0\quad \overline{u}_2\quad \overline{v}_2\quad \overline{\theta}_2\quad \overline{u}_3\quad \overline{v}_3\quad \overline{\theta}_3\quad 0\quad 0\quad 0]$$

外荷载 $Q_{2\bar{x}}=20\ 000$ N，$Q_{2\bar{y}}=0, M_2=0, Q_{3\bar{x}}=0, Q_{3\bar{y}}=0, M_3=0$，则荷载列阵为

$$\overline{\boldsymbol{F}}=[\overline{Q}_{1\bar{x}}\quad \overline{Q}_{1\bar{y}}\quad M_1\quad 20\ 000\quad 0\quad 0\quad 0\quad 0\quad 0\quad \overline{Q}_{4\bar{x}}\quad \overline{Q}_{4\bar{y}}\quad M_4]$$

根据式(5-36)，得到整体坐标系下单元刚度矩阵，并按照如下方式构建总刚矩阵：

$K(3\times i-2,3\times i-2)=K(3\times i-2,3\times i-2)+k(1,1)$;

$K(3\times i-2,3\times i-1)=K(3\times i-2,3\times i-1)+k(1,2)$;

$K(3\times i-2,3\times i)=K(3\times i-2,3\times i)+k(1,3)$;

$K(3\times i-2,3\times j-2)=K(3\times i-2,3\times j-2)+k(1,4)$;

$K(3\times i-2,3\times j-1)=K(3\times i-2,3\times j-1)+k(1,5)$;

$K(3\times i-2,3\times j)=K(3\times i-2,3\times j)+k(1,6)$;

$K(3\times i-1,3\times i-2)=K(3\times i-1,3\times i-2)+k(2,1)$;

$K(3\times i-1,3\times i-1)=K(3\times i-1,3\times i-1)+k(2,2)$;

$K(3\times i-1,3\times i)=K(3\times i-1,3\times i)+k(2,3)$;

$K(3\times i-1,3\times j-2)=K(3\times i-1,3\times j-2)+k(2,4)$;

$K(3\times i-1,3\times j-1)=K(3\times i-1,3\times j-1)+k(2,5)$;

$K(3\times i-1,3\times j)=K(3\times i-1,3\times j)+k(2,6)$;

$K(3\times i,3\times i-2)=K(3\times i,3\times i-2)+k(3,1)$;

$K(3\times i,3\times i-1)=K(3\times i,3\times i-1)+k(3,2)$;

$K(3\times i,3\times i)=K(3\times i,3\times i)+k(3,3)$;

$K(3\times i,3\times j-2)=K(3\times i,3\times j-2)+k(3,4)$;

$K(3\times i,3\times j-1)=K(3\times i,3\times j-1)+k(3,5)$;

$K(3\times i,3\times j)=K(3\times i,3\times j)+k(3,6)$;

$K(3\times j-2,3\times i-2)=K(3\times j-2,3\times i-2)+k(4,1)$;

$K(3\times j-2,3\times i-1)=K(3\times j-2,3\times i-1)+k(4,2)$;

$K(3\times j-2,3\times i)=K(3\times j-2,3\times i)+k(4,3)$;

$K(3\times j-2,3\times j-2)=K(3\times j-2,3\times j-2)+k(4,4)$;

$K(3\times j-2,3\times j-1)=K(3\times j-2,3\times j-1)+k(4,5)$;

$K(3\times j-2,3\times j)=K(3\times j-2,3\times j)+k(4,6)$;

$K(3\times j-1,3\times i-2)=K(3\times j-1,3\times i-2)+k(5,1)$;

$K(3\times j-1,3\times i-1)=K(3\times j-1,3\times i-1)+k(5,2)$;

$K(3\times j-1,3\times i)=K(3\times j-1,3\times i)+k(5,3)$;

$K(3\times j-1,3\times j-2)=K(3\times j-1,3\times j-2)+k(5,4)$;

$K(3\times j-1,3\times j-1)=K(3\times j-1,3\times j-1)+k(5,5)$;

$K(3\times j-1,3\times j)=K(3\times j-1,3\times j)+k(5,6)$;

$K(3\times j,3\times i-2)=K(3\times j,3\times i-2)+k(6,1)$;

$K(3\times j,3\times i-1)=K(3\times j,3\times i-1)+k(6,2)$;

$K(3\times j,3\times i)=K(3\times j,3\times i)+k(6,3)$;

$K(3\times j,3\times j-2)=K(3\times j,3\times j-2)+k(6,4)$;

$K(3\times j,3\times j-1)=K(3\times j,3\times j-1)+k(6,5)$;

$K(3\times j,3\times j)=K(3\times j,3\times j)+k(6,6)$。

依据位移列阵和荷载列阵，得到线性代数方程组。求解得出节点 2 的水平位移为 6.166×10^{-5} m（方向向右），节点 3 的水平位移为 6.113×10^{-5} m（方向向右）。

有了各节点的位移后，利用刚度方程，即可求得节点力列阵。由此，可以得出节点 1 的水平向支反力为 -10 035 N（方向向左），节点 1 的竖向支反力为 17 964.1 N（方向向下），弯矩为 -11 060 N·m（逆时针方向），节点 4 的水平向支反力为 -9 964.97 N（方向向左），节点 4 的竖向支反力为 -17 964.1 N（方向向上），弯矩为 -10 975.9 N·m（逆时针方向）。

5.6.2.3　ABAQUS 计算

基本操作同算例 1，图 5-33 为刚架的位移和支反力云图。计算得到节点 2 的水平位移为 6.166×10^{-5} m（方向向右），节点 3 的水平位移为 6.113×10^{-5} m（方向向右）。节点 1 的水平向支反力为 -10 035 N（方向向左），节点 1 的竖向支反力为 -17 964.1 N（方向向下），弯矩为 11 060 N·m（逆时针方向），节点 4 的水平向支反力为 -9 964.97 N（方向向左），节点 4 的竖向支反力为 17 964.1 N（方向向上），弯矩为 10 975.9 N·m（逆时针方向）。

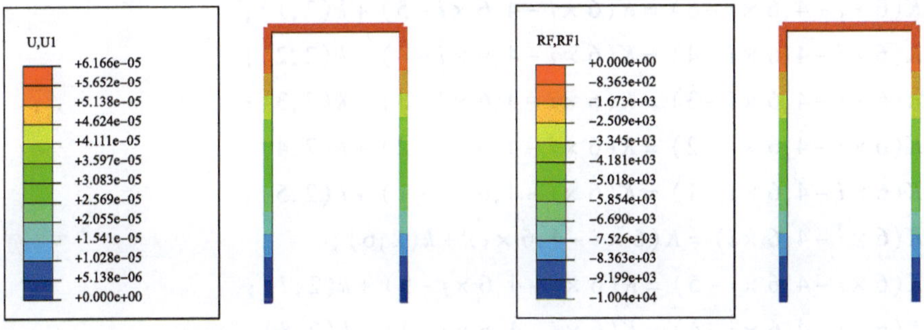

（a）U1　　（b）RF1

图 5-33　刚架的位移和支反力云图

5.6.3 算例 3

5.6.3.1 问题

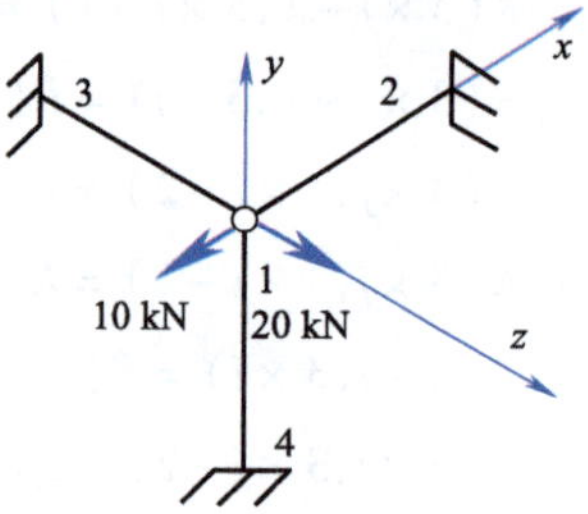

图 5-34 梁单元算例 3

考虑如图 5-34 所示的空间刚架结构梁单元，$E=210\ \text{GPa}$，$G=84\ \text{GPa}$，$A=9\times10^{-2}\ \text{m}^2(0.3\ \text{m}\times0.3\ \text{m})$，$I_y=6.75\times10^{-4}\ \text{m}^4$，$I_z=6.75\times10^{-4}\ \text{m}^4$，$J=5\times10^{-5}\ \text{m}^4$，梁 1-4 长度为4 m，梁1-2 长度为 3 m，梁 1-3 长度为 3 m，求节点 1 的位移。

5.6.3.2 MATLAB 编程计算

单元 1 的节点为 1 和 4，单元 2 的节点为 1 和 2，单元 3 的节点为 1 和 3。根据题目表述，边界条件为 $u_2=0, v_2=0, w_2=0, \theta_{x2}=0, \theta_{y2}=0, \theta_{z2}=0, u_3=0, v_3=0, w_3=0, \theta_{x3}=0, \theta_{y3}=0, \theta_{z3}=0, u_4=0, v_4=0, w_4=0, \theta_{x4}=0, \theta_{y4}=0, \theta_{z4}=0$ 以及 $F_{x1}=-10\ \text{kN}$ 和 $F_{z1}=20\ \text{kN}$。

根据式(5-37)，得到整体坐标系下单元刚度矩阵，并按照如下方式构建总刚矩阵：

$K(6\times i-5,6\times i-5)=K(6\times i-5,6\times i-5)+k(1,1)$;

$K(6\times i-5,6\times i-4)=K(6\times i-5,6\times i-4)+k(1,2)$;

$K(6\times i-5,6\times i-3)=K(6\times i-5,6\times i-3)+k(1,3)$;

$K(6\times i-5,6\times i-2)=K(6\times i-5,6\times i-2)+k(1,4)$;

$K(6\times i-5,6\times i-1)=K(6\times i-5,6\times i-1)+k(1,5)$;

$K(6\times i-5,6\times i)=K(6\times i-5,6\times i)+k(1,6)$;

$K(6\times i-5,6\times j-5)=K(6\times i-5,6\times j-5)+k(1,7)$;

$K(6\times i-5,6\times j-4)=K(6\times i-5,6\times j-4)+k(1,8)$;

$K(6\times i-5,6\times j-3)=K(6\times i-5,6\times j-3)+k(1,9)$;

$K(6\times i-5,6\times j-2)=K(6\times i-5,6\times j-2)+k(1,10)$;

$K(6\times i-5,6\times j-1)=K(6\times i-5,6\times j-1)+k(1,11)$;

$K(6\times i-5,6\times j)=K(6\times i-5,6\times j)+k(1,12)$;

$K(6\times i-4,6\times i-5)=K(6\times i-4,6\times i-5)+k(2,1)$;

$K(6\times i-4,6\times i-4)=K(6\times i-4,6\times i-4)+k(2,2)$;

$K(6\times i-4,6\times i-3)=K(6\times i-4,6\times i-3)+k(2,3)$;

$K(6\times i-4,6\times i-2)=K(6\times i-4,6\times i-2)+k(2,4)$;

$K(6\times i-4,6\times i-1)=K(6\times i-4,6\times i-1)+k(2,5)$;

$K(6\times i-4,6\times i)=K(6\times i-4,6\times i)+k(2,6)$;

$K(6\times i-4,6\times j-5)=K(6\times i-4,6\times j-5)+k(2,7)$;

$K(6\times i-4,6\times j-4)=K(6\times i-4,6\times j-4)+k(2,8)$;

$K(6\times i-4,6\times j-3)=K(6\times i-4,6\times j-3)+k(2,9)$;

$K(6\times i-4,6\times j-2)=K(6\times i-4,6\times j-2)+k(2,10)$;

$K(6\times i-4,6\times j-1)=K(6\times i-4,6\times j-1)+k(2,11)$。

…(类推)

计算得出:节点 1 沿 x 轴的位移为 -1.6×10^{-6} m,沿 y 轴的位移为 -1×10^{-8} m,沿 z 轴的位移为 3.1×10^{-6} m。

5.6.3.3　ABAQUS 计算

基本操作同算例 1,图 5-35 为刚架梁单元位移云图。Field Output Dialog 中选择 U、U1,然后使用 Query Information 工具,查询节点 1 沿 x 轴($-$U3)的位移为 -1.6×10^{-6} m,沿 y 轴(U2)的位移为 -1×10^{-8} m,沿 z 轴(U1)的位移为 3.1×10^{-6} m。

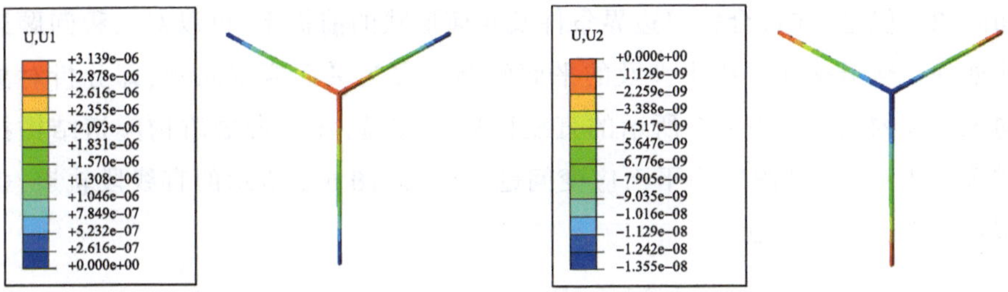

U1　　　　U2

图 5-35　刚架位移云图

Walther Ritz

人物

Walther Ritz 出生于瑞士 Valais(瓦莱)州,父亲是著名画家 Raphael Ritz。1897 年,Walther Ritz 进入 Zurich Polytechnic(苏黎世理工学院)。因为没有完成 Practical Engineering 学习,转而学习理论物理。同一时期,Walther Ritz 的同学有 Albert Einstein(阿尔伯特·爱因斯坦)。

1901 年,Walther Ritz 去了 Göttingen(哥廷根),受 Woldemar Voigt 和 David Hilbert 的影响,他以优异成绩完成了光谱线相关的博士论文。1904 年,Walther Ritz 搬去 Zurich(苏黎世)。而后又搬去和 Tübingen(图宾根),并于 1908 年,搬回 Göttingen,成为了一名私人助理教授。Walther Ritz 与其他当代科学家,如 Hermann Minkowski、Hendrik Antoon Lorentz、Aime Cotton、Friedrich Paschen、Henri Poincaré 和 Albert Einstein,保持着密切联系。

Walther Ritz 的重要理论包括 Rydberg-Ritz combination principle 和 variational Ritz method(里兹法,又称里兹-伽辽金法)的描述。里兹法导致了通用有限单元法的产生。

6 二维单元

第一部分弹性力学的第二章“平面问题”已经介绍，现实中遇到的问题都属于空间问题。但是，在符合特定边界条件及几何形状的前提下，可以对工程问题进行简化处理。轨道交通工程中涉及的平面问题主要为平面应变问题，即分析对象为纵向无限长的问题。图 6-1 所示的直线段盾构隧道，在不考虑盾构隧道结构拼装形式等前提下，可以假定为平面应变问题。同理，图 6-2 所示的直线段轨道，也可以假定为平面应变问题。

图 6-1　直线段盾构隧道

图 6-2　直线段轨道

二维单元主要有 3 节点三角形单元、4 节点等参数单元、三维轴对称问题单元。本章将对这些单元进行理论推导，并采用 MATLAB 编译、ABAQUS 建模和 COMSOL 建模，对相应问题进行分析。

6.1　3 节点三角形单元

6.1.1　3 节点三角形单元的刚度矩阵

如图 6-3 所示的 3 节点三角形单元（3-node Triangular Element），3 个节点的编号为 1，2，3，各自的位置坐标为(x_i, y_i)，$i=1,2,3$，各个节点的位移为(u_i, v_i)，$i=1,2,3$。

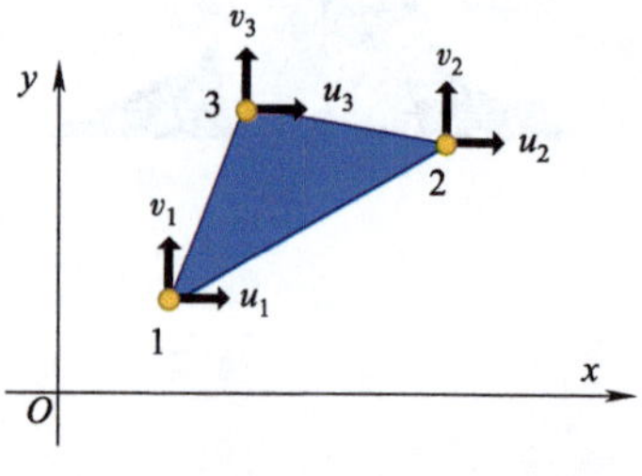

图 6-3　3 节点三角形单元

节点位移列阵为

$$\boldsymbol{\delta}^e = \{u_1 \quad v_1 \quad u_2 \quad v_2 \quad u_3 \quad v_3\}^{\mathrm{T}}$$

节点力列阵为

$$\boldsymbol{F}^e = \{F_{x1} \quad F_{y1} \quad F_{x2} \quad F_{y2} \quad F_{x3} \quad F_{y3}\}^{\mathrm{T}}$$

1. 单元位移场的表达

对于3节点三角形单元而言，每一个节点有2个自由度。考虑到简单性、完备性、连续性及待定系数的唯一确定性原则，分别选取单元中各个方向的位移模式为

$$\begin{cases} u(x,y) = a_0 + a_1 x + a_2 y \\ v(x,y) = b_0 + b_1 x + b_2 y \end{cases}$$

由节点条件，可以求得

$$a_0 = \frac{1}{2\Delta}\begin{vmatrix} u_1 & x_1 & y_1 \\ u_2 & x_2 & y_2 \\ u_3 & x_3 & y_3 \end{vmatrix}$$

$$a_1 = \frac{1}{2\Delta}\begin{vmatrix} 1 & u_1 & y_1 \\ 1 & u_2 & y_2 \\ 1 & u_3 & y_3 \end{vmatrix}$$

$$a_2 = \frac{1}{2\Delta}\begin{vmatrix} 1 & x_1 & u_1 \\ 1 & x_2 & u_2 \\ 1 & x_3 & u_3 \end{vmatrix}$$

式中，$\Delta = \frac{1}{2}\begin{vmatrix} 1 & x_1 & y_1 \\ 1 & x_2 & y_2 \\ 1 & x_3 & y_3 \end{vmatrix}$为三角形面积，三角形3个节点1,2,3需按照逆时针排序。将其代入u的表达式，得

$$\begin{aligned} u &= \frac{1}{2\Delta}[(\bar{a}_1 + \bar{b}_1 x + \bar{c}_1 y)u_1 + (\bar{a}_2 + \bar{b}_2 x + \bar{c}_2 y)u_2 + (\bar{a}_3 + \bar{b}_3 x + \bar{c}_3 y)u_3] \\ &= N_1 u_1 + N_2 u_2 + N_3 u_3 \end{aligned}$$

式中，$\bar{a}_1 = \begin{vmatrix} x_2 & y_2 \\ x_3 & y_3 \end{vmatrix} = x_2 y_3 - x_3 y_2$，$\bar{b}_1 = \begin{vmatrix} 1 & y_2 \\ 1 & y_3 \end{vmatrix} = y_2 - y_3$，$\bar{c}_1 = \begin{vmatrix} 1 & x_2 \\ 1 & x_3 \end{vmatrix} = -(x_2 - x_3)$，1,2,3轮换得到$\bar{a}_2,\bar{b}_2,\bar{c}_2,\bar{a}_3,\bar{b}_3,\bar{c}_3$。

b的求解和a相同，得出$v = N_1 v_1 + N_2 v_2 + N_3 v_3$。

综上得出

$$\boldsymbol{u}=\begin{Bmatrix}u\\v\end{Bmatrix}=\begin{bmatrix}N_1&0&N_2&0&N_3&0\\0&N_1&0&N_2&0&N_3\end{bmatrix}\begin{Bmatrix}u_1\\v_1\\u_2\\v_2\\u_3\\v_3\end{Bmatrix}=\boldsymbol{N\delta}^e \tag{6-1}$$

式中,$\boldsymbol{N}$ 为形状函数矩阵。

2. 单元应变场的表达

由弹性力学平面问题的几何方程,得

$$\boldsymbol{\varepsilon}=\begin{Bmatrix}\varepsilon_x\\\varepsilon_y\\\gamma_{xy}\end{Bmatrix}=\begin{Bmatrix}\dfrac{\partial u}{\partial x}\\\dfrac{\partial v}{\partial y}\\\dfrac{\partial u}{\partial y}+\dfrac{\partial v}{\partial x}\end{Bmatrix}=\begin{bmatrix}\dfrac{\partial}{\partial x}&0\\0&\dfrac{\partial}{\partial y}\\\dfrac{\partial}{\partial y}&\dfrac{\partial}{\partial x}\end{bmatrix}\begin{Bmatrix}u\\v\end{Bmatrix}=[\boldsymbol{\partial}]\boldsymbol{u}$$

式中,$[\boldsymbol{\partial}]$为几何方程的算子矩阵。注意,对于平面应力问题,不考虑平面外应变。

将式(6-1)代入,得

$$\boldsymbol{\varepsilon}=[\boldsymbol{\partial}]\boldsymbol{N\delta}=\boldsymbol{B\delta} \tag{6-2}$$

式中,应变—位移矩阵 $\boldsymbol{B}=\begin{bmatrix}\dfrac{\partial}{\partial x}&0\\0&\dfrac{\partial}{\partial y}\\\dfrac{\partial}{\partial y}&\dfrac{\partial}{\partial x}\end{bmatrix}\begin{bmatrix}N_1&0&N_2&0&N_3&0\\0&N_1&0&N_2&0&N_3\end{bmatrix}$。

将 N_1、N_2、N_3 代入,进一步得到

$$\boldsymbol{B}=\frac{1}{2\Delta}\left[\begin{array}{cc:cc:cc}\bar{b}_1&0&\bar{b}_2&0&\bar{b}_3&0\\0&\bar{c}_1&0&\bar{c}_2&0&\bar{c}_3\\\bar{c}_1&\bar{b}_1&\bar{c}_2&\bar{b}_2&\bar{c}_3&\bar{b}_3\end{array}\right]=[\boldsymbol{B}_1\quad\boldsymbol{B}_2\quad\boldsymbol{B}_3]$$

3. 单元应力场的表达

对于平面应力问题,其物理方程的矩阵形式如下:

$$\boldsymbol{\sigma}=\begin{Bmatrix}\sigma_x\\\sigma_y\\\sigma_{xy}\end{Bmatrix}=\frac{E}{1-\mu^2}\begin{bmatrix}1&\mu&0\\\mu&1&0\\0&0&\dfrac{1-\mu}{2}\end{bmatrix}\begin{Bmatrix}\varepsilon_x\\\varepsilon_y\\\gamma_{xy}\end{Bmatrix}=\boldsymbol{D\varepsilon}$$

式中，$\boldsymbol{D}$ 为平面应力问题的弹性系数矩阵。若为平面应变问题，则将上式中的系数 (E,μ) 换成平面应变问题的系数 $\left(\dfrac{1}{1-\mu^2},\dfrac{\mu}{1-\mu}\right)$ 即可。

将式(6-2)代入上式，得到

$$\boldsymbol{\sigma}=\boldsymbol{D}\boldsymbol{B}\boldsymbol{\delta}^e=\boldsymbol{S}\boldsymbol{\delta}^e \tag{6-3}$$

式中，$\boldsymbol{S}$ 为应力—位移矩阵。

4. 3 节点三角形单元刚度矩阵

已知势能表达式为 $\Pi^e=U^e-W^e=\dfrac{1}{2}\int_{\Omega^e}\boldsymbol{\sigma}\boldsymbol{\varepsilon}\mathrm{d}\Omega-\boldsymbol{F}^{e\mathrm{T}}\boldsymbol{\delta}^e$ 。

将上述应力、应变代入，得

$$\Pi^e=\frac{1}{2}\boldsymbol{\delta}^{e\mathrm{T}}\boldsymbol{K}^e\boldsymbol{\delta}^e-\boldsymbol{F}^{e\mathrm{T}}\boldsymbol{\delta}^e \tag{6-4}$$

将单元的势能对节点位移 $\boldsymbol{\delta}^e$ 取一阶极值，可得到单元的刚度方程为

$$\boldsymbol{F}^e=\boldsymbol{K}^e\boldsymbol{\delta}^e \tag{6-5}$$

平面 3 节点三角形单元的单元刚度矩阵为

$$\boldsymbol{K}^e=\int_{\Omega^e}\boldsymbol{B}^{\mathrm{T}}\boldsymbol{D}\boldsymbol{B}\mathrm{d}\Omega=\int_{A^e}\boldsymbol{B}^{\mathrm{T}}\boldsymbol{D}\boldsymbol{B}t\mathrm{d}A \tag{6-6}$$

式中，t 为平面问题的厚度。

6.1.2 3 节点三角形单元的等效节点荷载

常用的平面问题 3 节点三角形单元的等效节点荷载列阵见表 6-1。

表 6-1 常用的等效节点荷载列阵

图　示	节点等效外载荷矩阵
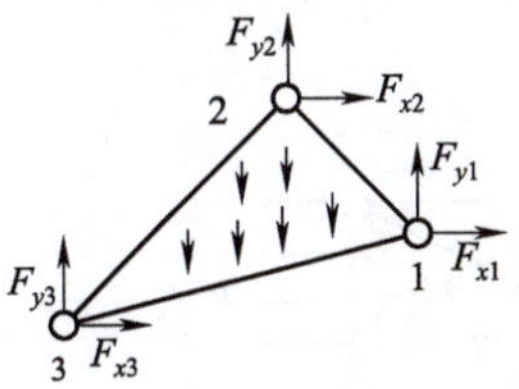	$\overline{\boldsymbol{F}}=\{F_{x1}\ \ F_{y1}\ \ F_{x2}\ \ F_{y2}\ \ F_{x3}\ \ F_{y3}\}^{\mathrm{T}}$ $=-\dfrac{1}{3}\rho\Delta t\{0\ \ 1\ \ 0\ \ 1\ \ 0\ \ 1\}^{\mathrm{T}}$ 自重（ρ 为密度，Δ 为单元面积）
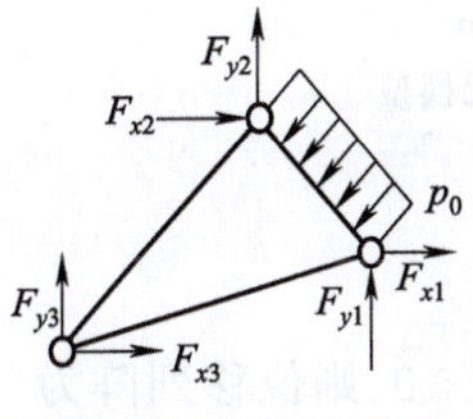	$\overline{\boldsymbol{F}}=\{F_{x1}\ \ F_{y1}\ \ F_{x2}\ \ F_{y2}\ \ F_{x3}\ \ F_{y3}\}^{\mathrm{T}}$ $=\dfrac{1}{2}p_0t\{y_1-y_2\ \ x_2-x_1\ \ y_1-y_2\ \ x_2-x_1\ \ 0\ \ 0\}^{\mathrm{T}}$ 均布侧压 p_0

续上表

图　示	节点等效外载荷矩阵
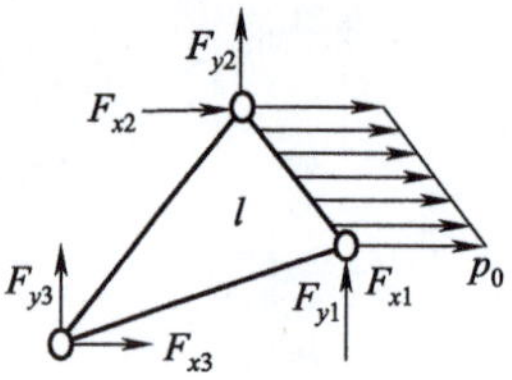	$\overline{F}=\{F_{x1}\quad F_{y1}\quad F_{x2}\quad F_{y2}\quad F_{x3}\quad F_{y3}\}^{\mathrm{T}}$ $=\frac{1}{2}p_0lt\{1\quad 0\quad 1\quad 0\quad 0\quad 0\}^{\mathrm{T}}$ x 方向受均布侧压 p_0
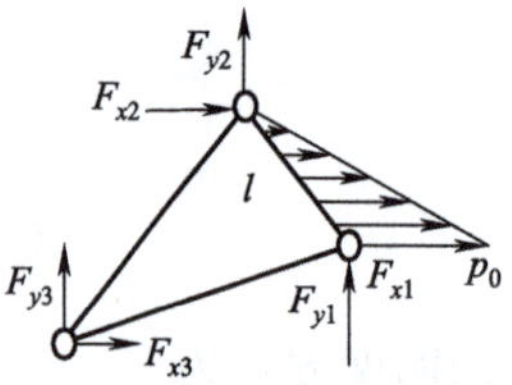	$\overline{F}=\{F_{x1}\quad F_{y1}\quad F_{x2}\quad F_{y2}\quad F_{x3}\quad F_{y3}\}^{\mathrm{T}}$ $=\frac{1}{2}p_0lt\left\{\frac{2}{3}\quad 0\quad \frac{1}{3}\quad 0\quad 0\quad 0\right\}^{\mathrm{T}}$ x 方向受三角形分布载荷 p_0

6.2　3 节点三角形单元算例

6.2.1　算例 1

6.2.1.1　问题

考虑如图 6-4(a)所示的受均匀分布荷载作用的薄平板结构，弹性模量 $E=210$ GPa，泊松比 $\mu=0.3$，均布荷载 $P=3\ 000$ kN/m²，厚度 $t=0.025$ m。本算例把薄平板结构划分为 2 个单元，有限元模型如图 6-4(b)所示，求：

(1)B 点和 C 点的水平向位移与竖向位移；

(2)A 点和 D 点的支反力。

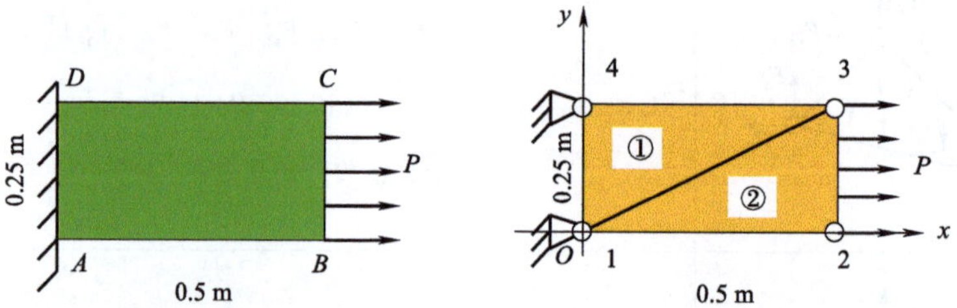

(a)实际问题　　(b)有限元模型

图 6-4　3 节点三角形单元算例 1

6.2.1.2　MATLAB 编程计算

根据题目表述，位移边界条件为 $u_1=0,v_1=0,u_4=0,v_4=0$，则位移列阵为

$$\boldsymbol{\delta} = \{0 \quad 0 \quad u_2 \quad v_2 \quad u_3 \quad v_3 \quad 0 \quad 0\}^{\mathrm{T}}$$

另外，均布荷载可以转化为节点 2 和节点 3 的等效节点荷载，得出 F_{2x} = 9 375 N和 F_{3x} = 9 375 N。因此，荷载列阵为

$$\boldsymbol{F} = \{F_{1x} \quad F_{1y} \quad 9\,375 \quad 0 \quad 9\,375 \quad 0 \quad F_{4x} \quad F_{4y}\}^{\mathrm{T}}$$

按照式(6-6)编写单元刚度矩阵，并通过如下方式形成总刚矩阵：

$K(2\times i-1,2\times i-1)=K(2\times i-1,2\times i-1)+k(1,1)$;

$K(2\times i-1,2\times i)=K(2\times i-1,2\times i)+k(1,2)$;

$K(2\times i-1,2\times j-1)=K(2\times i-1,2\times j-1)+k(1,3)$;

$K(2\times i-1,2\times j)=K(2\times i-1,2\times j)+k(1,4)$;

$K(2\times i-1,2\times m-1)=K(2\times i-1,2\times m-1)+k(1,5)$;

$K(2\times i-1,2\times m)=K(2\times i-1,2\times m)+k(1,6)$;

$K(2\times i,2\times i-1)=K(2\times i,2\times i-1)+k(2,1)$;

$K(2\times i,2\times i)=K(2\times i,2\times i)+k(2,2)$;

$K(2\times i,2\times j-1)=K(2\times i,2\times j-1)+k(2,3)$;

$K(2\times i,2\times j)=K(2\times i,2\times j)+k(2,4)$;

$K(2\times i,2\times m-1)=K(2\times i,2\times m-1)+k(2,5)$;

$K(2\times i,2\times m)=K(2\times i,2\times m)+k(2,6)$;

$K(2\times j-1,2\times i-1)=K(2\times j-1,2\times i-1)+k(3,1)$;

$K(2\times j-1,2\times i)=K(2\times j-1,2\times i)+k(3,2)$;

$K(2\times j-1,2\times j-1)=K(2\times j-1,2\times j-1)+k(3,3)$;

$K(2\times j-1,2\times j)=K(2\times j-1,2\times j)+k(3,4)$;

$K(2\times j-1,2\times m-1)=K(2\times j-1,2\times m-1)+k(3,5)$;

$K(2\times j-1,2\times m)=K(2\times j-1,2\times m)+k(3,6)$;

$K(2\times j,2\times i-1)=K(2\times j,2\times i-1)+k(4,1)$;

$K(2\times j,2\times i)=K(2\times j,2\times i)+k(4,2)$;

$K(2\times j,2\times j-1)=K(2\times j,2\times j-1)+k(4,3)$;

$K(2\times j,2\times j)=K(2\times j,2\times j)+k(4,4)$;

$K(2\times j,2\times m-1)=K(2\times j,2\times m-1)+k(4,5)$;

$K(2\times j,2\times m)=K(2\times j,2\times m)+k(4,6)$;

$K(2\times m-1,2\times i-1)=K(2\times m-1,2\times i-1)+k(5,1)$;

$K(2\times m-1,2\times i)=K(2\times m-1,2\times i)+k(5,2)$;

$K(2\times m-1,2\times j-1)=K(2\times m-1,2\times j-1)+k(5,3)$;

$K(2\times m-1,2\times j)=K(2\times m-1,2\times j)+k(5,4)$;

$K(2\times m-1,2\times m-1)=K(2\times m-1,2\times m-1)+k(5,5)$;

$K(2\times m-1,2\times m)=K(2\times m-1,2\times m)+k(5,6)$;

$K(2\times m,2\times i-1)=K(2\times m,2\times i-1)+k(6,1)$;

$K(2\times m,2\times i)=K(2\times m,2\times i)+k(6,2)$;

$K(2\times m,2\times j-1)=K(2\times m,2\times j-1)+k(6,3)$;

$K(2\times m,2\times j)=K(2\times m,2\times j)+k(6,4)$;

$K(2\times m,2\times m-1)=K(2\times m,2\times m-1)+k(6,5)$;

$K(2\times m,2\times m)=K(2\times m,2\times m)+k(6,6)$。

计算得出:节点 2 的水平向位移为 7.111×10^{-6} m(水平向右),垂向位移为 1.115×10^{-6} m(竖向向上),节点 3 的水平向位移为 6.531×10^{-6} m(水平向右),垂向位移为 4.461×10^{-8} m(竖向向上)。

有了各节点的位移后,利用刚度方程,即可求得节点力列阵。由此,可以得出节点 1 的水平向支反力为 −9 375 N(方向向左),竖向支反力为 −5 629.5 N(方向向下),节点 4 的水平向支反力为 −9 375 N(方向向左),竖向支反力为 5 629.5 N(方向向上)。

6.2.1.3 ABAQUS 计算

1. Part 模块

(1)Module、Part、Create Part,命名为 Part-1,选择 2D,Deformable,Shell,输入 Approximate Size 5[默认长度单位为米(m)]。

(2)在 Sketch 中绘制 0.25 m ×0.5 m 的长方形,然后返回 Part 模块。

(3)Module、Part、Partition Face:Use Shortest Path Between 2 Points,选择题目需要剖分的三角形斜边。

2. Property 模块

(1)Module、Property,Ceate Material 命名为 Material-1,选择 Mechanical、Elasticity、Elastic,在 Young's Modulus 输入 210E9,Poisson's Ratio 输入 0.3,点 OK 保存退出。

(2)Module、Property,Ceate Section 命名为 Section-1,选择 Solid,Type 为 Homogeneous,点 Continue。

(3)选择 Material 为 Material-1,选中 Plane Stress/Strain Thickness,输入 0.025,点 OK 保存退出。

(4)Module、Property,Assign Section 选择 Section-1,完成属性的定义。

3. Assembly 模块

Module、Assembly、Create Instance，选择 Parts，选中 Part-1，Instance Type 选择 Dependent(Mesh on Part)，也可以选择 Independent(Mesh on Instance)。

4. Step 模块

(1)Module、Step、Create Step，命名为 Step-1，选择 Static，General。

(2)点击 Continue，本问题可以不做任何处理，保留默认，点击 OK 保存退出。

(3)Module、Step、Create Field Output，命名为 F-Outpur-2，选择 Step-1。

(4)根据本算例求解的需要，选择位移(U)、支反力(RF)、应变(E)和应力(S)选项，点击 OK 保存退出。

5. Load 模块

(1) Module、Load、Create Boundary Condition，命名为 BC-1，Category 选择 Mechanical，Types for Selected Step 选择 Displacement/Rotation。

(2)点击 Continue，选择左端面，即节点 1 和节点 4 所在的边，U1 处输入 0，U2 处输入 0，点击 OK 保存退出。

(3)Module、Load、Creat Load，命名为 Load-1，Category 选择 Mechanical，Types for Selected Step 选择 Pressure。

(4)点击 Continue，选中右端面，即节点 2 和节点 3 所在边，输入 −3 000 000，点击 OK 保存退出。

6. Mesh 模块

(1)Module、Mesh、Seed Part 为节点数量控制。

(2)Module、Mesh、Assign Element Type 选择 Plane Stress。

(3)Module、Mesh、Mesh Part 划分网格。

7. Job 模块

Module、Job、Create Job，点击 Submit 提交运算。对于复杂问题，也可以先 Data Check。运算完后，点击 Results，进入 Visualization。

8. Visualization 模块

图 6-5 为位移云图，可以明显看到，在单元边界上，位移是连续的。

Field Output Dialog 中选择 U、U1，然后使用 Query Information 工具，查询 B 点的水平向位移为 7.111×10^{-6} m(水平向右)，竖向位移为 1.115×10^{-6} m(竖向向上)，C 点的水平向位移为 6.531×10^{-6} m(水平向右)，竖向位移为 4.461×10^{-8} m(竖向向上)。

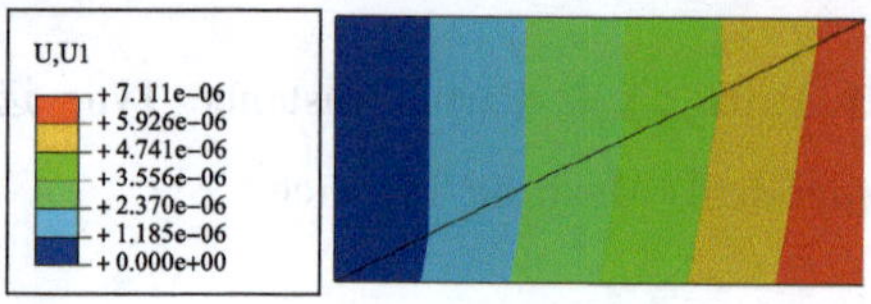

(a) U1

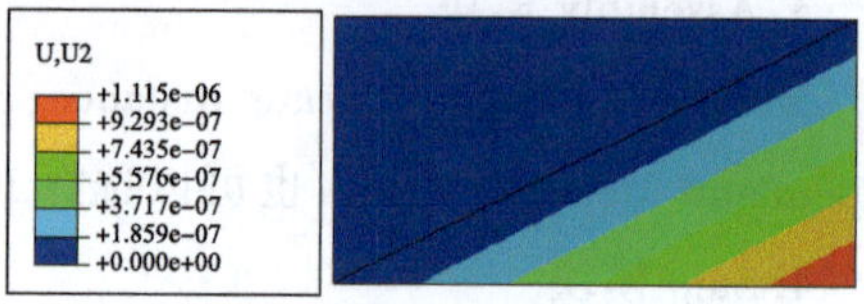

(b) U2

图 6-5　位移云图

薄平板结构应变如图 6-6 所示。可以看到，平面外应变 E33 不存在(0)。平面内应变 E11、E22、E12，单元内部应变为定值。此处注意，对于平面应力问题，实际上平面外应变是存在的。但是，我们在单元推导过程中，并没有考虑平面外应变。所以，计算所得平面外应变 E33 为 0。

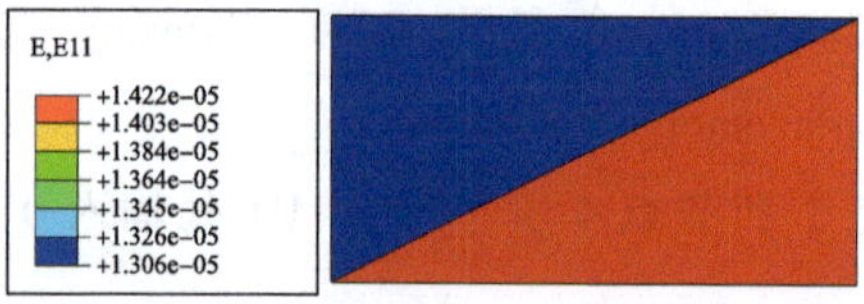

(a) E11

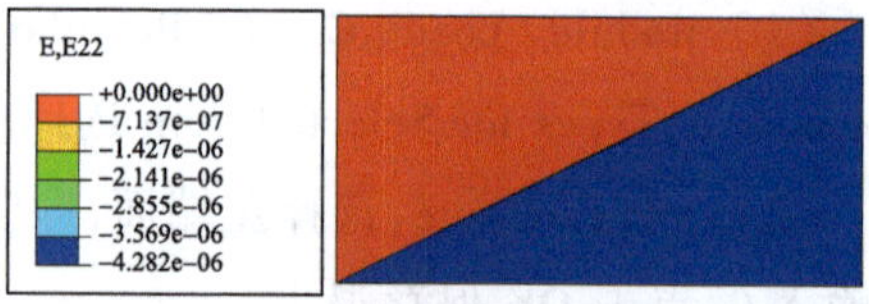

(b) E22

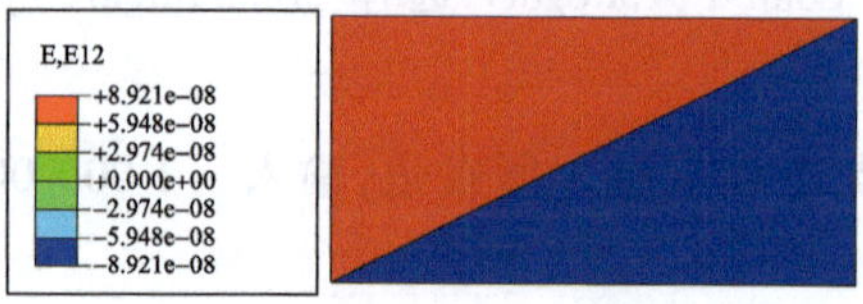

(c) E12

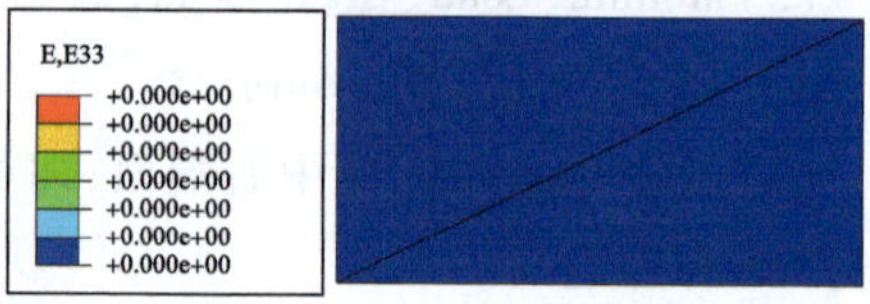

(d) E33

图 6-6　应变云图

薄平板结构应力如图 6-7 所示。类似应变，平面外应力 S33 不存在(0)。平面内应力 S11、S22、S12，单元内部应变为定值。

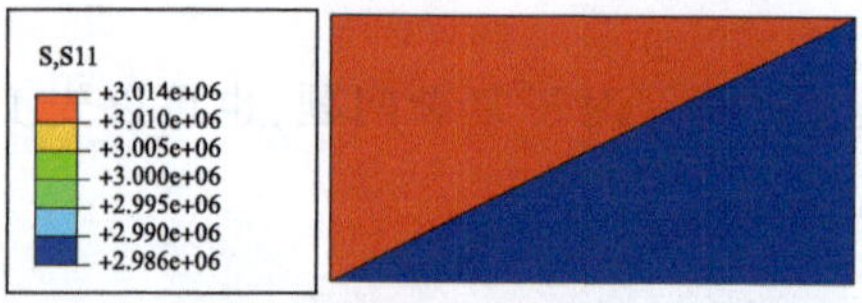

(a) S11

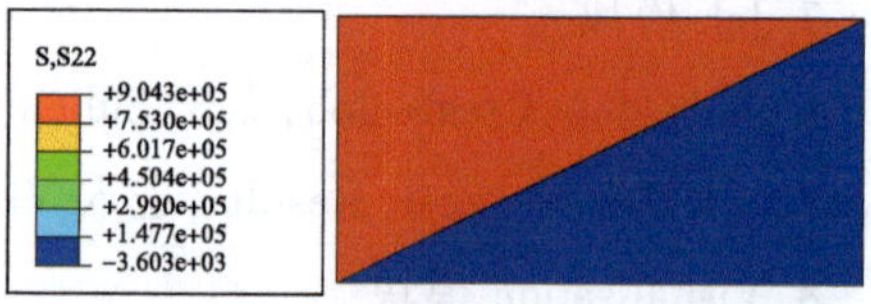

(b) S22

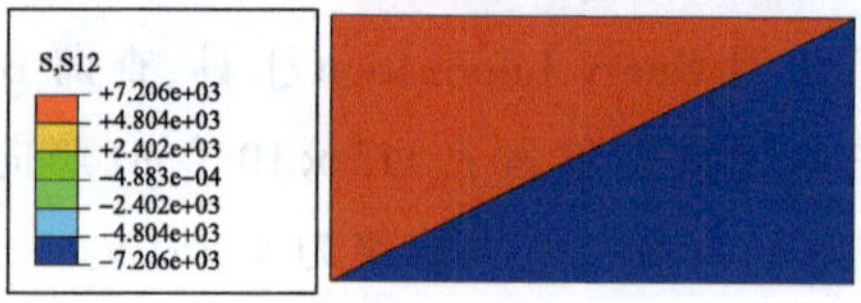

(c) S12

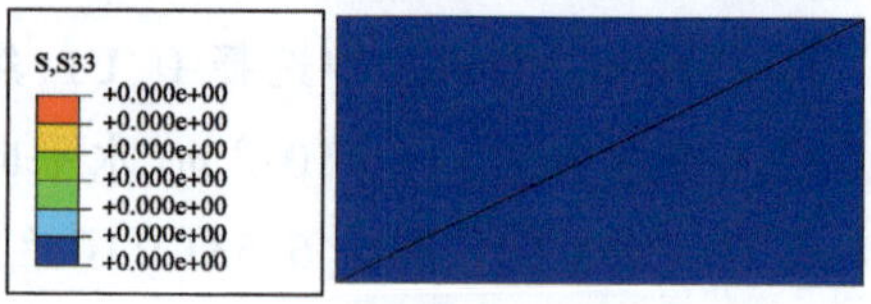

(d) S33

图 6-7　应力云图

图 6-8 为支反力云图。查询节点 1 的水平向支反力为 -9 375 N(方向向左)，竖向支反力为 -5 629.5 N(方向向下)；节点 4 的水平向支反力为 -9 375 N(方向向左)，竖向支反力为 5 629.5 N(方向向上)。

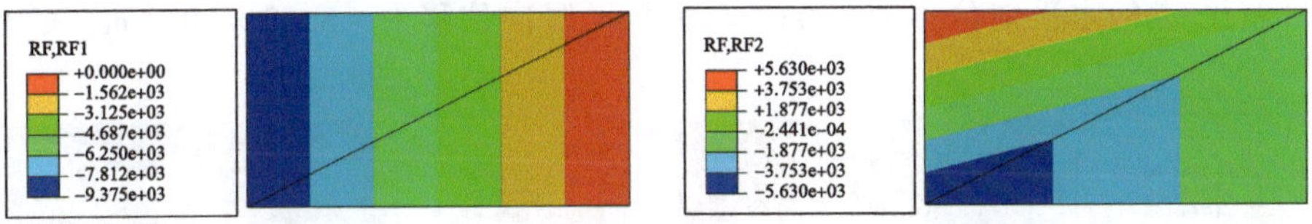

(a) RF1　　(b) RF2

图 6-8　支反力云图

6.2.2　算例 2

6.2.2.1　问题

在算例 1 的基础上，算例 2 将薄平板结构划分成 4 个单元，节点三角形单元算例 2 如图 6-9 所示。求：

(1) B 点和 C 点的水平向位移与竖向位移；

(2) A 点和 D 点的支反力。

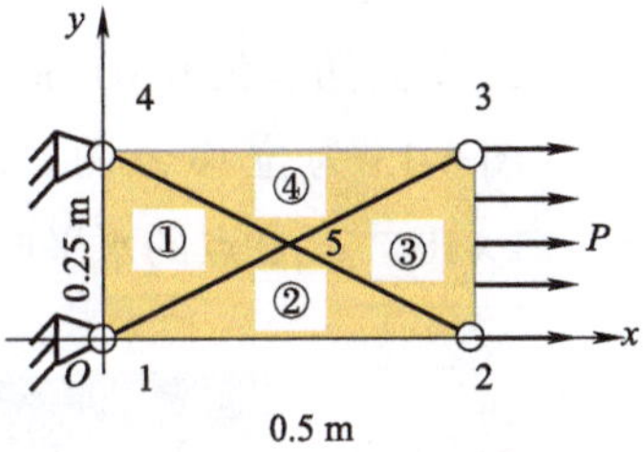

图 6-9　3 节点三角形单元算例 2

6.2.2.2　ABAQUS 计算

图 6-10 为位移云图。B 点的水平向位移为 6.928×10^{-6} m，竖向位移为 7.139×10^{-7} m；C 点的水平向位移为 6.928×10^{-6} m，竖向位移为 -7.139×10^{-7} m。

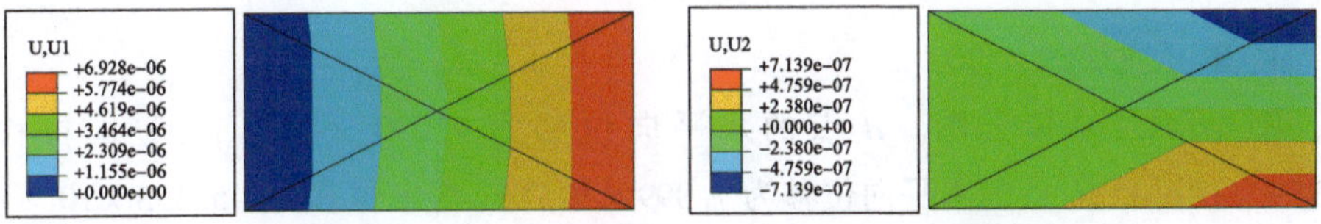

(a) U1　　(b) U2

图 6-10　位移云图

图 6-11 为支反力云图。节点 1 的水平向支反力为 -9 375 N(方向向左)，竖向支反力为 -3 754 N(方向向下)；节点 4 的水平向支反力为 -9 375 N(方向向左)，竖向支反力为 3 754 N(方向向上)。

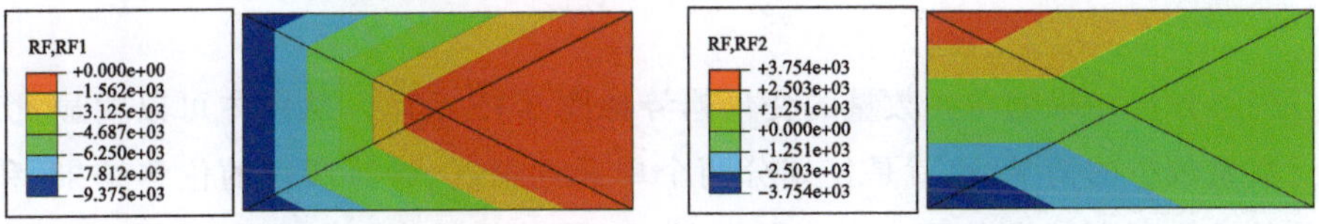

(a) RF1　　(b) RF2

图 6-11　支反力云图

6.2.2.3 单元尺寸对结果影响

1. 单元边长约 0.05 m

图 6-12 为位移云图。*B* 点的水平向位移为 7.124×10^{-6} m，竖向位移为 6.99×10^{-7} m；*C* 点的水平向位移为 7.038×10^{-6} m，竖向位移为 -3.73×10^{-7} m。

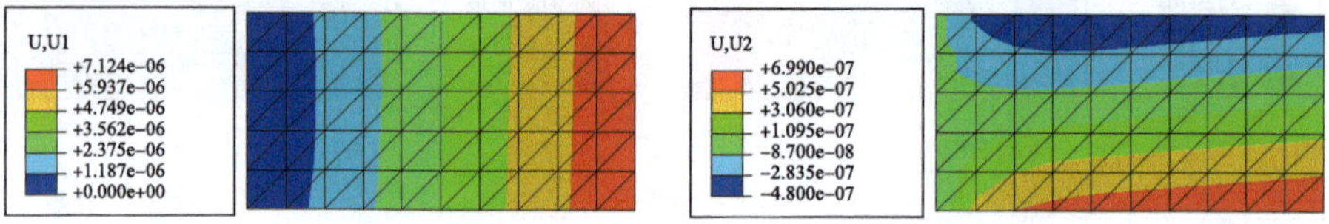

(a) U1 (b) U2

图 6-12 位移云图(单元边长约 0.05 m)

2. 单元边长约 0.01 m

图 6-13 为位移云图。*B* 点的水平向位移为 7.099×10^{-6} m，竖向位移为 5.475×10^{-7} m；*C* 点的水平向位移为 7.094×10^{-6} m，竖向位移为 -5.236×10^{-7} m。

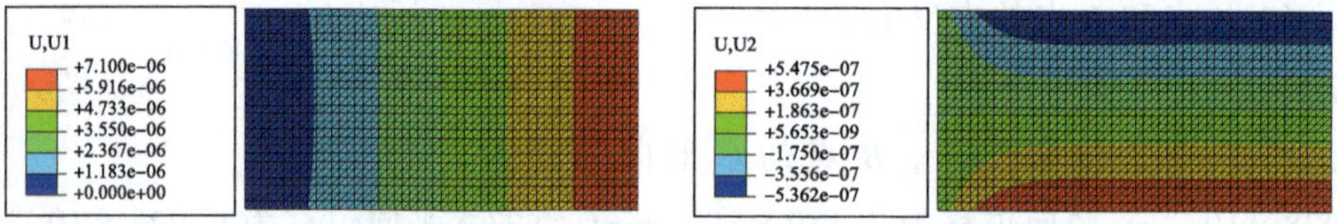

(a) U1 (b) U2

图 6-13 位移云图(单元边长约 0.01 m)

3. 单元边长约 0.001 m

图 6-14 为位移云图。*B* 点的水平向位移为 7.099×10^{-6} m，竖向位移为 5.359×10^{-7} m；*C* 点的水平向位移为 7.099×10^{-6} m，竖向位移为 -5.353×10^{-7} m。

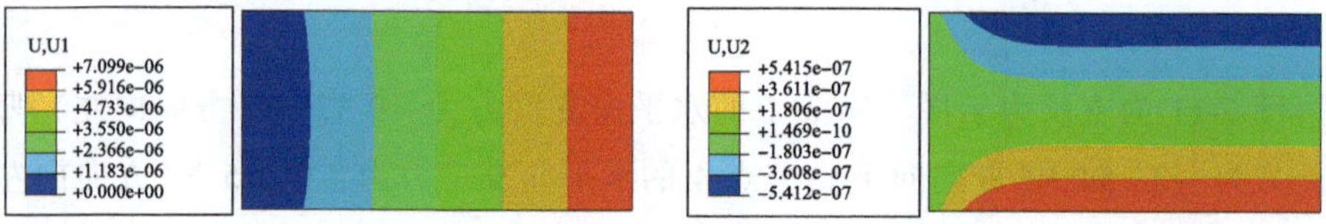

(a) U1 (b) U2

图 6-14 位移云图(单元边长约 0.001 m)

位移计算结果随单元数量的变化趋势如图 6-15 所示。从图中可以明显发现，单元数量较少的情况，也就是仅划分两个单元的情况，计算所得的位移结果，和最终收敛结果存在较大差距。对于某些结果，甚至是错误的。比如：*C* 点的竖向位移,在仅划分两个单元的情况下,计算结果为正,实际结果为负。随着单元尺寸越来越小,单元数量越来越多,位移计算结果之间的偏差越来越小。这表明,对于采用三角形划分网格的问题,如果要得到相对可靠的计算结果,需要划分一定数量的网格。换句话说,三角形单元数量越多,计算结果越精确,但是,计算代价越大。

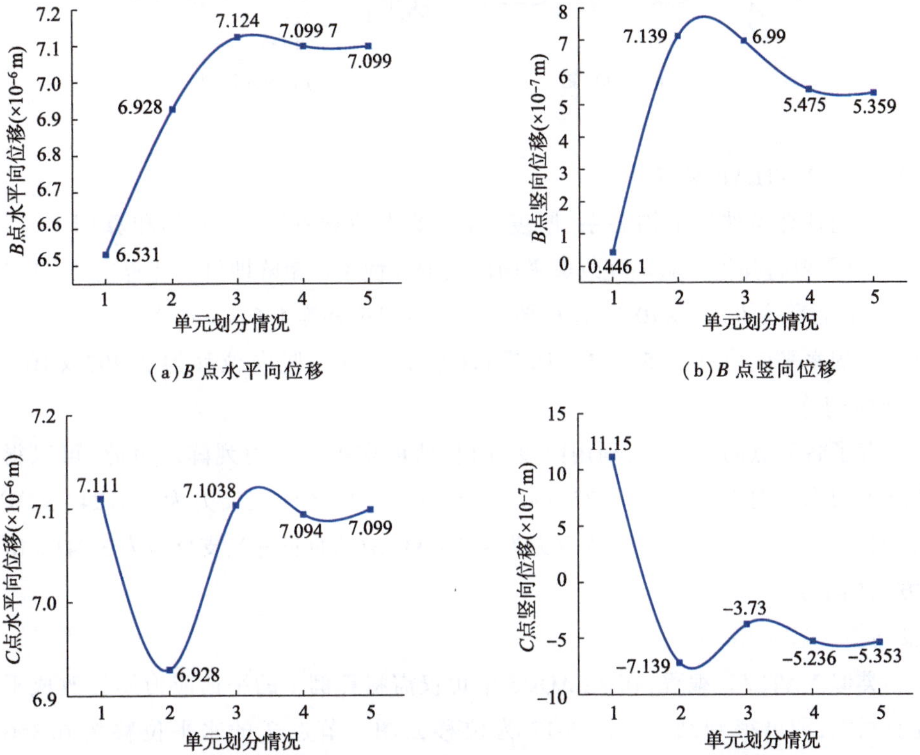

(a) B 点水平向位移　　(b) B 点竖向位移

(c) C 点水平向位移　　(d) C 点竖向位移

图 6-15　单元数量对计算结果的影响

6.2.3　算例 3

6.2.3.1　问题

考虑如图 6-16(a)所示的受均匀分布荷载作用的纵向无限长结构,弹性模量 $E=210$ GPa,泊松比 $\mu=0.3$,均布荷载 $P=3\ 000$ kN/m^2。本题把纵向无限长结构划分成 2 个单元,如图 6-16(b)所示。求:

(1)节点 2 和节点 3 的水平位移与竖向位移;

(2)节点 1 和节点 4 的支反力。

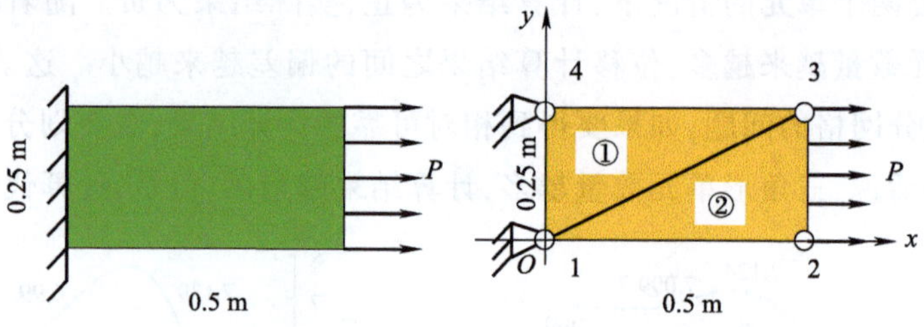

(a)实际问题　　(b)有限元模型

图 6-16　3 节点三角形单元算例 3

6.2.3.2　MATLAB 编程计算

本题计算条件除本构关系、厚度、等效节点荷载不同,其他都和算例 1 相同。因此,仅需要将弹性系数矩阵改成平面应变的弹性系数矩阵即可。计算得出:节点 2 的水平向位移为 6.356×10^{-6} m(水平向右),竖向位移为 1.608×10^{-6} m(竖向向上);节点 3 的水平向位移为 5.437×10^{-6} m(水平向右),竖向位移为 2.297×10^{-7} m(竖向向上)。

有了各节点的位移后,利用刚度方程,即可求得节点力列阵。由此,可以得出节点 1 的水平向支反力为 −375 000 N(方向向左),竖向支反力为 -3.247×10^{5} N(方向向下);节点 4 的水平向支反力为 −375 000 N(方向向左),支反力为 3.247×10^{5} N(方向向上)。

6.2.3.3　ABAQUS 计算

类似 MATLAB 编程,在 ABAQUS 中也仅需将算例 1 的平面应力属性改成平面应变属性,即可得到结果。图 6-17 为位移云图。节点 2 的水平位移为 6.356×10^{-6} m(水平向右),竖向位移为 1.608×10^{-6} m(竖向向上);节点 3 的水平位移为 5.437×10^{-6} m(水平向右),竖向位移为 2.297×10^{-7} m(竖向向上)。

类似平面应力问题,单元边界上位移连续。

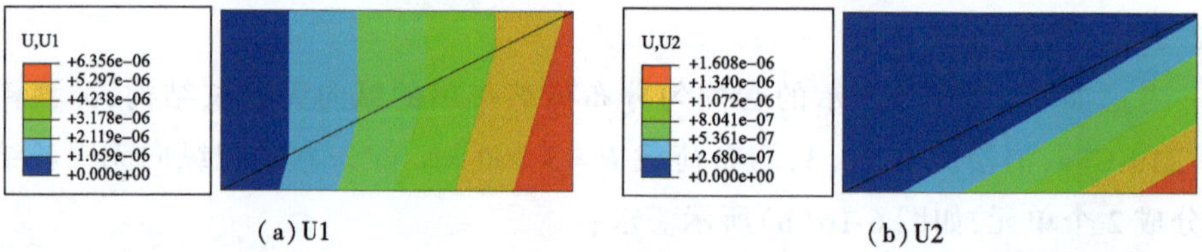

(a)U1　　(b)U2

图 6-17　位移云图

图 6-18 为应变云图。根据前述推导已知,不管是平面应力问题,还是平面应变问题,平面外应变都没有(0)。更何况,对于平面应变问题,平面外应变本身就为 0。

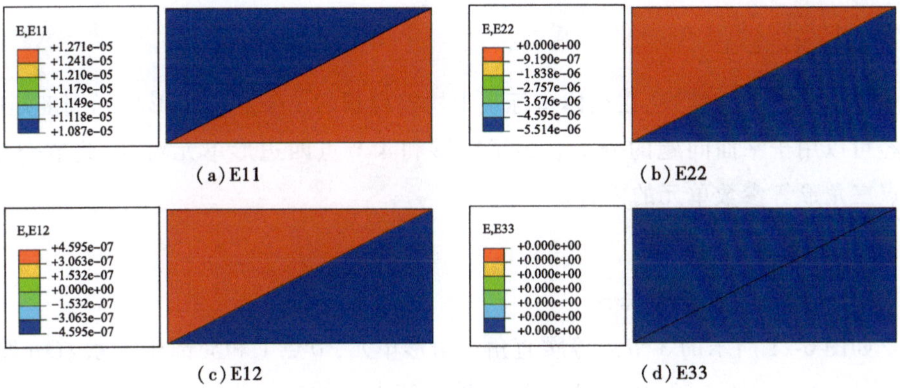

(a) E11　(b) E22

(c) E12　(d) E33

图 6-18　应变云图

图 6-19 为应力云图。对于平面应变问题，平面外应力 S33 是存在的，$\sigma_z = \mu(\sigma_x + \sigma_y)$，即 S33 = μ(S11 + S22)。

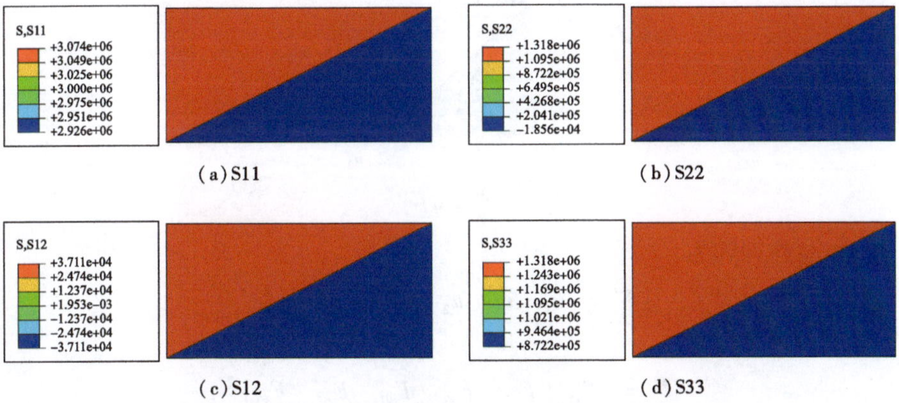

(a) S11　(b) S22

(c) S12　(d) S33

图 6-19　应力云图

图 6-20 为支反力云图。节点 1 的水平向支反力为 −375 000 N（方向向左），竖向支反力为 -3.247×10^5 N（方向向下）；节点 4 的水平向支反力为 −375 000 N（方向向左），竖向支反力为 3.247×10^5 N（方向向上）。

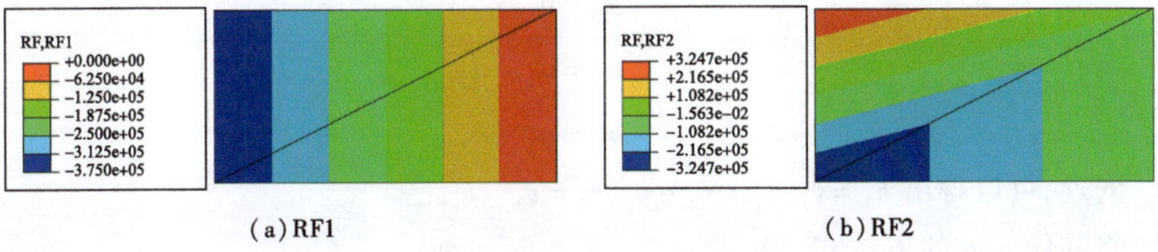

(a) RF1　(b) RF2

图 6-20　支反力云图

6.3 3节点三角形等参数单元

根据前一节的推导，在整体坐标系中构建得到的3节点三角形单元刚度矩阵，已经可以用于平面问题的分析。为了能够和4节点四边形单元对照，此节介绍3节点三角形等参数单元的内容。

6.3.1 两种坐标系中的型函数矩阵

6.3.1.1 笛卡尔直接坐标系

如图6-21所示的3节点等腰直角三角形单元，节点1和局部坐标系 $\xi O\eta$ 原点重合，1→2方向为 ξ 轴，1→3方向为 η 轴。节点1的坐标为(0,0)，节点2的坐标为(1,0)，节点3的坐标为(0,1)。

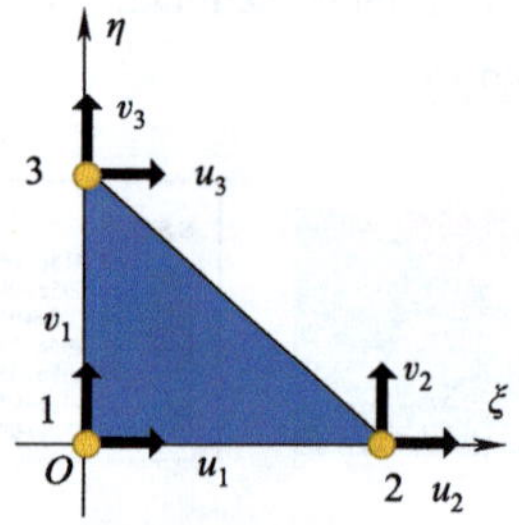

图6-21 3节点等腰三角形单元

节点位移列阵为

$$\boldsymbol{\delta}^e = \{u_1 \quad v_1 \quad u_2 \quad v_2 \quad u_3 \quad v_3\}^{\mathrm{T}}$$

节点力列阵为

$$\boldsymbol{F}^e = \{F_{x1} \quad F_{y1} \quad F_{x2} \quad F_{y2} \quad F_{x3} \quad F_{y3}\}^{\mathrm{T}}$$

选取的位移模式为

$$u(\xi,\eta) = a_0 + a_1\xi + a_2\eta$$
$$v(\xi,\eta) = b_0 + b_1\xi + b_2\eta$$

由节点的位移和坐标条件，可以求得

$$a_0 = u_1$$
$$a_1 = u_2 - u_1$$
$$a_2 = u_3 - u_1$$

同理，可以得出 $b_0 = v_1, b_1 = v_2 - v_1, b_2 = v_3 - v_1$。

将其代入 u 的表达式，得

$$u = u_1 + (u_2 - u_1)\xi + (u_3 - u_1)\eta$$
$$v = v_1 + (v_2 - v_1)\xi + (v_3 - v_1)\eta$$

整理后,得

$$\begin{Bmatrix} u \\ v \end{Bmatrix} = \begin{bmatrix} 1-\xi-\eta & 0 & \xi & 0 & \eta & 0 \\ 0 & 1-\xi-\eta & 0 & \xi & 0 & \eta \end{bmatrix} \begin{Bmatrix} u_1 \\ v_1 \\ u_2 \\ v_2 \\ u_3 \\ v_3 \end{Bmatrix} \tag{6-7}$$

则可以得出型函数矩阵为

$$\begin{aligned} \boldsymbol{N} &= \begin{bmatrix} 1-\xi-\eta & 0 & \xi & 0 & \eta & 0 \\ 0 & 1-\xi-\eta & 0 & \xi & 0 & \eta \end{bmatrix} \\ &= \begin{bmatrix} N_1 & 0 & N_2 & 0 & N_3 & 0 \\ 0 & N_1 & 0 & N_2 & 0 & N_3 \end{bmatrix} = [\boldsymbol{N}_1 \quad \boldsymbol{N}_2 \quad \boldsymbol{N}_3] \end{aligned} \tag{6-8}$$

6.3.1.2 自然(面积)坐标系

继续使用上述 3 节点等腰直角三角形单元,面积坐标如图 6-22 所示。面积坐标同样适用于整体坐标系中的 3 节点三角形单元,它是普适性的。

三角形单元的面积坐标 L_1、L_2、L_3 定义为

$$L_1 = \frac{\Delta_{\bar{o}23}}{\Delta_{123}}$$

$$L_2 = \frac{\Delta_{\bar{o}13}}{\Delta_{123}}$$

$$L_3 = \frac{\Delta_{\bar{o}12}}{\Delta_{123}}$$

已知 $\Delta_{123} = \frac{1}{2}$,则

$$L_2 = \xi$$

$$L_3 = \eta$$

$$L_1 = 1 - L_2 - L_3 = 1 - \xi - \eta$$

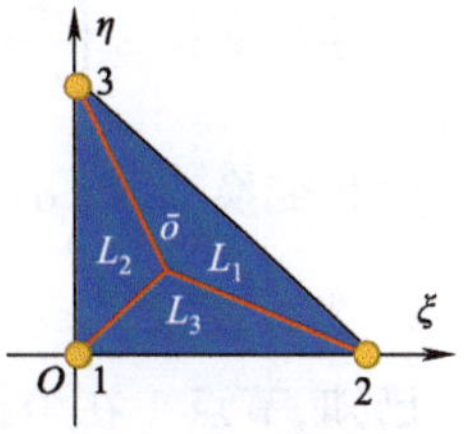

图 6-22 3 节点等腰直角三角形单元的面积坐标

对照式(6-8),可以得出 $L_1 = N_1, L_2 = N_2, L_3 = N_3$。很明显,这种方法相较于前述方法更加简便。

根据定义,还可以得出:12 边上 $L_3 = 0$,13 边上 $L_2 = 0$,23 边上 $L_1 = 0$。另外,诚如前面所写,面积坐标也适用于整体坐标系中的 3 节点三角形单元,同样可以推出 $L_1 = N_1, L_2 = N_2, L_3 = N_3$。

6.3.2 整体坐标系中的3节点三角形等参数单元

使用形函数作为插值函数，构建整体坐标系(x,y)与局部坐标系(ξ,η)之间的变换关系，此种变换称为等参变换，对应的单元称为等参数单元，也是本书主要讲解的。当然，还存在超参变换和次(亚)参变换，读者可以参考其他书籍。

如图6-23(a)所示局部坐标系中的3节点等腰直角三角形单元称之为“母单元”，如图6-23(b)所示整体坐标系中的3节点三角形单元称之为“子单元”。

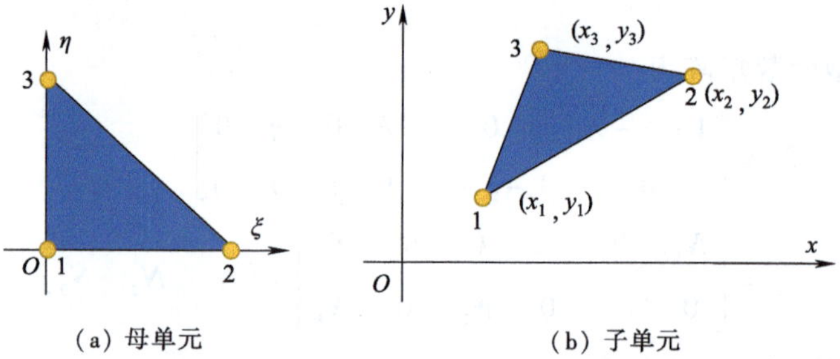

图6-23 母单元和子单元的坐标映射

在坐标系(x,y)中，单元刚度矩阵的计算公式为

$$K_{(xy)}=\int_A B^{\mathrm{T}}\left(x,y,\frac{\partial}{\partial x},\frac{\partial}{\partial y}\right)DB\left(x,y,\frac{\partial}{\partial x},\frac{\partial}{\partial y}\right)t\mathrm{d}x\mathrm{d}y$$

在坐标系(ξ,η)中，单元刚度矩阵的计算公式为

$$K_{(\xi\eta)}=\int_{A^*} B^{*\mathrm{T}}\left(\xi,\eta,\frac{\partial}{\partial \xi},\frac{\partial}{\partial \eta}\right)DB^{*}\left(\xi,\eta,\frac{\partial}{\partial \xi},\frac{\partial}{\partial \eta}\right)t\mathrm{d}\xi\mathrm{d}\eta$$

可以看出，实现母单元到子单元的刚度矩阵变换，即实现如下三种关系：

坐标变换 $(x,y)\Leftarrow(\xi,\eta)$

偏导数变换 $\left(\frac{\partial}{\partial x},\frac{\partial}{\partial y}\right)\Leftarrow\left(\frac{\partial}{\partial \xi},\frac{\partial}{\partial \eta}\right)$

面积变换 $\int_A \mathrm{d}x\mathrm{d}y\Leftarrow\int_{A^*}\mathrm{d}\xi\mathrm{d}\eta$

1. 坐标变换

已知，节点1在坐标系xOy中坐标为(x_1,y_1)，在坐标系$\xi O\eta$中坐标为$(0,0)$，节点2在坐标系xOy中坐标为(x_2,y_2)，在坐标系$\xi O\eta$中坐标为$(1,0)$，节点3在坐标系xOy中坐标为(x_3,y_3)，在坐标系$\xi O\eta$中坐标为$(0,1)$。基于等参数变换定义，有

$$\begin{aligned}x&=\alpha_0+\alpha_1\xi+\alpha_2\eta\\y&=\beta_0+\beta_1\xi+\beta_2\eta\end{aligned}\tag{6-9}$$

代入节点的已知坐标,得到待定系数为

$$\alpha_0 = x_1$$

$$\alpha_1 = x_2 - x_1$$

$$\alpha_2 = x_3 - x_1$$

将 α_0、α_1、α_2 回代,得到

$$x = x_1 + (x_2 - x_1)\xi + (x_3 - x_1)\eta \tag{6-10}$$

同理,可以得出 $y = y_1 + (y_2 - y_1)\xi + (y_3 - y_1)\eta$。写成矩阵形式则为

$$\begin{Bmatrix} x \\ y \end{Bmatrix} = \begin{bmatrix} 1-\xi-\eta & 0 & \xi & 0 & \eta & 0 \\ 0 & 1-\xi-\eta & 0 & \xi & 0 & \eta \end{bmatrix} \begin{Bmatrix} x_1 \\ y_1 \\ x_2 \\ y_2 \\ x_3 \\ y_3 \end{Bmatrix} \tag{6-11}$$

2. 偏导数变换

已知 x 是 ξ 和 η 的函数,y 是 ξ 和 η 的函数。在整体坐标系 (x,y) 中,有任意一个函数 $f(x,y)$,则可以采用链式法,则求 $f(x,y)$ 对 ξ 和 η 的偏导数,有

$$\begin{cases} \dfrac{\partial f}{\partial \xi} = \dfrac{\partial f}{\partial x}\dfrac{\partial x}{\partial \xi} + \dfrac{\partial f}{\partial y}\dfrac{\partial y}{\partial \xi} \\ \dfrac{\partial f}{\partial \eta} = \dfrac{\partial f}{\partial x}\dfrac{\partial x}{\partial \eta} + \dfrac{\partial f}{\partial y}\dfrac{\partial y}{\partial \eta} \end{cases}$$

写成矩阵形式为

$$\begin{Bmatrix} \dfrac{\partial}{\partial \xi} \\ \dfrac{\partial}{\partial \eta} \end{Bmatrix} = \begin{Bmatrix} \dfrac{\partial x}{\partial \xi} & \dfrac{\partial y}{\partial \xi} \\ \dfrac{\partial x}{\partial \eta} & \dfrac{\partial y}{\partial \eta} \end{Bmatrix} \begin{Bmatrix} \dfrac{\partial}{\partial x} \\ \dfrac{\partial}{\partial y} \end{Bmatrix} = \boldsymbol{J} \begin{Bmatrix} \dfrac{\partial}{\partial x} \\ \dfrac{\partial}{\partial y} \end{Bmatrix} \tag{6-12}$$

式中,$\boldsymbol{J}$ 称为雅可比矩阵,并代入式(6-11),可以得到

$$\boldsymbol{J} = \begin{bmatrix} -x_1 + x_2 & -y_1 + y_2 \\ -x_1 + x_3 & -y_1 + y_3 \end{bmatrix} \tag{6-13}$$

也可以写成

$$\boldsymbol{J} = \begin{bmatrix} -1 & 1 & 0 \\ -1 & 0 & 1 \end{bmatrix} \begin{bmatrix} x_1 & y_1 \\ x_2 & y_2 \\ x_3 & y_3 \end{bmatrix} \tag{6-14}$$

通过逆矩阵的计算公式,可以得出

$$\begin{Bmatrix}\dfrac{\partial}{\partial x}\\ \dfrac{\partial}{\partial y}\end{Bmatrix}=\boldsymbol{J}^{-1}\begin{Bmatrix}\dfrac{\partial}{\partial \xi}\\ \dfrac{\partial}{\partial \eta}\end{Bmatrix}=\frac{1}{|\boldsymbol{J}|}\begin{bmatrix}-y_1+y_3 & x_1-x_3\\ y_1-y_2 & -x_1+x_2\end{bmatrix}\begin{Bmatrix}\dfrac{\partial}{\partial \xi}\\ \dfrac{\partial}{\partial \eta}\end{Bmatrix} \tag{6-15}$$

3. 面积变换

$\int_A \mathrm{d}x\mathrm{d}y \Leftarrow \int_{A^*}\mathrm{d}\xi\mathrm{d}\eta$ 的变换,可以直接使用如下二重积分的变量代换公式:

$$\int_A \mathrm{d}x\mathrm{d}y=\int_{A^*}\frac{\partial(x,y)}{\partial(\xi,\eta)}\mathrm{d}\xi\mathrm{d}\eta$$

式中,$\dfrac{\partial(x,y)}{\partial(\xi,\eta)}=|\boldsymbol{J}|$。

6.3.3 3 节点三角形等参数单元的高斯积分点

对于 3 节点三角形等参数单元,单元刚度矩阵的积分公式为

$$\int_0^1\int_0^{1-\xi} f(\xi,\eta)\,\mathrm{d}\xi\mathrm{d}\eta=\sum_{i=1}^{r} w_i f(\xi_i,\eta_i) \tag{6-16}$$

式中,$f(\xi,\eta)=\boldsymbol{B}^{\mathrm{T}}\boldsymbol{DB}t|\boldsymbol{J}|$,$w_i$ 是相应高斯积分点上的加权系数,r 是高斯采样点的总个数。三角形单元上高斯积分点的坐标及其加权系数见表 6-2。

表 6-2 积分位置及加权系数

r	(ξ,η)	w_i
1	$\left(\frac{1}{3},\frac{1}{3}\right)$	$\frac{1}{2}$
3	$\left(\frac{1}{2},\frac{1}{2}\right)$	$\frac{1}{6}$
	$\left(\frac{1}{2},0\right)$	$\frac{1}{6}$
	$\left(0,\frac{1}{2}\right)$	$\frac{1}{6}$

表中对一次多项式的积分是精确的,对二次多项式的积分也是精确的。

6.4 4 节点四边形等参数单元

4 节点四边形单元不同于 3 节点三角形单元,在整体坐标系中推导 4 节点四边形单元刚度矩阵非常困难。读者不妨自己尝试一下,在假定位移模式 $u(x,y)=a_0+a_1x+a_2y+a_3xy$ 和 $v(x,y)=b_0+b_1x+b_2y+b_3xy$ 后,如何通过给定的线性代数

方程组求出 $a_0,a_1,a_2,a_3,b_0,b_1,b_2,b_3$。当然，随着符号运算软件的快速发展，大家可以借助 Mathematica 或 MATLAB 中的 Mupad 等进行求解。但是，所得的 $a_0,a_1,a_2,a_3,b_0,b_1,b_2,b_3$ 表达式也是非常复杂的。

因此，4 节点四边形单元(4-node Quadrilateral Element)通常采用等参数单元构建。

6.4.1　局部坐标系中的 4 节点正方形单元

如图 6-24 所示平面 4 节点正方形单元，节点 1 的位置坐标为(－1，－1)，节点 2 的位置坐标为(1，－1)，节点 3 的位置坐标为(1,1)，节点 4 的位置坐标为(－1,1)。

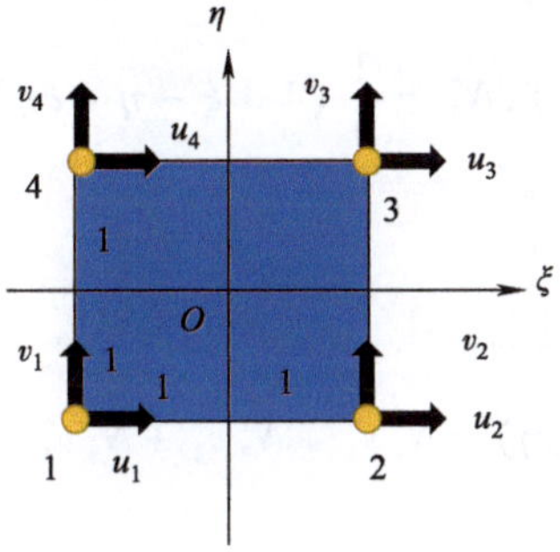

图 6-24　4 节点正方形单元

位移列阵为

$$\boldsymbol{\delta}^{*e}=\{u_1^*\quad v_1^*\quad u_2^*\quad v_2^*\quad u_3^*\quad v_3^*\quad u_4^*\quad v_4^*\}^{\mathrm{T}}$$

荷载列阵为

$$\boldsymbol{F}^{*e}=\{F_{1\xi}\quad F_{1\eta}\quad F_{2\xi}\quad F_{2\eta}\quad F_{3\xi}\quad F_{3\eta}\quad F_{4\xi}\quad F_{4\eta}\}^{\mathrm{T}}$$

1. 单元位移场的表达

4 节点正方形单元共有 8 个节点位移自由度，则单元的位移模式可以取为

$$u^*(\xi,\eta)=a_0^*+a_1^*\xi+a_2^*\eta+a_3^*\xi\eta$$

$$v^*(\xi,\eta)=b_0^*+b_1^*\xi+b_2^*\eta+b_3^*\xi\eta$$

以 a_0^*、a_1^*、a_2^*、a_3^* 为例，由节点条件代入后求得

$$a_0^*=\frac{1}{4}(u_1^*+u_2^*+u_3^*+u_4^*)$$

$$a_1^*=\frac{1}{4}(-u_1^*+u_2^*+u_3^*-u_4^*)$$

$$a_2^*=\frac{1}{4}(-u_1^*-u_2^*+u_3^*+u_4^*)$$

$$a_3^*=\frac{1}{4}(u_1^*-u_2^*+u_3^*-u_4^*)$$

然后回代入 u 的表达式,得到

$$u^*(\xi,\eta)=\frac{1}{4}(u_1^*+u_2^*+u_3^*+u_4^*)+\frac{1}{4}(-u_1^*+u_2^*+u_3^*-u_4^*)\xi+\frac{1}{4}(-u_1^*-u_2^*+u_3^*+u_4^*)\eta+\frac{1}{4}(u_1^*-u_2^*+u_3^*-u_4^*)\xi\eta$$

进行整理,得

$$u^*(\xi,\eta)=\frac{1}{4}(1-\xi-\eta+\xi\eta)u_1^*+\frac{1}{4}(1+\xi-\eta-\xi\eta)u_2^*+\frac{1}{4}(1+\xi+\eta+\xi\eta)u_3^*+\frac{1}{4}(1-\xi+\eta-\xi\eta)u_4^*$$

式中,$N_1^*=\frac{1}{4}(1-\xi-\eta+\xi\eta)$,$N_2^*=\frac{1}{4}(1+\xi-\eta-\xi\eta)$,$N_3^*=\frac{1}{4}(1+\xi+\eta+\xi\eta)$,$N_4^*=\frac{1}{4}(1-\xi+\eta-\xi\eta)$。

同理,可以得出

$$v^*(\xi,\eta)=N_1^*v_1^*+N_2^*v_2^*+N_3^*v_3^*+N_4^*v_4^*$$

综上,整理后得出

$$\boldsymbol{u}^*=\begin{Bmatrix}u^*\\v^*\end{Bmatrix}=\begin{bmatrix}N_1^* & 0 & N_2^* & 0 & N_3^* & 0 & N_4^* & 0\\0 & N_1^* & 0 & N_2^* & 0 & N_3^* & 0 & N_4^*\end{bmatrix}\begin{Bmatrix}u_1^*\\v_1^*\\u_2^*\\v_2^*\\u_3^*\\v_3^*\\u_4^*\\v_4^*\end{Bmatrix}$$

式中,$N_i^*=\frac{1}{4}(1+\xi_i\xi)(1+\eta_i\eta)$,$i=1,2,3,4$。

进一步得出

$$\boldsymbol{u}^*=\begin{Bmatrix}u^*\\v^*\end{Bmatrix}=\boldsymbol{N}^*\boldsymbol{\delta}^* \tag{6-17}$$

式中,$\boldsymbol{N}^*$ 为单元的形状函数矩阵。

2. 单元应变场的表达

由弹性力学平面问题的几何方程，已知

$$\boldsymbol{\varepsilon}=\begin{Bmatrix}\varepsilon_{\xi}\\ \varepsilon_{\eta}\\ \gamma_{\xi\eta}\end{Bmatrix}=\begin{Bmatrix}\dfrac{\partial u^{*}}{\partial\xi}\\ \dfrac{\partial v^{*}}{\partial\eta}\\ \dfrac{\partial u^{*}}{\partial\eta}+\dfrac{\partial v^{*}}{\partial\xi}\end{Bmatrix}=\begin{bmatrix}\dfrac{\partial}{\partial\xi} & 0\\ 0 & \dfrac{\partial}{\partial\eta}\\ \dfrac{\partial}{\partial\eta} & \dfrac{\partial}{\partial\xi}\end{bmatrix}\begin{Bmatrix}u^{*}\\ v^{*}\end{Bmatrix}=[\boldsymbol{\partial}]\boldsymbol{u}^{*}$$

式中，$[\boldsymbol{\partial}]$为几何方程的算子矩阵。

将式(6-17)代入，得

$$\boldsymbol{\varepsilon}=[\boldsymbol{\partial}]\boldsymbol{N}^{*}\boldsymbol{\delta}^{*}=\boldsymbol{B}^{*}\boldsymbol{\delta}^{*}\tag{6-18}$$

式中，应变—位移矩阵为

$$\boldsymbol{B}^{*}=\begin{bmatrix}\dfrac{\partial}{\partial\xi} & 0\\ 0 & \dfrac{\partial}{\partial\eta}\\ \dfrac{\partial}{\partial\eta} & \dfrac{\partial}{\partial\xi}\end{bmatrix}\begin{bmatrix}N_1^{*} & 0 & N_2^{*} & 0 & N_3^{*} & 0 & N_4^{*} & 0\\ 0 & N_1^{*} & 0 & N_2^{*} & 0 & N_3^{*} & 0 & N_4^{*}\end{bmatrix}$$

展开后，并代入 $N_1^{*}=\dfrac{1}{4}(1+\xi_i\xi)(1+\eta_i\eta)$，$i=1,2,3,4$，得

$$\boldsymbol{B}^{*}=\begin{bmatrix}\dfrac{\partial N_1^{*}}{\partial\xi} & 0 & \dfrac{\partial N_2^{*}}{\partial\xi} & 0 & \dfrac{\partial N_3^{*}}{\partial\xi} & 0 & \dfrac{\partial N_4^{*}}{\partial\xi} & 0\\ 0 & \dfrac{\partial N_1^{*}}{\partial\eta} & 0 & \dfrac{\partial N_2^{*}}{\partial\eta} & 0 & \dfrac{\partial N_3^{*}}{\partial\eta} & 0 & \dfrac{\partial N_4^{*}}{\partial\eta}\\ \dfrac{\partial N_1^{*}}{\partial\eta} & \dfrac{\partial N_1^{*}}{\partial\xi} & \dfrac{\partial N_2^{*}}{\partial\eta} & \dfrac{\partial N_2^{*}}{\partial\xi} & \dfrac{\partial N_3^{*}}{\partial\eta} & \dfrac{\partial N_3^{*}}{\partial\xi} & \dfrac{\partial N_4^{*}}{\partial\eta} & \dfrac{\partial N_4^{*}}{\partial\xi}\end{bmatrix}$$

$$=\frac{1}{4}\begin{bmatrix}-1+\eta & 0 & 1-\eta & 0 & 1+\eta & 0 & -1-\eta & 0\\ 0 & -1+\xi & 0 & -1-\xi & 0 & 1+\xi & 0 & 1-\xi\\ -1+\xi & -1+\eta & -1-\xi & 1-\eta & 1+\xi & 1+\eta & 1-\xi & -1-\eta\end{bmatrix}$$

3. 单元应力场的表达

对于平面应力问题，其物理方程写成矩阵形式如下：

$$\boldsymbol{\sigma}=\begin{Bmatrix}\sigma_{\xi}\\ \sigma_{\eta}\\ \tau_{\xi\eta}\end{Bmatrix}=\frac{E}{1-\mu^{2}}\begin{bmatrix}1 & \mu & 0\\ \mu & 1 & 0\\ 0 & 0 & \dfrac{1-\mu}{2}\end{bmatrix}\begin{Bmatrix}\varepsilon_{\xi}\\ \varepsilon_{\eta}\\ \gamma_{\xi\eta}\end{Bmatrix}=\boldsymbol{D}\boldsymbol{\varepsilon}$$

式中，$\boldsymbol{D}$ 为平面应力问题的弹性系数矩阵。若为平面应变问题，则将上式中的系数 (E,μ) 换成平面应变问题的系数 $\left(\frac{E}{1-\mu^2},\frac{\mu}{1-\mu}\right)$ 即可。

将式(6-18)代入上式，得到

$$\boldsymbol{\sigma}=\boldsymbol{D}\boldsymbol{B}^*\boldsymbol{\delta}^*=\boldsymbol{S}^*\boldsymbol{\delta}^* \tag{6-19}$$

式中，$\boldsymbol{S}^*$ 为应力—位移矩阵。

4. 单元刚度矩阵

已知势能表达式为 $\Pi^e=U^e-W^e=\frac{1}{2}\int_{\Omega^{*e}}\boldsymbol{\sigma}^{\mathrm{T}}\boldsymbol{\varepsilon}\mathrm{d}\Omega^{*e}-\boldsymbol{F}^{*e\mathrm{T}}\boldsymbol{\delta}^{*e}$，将上述应力、应变代入，得

$$\Pi^e=\frac{1}{2}\boldsymbol{\delta}^{*e\mathrm{T}}\boldsymbol{K}^{*e}\boldsymbol{\delta}^{*e}-\boldsymbol{F}^{*e\mathrm{T}}\boldsymbol{\delta}^{*e} \tag{6-20}$$

将单元的势能对节点位移 $\boldsymbol{\delta}^{*e}$ 取一阶极值，可得到单元的刚度方程为

$$\boldsymbol{F}^{*e}=\boldsymbol{K}^{*e}\boldsymbol{\delta}^{*e} \tag{6-21}$$

平面 4 节点正方形单元的单元刚度矩阵为

$$\boldsymbol{K}^{*e}=\int_{\Omega^{*e}}\boldsymbol{B}^{*\mathrm{T}}\boldsymbol{D}\boldsymbol{B}^*\mathrm{d}\Omega^{*e}=\int_{A^{*e}}\boldsymbol{B}^{*\mathrm{T}}\boldsymbol{D}\boldsymbol{B}^*t\mathrm{d}A^{*e} \tag{6-22}$$

式中，t 为平面问题的厚度。

6.4.2 整体坐标系中的 4 节点四边形等参数单元

如图 6-25(a)所示局部坐标系 $\xi O\eta$ 中的 4 节点正方形单元称之为“母单元”，如图 6-25(b)所示整体坐标系中的 4 节点四边形单元称之为“子单元”。

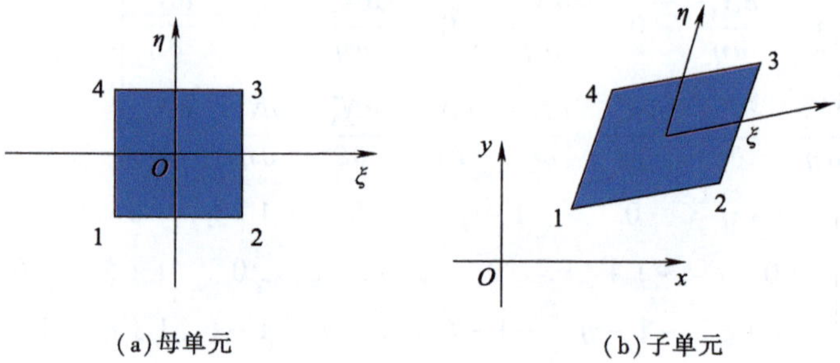

图 6-25 正方形单元变换为任意四边形单元

1. 函数变换

局部坐标系 $\xi O\eta$ 中的一点对应于整体坐标系 xOy 中的一点，有如下关系：

$$\begin{cases}x_i=x(\xi_i,\eta_i)\\y_i=y(\xi_i,\eta_i)\end{cases},i=1,2,3,4$$

用多项式来表达，即

$$\begin{cases}x(\xi,\eta)=\alpha_0+\alpha_1\xi+\alpha_2\eta+\alpha_3\xi\eta\\ y(\xi,\eta)=\beta_0+\beta_1\xi+\beta_2\eta+\beta_3\xi\eta\end{cases}\tag{6-23}$$

利用节点条件，得到待定系数为

$$a_0=\frac{1}{4}(x_1+x_2+x_3+x_4)$$

$$a_1=\frac{1}{4}(-x_1+x_2+x_3-x_4)$$

$$a_2=\frac{1}{4}(-x_1-x_2+x_3+x_4)$$

$$a_3=\frac{1}{4}(x_1-x_2+x_3-x_4)$$

将上述系数代回 x 的表达式，得

$$\begin{aligned}x(\xi,\eta)=&\frac{1}{4}(x_1+x_2+x_3+x_4)+\frac{1}{4}(-x_1+x_2+x_3-x_4)\xi+\\&\frac{1}{4}(-x_1-x_2+x_3+x_4)\eta+\frac{1}{4}(x_1-x_2+x_3-x_4)\xi\eta\end{aligned}\tag{6-24}$$

$y(\xi,\eta)$ 具有相似表达，仅需要将 x 变换为 y。综上，得

$$\begin{cases}x(\xi,\eta)=N_1x_1+N_2x_2+N_3x_3+N_4x_4\\ x(\xi,\eta)=N_1y_1+N_2y_2+N_3y_3+N_4y_4\end{cases}\tag{6-25}$$

式中，$N_i=\frac{1}{4}(1+\xi_i\xi)(1+\eta_i\eta)$，$i=1,2,3,4$。此表达式与 4 节点正方形单元的形函数表达相同。

进一步，可以将式(6-25)写成如下矩阵形式：

$$\boldsymbol{x}=\boldsymbol{N}\boldsymbol{q}\tag{6-26}$$

式中，$\boldsymbol{x}=\begin{Bmatrix}x\\y\end{Bmatrix}$，$\boldsymbol{q}=\{x_1\quad y_1\quad x_2\quad y_2\quad x_3\quad y_3\quad x_4\quad y_4\}^{\mathrm{T}}$。

2. 偏导数变换

同 3 节点三角形等参数单元，在整体坐标系 xOy 中，有任意一个函数 $f(x,y)$，则可以采用链式法则，求 $f(x,y)$ 对 ξ 和 η 的偏导数，有

$$\begin{cases}\dfrac{\partial f}{\partial\xi}=\dfrac{\partial f}{\partial x}\dfrac{\partial x}{\partial\xi}+\dfrac{\partial f}{\partial y}\dfrac{\partial y}{\partial\xi}\\[2ex] \dfrac{\partial f}{\partial\eta}=\dfrac{\partial f}{\partial x}\dfrac{\partial x}{\partial\eta}+\dfrac{\partial f}{\partial y}\dfrac{\partial y}{\partial\eta}\end{cases}$$

写成矩阵形式为

$$\begin{Bmatrix} \dfrac{\partial}{\partial \xi} \\ \dfrac{\partial}{\partial \eta} \end{Bmatrix} = \begin{Bmatrix} \dfrac{\partial x}{\partial \xi} & \dfrac{\partial y}{\partial \xi} \\ \dfrac{\partial x}{\partial \eta} & \dfrac{\partial y}{\partial \eta} \end{Bmatrix} \begin{Bmatrix} \dfrac{\partial}{\partial x} \\ \dfrac{\partial}{\partial y} \end{Bmatrix} = \boldsymbol{J} \begin{Bmatrix} \dfrac{\partial}{\partial x} \\ \dfrac{\partial}{\partial y} \end{Bmatrix} \tag{6-27}$$

式中，$\boldsymbol{J}$ 是雅可比矩阵。并代入式(6-25)，可以得到

$$\boldsymbol{J} = \begin{bmatrix} \frac{1}{4}(-x_1+x_2+x_3-x_4)+\frac{1}{4}(x_1-x_2+x_3-x_4)\eta & \frac{1}{4}(-y_1+y_2+y_3-y_4)+\frac{1}{4}(y_1-y_2+y_3-y_4)\eta \\ \frac{1}{4}(-x_1-x_2+x_3+x_4)+\frac{1}{4}(x_1-x_2+x_3-x_4)\xi & \frac{1}{4}(-y_1-y_2+y_3+y_4)+\frac{1}{4}(y_1-y_2+y_3-y_4)\xi \end{bmatrix} \tag{6-28}$$

也可以写成

$$\boldsymbol{J} = \frac{1}{4} \begin{bmatrix} -1+\eta & 1-\eta & 1+\eta & -1-\eta \\ -1+\xi & -1-\xi & 1+\xi & 1-\xi \end{bmatrix} \begin{bmatrix} x_1 & y_1 \\ x_2 & y_2 \\ x_3 & y_3 \\ x_4 & y_4 \end{bmatrix} \tag{6-29}$$

通过逆矩阵的计算公式，可以得出

$$\begin{Bmatrix} \dfrac{\partial}{\partial x} \\ \dfrac{\partial}{\partial y} \end{Bmatrix} = \boldsymbol{J}^{-1} \begin{Bmatrix} \dfrac{\partial}{\partial \xi} \\ \dfrac{\partial}{\partial \eta} \end{Bmatrix} \tag{6-30}$$

即，$\dfrac{\partial}{\partial x} = \boldsymbol{J}^{-1}(1,1)\dfrac{\partial}{\partial \xi} + \boldsymbol{J}^{-1}(1,2)\dfrac{\partial}{\partial \eta}$，$\dfrac{\partial}{\partial y} = \boldsymbol{J}^{-1}(2,1)\dfrac{\partial}{\partial \xi} + \boldsymbol{J}^{-1}(2,2)\dfrac{\partial}{\partial \eta}$。由此，可以得出

$$\boldsymbol{B}=\begin{bmatrix}\frac{\partial}{\partial x} & 0\\ 0 & \frac{\partial}{\partial y}\\ \frac{\partial}{\partial y} & \frac{\partial}{\partial x}\end{bmatrix}\begin{bmatrix}N_1 & 0 & N_2 & 0 & N_3 & 0 & N_4 & 0\\ 0 & N_1 & 0 & N_2 & 0 & N_3 & 0 & N_4\end{bmatrix}=\begin{bmatrix}\boldsymbol{J}^{-1}(1,1)\frac{\partial}{\partial\xi}+\boldsymbol{J}^{-1}(1,2)\frac{\partial}{\partial\eta} & 0\\ 0 & \boldsymbol{J}^{-1}(2,1)\frac{\partial}{\partial\xi}+\boldsymbol{J}^{-1}(2,2)\frac{\partial}{\partial\eta}\\ \boldsymbol{J}^{-1}(2,1)\frac{\partial}{\partial\xi}+\boldsymbol{J}^{-1}(2,2)\frac{\partial}{\partial\eta} & \boldsymbol{J}^{-1}(1,1)\frac{\partial}{\partial\xi}+\boldsymbol{J}^{-1}(1,2)\frac{\partial}{\partial\eta}\end{bmatrix}\begin{bmatrix}N_1^* & 0 & N_2^* & 0 & N_3^* & 0 & N_4^* & 0\\ 0 & N_1^* & 0 & N_2^* & 0 & N_3^* & 0 & N_4^*\end{bmatrix}$$

展开为

$$\boldsymbol{B}=\left[\begin{matrix}\boldsymbol{J}^{-1}(1,1)\frac{\partial N_1^*}{\partial\xi}+\boldsymbol{J}^{-1}(1,2)\frac{\partial N_1^*}{\partial\eta} & 0 & \boldsymbol{J}^{-1}(1,1)\frac{\partial N_2^*}{\partial\xi}+\boldsymbol{J}^{-1}(1,2)\frac{\partial N_2^*}{\partial\eta} & 0\\ 0 & \boldsymbol{J}^{-1}(2,1)\frac{\partial N_1^*}{\partial\xi}+\boldsymbol{J}^{-1}(2,2)\frac{\partial N_1^*}{\partial\eta} & 0 & \boldsymbol{J}^{-1}(2,1)\frac{\partial N_2^*}{\partial\xi}+\boldsymbol{J}^{-1}(2,2)\frac{\partial N_2^*}{\partial\eta}\\ \boldsymbol{J}^{-1}(2,1)\frac{\partial N_1^*}{\partial\xi}+\boldsymbol{J}^{-1}(2,2)\frac{\partial N_1^*}{\partial\eta} & \boldsymbol{J}^{-1}(1,1)\frac{\partial N_1^*}{\partial\xi}+\boldsymbol{J}^{-1}(1,2)\frac{\partial N_1^*}{\partial\eta} & \boldsymbol{J}^{-1}(2,1)\frac{\partial N_2^*}{\partial\xi}+\boldsymbol{J}^{-1}(2,2)\frac{\partial N_2^*}{\partial\eta} & \boldsymbol{J}^{-1}(1,1)\frac{\partial N_2^*}{\partial\xi}+\boldsymbol{J}^{-1}(1,2)\frac{\partial N_2^*}{\partial\eta}\end{matrix}\right.$$

$$\left.\begin{matrix}\boldsymbol{J}^{-1}(1,1)\frac{\partial N_3^*}{\partial\xi}+\boldsymbol{J}^{-1}(1,2)\frac{\partial N_3^*}{\partial\eta} & 0 & \boldsymbol{J}^{-1}(1,1)\frac{\partial N_4^*}{\partial\xi}+\boldsymbol{J}^{-1}(1,2)\frac{\partial N_4^*}{\partial\eta} & 0\\ 0 & \boldsymbol{J}^{-1}(2,1)\frac{\partial N_3^*}{\partial\xi}+\boldsymbol{J}^{-1}(2,2)\frac{\partial N_3^*}{\partial\eta} & 0 & \boldsymbol{J}^{-1}(2,1)\frac{\partial N_4^*}{\partial\xi}+\boldsymbol{J}^{-1}(2,2)\frac{\partial N_4^*}{\partial\eta}\\ \boldsymbol{J}^{-1}(2,1)\frac{\partial N_3^*}{\partial\xi}+\boldsymbol{J}^{-1}(2,2)\frac{\partial N_3^*}{\partial\eta} & \boldsymbol{J}^{-1}(1,1)\frac{\partial N_3^*}{\partial\xi}+\boldsymbol{J}^{-1}(1,2)\frac{\partial N_3^*}{\partial\eta} & \boldsymbol{J}^{-1}(2,1)\frac{\partial N_4^*}{\partial\xi}+\boldsymbol{J}^{-1}(2,2)\frac{\partial N_4^*}{\partial\eta} & \boldsymbol{J}^{-1}(1,1)\frac{\partial N_4^*}{\partial\xi}+\boldsymbol{J}^{-1}(1,2)\frac{\partial N_4^*}{\partial\eta}\end{matrix}\right]$$

式中，

$$\frac{\partial N_1^*}{\partial \xi}=\frac{1}{4}(-1+\eta)$$

$$\frac{\partial N_2^*}{\partial \xi}=\frac{1}{4}(1-\eta)$$

$$\frac{\partial N_3^*}{\partial \xi}=\frac{1}{4}(1+\eta)$$

$$\frac{\partial N_4^*}{\partial \xi}=\frac{1}{4}(-1-\eta)$$

$$\frac{\partial N_1^*}{\partial \eta}=\frac{1}{4}(-1+\xi)$$

$$\frac{\partial N_2^*}{\partial \eta}=\frac{1}{4}(-1-\xi)$$

$$\frac{\partial N_3^*}{\partial \eta}=\frac{1}{4}(1+\xi)$$

$$\frac{\partial N_4^*}{\partial \eta}=\frac{1}{4}(1-\xi)$$

3. 面积变换

同 3 节点三角形单元，两坐标系的变换，可以直接使用二重积分的变量代换公式为

$$\int_A \mathrm{d}x\mathrm{d}y=\int_{A^*}\frac{\partial(x,y)}{\partial(\xi,\eta)}\mathrm{d}\xi\mathrm{d}\eta=\int_{A^*}=|\boldsymbol{J}|\mathrm{d}\xi\mathrm{d}\eta$$

6.4.3　4 节点四边形等参数单元的高斯积分

对于 4 节点四边形等参数单元，刚度矩阵的积分公式为

$$\int_{-1}^{1}\int_{-1}^{1}f(\xi,\eta)\,\mathrm{d}\xi\mathrm{d}\eta=\sum_{i=1}^{r}\sum_{j=1}^{r}w_iw_jf(\xi_i,\eta_i)\tag{6-31}$$

式中，$f(\xi,\eta)=\boldsymbol{B}^{\mathrm{T}}\boldsymbol{DB}t|\boldsymbol{J}|$，$w_i$ 是相应高斯积分点上的加权系数，r 是高斯采样点的总个数。四边形单元上高斯积分点的坐标及其加权系数见表 6-3。

表 6-3　积分位置及加权系数

r	(ξ,η)	(w_i,w_j)
1	(0,0)	(2,2)
2	$\left(\pm\sqrt{\frac{1}{3}},\pm\sqrt{\frac{1}{3}}\right)$	(1,1)

6.5　4 节点四边形等参数单元算例

6.5.1　算例 1

6.5.1.1　问题

考虑如图 6-26(a)所示的受均匀分布荷载作用的薄平板结构，弹性模量 $E=210$ GPa，泊松比 $\mu=0.3$，均布荷载 $P=3\ 000$ kN/m²，厚度 $t=0.025$ m。将薄板结构划分为图 6-26(b)所示 2 个单元(和 3 节点三角形单元算例 1 取相同单元数量)，求：

(1) B 点和 C 点的水平位移与竖向位移；

(2) A 点和 D 点的支反力。

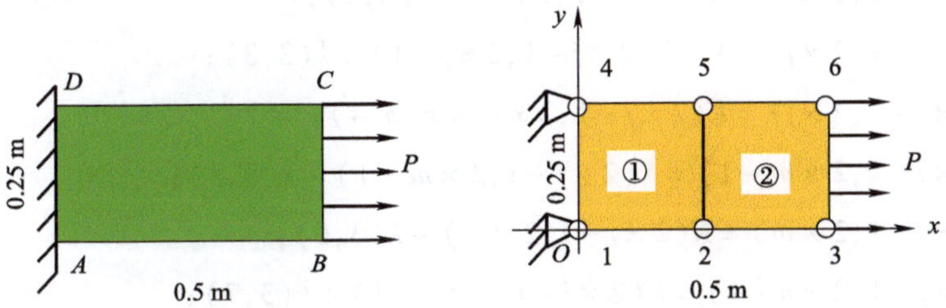

(a)实际问题　　(b)有限元模型

图 6-26　4 节点四边形单元算例 1

6.5.1.2　MATLAB 编程计算

根据题目表述，位移边界条件为 $u_1=0, v_1=0, u_4=0, v_4=0$，位移列阵为

$$\boldsymbol{\delta}=\{0\quad 0\quad u_2\quad v_2\quad u_3\quad v_3\quad 0\quad 0\quad u_5\quad v_5\quad u_6\quad v_6\}^{\mathrm{T}}$$

另外，均布荷载可以转化为节点 3 和节点 6 的等效节点荷载，得出 $F_{3x}=9\ 375$ N和 $F_{6x}=9\ 375$ N。因此，荷载列阵为

$$\boldsymbol{F}=\{F_{1x}\quad F_{1y}\quad 0\quad 0\quad 9\ 375\quad 0\quad F_{4x}\quad F_{4y}\quad 0\quad 0\quad 9\ 375\quad 0\}^{\mathrm{T}}$$

按照式(6-31)，编写单元刚度矩阵。并通过如下方式形成总刚矩阵：

$K(2\times i-1,2\times i-1)=K(2\times i-1,2\times i-1)+k(1,1)$；

$K(2\times i-1,2\times i)=K(2\times i-1,2\times i)+k(1,2)$；

$K(2\times i-1,2\times j-1)=K(2\times i-1,2\times j-1)+k(1,3)$；

$K(2\times i-1,2\times j)=K(2\times i-1,2\times j)+k(1,4)$；

$K(2\times i-1,2\times m-1)=K(2\times i-1,2\times m-1)+k(1,5)$；

$K(2\times i-1,2\times m)=K(2\times i-1,2\times m)+k(1,6)$；

$K(2\times i-1,2\times n-1)=K(2\times i-1,2\times n-1)+k(1,7)$；

$K(2\times i-1,2\times n)=K(2\times i-1,2\times n)+k(1,8)$；

$K(2\times i,2\times i-1)=K(2\times i,2\times i-1)+k(2,1)$;

$K(2\times i,2\times i)=K(2\times i,2\times i)+k(2,2)$;

$K(2\times i,2\times j-1)=K(2\times i,2\times j-1)+k(2,3)$;

$K(2\times i,2\times j)=K(2\times i,2\times j)+k(2,4)$;

$K(2\times i,2\times m-1)=K(2\times i,2\times m-1)+k(2,5)$;

$K(2\times i,2\times m)=K(2\times i,2\times m)+k(2,6)$;

$K(2\times i,2\times n-1)=K(2\times i,2\times n-1)+k(2,7)$;

$K(2\times i,2\times n)=K(2\times i,2\times n)+k(2,8)$;

$K(2\times j-1,2\times i-1)=K(2\times j-1,2\times i-1)+k(3,1)$;

$K(2\times j-1,2\times i)=K(2\times j-1,2\times i)+k(3,2)$;

$K(2\times j-1,2\times j-1)=K(2\times j-1,2\times j-1)+k(3,3)$;

$K(2\times j-1,2\times j)=K(2\times j-1,2\times j)+k(3,4)$;

$K(2\times j-1,2\times m-1)=K(2\times j-1,2\times m-1)+k(3,5)$;

$K(2\times j-1,2\times m)=K(2\times j-1,2\times m)+k(3,6)$;

$K(2\times j-1,2\times n-1)=K(2\times j-1,2\times n-1)+k(3,7)$;

$K(2\times j-1,2\times n)=K(2\times j-1,2\times n)+k(3,8)$;

$K(2\times j,2\times i-1)=K(2\times j,2\times i-1)+k(4,1)$;

$K(2\times j,2\times i)=K(2\times j,2\times i)+k(4,2)$;

$K(2\times j,2\times j-1)=K(2\times j,2\times j-1)+k(4,3)$;

$K(2\times j,2\times j)=K(2\times j,2\times j)+k(4,4)$;

$K(2\times j,2\times m-1)=K(2\times j,2\times m-1)+k(4,5)$;

$K(2\times j,2\times m)=K(2\times j,2\times m)+k(4,6)$;

$K(2\times j,2\times n-1)=K(2\times j,2\times n-1)+k(4,7)$;

$K(2\times j,2\times n)=K(2\times j,2\times n)+k(4,8)$;

$K(2\times m-1,2\times i-1)=K(2\times m-1,2\times i-1)+k(5,1)$;

$K(2\times m-1,2\times i)=K(2\times m-1,2\times i)+k(5,2)$;

$K(2\times m-1,2\times j-1)=K(2\times m-1,2\times j-1)+k(5,3)$;

$K(2\times m-1,2\times j)=K(2\times m-1,2\times j)+k(5,4)$;

$K(2\times m-1,2\times m-1)=K(2\times m-1,2\times m-1)+k(5,5)$;

$K(2\times m-1,2\times m)=K(2\times m-1,2\times m)+k(5,6)$;

$K(2\times m-1,2\times n-1)=K(2\times m-1,2\times n-1)+k(5,7)$;

$K(2\times m-1,2\times n)=K(2\times m-1,2\times n)+k(5,8)$;

$K(2\times m,2\times i-1)=K(2\times m,2\times i-1)+k(6,1)$;
$K(2\times m,2\times i)=K(2\times m,2\times i)+k(6,2)$;
$K(2\times m,2\times j-1)=K(2\times m,2\times j-1)+k(6,3)$;
$K(2\times m,2\times j)=K(2\times m,2\times j)+k(6,4)$;
$K(2\times m,2\times m-1)=K(2\times m,2\times m-1)+k(6,5)$;
$K(2\times m,2\times m)=K(2\times m,2\times m)+k(6,6)$;
$K(2\times m,2\times n-1)=K(2\times m,2\times n-1)+k(6,7)$;
$K(2\times m,2\times n)=K(2\times m,2\times n)+k(6,8)$;
$K(2\times n-1,2\times i-1)=K(2\times n-1,2\times i-1)+k(7,1)$;
$K(2\times n-1,2\times i)=K(2\times n-1,2\times i)+k(7,2)$;
$K(2\times n-1,2\times j-1)=K(2\times n-1,2\times j-1)+k(7,3)$;
$K(2\times n-1,2\times j)=K(2\times n-1,2\times j)+k(7,4)$;
$K(2\times n-1,2\times m-1)=K(2\times n-1,2\times m-1)+k(7,5)$;
$K(2\times n-1,2\times m)=K(2\times n-1,2\times m)+k(7,6)$;
$K(2\times n-1,2\times n-1)=K(2\times n-1,2\times n-1)+k(7,7)$;
$K(2\times n-1,2\times n)=K(2\times n-1,2\times n)+k(7,8)$;
$K(2\times n,2\times i-1)=K(2\times n,2\times i-1)+k(8,1)$;
$K(2\times n,2\times i)=K(2\times n,2\times i)+k(8,2)$;
$K(2\times n,2\times j-1)=K(2\times n,2\times j-1)+k(8,3)$;
$K(2\times n,2\times j)=K(2\times n,2\times j)+k(8,4)$;
$K(2\times n,2\times m-1)=K(2\times n,2\times m-1)+k(8,5)$;
$K(2\times n,2\times m)=K(2\times n,2\times m)+k(8,6)$;
$K(2\times n,2\times n-1)=K(2\times n,2\times n-1)+k(8,7)$;
$K(2\times n,2\times n)=K(2\times n,2\times n)+k(8,8)$。

计算得出:B 点(节点 3)的水平向位移为 7.03×10^{-6} m(水平向右),竖向位移为 5.03×10^{-7} m(竖向向上);C 点(节点 6)的水平向位移为 7.03×10^{-6} m(水平向右),竖向位移为 -5.03×10^{-7} m(竖向向下)。

有了各节点的位移后,利用刚度方程,即可求得节点力列阵。由此,可以得出 A 点(节点 1)的水平向支反力为 −9 375 N(方向向左),竖向支反力为 −1 974.1 N(方向向下);D 点(节点 4)的水平向支反力为 −9 375 N(方向向左),支反力为 1 974.1 N(方向向上)。

6.5.1.3 ABAQUS 计算

1. Part 模块

(1) Module、Part、Create Part，命名为 Part-1，选择 2D，Deformable、Shell，输入 Approximate Size 5[默认长度单位为米(m)]。

(2)在 Sketch 中画出 0.25 m×0.5 m 长方形，并返回 Part。

(3) Module、Part，Partition Face：Use Shortest Path Between 2 Points，选择题目需要剖分的四边形。

2. Property 模块

(1) Module、Property，Ceate Material 命名为 Material-1，选择 Mechanical、Elasticity、Elastic，在 Young's Modulus 输入 210E9，Poisson's Ratio 输入 0.3，点 OK 保存退出。

(2) Module、Property，Ceate Section 命名为 Section-1，选择 Solid，Type 为 Homogeneous，点 Continue。

(3)选择 Material 为 Material-1，选中 Plane Stress/Strain Thickness，输入 0.025，点 OK 保存退出。

(4) Module、Property、Assign Section，选择 Section-1，完成属性的定义。

3. Assembly 模块

Module、Assembly、Create Instance，选择 Parts，选中 Part-1，Instance Type 选择 Dependent(Mesh on Part)，也可以选择 Independent(Mesh on Instance)。

4. Step 模块

(1) Module、Step、Create Step，命名为 Step-1，选择 Static，General。

(2)点击 Continue，本问题可以不做任何处理，保留默认，点击 OK 保存退出。

(3) Module、Step、Create Field Output，命名为 F-Outpur-2，选择 Step-1。

(4)根据本算例求解的需要，选择位移(U)、支反力(RF)、应变(E)、应力(S)选项，点击 OK 保存退出。

5. Load 模块

(1) Module、Load、Create Boundary Condition，命名为 BC-1，Category 选择 Mechanical，Types for Selected Step 选择 Displacement/Rotation。

(2)点击 Continue，选择左端面，Done，U1 处输入 0，U2 处输入 0，点击 OK 保存退出。

(3) Module、Load、Creat Load，命名为 Load-1，Category 选择 Mechanical，Types for Selected Step 选择 Pressure。

(4)点击 Continue，选中右端面，输入 -3 000 000，点击 OK 保存退出。

6. Mesh 模块

(1)Module、Mesh，Seed Part 为节点数量控制。

(2)Module、Mesh、Assign Element Type 选择 Plane Stress。

(3)Module、Mesh，Mesh Part 划分网格。

7. Job 模块

Module、Job、Create Job，点击 Submit 提交运算。对于复杂问题，也可以先 Data Check。运算完后，点击 Results，进入 Visualization。

8. Visualization 模块

图 6-27 为位移云图。B 点的水平向位移为 7.03×10^{-6} m(水平向右)，竖向位移为 5.032×10^{-7} m(竖向向上)；C 点的水平向位移为 7.03×10^{-6} m(水平向右)，竖向位移为 -5.032×10^{-7} m(竖向向下)。

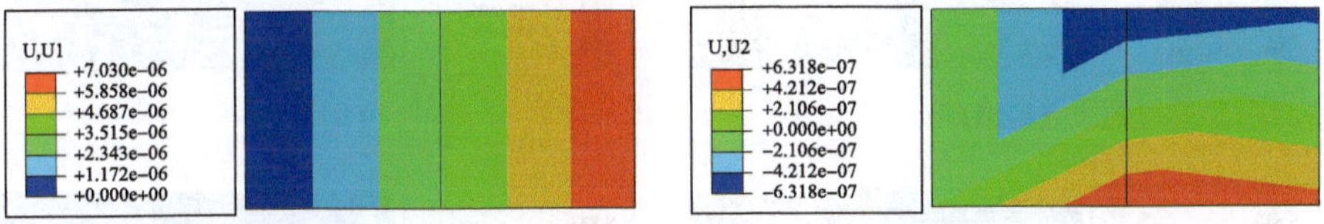

(a)U1　　(b)U2

图 6-27　位移云图

薄平板结构应变如图 6-28 所示。

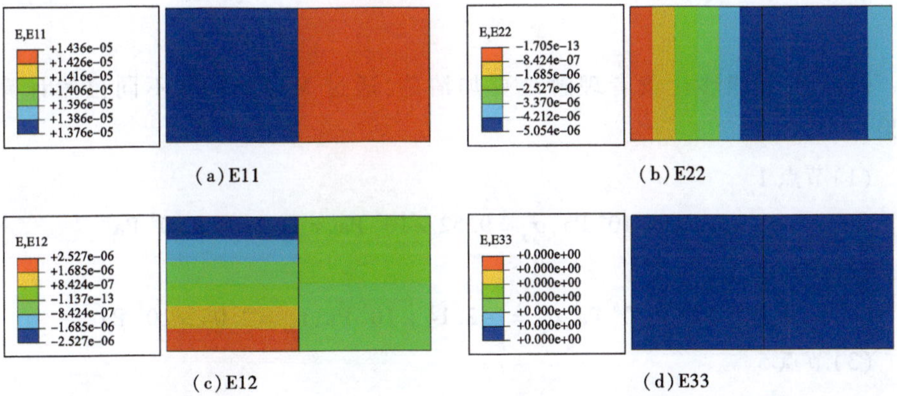

(a)E11　　(b)E22

(c)E12　　(d)E33

图 6-28　应变云图

此处，要对 E11 做一定解释。理论上，4 节点四边形单元的应力和应变在两个方向是线性变化的。由于本例边界的原因，导致单元 1 的 E11 在 y 方向没有变化。为了能够让读者理解地更加清楚，通过 MATLAB 在不同位置计算了结果。

（1）节点 1

$$\varepsilon_x = 1.376 \times 10^{-5}, \varepsilon_y = 0, \gamma_{xy} = 2.53 \times 10^{-6}$$

（2）节点 2

$$\varepsilon_x = 1.376 \times 10^{-5}, \varepsilon_y = -5.05 \times 10^{-6}, \gamma_{xy} = 2.53 \times 10^{-6}$$

（3）节点 5

$$\varepsilon_x = 1.376 \times 10^{-5}, \varepsilon_y = -5.05 \times 10^{-6}, \gamma_{xy} = 2.53 \times 10^{-6}$$

（4）节点 4

$$\varepsilon_x = 1.376 \times 10^{-5}, \varepsilon_y = 0, \gamma_{xy} = 2.53 \times 10^{-6}$$

薄平板结构应力情况如图 6-29 所示。

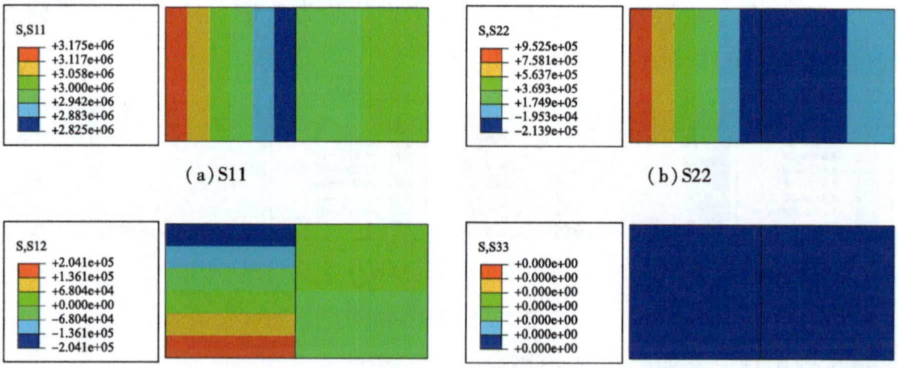

（a）S11　（b）S22

（c）S12　（d）S33

图 6-29　应力云图

同样，为了能够让读者理解地更加清楚，通过 MATLAB 在不同位置计算了结果。

（1）节点 1

$$\sigma_x = 3.175 \times 10^6 \text{ Pa}, \sigma_y = 9.52 \times 10^5 \text{ Pa}, \tau_{xy} = 2.04 \times 10^5 \text{ Pa}$$

（2）节点 2

$$\sigma_x = 2.825 \times 10^6 \text{ Pa}, \sigma_y = -2.14 \times 10^5 \text{ Pa}, \tau_{xy} = 2.04 \times 10^5 \text{ Pa}$$

（3）节点 5

$$\sigma_x = 2.825 \times 10^6 \text{ Pa}, \sigma_y = -2.14 \times 10^5 \text{ Pa}, \tau_{xy} = -2.04 \times 10^5 \text{ Pa}$$

（4）节点 4

$$\sigma_x = 3.175 \times 10^6 \text{ Pa}, \sigma_y = 9.52 \times 10^5 \text{ Pa}, \tau_{xy} = -2.04 \times 10^5 \text{ Pa}$$

图 6-30 为支反力云图。*A* 点的水平向支反力为 −9 375 N（方向向左），竖向支反力为 −1 974.14 N（方向向下）；*D* 点的水平向支反力为 −9 375 N（方向向左），竖向支反力为 1 974.14 N（方向向上）。

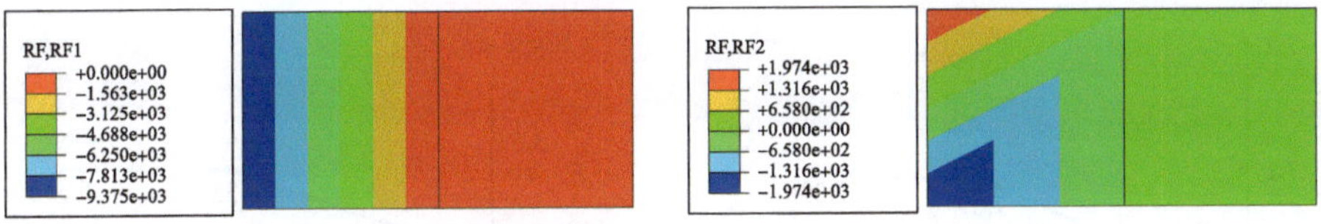

(a) RF1　　(b) RF2

图 6-30　支反力云图

6.5.2　算例 2

6.5.2.1 问题

在算例 1 的基础上，将薄平板结构划分单元尺寸设置为 0.05 m 和 0.01 m，求 *B* 点和 *C* 点的水平向位移与竖向位移。

6.5.2.2　ABAQUS 计算

1. 单元边长约 0.05 m

图 6-31 为位移云图。*B* 点的水平向位移为 7.09×10^{-6} m（水平向右），竖向位移为 5.354×10^{-7} m（竖向向上）；*C* 点的水平向位移为 7.09×10^{-6} m（水平向右），竖向位移为 -5.354×10^{-7} m（竖向向下）。

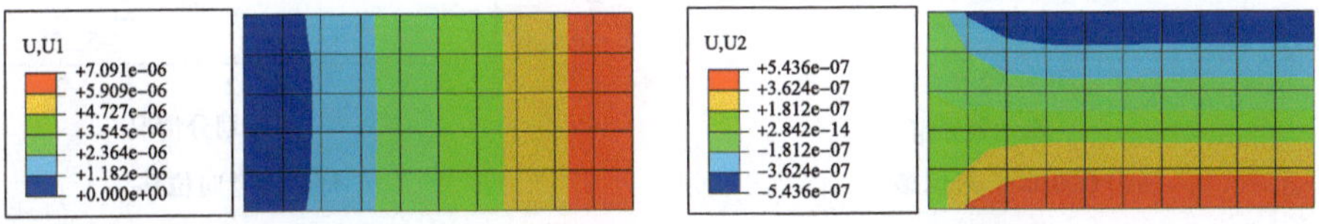

(a) U1　　(b) U2

图 6-31　位移云图（单元边长约 0.05 m）

2. 单元边长约 0.01 m

图 6-32 为位移云图。*B* 点的水平向位移为 7.098×10^{-6} m（水平向右），竖向位移为 5.356×10^{-7} m（竖向向上）；*C* 点的水平向位移为 7.098×10^{-6} m（水平向右），竖向位移为 -5.356×10^{-7} m（竖向向下）。

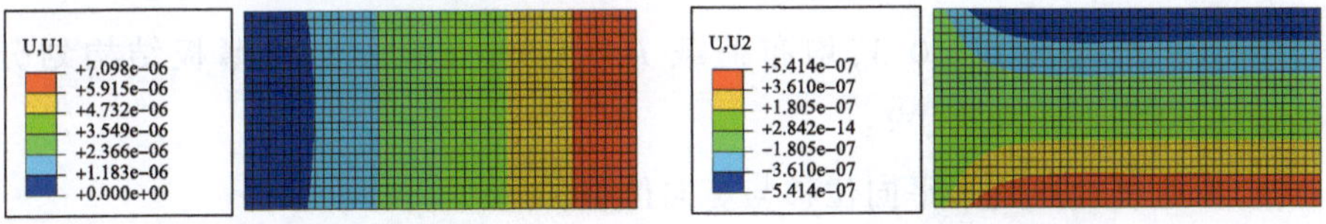

(a) U1　　(b) U2

图 6-32　位移云图（单元边长约 0.01 m）

综上，计算结果随单元数量变化趋势如图 6-33 所示。

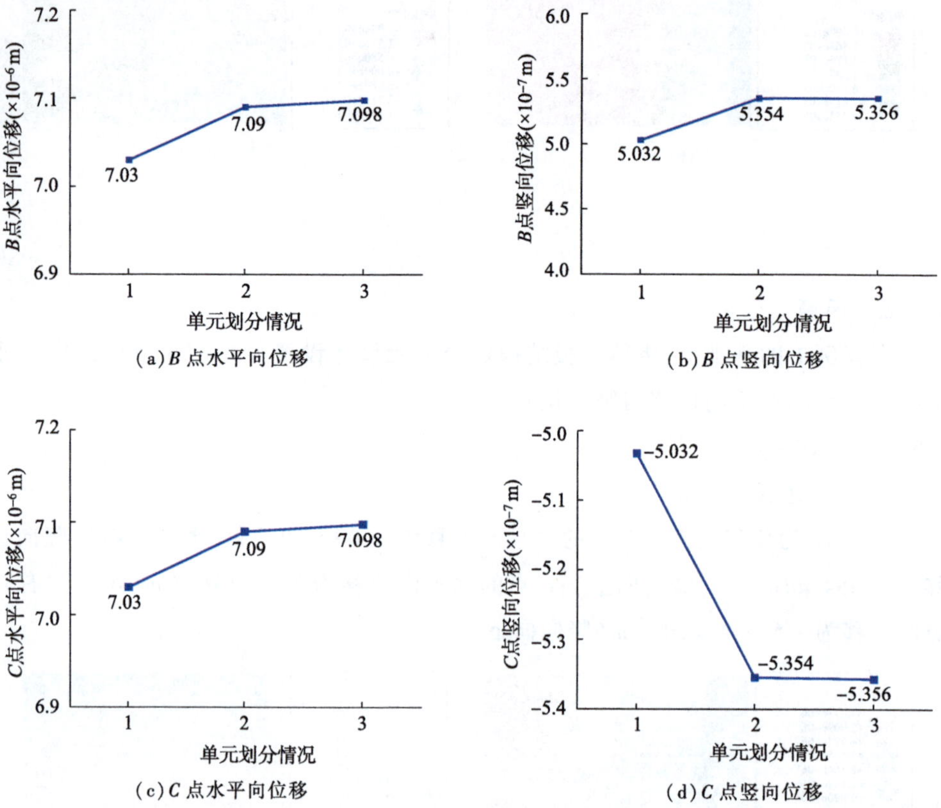

图 6-33 计算结果随单元数量变化

和 3 节点三角形单元相比，可以很明显看到：4 节点四边形单元计算结果准确性更高，所需要的单元数量也更少。

6.5.3 算例 3

6.5.3.1 问题

考虑如图 6-34(a)所示的受均匀分布荷载作用的纵向无限长结构，弹性模量 $E=210$ GPa，泊松比 $\mu=0.3$，均布荷载 $P=3\ 000$ kN/m^2。将薄板结构划分为图 6-34(b)所示 2 个单元，求：

(1)*B* 点和 *C* 点的水平向位移与竖向位移；

(2)*A* 点和 *D* 点的支反力。

6.5.3.2 MATLAB 编程计算

本题仅需对算例 1 修改弹性系数矩阵即可。计算得出：*B* 点(节点 3)的水平向位移为 6.28×10^{-6} m(水平向右)，竖向位移为 6.61×10^{-7} m(竖向向上)；*C* 点

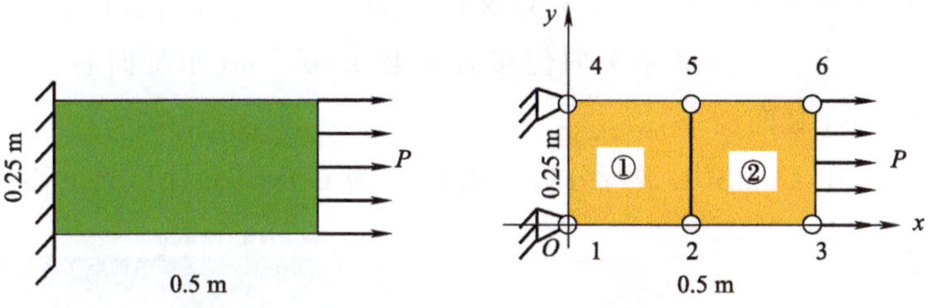

(a)实际问题　　　　(b)有限元模型

图 6-34　4 节点四边形单元算例 3

(节点 6)的水平向位移为 6.28×10^{-6} m(水平向右),竖向位移为 -6.61×10^{-7} m(竖向向下)。

A 点的水平向支反力为 −375 000 N(方向向左),竖向支反力为 −116 297 N(方向向下);*B* 点的水平向支反力为 −375 000 N(方向向左),竖向支反力为 116 297 N(方向向上)。

6.5.3.3　ABAQUS 计算

图 6-35 为 ABAQUS 计算的位移云图。*B* 点的水平向位移为 6.36×10^{-6} m(水平向右),竖向位移为 5.297×10^{-7} m(竖向向上);*C* 点的水平向位移为 6.36×10^{-6} m(水平向右),竖向位移为 -5.297×10^{-7} m(竖向向下)。

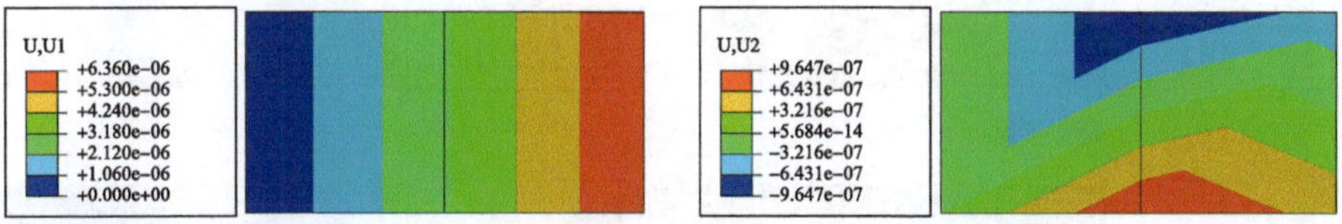

(a) U1　　　　(b) U2

图 6-35　ABAQUS 计算位移云图

对比 MATLAB,可以看到两者的计算结果有偏差。从图 6-35(b)的 U2 位移云图,可以判断 ABAQUS 的计算结果和准确结果存在较大误差。采用单元尺寸为 0.001 m 进行网格划分,位移云图如图 6-36 所示。

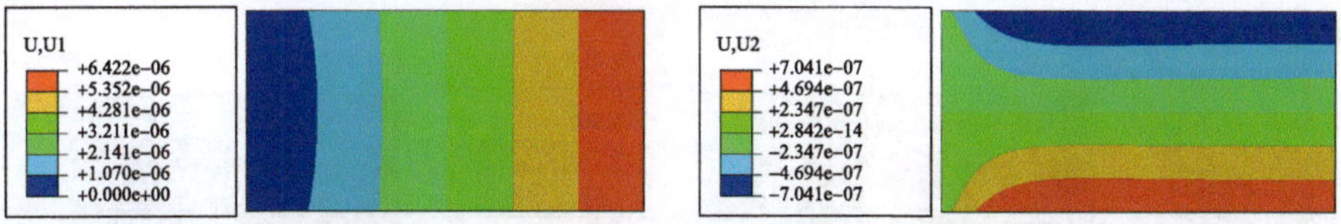

(a) U1　　　　(b) U2

图 6-36　ABAQUS 计算位移云图(单元边长约 0.001 m)

此时，B 点的水平向位移为 6.42×10^{-6} m（水平向右），竖向位移为 6.96×10^{-7} m（竖向向上）；C 点的水平向位移为 6.42×10^{-6} m（水平向右），竖向位移为 -6.96×10^{-7} m（竖向向下）。

进一步，采用 COMSOL 进行分析。图 6-37 为 COMSOL 计算的位移云图。

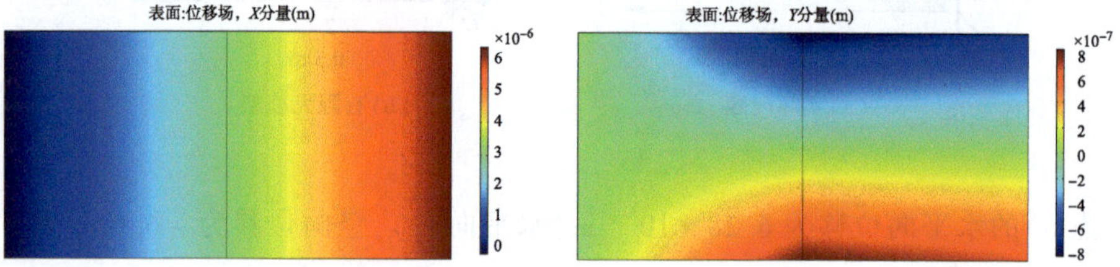

（a）U1　　（b）U2

图 6-37　COMSOL 计算位移云图

此时，B 点的水平向位移为 6.28×10^{-6} m（水平向右），竖向位移为 6.61×10^{-7} m（竖向向上）；C 点的水平向位移为 6.28×10^{-6} m（水平向右），竖向位移为 -6.61×10^{-7} m（竖向向下）。COMSOL 计算结果和 MATLAB 计算结果相同。

结构应变如图 6-38 所示。同样，平面外应变 E33 没有结果。

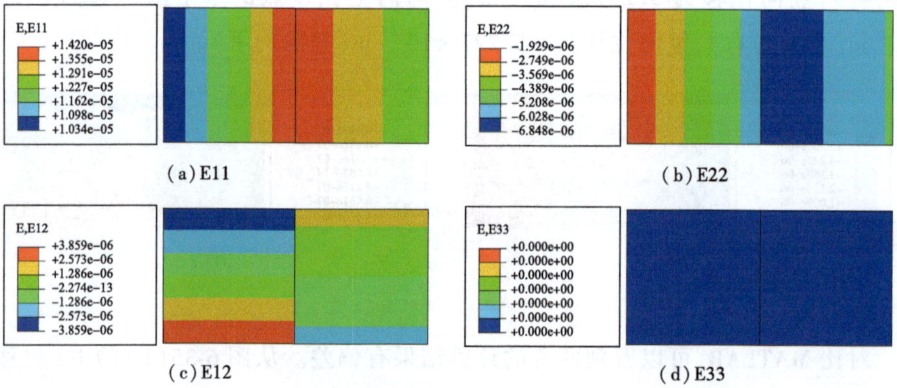

（a）E11　　（b）E22

（c）E12　　（d）E33

图 6-38　ABAQUS 计算应变云图

结构应力如图 6-39 所示。对于平面应变问题，平面外应力 S33，可以通过平面内两个正应力计算所得。

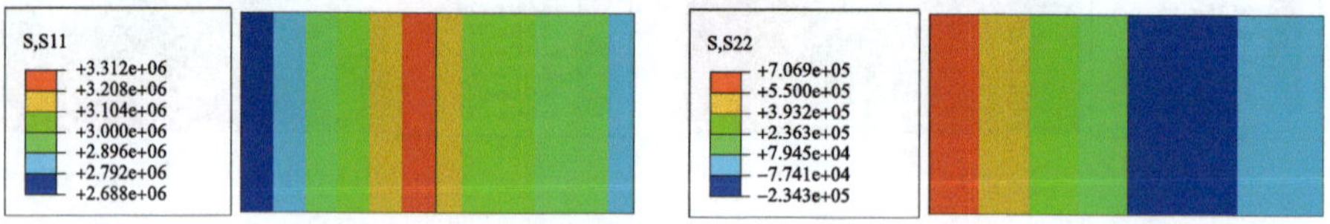

（a）S11　　（b）S22

图　6-39

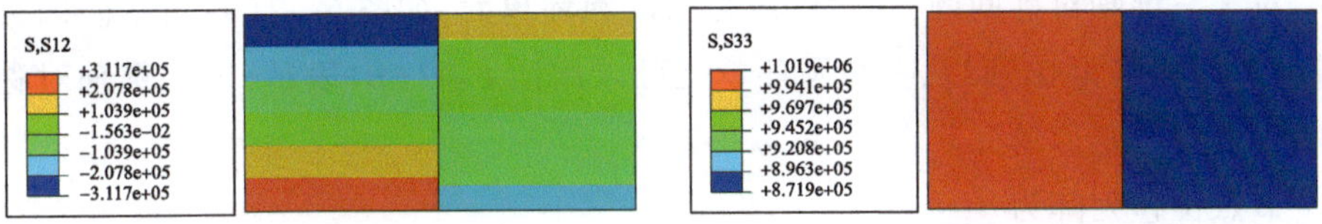

(c) S12　　(d) S33

图 6-39　ABAQUS 计算应力云图

图 6-40 为 ABAQUS 计算的支反力云图。*A* 点的水平向支反力为 −375 000 N(方向向左),竖向支反力为 −75 373.5 N(方向向下);*B* 点的水平向支反力为 −375 000 N(方向向左),竖向支反力为 75 373.5 N(方向向上)。

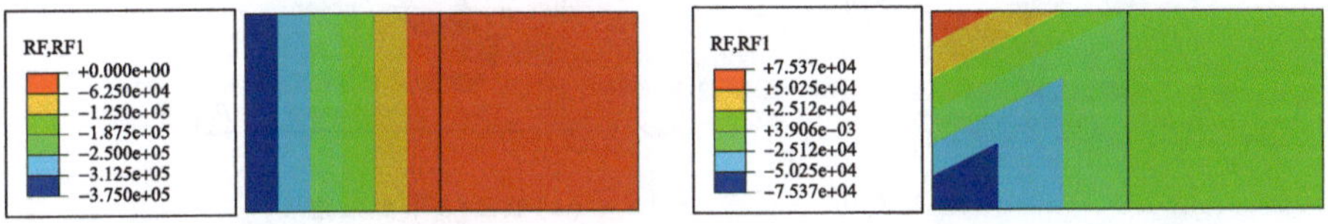

(a) RF1　　(b) RF2

图 6-40　ABAQUS 计算支反力云图

图 6-41 为 COMSOL 计算的支反力云图。*A* 点的水平向支反力为 −375 000 N(方向向左),竖向支反力为 −116 297 N(方向向下);*B* 点的水平向支反力为 −375 000 N(方向向左),竖向支反力为 116 297 N(方向向上),和 MATLAB 计算结果相同。

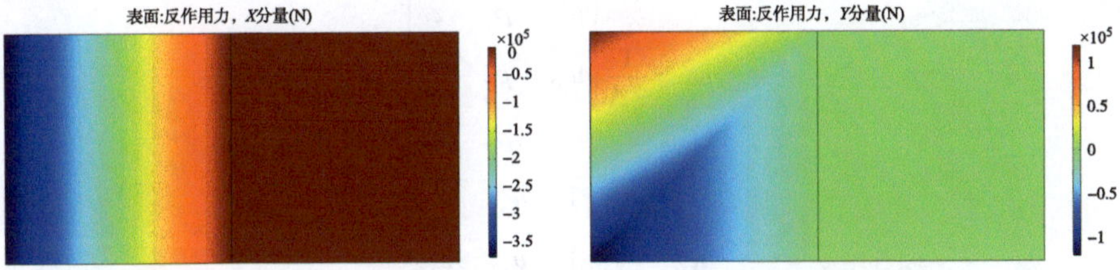

(a) RF1　　(b) RF2

图 6-41　COMSOL 计算支反力云图

6.6　三维轴对称问题的 3 节点三角形单元

三维轴对称问题的 3 节点三角形单元,此处仅讲解整体坐标系中任意 3 节点三角形单元的刚度矩阵推导,不再对 3 节点三角形等参数单元进行赘述。读者如有兴趣,可以依照前述 3 节点三角形等参数单元并结合三维轴对称问题性质,自行推导。

对于三维轴对称问题，实际应该为三棱圆环单元，如图 6-42(a)所示。因为对称性，环向位移为 0，所以，三棱圆环单元可以用图 6-42(b)表示，即三维轴对称问题的 3 节点三角形单元。由此，可以得出：

节点位移列阵为

$$\boldsymbol{\delta}^e = \{u_{\rho 1} \quad w_1 \quad u_{\rho 2} \quad w_2 \quad u_{\rho 3} \quad w_3\}^{\mathrm{T}}$$

节点力列阵为

$$\boldsymbol{F}^e = \{F_{\rho 1} \quad F_{z1} \quad F_{\rho 2} \quad F_{z2} \quad F_{\rho 3} \quad F_{z3}\}^{\mathrm{T}}$$

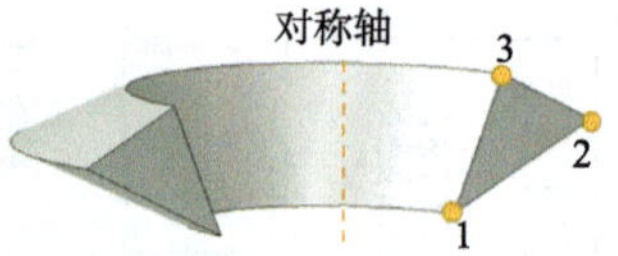

(a)三棱圆环

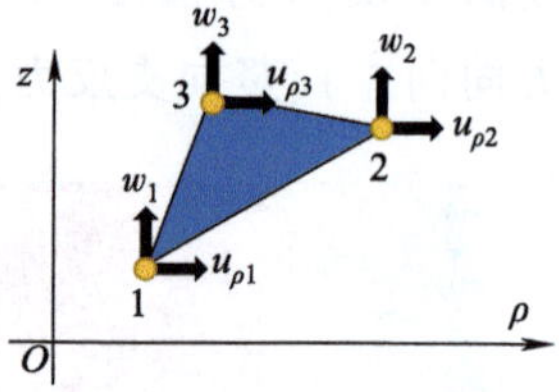

(b)截面(3 节点三角形)

图 6-42 三维轴对称问题的 3 节点三角形单元

1. 单元位移场的表达

同平面问题 3 节点三角形单元，位移模式可以为

$$u_\rho(\rho,z) = a_0 + a_1\rho + a_2 z$$
$$w(\rho,z) = b_0 + b_1\rho + b_2 z$$

由节点坐标信息和位移条件，可以求得

$$a_0 = \frac{1}{2\boldsymbol{\Delta}}\begin{vmatrix} u_{\rho 1} & \rho_1 & z_1 \\ u_{\rho 2} & \rho_2 & z_2 \\ u_{\rho 3} & \rho_3 & z_3 \end{vmatrix}$$

$$a_1 = \frac{1}{2\boldsymbol{\Delta}}\begin{vmatrix} 1 & u_{\rho 1} & z_1 \\ 1 & u_{\rho 2} & z_2 \\ 1 & u_{\rho 3} & z_3 \end{vmatrix}$$

$$a_2 = \frac{1}{2\boldsymbol{\Delta}}\begin{vmatrix} 1 & \rho_1 & u_{\rho 1} \\ 1 & \rho_2 & u_{\rho 2} \\ 1 & \rho_3 & u_{\rho 3} \end{vmatrix}$$

式中，$\boldsymbol{\Delta} = \frac{1}{2}\begin{vmatrix} 1 & \rho_1 & z_1 \\ 1 & \rho_2 & z_2 \\ 1 & \rho_3 & z_3 \end{vmatrix}$ 为三角形面积，三角形 3 个节点 1，2，3 需按照逆时针排序。

将其代入 u_ρ 的表达式，得

$$u_\rho = \frac{1}{2\Delta}[(\bar{a}_1 + \bar{b}_1\rho + \bar{c}_1 z)u_{\rho1} + (\bar{a}_2 + \bar{b}_2\rho + \bar{c}_2 z)u_{\rho2} + (\bar{a}_3 + \bar{b}_3\rho + \bar{c}_3 z)u_{\rho3}]$$

$$= N_1 u_{\rho1} + N_2 u_{\rho2} + N_3 u_{\rho3}$$

$$\bar{a}_1 = \begin{vmatrix} \rho_2 & z_2 \\ \rho_3 & z_3 \end{vmatrix} = \rho_2 z_3 - \rho_3 z_2$$

$$\bar{b}_1 = -\begin{vmatrix} 1 & z_2 \\ 1 & z_3 \end{vmatrix} = z_2 - z_3$$

$$\bar{c}_1 = \begin{vmatrix} 1 & \rho_2 \\ 1 & \rho_3 \end{vmatrix} = -(\rho_2 - \rho_3)$$

1,2,3 轮换得到 $\bar{a}_2, \bar{b}_2, \bar{c}_2, \bar{a}_3, \bar{b}_3, \bar{c}_3$。

b 的求解和 a 相同，得出 $w = N_1 w_1 + N_2 w_2 + N_3 w_3$。

综上得出

$$\boldsymbol{u} = \begin{Bmatrix} u_\rho \\ w \end{Bmatrix} = \begin{bmatrix} N_1 & 0 & N_2 & 0 & N_3 & 0 \\ 0 & N_1 & 0 & N_2 & 0 & N_3 \end{bmatrix} \begin{Bmatrix} u_{\rho1} \\ w_1 \\ u_{\rho2} \\ w_2 \\ u_{\rho3} \\ w_3 \end{Bmatrix} = \boldsymbol{N\delta}^e \tag{6-32}$$

式中，$\boldsymbol{N}$ 为形状函数矩阵。

2. 单元应变场的表达

根据轴对称问题的弹性力学分析，已知几何方程为

$$\boldsymbol{\varepsilon} = \begin{Bmatrix} \varepsilon_\rho \\ \varepsilon_z \\ \varepsilon_\varphi \\ \gamma_{\rho z} \end{Bmatrix} = \begin{Bmatrix} \dfrac{\partial \boldsymbol{u}_\rho}{\partial \rho} \\ \dfrac{\partial w}{\partial z} \\ \dfrac{\boldsymbol{u}_\rho}{\rho} \\ \dfrac{\partial \boldsymbol{u}_\rho}{\partial z} + \dfrac{\partial w}{\partial \rho} \end{Bmatrix} = \begin{bmatrix} \dfrac{\partial}{\partial \rho} & 0 \\ 0 & \dfrac{\partial}{\partial z} \\ \dfrac{1}{\rho} & 0 \\ \dfrac{\partial}{\partial z} & \dfrac{\partial}{\partial \rho} \end{bmatrix} \begin{Bmatrix} u_\rho \\ w \end{Bmatrix} = [\boldsymbol{\partial}]\boldsymbol{u}$$

式中，$[\boldsymbol{\partial}]$ 为几何方程的算子矩阵。

将式(6-32)代入,得

$$\boldsymbol{\varepsilon} = [\boldsymbol{\partial}]\boldsymbol{N}\boldsymbol{\delta} = \boldsymbol{B}\boldsymbol{\delta} \tag{6-33}$$

式中,应变—位移矩阵 $\boldsymbol{B} = \begin{bmatrix} \frac{\partial}{\partial\rho} & 0 \\ 0 & \frac{\partial}{\partial z} \\ \frac{1}{\rho} & 0 \\ \frac{\partial}{\partial z} & \frac{\partial}{\partial\rho} \end{bmatrix} \begin{bmatrix} N_1 & 0 & N_2 & 0 & N_3 & 0 \\ 0 & N_1 & 0 & N_2 & 0 & N_3 \end{bmatrix}$。

将 N_1、N_2、N_2 代入,进一步得到

$$\boldsymbol{B} = \frac{1}{2\boldsymbol{\Delta}} \left[\begin{array}{cc:cc:cc} \bar{b}_1 & 0 & \bar{b}_2 & 0 & \bar{b}_3 & 0 \\ 0 & \bar{c}_1 & 0 & \bar{c}_2 & 0 & \bar{c}_3 \\ \frac{\bar{a}_1 + \bar{b}_1\rho + \bar{c}_1 z}{\rho} & 0 & \frac{\bar{a}_2 + \bar{b}_2\rho + \bar{c}_2 z}{\rho} & 0 & \frac{\bar{a}_3 + \bar{b}_3\rho + \bar{c}_3 z}{\rho} & 0 \\ \bar{c}_1 & \bar{b}_1 & \bar{c}_2 & \bar{b}_2 & \bar{c}_3 & \bar{b}_3 \end{array} \right] = [\boldsymbol{B}_1 \quad \boldsymbol{B}_2 \quad \boldsymbol{B}_3]$$

此处可以发现,ε_φ 是随 ρ 和 z 变化的量。因此,三维轴对称问题的 3 节点三角形单元并不是常应变单元,要和平面问题 3 节点三角形单元有所区别。另外,这里还可以看到,ρ 位于分母部位。因此,当研究对象落于对称轴,将出现数值奇异。通常采用三角形形心坐标 $\bar{\rho}$ 和 $\bar{z}$ 代替 ρ 和 z,即

$$\bar{\rho} = \frac{1}{3}(\rho_1 + \rho_2 + \rho_3)$$

$$\bar{z} = \frac{1}{3}(z_1 + z_2 + z_3)$$

这样,三维轴对称问题的 3 节点三角形单元又成了常应变单元。

3. 单元应力场的表达

根据轴对称问题的弹性力学分析,已知物理方程为

$$\boldsymbol{\sigma} = \begin{Bmatrix} \sigma_\rho \\ \sigma_z \\ \sigma_\varphi \\ \tau_{\rho z} \end{Bmatrix} = \frac{E}{(1+\mu)(1-2\mu)} \begin{bmatrix} 1-\mu & \mu & \mu & 0 \\ \mu & 1-\mu & \mu & 0 \\ \mu & \mu & 1-\mu & 0 \\ 0 & 0 & 0 & \frac{1-2\mu}{2} \end{bmatrix} \begin{Bmatrix} \varepsilon_\rho \\ \varepsilon_z \\ \varepsilon_\varphi \\ \gamma_{\rho z} \end{Bmatrix} = \boldsymbol{D}\boldsymbol{\varepsilon}$$

式中,$\boldsymbol{D}$ 为三维轴对称问题的弹性系数矩阵。

将式(6-33)代入上式,得到

$$\boldsymbol{\sigma} = \boldsymbol{D}\boldsymbol{B}\boldsymbol{\delta}^e = \boldsymbol{S}\boldsymbol{\delta}^e \tag{6-34}$$

式中，$\boldsymbol{S}$ 为应力—位移矩阵。

4. 三维轴对称问题 3 节点三角形单元的刚度矩阵

已知势能表达式为 $\Pi^e = U^e - W^e = \frac{1}{2}\int_{\Omega^e} \boldsymbol{\sigma}^{\mathrm{T}} \boldsymbol{\varepsilon} \mathrm{d}\Omega^e - \boldsymbol{F}^{e\mathrm{T}} \boldsymbol{\delta}^e$，将上述应力、应变代入得

$$\Pi^e = \frac{1}{2}\boldsymbol{\delta}^{e\mathrm{T}} \boldsymbol{K}^e \boldsymbol{\delta}^e - \boldsymbol{F}^{e\mathrm{T}} \boldsymbol{\delta}^e \tag{6-35}$$

将单元的势能对节点位移 $\boldsymbol{\delta}^e$ 取一阶极值，可得到单元的刚度方程为

$$\boldsymbol{F}^e = \boldsymbol{K}^e \boldsymbol{\delta}^e \tag{6-36}$$

三维轴对称问题的 3 节点三角形单元的刚度矩阵为

$$\boldsymbol{K}^e = \int_{\Omega^e} \boldsymbol{B}^{\mathrm{T}} \boldsymbol{D} \boldsymbol{B} \mathrm{d}\Omega = 2\pi \int_{A^e} \boldsymbol{B}^{\mathrm{T}} \boldsymbol{D} \boldsymbol{B} \mathrm{d}A^e = 2\pi \iint \boldsymbol{B}^{\mathrm{T}} \boldsymbol{D} \boldsymbol{B} \rho \mathrm{d}\rho \mathrm{d}z \tag{6-37}$$

6.7　三维轴对称问题的 3 节点三角形单元算例

6.7.1　算例 1

6.7.1.1　问题

考虑如图 6-43(a)所示的受均匀分布荷载作用的圆柱，弹性模量 $E = 210$ GPa，泊松比 $\mu = 0.3$，均布荷载 $P = 3\ 000$ kN/m²，圆柱半径 $r = 0.5$ m，圆柱高 $h = 0.25$ m。本题采用三维轴对称问题的 3 节点三角形单元进行分析，单元划分如图 6-43(b)所示，求：B 点(节点 2)和 C 点(节点 3)的水平向位移与竖向位移。

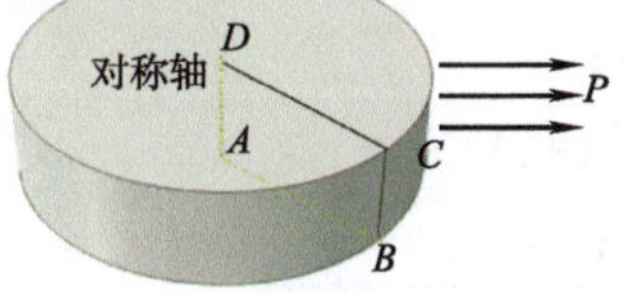

(a)实际问题

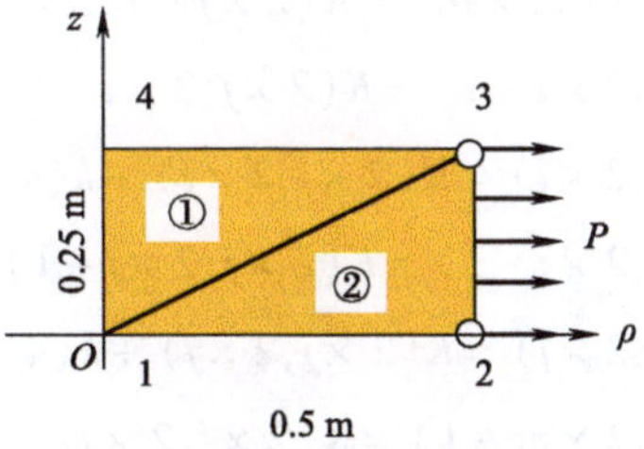

(b)有限元模型

图 6-43　三维轴对称问题的 3 节点三角形单元算例 1

6.7.1.2　MATLAB 编程计算

根据题目表述，位移列阵为

$$\boldsymbol{\delta} = \{u_{\rho 1} \quad w_1 \quad u_{\rho 2} \quad w_2 \quad u_{\rho 3} \quad w_3 \quad u_{\rho 4} \quad w_4\}^{\mathrm{T}}$$

另外，均布荷载可以转化为节点 2 和节点 3 的等效节点荷载，得出 $F_{2\rho} =$

375 000π N和 $F_{3p}=375\,000\pi$ N。因此，荷载列阵为

$$F=\{0\quad 0\quad 375\,000\pi\quad 0\quad 375\,000\pi\quad 0\quad 0\quad 0\}^{T}$$

按照式(6-37)，编写单元刚度矩阵，并通过如下方式形成总刚矩阵：

```
K(2×i-1,2×i-1)=K(2×i-1,2×i-1)+k(1,1);
K(2×i-1,2×i)=K(2×i-1,2×i)+k(1,2);
K(2×i-1,2×j-1)=K(2×i-1,2×j-1)+k(1,3);
K(2×i-1,2×j)=K(2×i-1,2×j)+k(1,4);
K(2×i-1,2×m-1)=K(2×i-1,2×m-1)+k(1,5);
K(2×i-1,2×m)=K(2×i-1,2×m)+k(1,6);
K(2×i,2×i-1)=K(2×i,2×i-1)+k(2,1);
K(2×i,2×i)=K(2×i,2×i)+k(2,2);
K(2×i,2×j-1)=K(2×i,2×j-1)+k(2,3);
K(2×i,2×j)=K(2×i,2×j)+k(2,4);
K(2×i,2×m-1)=K(2×i,2×m-1)+k(2,5);
K(2×i,2×m)=K(2×i,2×m)+k(2,6);
K(2×j-1,2×i-1)=K(2×j-1,2×i-1)+k(3,1);
K(2×j-1,2×i)=K(2×j-1,2×i)+k(3,2);
K(2×j-1,2×j-1)=K(2×j-1,2×j-1)+k(3,3);
K(2×j-1,2×j)=K(2×j-1,2×j)+k(3,4);
K(2×j-1,2×m-1)=K(2×j-1,2×m-1)+k(3,5);
K(2×j-1,2×m)=K(2×j-1,2×m)+k(3,6);
K(2×j,2×i-1)=K(2×j,2×i-1)+k(4,1);
K(2×j,2×i)=K(2×j,2×i)+k(4,2);
K(2×j,2×j-1)=K(2×j,2×j-1)+k(4,3);
K(2×j,2×j)=K(2×j,2×j)+k(4,4);
K(2×j,2×m-1)=K(2×j,2×m-1)+k(4,5);
K(2×j,2×m)=K(2×j,2×m)+k(4,6);
K(2×m-1,2×i-1)=K(2×m-1,2×i-1)+k(5,1);
K(2×m-1,2×i)=K(2×m-1,2×i)+k(5,2);
K(2×m-1,2×j-1)=K(2×m-1,2×j-1)+k(5,3);
K(2×m-1,2×j)=K(2×m-1,2×j)+k(5,4);
K(2×m-1,2×m-1)=K(2×m-1,2×m-1)+k(5,5);
```

$K(2\times m-1,2\times m)=K(2\times m-1,2\times m)+k(5,6)$;

$K(2\times m,2\times i-1)=K(2\times m,2\times i-1)+k(6,1)$;

$K(2\times m,2\times i)=K(2\times m,2\times i)+k(6,2)$;

$K(2\times m,2\times j-1)=K(2\times m,2\times j-1)+k(6,3)$;

$K(2\times m,2\times j)=K(2\times m,2\times j)+k(6,4)$;

$K(2\times m,2\times m-1)=K(2\times m,2\times m-1)+k(6,5)$;

$K(2\times m,2\times m)=K(2\times m,2\times m)+k(6,6)$。

计算得出：节点 2 的水平向位移为 5×10^{-6} m(水平向右)，竖向位移为 1.84×10^{-5} m(竖向向上)；节点 3 的水平向位移为 5×10^{-6} m(水平向右)，竖向位移为 1.63×10^{-5} m(竖向向上)。

6.7.1.3　ABAQUS 计算

1. Part 模块

(1) Module、Part、Create Part，命名为 Part-1，选择 Axisymmetric、Deformable、Shell，输入 Approximate Size 5[默认长度单位为米(m)]，点 Continue。

(2)在 Sketch 中沿对称轴画出 0.5 m 长，0.25 m 高的长方形。

(3)通过 Partition Face，剖分长方形，形成题目要求的 2 个三角形。

2. Property 模块

(1) Module、Property，Ceate Material 命名为 Material-1，选择 Mechanical、Elasticity、Elastic，在 Young's Modulus 输入 210E9，Poisson's Ratio 输入 0.3，点 OK 保存退出。

(2) Module、Property，Ceate Section 命名为 Section-1，选择 Solid，Type 为 Homogeneous，点 Continue，选择 Material 为 Material-1，点 OK 保存退出。

(3) Module、Property、Assign Section，选择 Section-1，完成属性的定义。

3. Assembly 模块

Module、Assembly、Create Instance，选择 Parts，选中 Part-1，Instance Type 选择 Dependent(Mesh on Part)，也可以选择 Independent(Mesh on Instance)，就是网格划分的区别。

4. Step 模块

(1) Module、Step、Create Step，命名为 Step-1，选择 Static、General。

(2)点击 Continue，本问题可以不做任何处理，保留默认，点击 OK 保存退出。

(3) Module、Step、Create Field Output，命名为 F-Outpur-2，选择 Step-1。

(4)根据本算例求解的需要，选择位移(U)、应变(E)、应力(S)选项，点击 OK 保存退出。

5. Load 模块

(1) Module、Load、Creat Load 命名为 Load-1, Category 选择 Mechanical, Types for Selected Step 选择 Pressure。

(2) 点击 Continue, 选中右端面, 输入 -3 000 000, 点击 OK 保存退出。

6. Mesh 模块

(1) Module、Mesh、Seed Part 为节点数量控制。

(2) Module、Mesh、Mesh Part 划分网格。

(3) Module、Mesh、Assign Element Type 选择 Axisymmetric Stress。

7. Job 模块

Module、Job、Create Job, 点击 Submit 提交运算。对于复杂问题, 也可以先 Data Check。运算完后, 点击 Results, 进入 Visualization。

8. Visualization 模块

图 6-44 为位移云图。ABAQUS 中 x 方向即为 ρ 方向, y 方向即为 z 方向。B 点的水平向位移为 5×10^{-6} m, 竖向位移为 6.54×10^{-6} m, C 点的水平向位移为 5×10^{-6} m, 竖向位移为 4.4×10^{-6} m。可以看到, ABAQUS 计算的竖向位移, 和 MATLAB 计算的竖向位移不同。

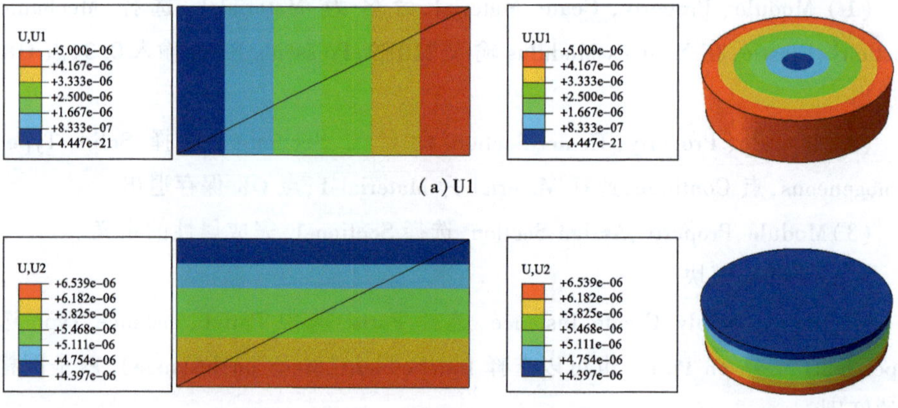

(a) U1

(b) U2

图 6-44 位移云图

圆柱体应变如图 6-45 所示。通过 MALTLAB 编译计算的应变结果:

单元 1: $\varepsilon_\rho=1\times10^{-5}$, $\varepsilon_z=-8.571\times10^{-6}$, $\varepsilon_\varphi=1\times10^{-5}$, $\gamma_{\rho z}=1\times10^{-20}$。

单元 2: $\varepsilon_\rho=1\times10^{-5}$, $\varepsilon_z=-8.571\times10^{-6}$, $\varepsilon_\varphi=1\times10^{-5}$, $\gamma_{\rho z}=0$。

MATLAB 计算结果和 ABAQUS 计算结果基本相同, 除 $\gamma_{\rho z}$。

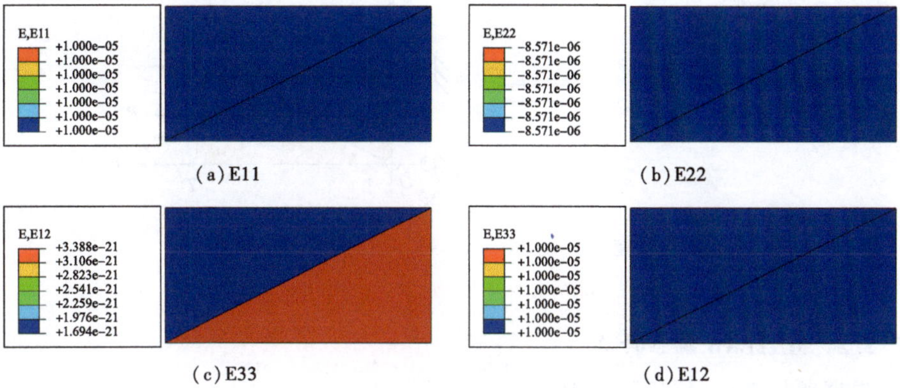

(a)E11　(b)E22

(c)E33　(d)E12

图 6-45　应变云图

圆柱体应力如图 6-46 所示。通过 MALTLAB 编译计算的应变结果:

单元 1:$\sigma_\rho = 3 \times 10^6$ Pa,$\sigma_z = 0$,$\sigma_\varphi = 3 \times 10^6$ Pa,$\tau_{\rho z} = 1 \times 10^{-9}$ Pa。

单元 2:$\sigma_\rho = 3 \times 10^6$ Pa,$\sigma_z = -1 \times 10^{-9}$ Pa,$\sigma_\varphi = 3 \times 10^6$ Pa,$\tau_{\rho z} = 0$。

MATLAB 计算结果和 ABAQUS 计算结果基本相同,除 σ_z 和 $\tau_{\rho z}$。

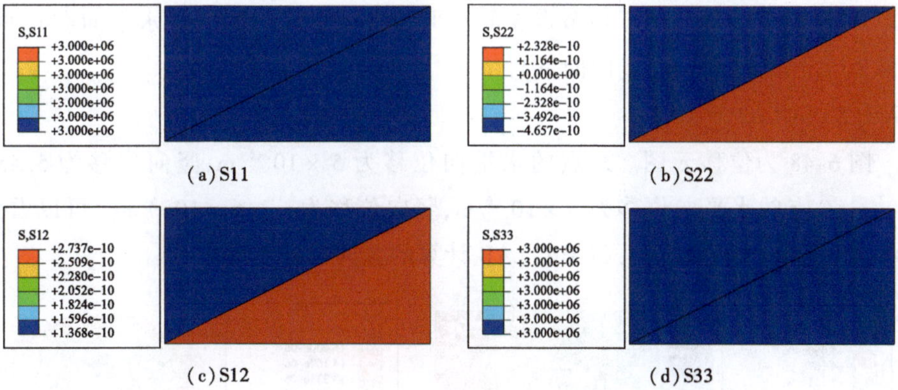

(a)S11　(b)S22

(c)S12　(d)S33

图 6-46　应力云图

综上,从竖向 z 位移可以看出,不管是 MATLAB 编译或 ABAQUS 计算,结果都是不准确的。

6.7.2　算例 2

6.7.2.1　问题

问题基本情况和算例 1 相同。因为对称性,对称轴处的水平向 ρ 位移应该为 0。因此,在有限元分析中,可将左端面(节点 1 和节点 4 所在的边)水平向进行约束,如图 6-47(b)所示。求:B 点(节点 2)和 C 点(节点 3)的水平向位移与竖向位移。

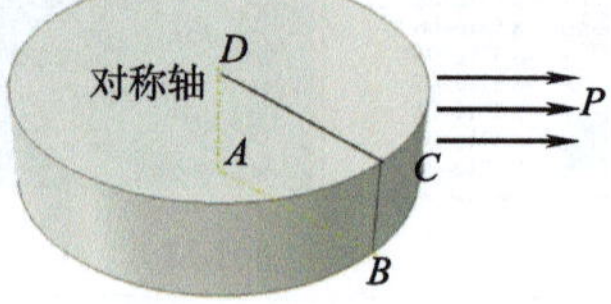

(a)实际问题

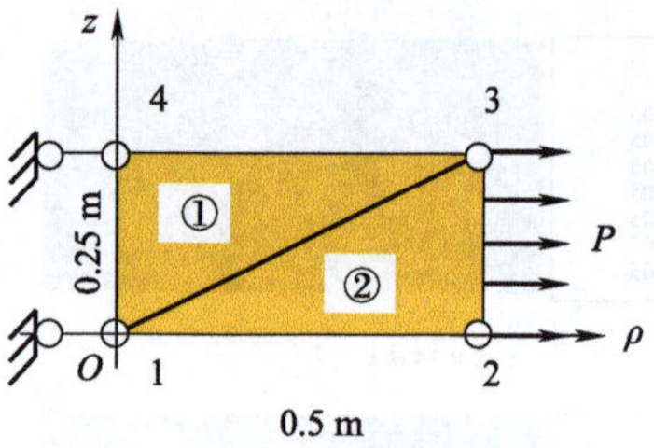

(b)有限元模型

图 6-47　三维轴对称问题的 3 节点三角形单元算例 2

6.7.2.2　MATLAB 编程计算

根据题目表述，位移列阵为

$$\boldsymbol{\delta} = \{0 \quad w_1 \quad u_{\rho 2} \quad w_2 \quad u_{\rho 3} \quad w_3 \quad 0 \quad w_4\}^{\mathrm{T}}$$

另外，均布荷载可以转化为节点 2 和节点 3 的等效节点荷载，得出 $F_{2\rho}$ = 375 000π N和 $F_{3\rho}$ = 375 000π N。因此，荷载列阵为

$$\boldsymbol{F} = \{F_{\rho 1} \quad 0 \quad 375\ 000\pi \quad 0 \quad 375\ 000\pi \quad 0 \quad F_{\rho 4} \quad 0\}^{\mathrm{T}}$$

计算得出：节点 2 的水平向位移为 5×10^{-6} m（水平向右），垂向位移为 -3.58×10^{-6} m（竖向向下）；节点 3 的水平向位移为 5×10^{-6} m（水平向右），垂向位移为 -5.72×10^{-6} m（竖向向下）。

6.7.1.3　ABAQUS 计算

图 6-48 为位移云图。B 点的水平向位移为 5×10^{-6} m，竖向位移为 5.45×10^{-7} m；C 点的水平向位移为 5×10^{-6} m，竖向位移为 -1.6×10^{-6} m。可以看到，ABAQUS 计算的竖向位移，和 MATLAB 计算的竖向位移不同。

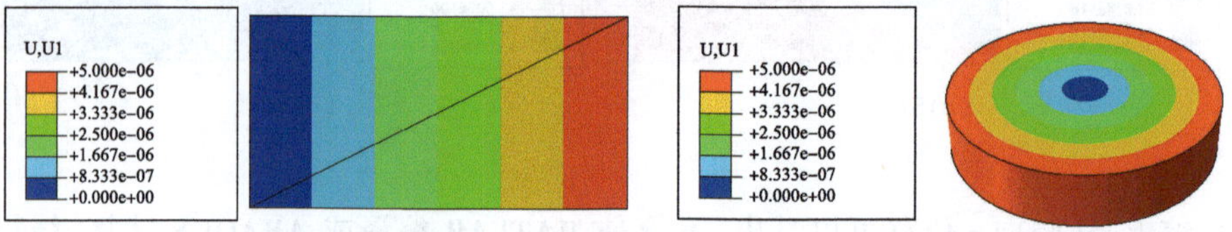

(a) U1

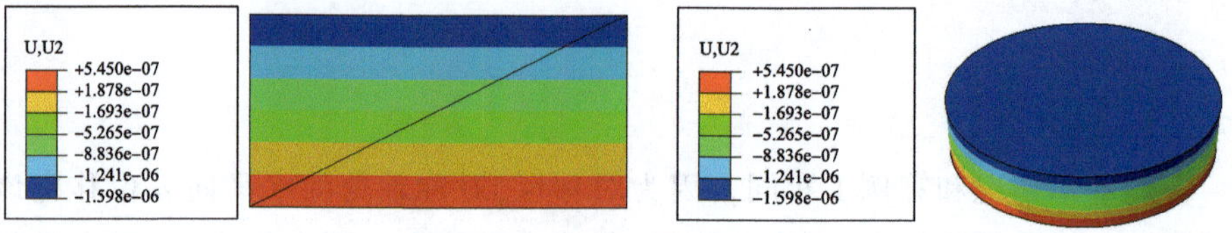

(b) U2

图 6-48　位移云图

圆柱体应变如图 6-49 所示。通过 MALTLAB 编译计算的应变结果:

单元 1:$\varepsilon_\rho=1\times10^{-5}$,$\varepsilon_z=-8.571\times10^{-6}$,$\varepsilon_\varphi=1\times10^{-5}$,$\gamma_{\rho z}=1\times10^{-20}$。

单元 2:$\varepsilon_\rho=1\times10^{-5}$,$\varepsilon_z=-8.571\times10^{-6}$,$\varepsilon_\varphi=1\times10^{-5}$,$\gamma_{\rho z}=0$。

MATLAB 计算结果和 ABAQUS 计算结果基本相同,除 $\gamma_{\rho z}$。

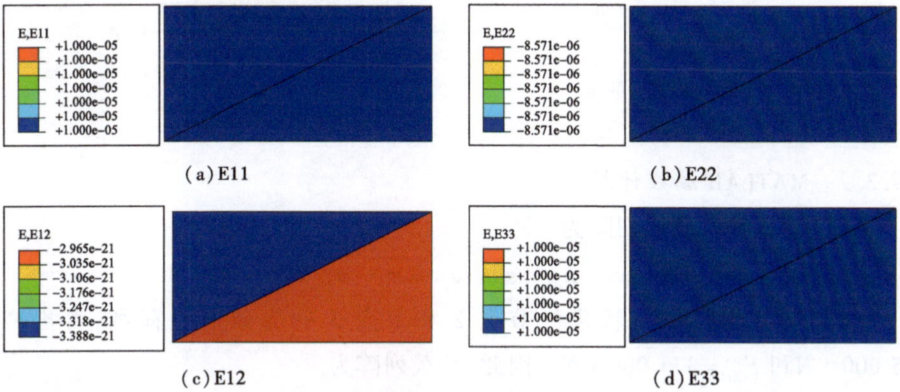

图 6-49　应变云图

圆柱体应力如图 6-50 所示。通过 MALTLAB 编译计算的应变结果:

单元 1:$\sigma_\rho=3\times10^{6}$ Pa,$\sigma_z=-3.431\times10^{-10}$ Pa,$\sigma_\varphi=3\times10^{6}$ Pa,$\tau_{\rho z}=1.09\times10^{-9}$ Pa。

单元 2:$\sigma_\rho=3\times10^{6}$ Pa,$\sigma_z=4.380\times10^{-10}$ Pa,$\sigma_\varphi=3\times10^{6}$ Pa,$\tau_{\rho z}=0$。

MATLAB 计算结果和 ABAQUS 计算结果基本相同,除 σ_z 和 $\tau_{\rho z}$。

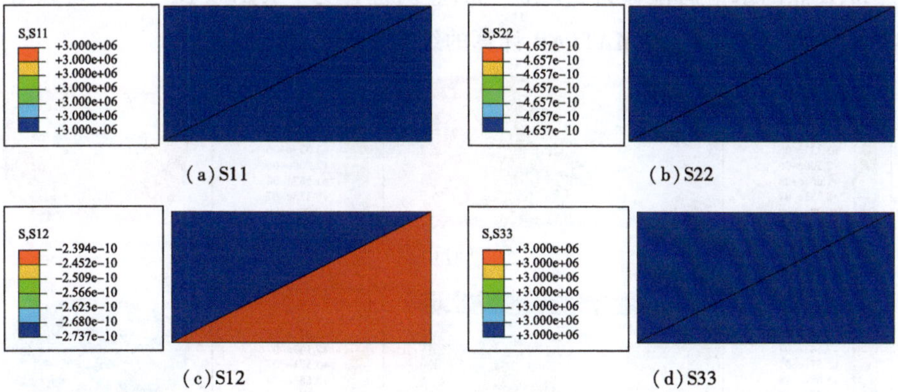

图 6-50　应力云图

综上,水平向约束左端面主要改变了竖向位移。

6.7.3　算例 3

6.7.3.1　问题

问题基本情况和算例 1 相同,算例改成 3 个单元,网格划分如图 6-51 所示,并约束节点 5 的竖向位移。求:B 点(节点 2)和 C 点(节点 3)的水平向位移与竖向位移。

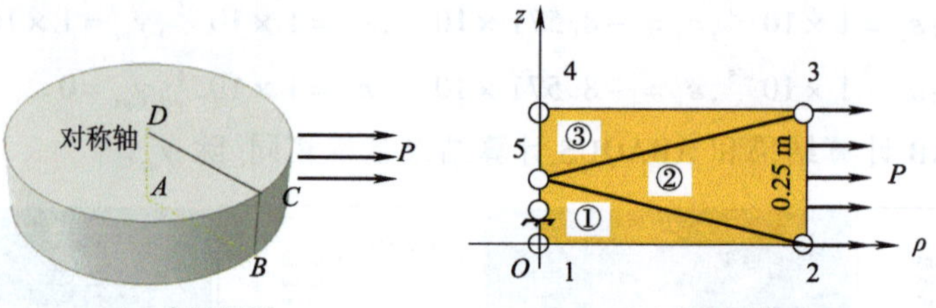

图 6-51 三维轴对称问题的 3 节点三角形单元算例 3

6.7.3.2 MATLAB 编程计算

根据题目表述,位移列阵为

$$\boldsymbol{\delta}=\{u_{\rho1}\quad w_1\quad u_{\rho2}\quad w_2\quad u_{\rho3}\quad w_3\quad u_{\rho4}\quad w_4\quad u_{\rho5}\quad 0\}$$

另外,均布荷载可以转化为节点 2 和节点 3 的等效节点荷载,得出 $F_{2\rho}=375\ 000\pi$ N和 $F_{3\rho}=375\ 000\pi$ N。因此,荷载列阵为

$$\boldsymbol{F}=\{0\quad 0\quad 375\ 000\pi\quad 0\quad 37\ 500\pi\quad 0\quad 0\quad 0\quad 0\quad F_{z5}\}^{\mathrm{T}}$$

计算得出:节点 2 的水平向位移为 5×10^{-6} m,垂向位移为 1.07×10^{-6} m;节点 3 的水平向位移为 5×10^{-6} m,垂向位移为 -1.07×10^{-6} m。

6.7.3.3 ABAQUS 计算

图 6-52 为位移云图。B 点的水平向位移为 5×10^{-6} m,竖向位移为 1.07×10^{-6} m;C 点的水平向位移为 5×10^{-6} m,竖向位移为 -1.07×10^{-6} m。可以看到,ABAQUS 计算的结果,和 MATLAB 计算的结果完全相同。

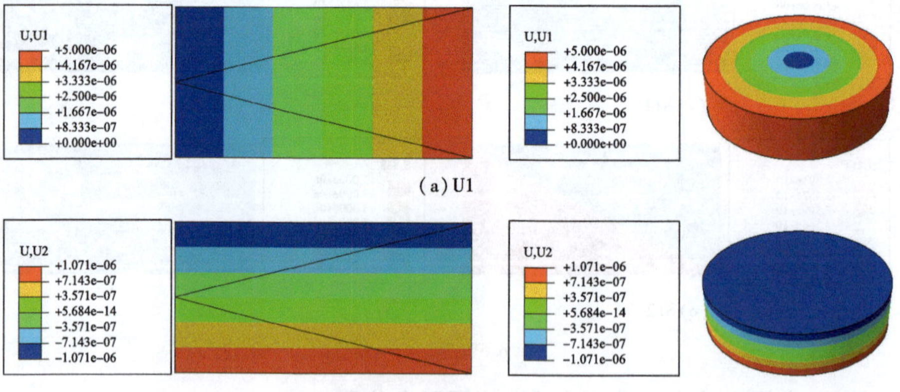

图 6-52 位移云图

圆柱体应变如图 6-53 所示。通过 MALTLAB 编译计算的应变结果:

单元 1:$\varepsilon_\rho=1\times10^{-5}$,$\varepsilon_z=-8.571\times10^{-6}$,$\varepsilon_\varphi=1\times10^{-5}$,$\gamma_{\rho z}=8.06\times10^{-21}$。

单元 2：$\varepsilon_\rho=1\times10^{-5}$，$\varepsilon_z=-8.571\times10^{-6}$，$\varepsilon_\varphi=1\times10^{-5}$，$\gamma_{\rho z}=1.1\times10^{-20}$。

单元 3：$\varepsilon_\rho=1\times10^{-5}$，$\varepsilon_z=-8.571\times10^{-6}$，$\varepsilon_\varphi=1\times10^{-5}$，$\gamma_{\rho z}=9.31\times10^{-21}$。

MATLAB 计算结果和 ABAQUS 计算结果基本相同。

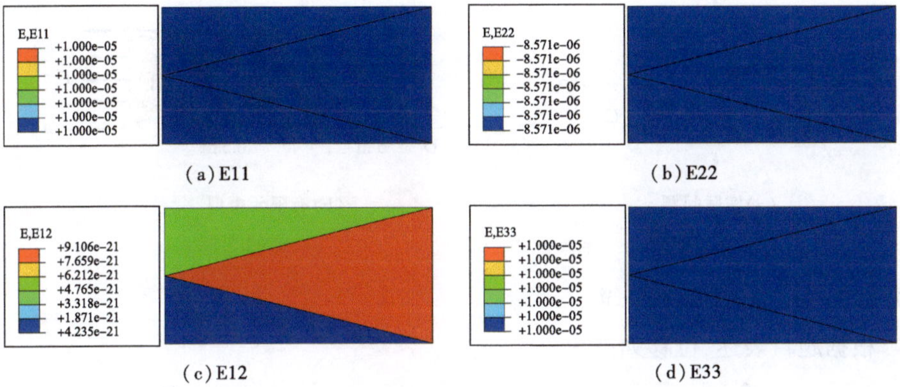

图 6-53　应变云图

圆柱体应力如图 6-54 所示。通过 MALTLAB 编译计算的应变结果：

单元 1：$\sigma_\rho=3\times10^6$ Pa，$\sigma_z=-4.53\times10^{-10}$ Pa，$\sigma_\varphi=3\times10^6$ Pa，$\tau_{\rho z}=6.51\times10^{-10}$ Pa。

单元 2：$\sigma_\rho=3\times10^6$ Pa，$\sigma_z=-5.50\times10^{-11}$ Pa，$\sigma_\varphi=3\times10^6$ Pa，$\tau_{\rho z}=9.06\times10^{-10}$ Pa。

单元 3：$\sigma_\rho=3\times10^6$ Pa，$\sigma_z=6.31\times10^{-10}$ Pa，$\sigma_\varphi=3\times10^6$ Pa，$\tau_{\rho z}=7.52\times10^{-10}$ Pa。

MATLAB 计算结果和 ABAQUS 计算结果基本相同。

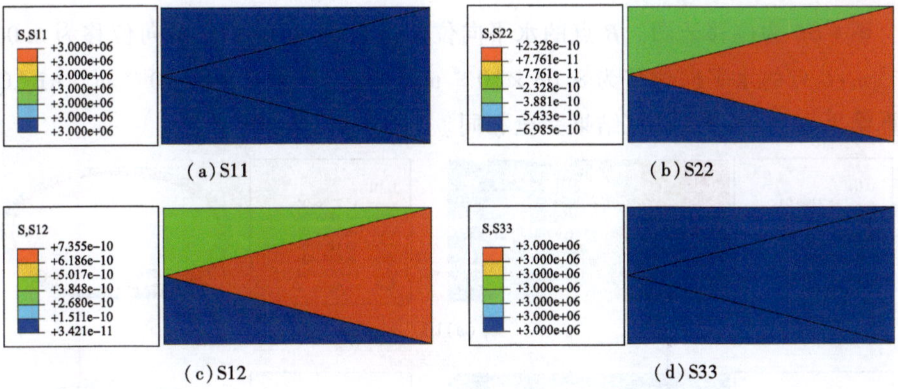

图 6-54　应力云图

综上，为防止轴向 z 的平动，应该在左端面中间点施加竖向约束。

6.7.4　算例 4

6.7.4.1　问题

考虑如图 6-43(a)所示的受均匀分布荷载作用的圆环，材料参数同算例 1，均

布荷载 $P=3\ 000\ \text{kN/m}^2$，圆环内半径 $r_1=5\ \text{m}$，圆环外半径 $r_1=5.5\ \text{m}$，圆柱高 $h=0.25\ \text{m}$。求：B 点（节点 2）和 C 点（节点 3）的水平向位移与竖向位移。

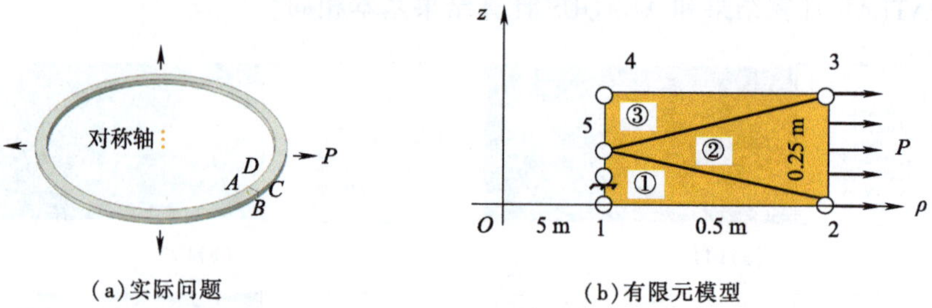

图 6-55 三维轴对称问题的 3 节点三角形单元算例 4

6.7.4.2 MATLAB 编程计算

根据题目表述，位移列阵为

$$\boldsymbol{\delta}=\{u_{\rho1}\quad w_1\quad u_{\rho2}\quad w_2\quad u_{\rho3}\quad w_3\quad u_{\rho4}\quad w_4\quad u_{\rho5}\quad 0\}$$

另外，均布荷载可以转化为节点 2 和节点 3 的等效节点荷载，得出 $F_{2\rho}=4\ 125\ 000\pi$ N和 $F_{3\rho}=4\ 125\ 000\pi$ N。因此，荷载列阵为

$$\boldsymbol{F}=\{0\quad 0\quad 4\ 125\ 000\pi\quad 0\quad 412\ 500\pi\quad 0\quad 0\quad 0\quad 0\quad F_{z5}\}^{\mathrm{T}}$$

计算得出：节点 2 的水平向位移为 8.03×10^{-4} m，垂向位移为 6.04×10^{-6} m；节点 3 的水平向位移为 8.03×10^{-4} m，垂向位移为 -6.04×10^{-6} m。

6.7.4.3 ABAQUS 计算

图 6-56 为位移云图。B 点的水平向位移为 8.03×10^{-4} m，竖向位移为 6.04×10^{-4} m；C 点的水平向位移为 8.03×10^{-4} m，竖向位移为 6.04×10^{-6} m。ABAQUS 计算结果和 MATLAB 计算结果完全相同。

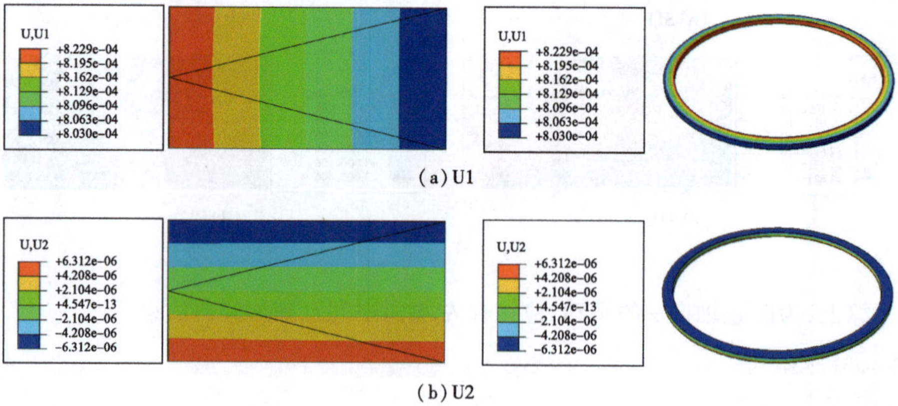

图 6-56 位移云图

6.8　三维轴对称问题的4节点四边形等参数单元

局部坐标系中三维轴对称问题4节点正方形单元的形函数矩阵，可以参考平面问题4节点正方形单元，不再赘述。位移表达式为

$$\boldsymbol{u}^*=\begin{Bmatrix}u^*\\v^*\end{Bmatrix}=\begin{bmatrix}N_1^* & 0 & N_2^* & 0 & N_3^* & 0 & N_4^* & 0\\0 & N_1^* & 0 & N_2^* & 0 & N_3^* & 0 & N_4^*\end{bmatrix}\begin{Bmatrix}u_1^*\\v_1^*\\u_2^*\\v_2^*\\u_3^*\\v_3^*\\u_4^*\\v_4^*\end{Bmatrix}=\boldsymbol{N}^*\boldsymbol{\delta}^*$$

式中，$\boldsymbol{N}^*$为形状函数矩阵，$N_i^*=\frac{1}{4}(1+\xi_i\xi)(1+\eta_i\eta)$，$i=1,2,3,4$。

将位移表达式代入三维轴对称问题的几何方程，得

$$\boldsymbol{\varepsilon}=\begin{Bmatrix}\varepsilon_\xi\\\varepsilon_\eta\\\varepsilon_\theta\\\gamma_{\xi\eta}\end{Bmatrix}=\begin{Bmatrix}\dfrac{\partial u^*}{\partial\xi}\\\dfrac{\partial v^*}{\partial\eta}\\\dfrac{u^*}{\xi}\\\dfrac{\partial u^*}{\partial\eta}+\dfrac{\partial v^*}{\partial\xi}\end{Bmatrix}=\begin{bmatrix}\dfrac{\partial}{\partial\xi} & 0\\0 & \dfrac{\partial}{\partial\eta}\\\dfrac{1}{\xi} & 0\\\dfrac{\partial}{\partial\eta} & \dfrac{\partial}{\partial\xi}\end{bmatrix}\begin{Bmatrix}u^*\\v^*\end{Bmatrix}=[\boldsymbol{\partial}]\boldsymbol{N}^*\boldsymbol{\delta}^*=\boldsymbol{B}^*\boldsymbol{\delta}^*$$

式中，应变—位移矩阵为

$$\boldsymbol{B}^*=\begin{bmatrix}\dfrac{\partial}{\partial\xi} & 0\\0 & \dfrac{\partial}{\partial\eta}\\\dfrac{1}{\xi} & 0\\\dfrac{\partial}{\partial\eta} & \dfrac{\partial}{\partial\xi}\end{bmatrix}\begin{bmatrix}N_1^* & 0 & N_2^* & 0 & N_3^* & 0 & N_4^* & 0\\0 & N_1^* & 0 & N_2^* & 0 & N_3^* & 0 & N_4^*\end{bmatrix}$$

展开后，并代入$N_i^*=\frac{1}{4}(1+\xi_i\xi)(1+\eta_i\eta)$，$i=1,2,3,4$，得

$$\boldsymbol{B}^* = \begin{bmatrix} \frac{\partial N_1^*}{\partial \xi} & 0 & \frac{\partial N_2^*}{\partial \xi} & 0 & \frac{\partial N_3^*}{\partial \xi} & 0 & \frac{\partial N_4^*}{\partial \xi} & 0 \\ 0 & \frac{\partial N_1^*}{\partial \eta} & 0 & \frac{\partial N_2^*}{\partial \eta} & 0 & \frac{\partial N_3^*}{\partial \eta} & 0 & \frac{\partial N_4^*}{\partial \eta} \\ \frac{N_1^*}{\xi} & 0 & \frac{N_2^*}{\xi} & 0 & \frac{N_3^*}{\xi} & 0 & \frac{N_4^*}{\xi} & 0 \\ \frac{\partial N_1^*}{\partial \eta} & \frac{\partial N_1^*}{\partial \xi} & \frac{\partial N_2^*}{\partial \eta} & \frac{\partial N_2^*}{\partial \xi} & \frac{\partial N_3^*}{\partial \eta} & \frac{\partial N_3^*}{\partial \xi} & \frac{\partial N_4^*}{\partial \eta} & \frac{\partial N_4^*}{\partial \xi} \end{bmatrix}$$

$$= \frac{1}{4}\begin{bmatrix} -1+\eta & 0 & 1-\eta & 0 & 1+\eta & 0 & -1-\eta & 0 \\ 0 & -1+\xi & 0 & -1-\xi & 0 & 1+\xi & 0 & 1-\xi \\ \frac{1-\xi-\eta+\xi\eta}{\xi} & 0 & \frac{1+\xi-\eta-\xi\eta}{\xi} & 0 & \frac{1+\xi+\eta+\xi\eta}{\xi} & 0 & \frac{1-\xi+\eta-\xi\eta}{\xi} & 0 \\ -1+\xi & -1+\eta & -1-\xi & 1-\eta & 1+\xi & 1+\eta & 1-\xi & -1-\eta \end{bmatrix}$$

对于三维轴对称问题,应力—应变关系如下所示:

$$\boldsymbol{\sigma} = \begin{Bmatrix} \sigma_\rho \\ \sigma_z \\ \sigma_\varphi \\ \tau_{\rho z} \end{Bmatrix} = \frac{E}{(1+\mu)(1-2\mu)}\begin{bmatrix} 1-\mu & \mu & \mu & 0 \\ \mu & 1-\mu & \mu & 0 \\ \mu & \mu & 1-\mu & 0 \\ 0 & 0 & 0 & \frac{1-2\mu}{2} \end{bmatrix}\begin{Bmatrix} \varepsilon_\rho \\ \varepsilon_z \\ \varepsilon_\varphi \\ \gamma_{\rho z} \end{Bmatrix} = \boldsymbol{D\varepsilon}$$

式中,$\boldsymbol{D}$ 为三维轴对称问题的弹性系数矩阵。

将应变表达式代入上式,得到 $\boldsymbol{\sigma} = \boldsymbol{DB}^*\boldsymbol{\delta}^* = \boldsymbol{S}^*\boldsymbol{\delta}^*$。

同样,采用最小势能原理,可以得到三维轴对称问题四节点正方形单元的刚度矩阵为

$$\boldsymbol{K}^{*e} = \int_{\Omega^{*e}} \boldsymbol{B}^{*\mathrm{T}}\boldsymbol{DB}^*\,\mathrm{d}\Omega^{*e} = 2\pi\int_{A^{*e}} \boldsymbol{B}^{*\mathrm{T}}\boldsymbol{DB}^*\,\mathrm{d}A^{*e} = 2\pi\int_{-1}^{1}\int_{-1}^{1} \boldsymbol{B}^{*\mathrm{T}}\boldsymbol{DB}^*\,\xi\,\mathrm{d}\xi\mathrm{d}\eta \tag{6-38}$$

坐标系的变换,同平面问题 4 节点四边形单元,有

$$\begin{cases} \rho(\xi,\eta) = N_1\rho_1 + N_2\rho_2 + N_3\rho_3 + N_4\rho_4 \\ z(\xi,\eta) = N_1 z_1 + N_2 z_2 + N_3 z_3 + N_4 z_4 \end{cases} \tag{6-39}$$

式中,$N_i^* = \frac{1}{4}(1+\xi_i\xi)(1+\eta_i\eta)$,$i = 1,2,3,4$。

偏导数的变换有

$$\begin{Bmatrix} \frac{\partial}{\partial \xi} \\ \frac{\partial}{\partial \eta} \end{Bmatrix} = \begin{bmatrix} \frac{\partial \rho}{\partial \xi} & \frac{\partial z}{\partial \xi} \\ \frac{\partial \rho}{\partial \eta} & \frac{\partial z}{\partial \eta} \end{bmatrix}\begin{Bmatrix} \frac{\partial}{\partial \rho} \\ \frac{\partial}{\partial z} \end{Bmatrix} = \boldsymbol{J}\begin{Bmatrix} \frac{\partial}{\partial \rho} \\ \frac{\partial}{\partial z} \end{Bmatrix} \tag{6-40}$$

式中，$\boldsymbol{J}$ 是雅可比矩阵。并代入式(6-39)，可以得到

$$\boldsymbol{J}=\begin{bmatrix} \frac{1}{4}(-x_1+x_2+x_3-x_4)+\frac{1}{4}(x_1-x_2+x_3-x_4)\eta & \frac{1}{4}(-y_1+y_2+y_3-y_4)+\frac{1}{4}(y_1-y_2+y_3-y_4)\eta \\ \frac{1}{4}(-x_1-x_2+x_3+x_4)+\frac{1}{4}(x_1-x_2+x_3-x_4)\xi & \frac{1}{4}(-y_1-y_2+y_3+y_4)+\frac{1}{4}(y_1-y_2+y_3-y_4)\xi \end{bmatrix} \tag{6-41}$$

也可以写成

$$\boldsymbol{J}=\frac{1}{4}\begin{bmatrix} -1+\eta & 1-\eta & 1+\eta & -1-\eta \\ -1+\xi & -1-\xi & 1+\xi & 1-\xi \end{bmatrix}\begin{bmatrix} x_1 & y_1 \\ x_2 & y_2 \\ x_3 & y_3 \\ x_4 & y_4 \end{bmatrix} \tag{6-42}$$

通过逆矩阵的计算公式，可以得出

$$\begin{Bmatrix} \frac{\partial}{\partial \rho} \\ \frac{\partial}{\partial z} \end{Bmatrix}=\boldsymbol{J}^{-1}\begin{Bmatrix} \frac{\partial}{\partial \xi} \\ \frac{\partial}{\partial \eta} \end{Bmatrix} \tag{6-43}$$

由此，可以得出

$$\boldsymbol{B}=\begin{bmatrix}\frac{\partial}{\partial\rho} & 0\\ 0 & \frac{\partial}{\partial z}\\ \frac{1}{\rho} & 0\\ \frac{\partial}{\partial z} & \frac{\partial}{\partial\rho}\end{bmatrix}\begin{bmatrix}N_1 & 0 & N_2 & 0 & N_3 & 0 & N_4 & 0\\ 0 & N_1 & 0 & N_2 & 0 & N_3 & 0 & N_4\end{bmatrix}=\begin{bmatrix}\boldsymbol{J}^{-1}(1,1)\frac{\partial}{\partial\xi}+\boldsymbol{J}^{-1}(1,2)\frac{\partial}{\partial\eta} & 0\\ 0 & \boldsymbol{J}^{-1}(2,1)\frac{\partial}{\partial\xi}+\boldsymbol{J}^{-1}(2,2)\frac{\partial}{\partial\eta}\\ \frac{1}{\rho} & 0\\ \boldsymbol{J}^{-1}(2,1)\frac{\partial}{\partial\xi}+\boldsymbol{J}^{-1}(2,2)\frac{\partial}{\partial\eta} & \boldsymbol{J}^{-1}(1,1)\frac{\partial}{\partial\xi}+\boldsymbol{J}^{-1}(1,2)\frac{\partial}{\partial\eta}\end{bmatrix}\begin{bmatrix}N_1^* & 0 & N_2^* & 0 & N_3^* & 0 & N_4^* & 0\\ 0 & N_1^* & 0 & N_2^* & 0 & N_3^* & 0 & N_4^*\end{bmatrix}$$

展开后为

$$\boldsymbol{B}=\left[\begin{matrix}\boldsymbol{J}^{-1}(1,1)\frac{\partial N_1^*}{\partial\xi}+\boldsymbol{J}^{-1}(1,2)\frac{\partial N_1^*}{\partial\eta} & 0 & \boldsymbol{J}^{-1}(1,1)\frac{\partial N_2^*}{\partial\xi}+\boldsymbol{J}^{-1}(1,2)\frac{\partial N_2^*}{\partial\eta} & 0\\ 0 & \boldsymbol{J}^{-1}(2,1)\frac{\partial N_1^*}{\partial\xi}+\boldsymbol{J}^{-1}(2,2)\frac{\partial N_1^*}{\partial\eta} & 0 & \boldsymbol{J}^{-1}(2,1)\frac{\partial N_2^*}{\partial\xi}+\boldsymbol{J}^{-1}(2,2)\frac{\partial N_2^*}{\partial\eta}\\ \frac{N_1^*}{\rho} & 0 & \frac{N_2^*}{\rho} & 0\\ \boldsymbol{J}^{-1}(2,1)\frac{\partial N_1^*}{\partial\xi}+\boldsymbol{J}^{-1}(2,2)\frac{\partial N_1^*}{\partial\eta} & \boldsymbol{J}^{-1}(1,1)\frac{\partial N_1^*}{\partial\xi}+\boldsymbol{J}^{-1}(1,2)\frac{\partial N_1^*}{\partial\eta} & \boldsymbol{J}^{-1}(2,1)\frac{\partial N_2^*}{\partial\xi}+\boldsymbol{J}^{-1}(2,2)\frac{\partial N_2^*}{\partial\eta} & \boldsymbol{J}^{-1}(1,1)\frac{\partial N_2^*}{\partial\xi}+\boldsymbol{J}^{-1}(1,2)\frac{\partial N_2^*}{\partial\eta}\end{matrix}\right.$$

$$\left.\begin{matrix}\boldsymbol{J}^{-1}(1,1)\frac{\partial N_3^*}{\partial\xi}+\boldsymbol{J}^{-1}(1,2)\frac{\partial N_3^*}{\partial\eta} & 0 & \boldsymbol{J}^{-1}(1,1)\frac{\partial N_4^*}{\partial\xi}+\boldsymbol{J}^{-1}(1,2)\frac{\partial N_4^*}{\partial\eta} & 0\\ 0 & \boldsymbol{J}^{-1}(2,1)\frac{\partial N_3^*}{\partial\xi}+\boldsymbol{J}^{-1}(2,2)\frac{\partial N_3^*}{\partial\eta} & 0 & \boldsymbol{J}^{-1}(2,1)\frac{\partial N_4^*}{\partial\xi}+\boldsymbol{J}^{-1}(2,2)\frac{\partial N_4^*}{\partial\eta}\\ \frac{N_3^*}{\rho} & 0 & \frac{N_4^*}{\rho} & 0\\ \boldsymbol{J}^{-1}(2,1)\frac{\partial N_3^*}{\partial\xi}+\boldsymbol{J}^{-1}(2,2)\frac{\partial N_3^*}{\partial\eta} & \boldsymbol{J}^{-1}(1,1)\frac{\partial N_3^*}{\partial\xi}+\boldsymbol{J}^{-1}(1,2)\frac{\partial N_3^*}{\partial\eta} & \boldsymbol{J}^{-1}(2,1)\frac{\partial N_4^*}{\partial\xi}+\boldsymbol{J}^{-1}(2,2)\frac{\partial N_4^*}{\partial\eta} & \boldsymbol{J}^{-1}(1,1)\frac{\partial N_4^*}{\partial\xi}+\boldsymbol{J}^{-1}(1,2)\frac{\partial N_4^*}{\partial\eta}\end{matrix}\right]$$

$$\frac{\partial N_1^*}{\partial \xi} = \frac{1}{4}(-1+\eta)$$

$$\frac{\partial N_2^*}{\partial \xi} = \frac{1}{4}(1-\eta)$$

$$\frac{\partial N_3^*}{\partial \xi} = \frac{1}{4}(1+\eta)$$

$$\frac{\partial N_4^*}{\partial \xi} = \frac{1}{4}(-1-\eta)$$

$$\frac{\partial N_1^*}{\partial \eta} = \frac{1}{4}(-1+\xi)$$

$$\frac{\partial N_2^*}{\partial \eta} = \frac{1}{4}(-1-\xi)$$

$$\frac{\partial N_3^*}{\partial \eta} = \frac{1}{4}(1+\xi)$$

$$\frac{\partial N_4^*}{\partial \eta} = \frac{1}{4}(1-\xi)$$

面积变换可以直接使用二重积分的变量代换公式，即

$$\int_A \mathrm{d}\rho \mathrm{d}z = \int_{A^*} \frac{\partial(\rho, z)}{\partial(\xi, \eta)} \mathrm{d}\xi \mathrm{d}\eta = \int_{A^*} |\boldsymbol{J}| \mathrm{d}\xi \mathrm{d}\eta$$

因此，对于三维轴对称问题的 4 节点四边形等参数单元，其刚度矩阵为

$$\begin{aligned} \boldsymbol{K} &= 2\pi \int_{-1}^{1} \int_{-1}^{1} \boldsymbol{B}^{\mathrm{T}}(\xi, \eta) \boldsymbol{D} \boldsymbol{B}(\xi, \eta) \rho(\xi, \eta) |\boldsymbol{J}| \mathrm{d}\xi \mathrm{d}\eta \\ &= 2\pi \sum_{i=1}^{r} \sum_{j=1}^{r} w_i w_i \boldsymbol{B}^{\mathrm{T}}(\xi_i, \eta_j) \boldsymbol{D} \boldsymbol{B}(\xi_i, \eta_j) \rho(\xi_i, \eta_j) |\boldsymbol{J}| \end{aligned} \tag{6-44}$$

6.9 三维轴对称问题的 4 节点四边形等参数单元算例

6.9.1 算例 1

6.9.1.1 问题

考虑如图 6-57(a)所示的受均匀分布荷载作用的圆柱，弹性模量 $E=210$ GPa，泊松比 $\mu=0.3$，均布荷载 $P=3\ 000$ kN/m^2，圆柱半径 $r=0.5$ m，圆柱高 $h=0.25$ m。本题采用三维轴对称问题的 4 节点四边形等参数单元进行分析，单元划分如图 6-57(b)所示。根据前述分析，需要约束对称轴中点的竖向约束，如图 6-57(b)所示。求：B 点（节点 2）和 C 点（节点 3）的水平向位移与竖向位移。

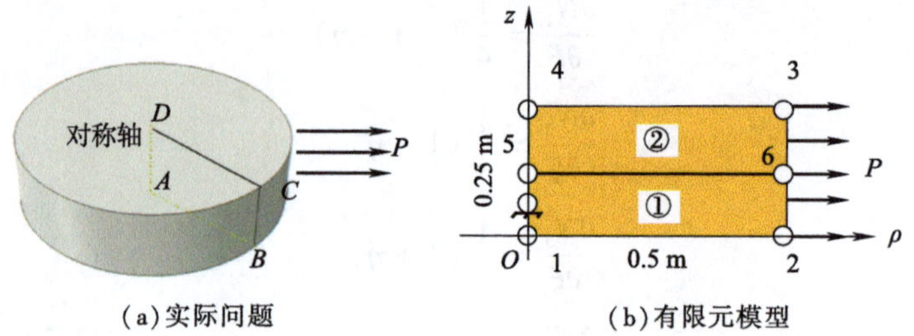

图 6-57 三维轴对称问题的 4 节点四边形等参数单元算例 1

6.9.1.2 MATLAB 编程计算

根据题目表述,位移列阵为

$$\boldsymbol{\delta}=\{u_{\rho1}\quad w_1\quad u_{\rho2}\quad w_2\quad u_{\rho3}\quad w_3\quad u_{\rho4}\quad w_4\quad u_{\rho5}\quad 0\quad u_{\rho6}\quad w_6\}^{\mathrm{T}}$$

另外,均布荷载可以转化为节点 2、节点 3 和节点 6 的等效节点荷载,得出 $F_{2\rho}=187\ 500\pi$ N、$F_{3\rho}=187\ 500\pi$ N 和 $F_{6\rho}=375\ 000\pi$ N。因此,荷载列阵为

$$\boldsymbol{F}=\{0\quad 0\quad 187\ 500\pi\quad 0\quad 187\ 500\pi\quad 0\quad 0\quad 0\quad 0\quad F_{z5}\quad 375\ 000\pi\quad 0\}^{\mathrm{T}}$$

按照式(6-44),编写单元刚度矩阵,并通过如下方式形成总刚矩阵:

$K(2\times i-1,2\times i-1)=K(2\times i-1,2\times i-1)+k(1,1)$;

$K(2\times i-1,2\times i)=K(2\times i-1,2\times i)+k(1,2)$;

$K(2\times i-1,2\times j-1)=K(2\times i-1,2\times j-1)+k(1,3)$;

$K(2\times i-1,2\times j)=K(2\times i-1,2\times j)+k(1,4)$;

$K(2\times i-1,2\times m-1)=K(2\times i-1,2\times m-1)+k(1,5)$;

$K(2\times i-1,2\times m)=K(2\times i-1,2\times m)+k(1,6)$;

$K(2\times i-1,2\times n-1)=K(2\times i-1,2\times n-1)+k(1,7)$;

$K(2\times i-1,2\times n)=K(2\times i-1,2\times n)+k(1,8)$;

$K(2\times i,2\times i-1)=K(2\times i,2\times i-1)+k(2,1)$;

$K(2\times i,2\times i)=K(2\times i,2\times i)+k(2,2)$;

$K(2\times i,2\times j-1)=K(2\times i,2\times j-1)+k(2,3)$;

$K(2\times i,2\times j)=K(2\times i,2\times j)+k(2,4)$;

$K(2\times i,2\times m-1)=K(2\times i,2\times m-1)+k(2,5)$;

$K(2\times i,2\times m)=K(2\times i,2\times m)+k(2,6)$;

$K(2\times i,2\times n-1)=K(2\times i,2\times n-1)+k(2,7)$;

$K(2\times i,2\times n)=K(2\times i,2\times n)+k(2,8)$;

$K(2\times j-1,2\times i-1)=K(2\times j-1,2\times i-1)+k(3,1)$;

$K(2\times j-1,2\times i)=K(2\times j-1,2\times i)+k(3,2)$;

$K(2\times j-1,2\times j-1)=K(2\times j-1,2\times j-1)+k(3,3)$;

$K(2\times j-1,2\times j)=K(2\times j-1,2\times j)+k(3,4)$;

$K(2\times j-1,2\times m-1)=K(2\times j-1,2\times m-1)+k(3,5)$;

$K(2\times j-1,2\times m)=K(2\times j-1,2\times m)+k(3,6)$;

$K(2\times j-1,2\times n-1)=K(2\times j-1,2\times n-1)+k(3,7)$;

$K(2\times j-1,2\times n)=K(2\times j-1,2\times n)+k(3,8)$;

$K(2\times j,2\times i-1)=K(2\times j,2\times i-1)+k(4,1)$;

$K(2\times j,2\times i)=K(2\times j,2\times i)+k(4,2)$;

$K(2\times j,2\times j-1)=K(2\times j,2\times j-1)+k(4,3)$;

$K(2\times j,2\times j)=K(2\times j,2\times j)+k(4,4)$;

$K(2\times j,2\times m-1)=K(2\times j,2\times m-1)+k(4,5)$;

$K(2\times j,2\times m)=K(2\times j,2\times m)+k(4,6)$;

$K(2\times j,2\times n-1)=K(2\times j,2\times n-1)+k(4,7)$;

$K(2\times j,2\times n)=K(2\times j,2\times n)+k(4,8)$;

$K(2\times m-1,2\times i-1)=K(2\times m-1,2\times i-1)+k(5,1)$;

$K(2\times m-1,2\times i)=K(2\times m-1,2\times i)+k(5,2)$;

$K(2\times m-1,2\times j-1)=K(2\times m-1,2\times j-1)+k(5,3)$;

$K(2\times m-1,2\times j)=K(2\times m-1,2\times j)+k(5,4)$;

$K(2\times m-1,2\times m-1)=K(2\times m-1,2\times m-1)+k(5,5)$;

$K(2\times m-1,2\times m)=K(2\times m-1,2\times m)+k(5,6)$;

$K(2\times m-1,2\times n-1)=K(2\times m-1,2\times n-1)+k(5,7)$;

$K(2\times m-1,2\times n)=K(2\times m-1,2\times n)+k(5,8)$;

$K(2\times m,2\times i-1)=K(2\times m,2\times i-1)+k(6,1)$;

$K(2\times m,2\times i)=K(2\times m,2\times i)+k(6,2)$;

$K(2\times m,2\times j-1)=K(2\times m,2\times j-1)+k(6,3)$;

$K(2\times m,2\times j)=K(2\times m,2\times j)+k(6,4)$;

$K(2\times m,2\times m-1)=K(2\times m,2\times m-1)+k(6,5)$;

$K(2\times m,2\times m)=K(2\times m,2\times m)+k(6,6)$;

$K(2\times m,2\times n-1)=K(2\times m,2\times n-1)+k(6,7)$;

$K(2\times m,2\times n)=K(2\times m,2\times n)+k(6,8)$;

$K(2\times n-1,2\times i-1)=K(2\times n-1,2\times i-1)+k(7,1)$;

$K(2\times n-1,2\times i)=K(2\times n-1,2\times i)+k(7,2)$;

$K(2\times n-1,2\times j-1)=K(2\times n-1,2\times j-1)+k(7,3)$;

$K(2\times n-1,2\times j)=K(2\times n-1,2\times j)+k(7,4)$;

$K(2\times n-1,2\times m-1)=K(2\times n-1,2\times m-1)+k(7,5)$;

$K(2\times n-1,2\times m)=K(2\times n-1,2\times m)+k(7,6)$;

$K(2\times n-1,2\times n-1)=K(2\times n-1,2\times n-1)+k(7,7)$;

$K(2\times n-1,2\times n)=K(2\times n-1,2\times n)+k(7,8)$;

$K(2\times n,2\times i-1)=K(2\times n,2\times i-1)+k(8,1)$;

$K(2\times n,2\times i)=K(2\times n,2\times i)+k(8,2)$;

$K(2\times n,2\times j-1)=K(2\times n,2\times j-1)+k(8,3)$;

$K(2\times n,2\times j)=K(2\times n,2\times j)+k(8,4)$;

$K(2\times n,2\times m-1)=K(2\times n,2\times m-1)+k(8,5)$;

$K(2\times n,2\times m)=K(2\times n,2\times m)+k(8,6)$;

$K(2\times n,2\times n-1)=K(2\times n,2\times n-1)+k(8,7)$;

$K(2\times n,2\times n)=K(2\times n,2\times n)+k(8,8)$。

计算得出:节点 2 的水平向位移为 5×10^{-6} m,垂向位移为 1.07×10^{-6} m;节点 3 的水平向位移为 5×10^{-6} m,垂向位移为 -1.07×10^{-6} m。

6.9.1.3　ABAQUS 计算

建模方法同三维轴对称问题的 3 节点三角形单元算例。图 6-58 为位移云图。B 点的水平向位移为 5×10^{-6} m,竖向位移为 1.07×10^{-6} m;C 点的水平向位移为 5×10^{-6} m,竖向位移为 -1.07×10^{-6} m。ABAQUS 计算结果和 MATLAB 计算结果完全相同。

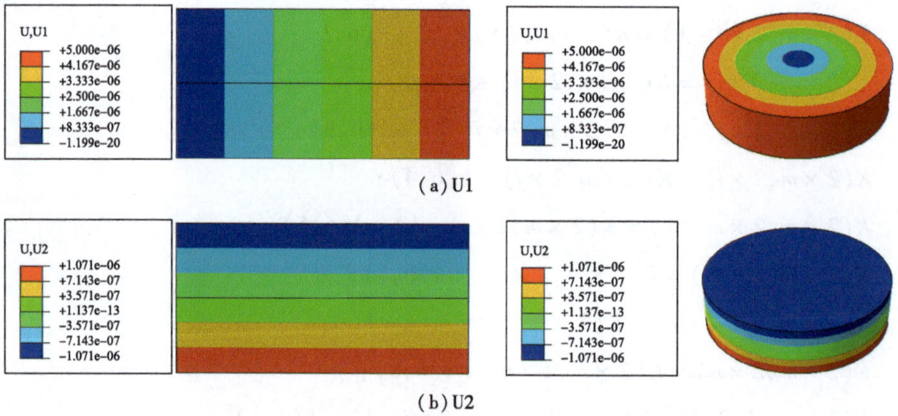

(a) U1

(b) U2

图 6-58　位移云图

圆柱体应变如图 6-59 所示。

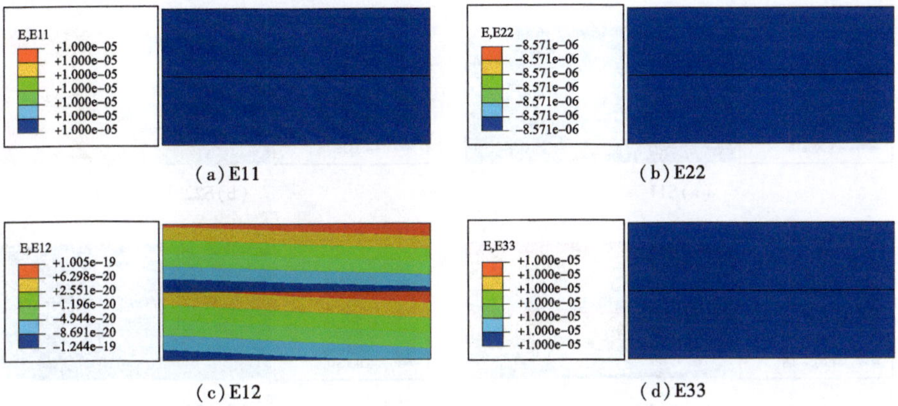

图 6-59　应变云图

三维轴对称问题的 4 节点四边形等参数单元，因为最后通过高斯积分得到单元刚度矩阵，所以，分母中的 ρ 对节点位移计算没有影响。但是，在输出应变和应力的过程中，不能取节点，仍应该采用高斯积分点。如果取单元节点，分母中的 ρ 仍会等于 0，导致数值奇异。

对于单元 1 和单元 2，各单元 4 个积分点的应变如下：

单元：节点	$\left(\xi=-\sqrt{\frac{1}{3}},\ \eta=-\sqrt{\frac{1}{3}}\right)$	$\left(\xi=\sqrt{\frac{1}{3}},\ \eta=-\sqrt{\frac{1}{3}}\right)$	$\left(\xi=\sqrt{\frac{1}{3}},\ \eta=\sqrt{\frac{1}{3}}\right)$	$\left(\xi=-\sqrt{\frac{1}{3}},\ \eta=\sqrt{\frac{1}{3}}\right)$
单元 1： 1,2,5,6	$\varepsilon_\rho=1\times10^{-5}$ $\varepsilon_z=-8.571\times10^{-6}$ $\varepsilon_\varphi=1\times10^{-5}$ $\gamma_{\rho z}=-6.77\times10^{-21}$	$\varepsilon_\rho=1\times10^{-5}$ $\varepsilon_z=-8.571\times10^{-6}$ $\varepsilon_\varphi=1\times10^{-5}$ $\gamma_{\rho z}=-6.77\times10^{-21}$	$\varepsilon_\rho=1\times10^{-5}$ $\varepsilon_z=-8.571\times10^{-6}$ $\varepsilon_\varphi=1\times10^{-5}$ $\gamma_{\rho z}=-6.77\times10^{-21}$	$\varepsilon_\rho=1\times10^{-5}$ $\varepsilon_z=-8.571\times10^{-6}$ $\varepsilon_\varphi=1\times10^{-5}$ $\gamma_{\rho z}=-8.47\times10^{-21}$
单元 2： 5,6,3,4	$\varepsilon_\rho=1\times10^{-5}$ $\varepsilon_z=-8.571\times10^{-6}$ $\varepsilon_\varphi=1\times10^{-5}$ $\gamma_{\rho z}=-3.39\times10^{-21}$	$\varepsilon_\rho=1\times10^{-5}$ $\varepsilon_z=-8.571\times10^{-6}$ $\varepsilon_\varphi=1\times10^{-5}$ $\gamma_{\rho z}=0$	$\varepsilon_\rho=1\times10^{-5}$ $\varepsilon_z=-8.571\times10^{-6}$ $\varepsilon_\varphi=1\times10^{-5}$ $\gamma_{\rho z}=-6.77\times10^{-21}$	$\varepsilon_\rho=1\times10^{-5}$ $\varepsilon_z=-8.571\times10^{-6}$ $\varepsilon_\varphi=1\times10^{-5}$ $\gamma_{\rho z}=0$

圆柱体应力如图 6-60 所示。

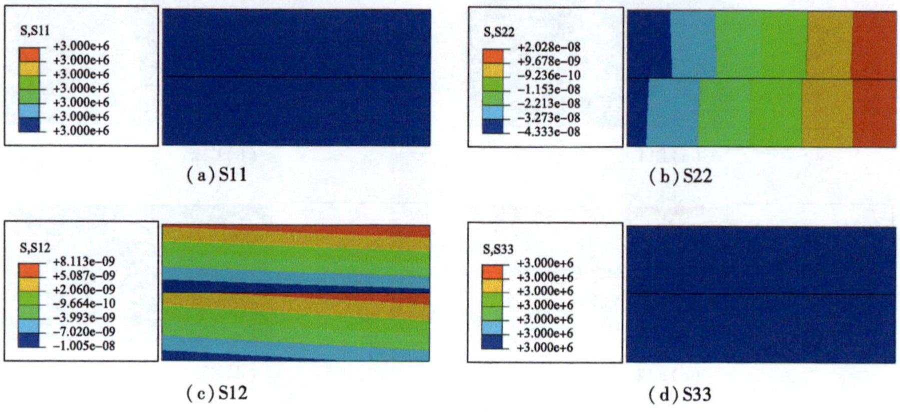

图 6-60　应力云图

对于单元 1 和单元 2，各单元 4 个积分点的应力如下：

单元：节点	$\left(\xi=-\sqrt{\frac{1}{3}},\ \eta=-\sqrt{\frac{1}{3}}\right)$	$\left(\xi=\sqrt{\frac{1}{3}},\ \eta=-\sqrt{\frac{1}{3}}\right)$	$\left(\xi=\sqrt{\frac{1}{3}},\ \eta=\sqrt{\frac{1}{3}}\right)$	$\left(\xi=-\sqrt{\frac{1}{3}},\ \eta=\sqrt{\frac{1}{3}}\right)$
单元 1：1,2,5,6（单位：Pa）	$\sigma_\rho=3\times10^6$ $\sigma_z=-7.57\times10^{-10}$ $\sigma_\varphi=3\times10^6$ $\tau_{\rho z}=-4.66\times10^{-10}$	$\sigma_\rho=3\times10^6$ $\sigma_z=-4.07\times10^{-10}$ $\sigma_\varphi=3\times10^6$ $\tau_{\rho z}=-4.66\times10^{-10}$	$\sigma_\rho=3\times10^6$ $\sigma_z=2.33\times10^{-10}$ $\sigma_\varphi=3\times10^6$ $\tau_{\rho z}=-4.66\times10^{-10}$	$\sigma_\rho=3\times10^6$ $\sigma_z=4.66\times10^{-10}$ $\sigma_\varphi=3\times10^6$ $\tau_{\rho z}=-4.66\times10^{-10}$
单元 2：5,6,3,4（单位：Pa）	$\sigma_\rho=3\times10^6$ $\sigma_z=-1.63\times10^{-9}$ $\sigma_\varphi=3\times10^6$ $\tau_{\rho z}=0$	$\sigma_\rho=3\times10^6$ $\sigma_z=0$ $\sigma_\varphi=3\times10^6$ $\tau_{\rho z}=0$	$\sigma_\rho=3\times10^6$ $\sigma_z=4.07\times10^{-10}$ $\sigma_\varphi=3\times10^6$ $\tau_{\rho z}=0$	$\sigma_\rho=3\times10^6$ $\sigma_z=-3.49\times10^{-9}$ $\sigma_\varphi=3\times10^6$ $\tau_{\rho z}=1.16\times10^{-10}$

6.9.2　算例 2

6.9.2.1　问题

考虑如图 6-61(a)所示的受均匀分布荷载作用的圆环，弹性模量 $E=210$ GPa，泊松比 $\mu=0.3$，均布荷载 $P=3\ 000$ kN/m^2，圆环内半径 $r_1=5$ m，圆环外半径 $r_2=5.5$ m，圆柱高 $h=0.25$ m。本题采用三维轴对称问题的 4 节点四边形等参数单元进行分析，单元划分如图 6-61(b)所示，求：B 点（节点 2）和 C 点（节点 3）的水平向位移与竖向位移。

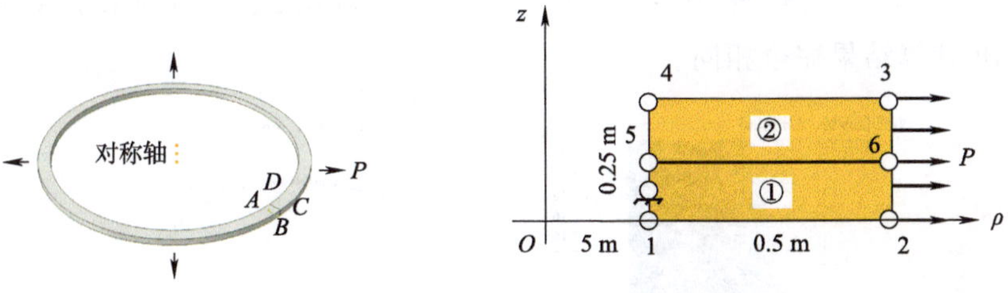

(a)实际问题　　(b)有限元模型

图 6-61　三维轴对称问题的 4 节点四边形等参数单元算例 2

6.9.2.2　MATLAB 编程计算

根据题目表述，位移列阵为

$$\boldsymbol{\delta}=\{u_{\rho1}\quad w_1\quad u_{\rho2}\quad w_2\quad u_{\rho3}\quad w_3\quad u_{\rho4}\quad w_4\quad u_{\rho5}\quad 0\quad u_{\rho6}\quad w_6\}^{\mathrm{T}}$$

另外，均布荷载可以转化为节点 2、节点 3 和节点 6 的等效节点荷载，得出 $F_{2\rho}=2\ 062\ 500\pi$ N，$F_{3\rho}=2\ 062\ 500\pi$ N 和 $F_{6\rho}=4\ 125\ 000\pi$ N。因此，荷载列阵为

$$\boldsymbol{F}=\{0\quad 0\quad 2\ 062\ 500\pi\quad 0\quad 2\ 062\ 500\pi\quad 0\quad 0\quad 0\quad 0\quad F_{z5}\quad 4\ 125\ 000\pi\quad 0\}^{\mathrm{T}}$$

计算得出：节点 2 的水平向位移为 8.02×10^{-4} m，垂向位移为 5.7×10^{-6} m；节点 3 的水平向位移为 8.02×10^{-4} m，垂向位移为 -5.7×10^{-6} m。

6.9.2.3　ABAQUS 计算

图 6-62 为 ABAQUS 计算的位移云图。B 点的水平向位移为 8.03×10^{-4} m，竖向位移为 6.17×10^{-6} m；C 点的水平向位移为 8.03×10^{-4} m，竖向位移为 -6.17×10^{-6} m。可以看到，ABAQUS 计算结果和 MATLAB 计算结果略有不同。

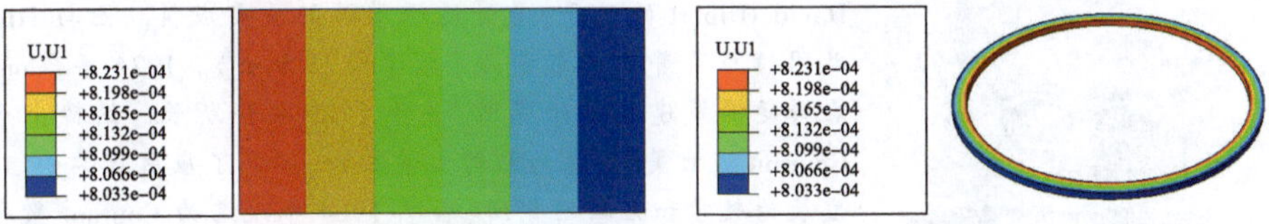

(a)U1

(b)U2

图 6-62　ABAQUS 计算位移云图

采用 COMSOL 进行对比计算，图 6-63 为 COMSOL 计算的位移云图。节点 2 的水平向位移为 8.02×10^{-4} m，垂向位移为 5.7×10^{-6} m；节点 3 的水平向位移为

8.02×10^{-4} m，垂向位移为 -5.7×10^{-6} m。可以看到，COMSOL 计算结果和 MATLAB 计算结果完全相同。

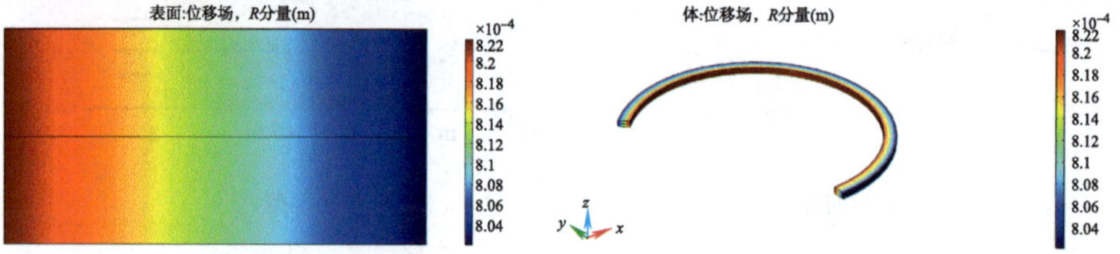

(a) R 方向

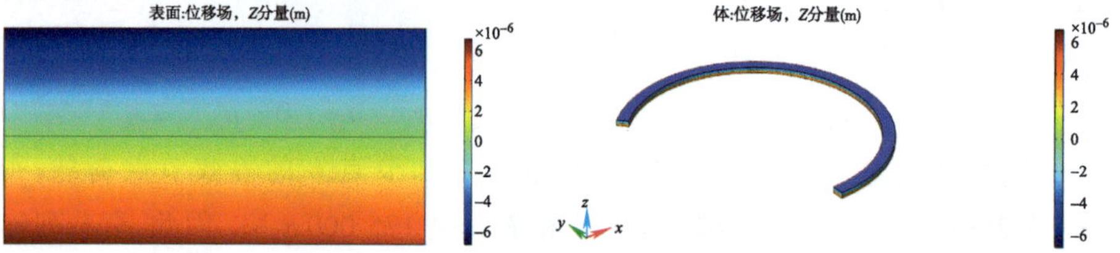

(b) Z 方向

图 6-63 COMSOL 计算位移云图

Richard Courant

人物

Richard Courant（柯朗，1888—1972 年）是德裔美籍数学家，美国科学院院士、苏联科学院院士。1907 年，在哥廷根成为 David Hilbert 的助手，是哥廷根学派的重要成员。他与 Hilbert 共同撰写了著名的教科书《数学物理方法》。1924 年，Courant 在哥廷根筹建数学研究所，并于 1929 年任所长。纳粹上台后 Courant 流亡美国，成为纽约大学教授，领导了应用数学小组，后发展为数学和力学研究所，后于 1964 年改名为 Courant 数学科学研究所。Courant 在数学分析、函数论、数学物理、变分法等领域有重要的贡献，他给了有限单元法坚实的数学基础。

7 三维单元

随着计算机硬件技术(CPU 处理能力、内存大小等)的发展,目前,大家更喜欢采用三维单元对工程对象进行建模。毕竟,研究对象实际为三维问题。采用平面问题进行建模分析,需满足特定边界条件及几何要求。图 7-1 为钢筋混凝土梯式轨道,图 7-2 为钢筋混凝土聚氨酯(橡胶)浮置板轨道。当然,有限单元分析也不能一味追求“大、全”,即不需要把研究对象全面精细化。而应该抓住所要求解问题的本质,做到“有的放矢”。

图 7-1　钢筋混凝土梯式轨道

图 7-2　钢筋混凝土聚氨酯(橡胶)浮置板轨道

三维单元主要有 4 节点四面体单元和 8 节点六面体等参数单元。本章将对这些单元进行刚度矩阵推导,并通过算例分析这些单元的特性。

7.1　4 节点四面体单元

4 节点四面体单元(4-node Tetrahedron Element)每个节点有 3 个位移,如图 7-3 所示,共计 12 个自由度。因此,4 节点四面体单元的节点位移列阵为

$$\boldsymbol{\delta}^e = \{u_1 \quad v_1 \quad w_1 \quad u_2 \quad v_2 \quad w_2 \quad u_3 \quad v_3 \quad w_3 \quad u_4 \quad v_4 \quad w_4\}^{\mathrm{T}}$$

每个节点上对应有 3 个方向的荷载,因此,4 节点四面体单元的节点力列阵为

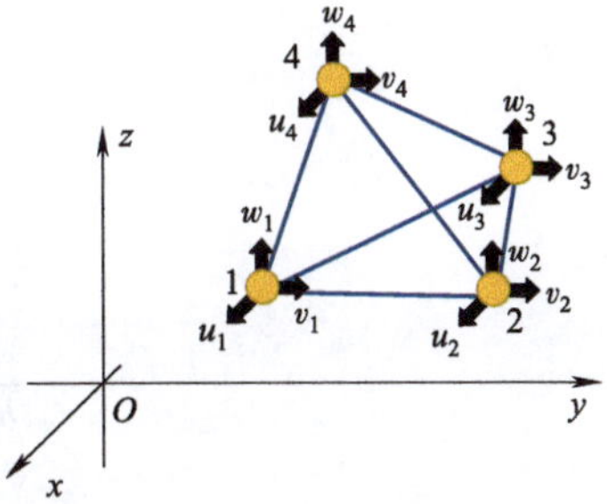

图 7-3　4 节点四面体单元

$$\boldsymbol{F}^e = \{F_{x1}\quad F_{y1}\quad F_{z1}\quad F_{x2}\quad F_{y2}\quad F_{z2}\quad F_{x3}\quad F_{y3}\quad F_{z3}\quad F_{x4}\quad F_{y4}\quad F_{z4}\}^{\mathrm{T}}$$

1. 单元位移场的表达

根据上述分析,4 节点四面体单元的位移模式可以写成

$$u(x,y,z) = a_0 + a_1 x + a_2 y + a_3 z$$

$$v(x,y,z) = b_0 + b_1 x + b_2 y + b_3 z$$

$$w(x,y,z) = c_0 + c_1 x + c_2 y + c_3 z$$

将节点条件(位置坐标、平动位移)代入位移模式,可以求出 a_0、a_1、a_2、a_3、b_0、b_1、b_2、b_3、c_0、c_1、c_2、c_3。

进一步,把这些参数代回位移模式,矩阵形式为

$$\boldsymbol{u} = \begin{Bmatrix} u \\ v \\ w \end{Bmatrix} = \begin{bmatrix} N_1 & 0 & 0 & N_2 & 0 & 0 & N_3 & 0 & 0 & N_4 & 0 & 0 \\ 0 & N_1 & 0 & 0 & N_2 & 0 & 0 & N_3 & 0 & 0 & N_4 & 0 \\ 0 & 0 & N_1 & 0 & 0 & N_2 & 0 & 0 & N_3 & 0 & 0 & N_4 \end{bmatrix} \boldsymbol{\delta}^e = \boldsymbol{N}\boldsymbol{\delta}^e \tag{7-1}$$

$$N_1 = \frac{1}{6V}(\bar{a}_1 + \bar{b}_1 x + \bar{c}_1 y + \bar{d}_1 z)$$

$$N_2 = \frac{1}{6V}(\bar{a}_2 + \bar{b}_2 x + \bar{c}_2 y + \bar{d}_2 z)$$

$$N_3 = \frac{1}{6V}(\bar{a}_3 + \bar{b}_3 x + \bar{c}_3 y + \bar{d}_3 z)$$

$$N_4 = \frac{1}{6V}(\bar{a}_4 + \bar{b}_4 x + \bar{c}_4 y + \bar{d}_4 z)$$

$$V = \frac{1}{6}\begin{vmatrix} 1 & x_1 & y_1 & z_1 \\ 1 & x_2 & y_2 & z_2 \\ 1 & x_3 & y_3 & z_3 \\ 1 & x_4 & y_4 & z_4 \end{vmatrix}$$

$$\bar{a}_i = (-1)^{i+1}\begin{vmatrix} x_j & y_j & z_j \\ x_m & y_m & z_m \\ x_n & y_n & z_n \end{vmatrix}$$

$$\bar{b}_i = (-1)^{i}\begin{vmatrix} 1 & y_j & z_j \\ 1 & y_m & z_m \\ 1 & y_n & z_n \end{vmatrix}$$

$$\bar{c}_i = (-1)^i \begin{vmatrix} x_j & 1 & z_j \\ x_m & 1 & z_m \\ x_n & 1 & z_n \end{vmatrix}$$

$$\bar{d}_i = (-1)^i \begin{vmatrix} x_j & y_j & 1 \\ x_m & y_m & 1 \\ x_n & y_n & 1 \end{vmatrix}$$

式中，V 为四面体体积；$i=1,2,3,4$，i、j、m、n 轮换，计算时则采用 1,2,3,4。

为使体积 V 为正值，单元的 4 个节点编码 1,2,3,4 应按一定规则编排，要求在整体坐标系内符合右手法则。即按照 1-2-3 的方向转动，右手螺旋应指向 4。

2. 单元应变场的表达

由弹性力学空间问题的几何方程，得

$$\boldsymbol{\varepsilon} = \begin{Bmatrix} \varepsilon_x \\ \varepsilon_y \\ \varepsilon_z \\ \gamma_{xy} \\ \gamma_{yz} \\ \gamma_{xz} \end{Bmatrix} = \begin{Bmatrix} \dfrac{\partial u}{\partial x} \\ \dfrac{\partial v}{\partial y} \\ \dfrac{\partial w}{\partial z} \\ \dfrac{\partial u}{\partial y} + \dfrac{\partial v}{\partial x} \\ \dfrac{\partial v}{\partial z} + \dfrac{\partial w}{\partial y} \\ \dfrac{\partial u}{\partial z} + \dfrac{\partial w}{\partial x} \end{Bmatrix} = \begin{bmatrix} \dfrac{\partial}{\partial x} & 0 & 0 \\ 0 & \dfrac{\partial}{\partial y} & 0 \\ 0 & 0 & \dfrac{\partial}{\partial z} \\ \dfrac{\partial}{\partial y} & \dfrac{\partial}{\partial x} & 0 \\ 0 & \dfrac{\partial}{\partial z} & \dfrac{\partial}{\partial y} \\ \dfrac{\partial}{\partial z} & 0 & \dfrac{\partial}{\partial x} \end{bmatrix} \begin{Bmatrix} u \\ v \\ w \end{Bmatrix} = [\boldsymbol{\partial}]\boldsymbol{u}$$

式中，$[\boldsymbol{\partial}]$ 为几何方程的算子矩阵。

将式(7-1)代入，得

$$\boldsymbol{\varepsilon} = [\boldsymbol{\partial}]\boldsymbol{N}\boldsymbol{\delta} = \boldsymbol{B}\boldsymbol{\delta} \tag{7-2}$$

式中，$\boldsymbol{B}$ 为应变—位移矩阵，即

$$
\boldsymbol{B}=\begin{Bmatrix} \frac{\partial}{\partial x} & 0 & 0 \\ 0 & \frac{\partial}{\partial y} & 0 \\ 0 & 0 & \frac{\partial}{\partial z} \\ \frac{\partial}{\partial y} & \frac{\partial}{\partial x} & 0 \\ 0 & \frac{\partial}{\partial z} & \frac{\partial}{\partial y} \\ \frac{\partial}{\partial z} & 0 & \frac{\partial}{\partial x} \end{Bmatrix}\begin{bmatrix} N_1 & 0 & 0 & N_2 & 0 & 0 & N_3 & 0 & 0 & N_4 & 0 & 0 \\ 0 & N_1 & 0 & 0 & N_2 & 0 & 0 & N_3 & 0 & 0 & N_4 & 0 \\ 0 & 0 & N_1 & 0 & 0 & N_2 & 0 & 0 & N_3 & 0 & 0 & N_4 \end{bmatrix}
$$

用分块矩阵表达，则 $\boldsymbol{B}=[\boldsymbol{B}_1 \quad \boldsymbol{B}_2 \quad \boldsymbol{B}_3 \quad \boldsymbol{B}_4]$。

式中，$\boldsymbol{B}_i=\frac{1}{6V}\begin{bmatrix} \bar{b}_i & 0 & 0 \\ 0 & \bar{c}_i & 0 \\ 0 & 0 & \bar{d}_i \\ \bar{c}_i & \bar{b}_i & 0 \\ 0 & \bar{d}_i & \bar{c}_i \\ \bar{d}_i & 0 & \bar{b}_i \end{bmatrix}$，$i=1,2,3,4$。

3. 单元应力场的表达

将式(7-2)代入空间问题的物理方程，则

$$
\boldsymbol{\sigma}=\begin{Bmatrix} \sigma_x \\ \sigma_y \\ \sigma_z \\ \tau_{xy} \\ \tau_{yz} \\ \tau_{zx} \end{Bmatrix}=\frac{E(1-\mu)}{(1+\mu)(1-2\mu)}\begin{bmatrix} 1 & \frac{\mu}{1-\mu} & \frac{\mu}{1-\mu} & 0 & 0 & 0 \\ \frac{\mu}{1-\mu} & 1 & \frac{\mu}{1-\mu} & 0 & 0 & 0 \\ \frac{\mu}{1-\mu} & \frac{\mu}{1-\mu} & 1 & 0 & 0 & 0 \\ 0 & 0 & 0 & \frac{1-2\mu}{2(1-\mu)} & 0 & 0 \\ 0 & 0 & 0 & 0 & \frac{1-2\mu}{2(1-\mu)} & 0 \\ 0 & 0 & 0 & 0 & 0 & \frac{1-2\mu}{2(1-\mu)} \end{bmatrix}\boldsymbol{\varepsilon}=\boldsymbol{D\varepsilon} \tag{7-3}
$$

得到

$$\boldsymbol{\sigma} = \boldsymbol{DB\delta} = \boldsymbol{S\delta} \tag{7-4}$$

式中，$\boldsymbol{S}$ 为应力—位移矩阵。

4. 4 节点四面体单元的刚度矩阵

已知势能表达式为 $\Pi^e = U^e - W^e = \frac{1}{2}\int_{\Omega^e} \boldsymbol{\sigma}^{\mathrm{T}} \varepsilon \mathrm{d}\Omega^e - \boldsymbol{F}^{e\mathrm{T}}\boldsymbol{\delta}^e$，将上述应力、应变代入，得

$$\Pi^e = \frac{1}{2}\boldsymbol{\delta}^{e\mathrm{T}}\boldsymbol{K}^e\boldsymbol{\delta}^e - \boldsymbol{F}^{e\mathrm{T}}\boldsymbol{\delta}^e \tag{7-5}$$

单元的势能对节点位移 $\boldsymbol{\delta}^e$ 取一阶极值，可得到单元的刚度方程为

$$\boldsymbol{F}^e = \boldsymbol{K}^e\boldsymbol{\delta}^e \tag{7-6}$$

式中，$\boldsymbol{F}^e$ 为单元节点等效荷载，4 节点四面体单元的刚度矩阵为

$$\boldsymbol{K}^e = \int_{\Omega^e} \boldsymbol{B}^{\mathrm{T}}\boldsymbol{DB}\mathrm{d}\Omega^e = V\boldsymbol{B}^{\mathrm{T}}\boldsymbol{DB} \tag{7-7}$$

7.2　4 节点四面体单元算例

7.2.1　算例 1

7.2.1.1　问题

考虑如图 7-4(a)所示的受均匀分布荷载作用的薄平板结构，弹性模量 $E = 210$ GPa，泊松比 $\mu = 0.3$，均布荷载 $P = 3\ 000$ kN/m²，厚度 $t = 0.025$ m。按照图 7-4(b)所示划分单元，求：

(1)E 点、F 点、G 点和 H 点的水平向(图 7-4 所示 y 轴)位移和竖向位移；

(2)A 点、B 点、C 点和 D 点的水平向(图 7-4 所示 y 轴)位移和竖向支反力。

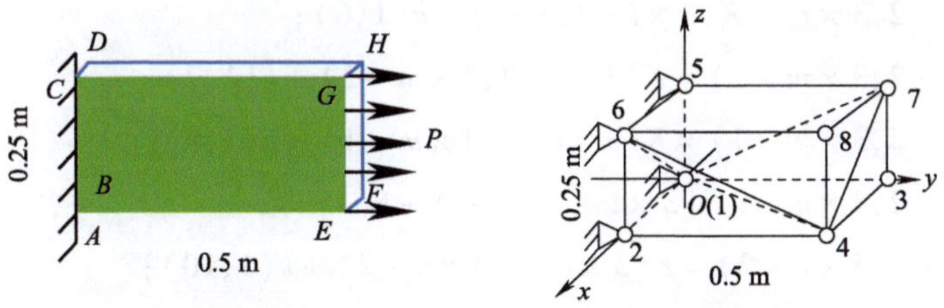

(a)实际问题　　(b)有限元模型

图 7-4　4 节点四面体单元算例 1

7.2.1.2　MATLAB 编程计算

根据题目表述，边界条件为 $u_1 = 0, v_1 = 0, w_1 = 0, u_2 = 0, v_2 = 0, w_2 = 0, u_5 = 0, v_5 = 0, w_5 = 0, u_6 = 0, v_6 = 0, w_6 = 0$，则位移列阵为

$$\boldsymbol{\delta}^e=\{0\quad 0\quad 0\quad 0\quad 0\quad 0\quad u_3\quad v_3\quad w_3\quad u_4\quad v_4\quad w_4\quad 0\quad 0\quad 0\quad 0\quad 0\quad 0\quad u_7\quad v_7\quad w_7\quad u_8\quad v_8\quad w_8\}^{\mathrm{T}}$$

分布荷载的总作用力按照1∶2∶2∶1比例分给节点3、节点4、节点7、节点8。$F_{y3}=3\ 125$ N，$F_{y4}=6\ 250$ N，$F_{y7}=6\ 250$ N，$F_{y8}=3\ 125$ N，则荷载列阵为

$$\boldsymbol{F}^e=\{F_{x1}\quad F_{y1}\quad F_{z1}\quad F_{x2}\quad F_{y2}\quad F_{z2}\quad 0\quad 3\ 125\quad 0\quad 0\quad 6\ 250\quad 0\quad F_{x5}\quad F_{y5}\quad F_{z5}\quad F_{x6}\quad F_{y6}\quad F_{z6}\quad 0\quad 6\ 250\quad 0\quad 0\quad 3\ 125\quad 0\}^{\mathrm{T}}$$

分解的5个4节点四面体单元，单元和节点的对应关系见表7-1。

表7-1　单元和节点的对应关系

单元编号	节点 i(1)	节点 j(2)	节点 m(3)	节点 n(4)
1	1	2	4	6
2	1	4	3	7
3	6	5	7	1
4	6	7	8	4
5	1	6	4	7

根据式(7-7)，编写4节点四面体单元刚度矩阵，并通过如下方式形成总刚矩阵：

$K(3\times i-2,3\times i-2)=K(3\times i-2,3\times i-2)+k(1,1)$;

$K(3\times i-2,3\times i-1)=K(3\times i-2,3\times i-1)+k(1,2)$;

$K(3\times i-2,3\times i)=K(3\times i-2,3\times i)+k(1,3)$;

$K(3\times i-2,3\times j-2)=K(3\times i-2,3\times j-2)+k(1,4)$;

$K(3\times i-2,3\times j-1)=K(3\times i-2,3\times j-1)+k(1,5)$;

$K(3\times i-2,3\times j)=K(3\times i-2,3\times j)+k(1,6)$;

$K(3\times i-2,3\times m-2)=K(3\times i-2,3\times m-2)+k(1,7)$;

$K(3\times i-2,3\times m-1)=K(3\times i-2,3\times m-1)+k(1,8)$;

$K(3\times i-2,3\times m)=K(3\times i-2,3\times m)+k(1,9)$;

$K(3\times i-2,3\times n-2)=K(3\times i-2,3\times n-2)+k(1,10)$;

$K(3\times i-2,3\times n-1)=K(3\times i-2,3\times n-1)+k(1,11)$;

$K(3\times i-2,3\times n)=K(3\times i-2,3\times n)+k(1,12)$;

$K(3\times i-1,3\times i-2)=K(3\times i-1,3\times i-2)+k(2,1)$;

$K(3\times i-1,3\times i-1)=K(3\times i-1,3\times i-1)+k(2,2)$;

$K(3\times i-1,3\times i)=K(3\times i-1,3\times i)+k(2,3)$;

$K(3\times i-1,3\times j-2)=K(3\times i-1,3\times j-2)+k(2,4)$;

$K(3\times i-1,3\times j-1)=K(3\times i-1,3\times j-1)+k(2,5);$

$K(3\times i-1,3\times j)=K(3\times i-1,3\times j)+k(2,6);$

$K(3\times i-1,3\times m-2)=K(3\times i-1,3\times m-2)+k(2,7);$

$K(3\times i-1,3\times m-1)=K(3\times i-1,3\times m-1)+k(2,8);$

$K(3\times i-1,3\times m)=K(3\times i-1,3\times m)+k(2,9);$

$K(3\times i-1,3\times n-2)=K(3\times i-1,3\times n-2)+k(2,10);$

$K(3\times i-1,3\times n-1)=K(3\times i-1,3\times n-1)+k(2,11);$

$K(3\times i-1,3\times n)=K(3\times i-1,3\times n)+k(2,12);$

$K(3\times i,3\times i-2)=K(3\times i,3\times i-2)+k(3,1);$

$K(3\times i,3\times i-1)=K(3\times i,3\times i-1)+k(3,2);$

$K(3\times i,3\times i)=K(3\times i,3\times i)+k(3,3);$

$K(3\times i,3\times j-2)=K(3\times i,3\times j-2)+k(3,4);$

$K(3\times i,3\times j-1)=K(3\times i,3\times j-1)+k(3,5);$

$K(3\times i,3\times j)=K(3\times i,3\times j)+k(3,6);$

$K(3\times i,3\times m-2)=K(3\times i,3\times m-2)+k(3,7);$

$K(3\times i,3\times m-1)=K(3\times i,3\times m-1)+k(3,8);$

$K(3\times i,3\times m)=K(3\times i,3\times m)+k(3,9);$

$K(3\times i,3\times n-2)=K(3\times i,3\times n-2)+k(3,10);$

$K(3\times i,3\times n-1)=K(3\times i,3\times n-1)+k(3,11);$

$K(3\times i,3\times n)=K(3\times i,3\times n)+k(3,12);$

$K(3\times j-2,3\times i-2)=K(3\times j-2,3\times i-2)+k(4,1);$

$K(3\times j-2,3\times i-1)=K(3\times j-2,3\times i-1)+k(4,2);$

$K(3\times j-2,3\times i)=K(3\times j-2,3\times i)+k(4,3);$

$K(3\times j-2,3\times j-2)=K(3\times j-2,3\times j-2)+k(4,4);$

$K(3\times j-2,3\times j-1)=K(3\times j-2,3\times j-1)+k(4,5);$

$K(3\times j-2,3\times j)=K(3\times j-2,3\times j)+k(4,6);$

$K(3\times j-2,3\times m-2)=K(3\times j-2,3\times m-2)+k(4,7);$

$K(3\times j-2,3\times m-1)=K(3\times j-2,3\times m-1)+k(4,8);$

$K(3\times j-2,3\times m)=K(3\times j-2,3\times m)+k(4,9);$

$K(3\times j-2,3\times n-2)=K(3\times j-2,3\times n-2)+k(4,10);$

$K(3\times j-2,3\times n-1)=K(3\times j-2,3\times n-1)+k(4,11);$

$K(3\times j-2,3\times n)=K(3\times j-2,3\times n)+k(4,12);$

$K(3\times j-1,3\times i-2)=K(3\times j-1,3\times i-2)+k(5,1);$

$K(3\times j-1,3\times i-1)=K(3\times j-1,3\times i-1)+k(5,2);$

$K(3\times j-1,3\times i)=K(3\times j-1,3\times i)+k(5,3);$

$K(3\times j-1,3\times j-2)=K(3\times j-1,3\times j-2)+k(5,4);$

$K(3\times j-1,3\times j-1)=K(3\times j-1,3\times j-1)+k(5,5);$

$K(3\times j-1,3\times j)=K(3\times j-1,3\times j)+k(5,6);$

$K(3\times j-1,3\times m-2)=K(3\times j-1,3\times m-2)+k(5,7);$

$K(3\times j-1,3\times m-1)=K(3\times j-1,3\times m-1)+k(5,8);$

$K(3\times j-1,3\times m)=K(3\times j-1,3\times m)+k(5,9);$

$K(3\times j-1,3\times n-2)=K(3\times j-1,3\times n-2)+k(5,10);$

$K(3\times j-1,3\times n-1)=K(3\times j-1,3\times n-1)+k(5,11);$

$K(3\times j-1,3\times n)=K(3\times j-1,3\times n)+k(5,12);$

$K(3\times j,3\times i-2)=K(3\times j,3\times i-2)+k(6,1);$

$K(3\times j,3\times i-1)=K(3\times j,3\times i-1)+k(6,2);$

$K(3\times j,3\times i)=K(3\times j,3\times i)+k(6,3);$

$K(3\times j,3\times j-2)=K(3\times j,3\times j-2)+k(6,4);$

$K(3\times j,3\times j-1)=K(3\times j,3\times j-1)+k(6,5);$

$K(3\times j,3\times j)=K(3\times j,3\times j)+k(6,6);$

$K(3\times j,3\times m-2)=K(3\times j,3\times m-2)+k(6,7);$

$K(3\times j,3\times m-1)=K(3\times j,3\times m-1)+k(6,8);$

$K(3\times j,3\times m)=K(3\times j,3\times m)+k(6,9);$

$K(3\times j,3\times n-2)=K(3\times j,3\times n-2)+k(6,10);$

$K(3\times j,3\times n-1)=K(3\times j,3\times n-1)+k(6,11);$

$K(3\times j,3\times n)=K(3\times j,3\times n)+k(6,12);$

$K(3\times m-2,3\times i-2)=K(3\times m-2,3\times i-2)+k(7,1);$

$K(3\times m-2,3\times i-1)=K(3\times m-2,3\times i-1)+k(7,2);$

$K(3\times m-2,3\times i)=K(3\times m-2,3\times i)+k(7,3);$

$K(3\times m-2,3\times j-2)=K(3\times m-2,3\times j-2)+k(7,4);$

$K(3\times m-2,3\times j-1)=K(3\times m-2,3\times j-1)+k(7,5);$

$K(3\times m-2,3\times j)=K(3\times m-2,3\times j)+k(7,6);$

$K(3\times m-2,3\times m-2)=K(3\times m-2,3\times m-2)+k(7,7);$

$K(3\times m-2,3\times m-1)=K(3\times m-2,3\times m-1)+k(7,8);$

$K(3\times m-2,3\times m)=K(3\times m-2,3\times m)+k(7,9)$;

$K(3\times m-2,3\times n-2)=K(3\times m-2,3\times n-2)+k(7,10)$;

$K(3\times m-2,3\times n-1)=K(3\times m-2,3\times n-1)+k(7,11)$;

$K(3\times m-2,3\times n)=K(3\times m-2,3\times n)+k(7,12)$;

$K(3\times m-1,3\times i-2)=K(3\times m-1,3\times i-2)+k(8,1)$;

$K(3\times m-1,3\times i-1)=K(3\times m-1,3\times i-1)+k(8,2)$;

$K(3\times m-1,3\times i)=K(3\times m-1,3\times i)+k(8,3)$;

$K(3\times m-1,3\times j-2)=K(3\times m-1,3\times j-2)+k(8,4)$;

$K(3\times m-1,3\times j-1)=K(3\times m-1,3\times j-1)+k(8,5)$;

$K(3\times m-1,3\times j)=K(3\times m-1,3\times j)+k(8,6)$;

$K(3\times m-1,3\times m-2)=K(3\times m-1,3\times m-2)+k(8,7)$;

$K(3\times m-1,3\times m-1)=K(3\times m-1,3\times m-1)+k(8,8)$;

$K(3\times m-1,3\times m)=K(3\times m-1,3\times m)+k(8,9)$;

$K(3\times m-1,3\times n-2)=K(3\times m-1,3\times n-2)+k(8,10)$;

$K(3\times m-1,3\times n-1)=K(3\times m-1,3\times n-1)+k(8,11)$;

$K(3\times m-1,3\times n)=K(3\times m-1,3\times n)+k(8,12)$;

$K(3\times m,3\times i-2)=K(3\times m,3\times i-2)+k(9,1)$;

$K(3\times m,3\times i-1)=K(3\times m,3\times i-1)+k(9,2)$;

$K(3\times m,3\times i)=K(3\times m,3\times i)+k(9,3)$;

$K(3\times m,3\times j-2)=K(3\times m,3\times j-2)+k(9,4)$;

$K(3\times m,3\times j-1)=K(3\times m,3\times j-1)+k(9,5)$;

$K(3\times m,3\times j)=K(3\times m,3\times j)+k(9,6)$;

$K(3\times m,3\times m-2)=K(3\times m,3\times m-2)+k(9,7)$;

$K(3\times m,3\times m-1)=K(3\times m,3\times m-1)+k(9,8)$;

$K(3\times m,3\times m)=K(3\times m,3\times m)+k(9,9)$;

$K(3\times m,3\times n-2)=K(3\times m,3\times n-2)+k(9,10)$;

$K(3\times m,3\times n-1)=K(3\times m,3\times n-1)+k(9,11)$;

$K(3\times m,3\times n)=K(3\times m,3\times n)+k(9,12)$;

$K(3\times n-2,3\times i-2)=K(3\times n-2,3\times i-2)+k(10,1)$;

$K(3\times n-2,3\times i-1)=K(3\times n-2,3\times i-1)+k(10,2)$;

$K(3\times n-2,3\times i)=K(3\times n-2,3\times i)+k(10,3)$;

$K(3\times n-2,3\times j-2)=K(3\times n-2,3\times j-2)+k(10,4)$;

$K(3\times n-2,3\times j-1)=K(3\times n-2,3\times j-1)+k(10,5)$;

$K(3\times n-2,3\times j)=K(3\times n-2,3\times j)+k(10,6)$;

$K(3\times n-2,3\times m-2)=K(3\times n-2,3\times m-2)+k(10,7)$;

$K(3\times n-2,3\times m-1)=K(3\times n-2,3\times m-1)+k(10,8)$;

$K(3\times n-2,3\times m)=K(3\times n-2,3\times m)+k(10,9)$;

$K(3\times n-2,3\times n-2)=K(3\times n-2,3\times n-2)+k(10,10)$;

$K(3\times n-2,3\times n-1)=K(3\times n-2,3\times n-1)+k(10,11)$;

$K(3\times n-2,3\times n)=K(3\times n-2,3\times n)+k(10,12)$;

$K(3\times n-1,3\times i-2)=K(3\times n-1,3\times i-2)+k(11,1)$;

$K(3\times n-1,3\times i-1)=K(3\times n-1,3\times i-1)+k(11,2)$;

$K(3\times n-1,3\times i)=K(3\times n-1,3\times i)+k(11,3)$;

$K(3\times n-1,3\times j-2)=K(3\times n-1,3\times j-2)+k(11,4)$;

$K(3\times n-1,3\times j-1)=K(3\times n-1,3\times j-1)+k(11,5)$;

$K(3\times n-1,3\times j)=K(3\times n-1,3\times j)+k(11,6)$;

$K(3\times n-1,3\times m-2)=K(3\times n-1,3\times m-2)+k(11,7)$;

$K(3\times n-1,3\times m-1)=K(3\times n-1,3\times m-1)+k(11,8)$;

$K(3\times n-1,3\times m)=K(3\times n-1,3\times m)+k(11,9)$;

$K(3\times n-1,3\times n-2)=K(3\times n-1,3\times n-2)+k(11,10)$;

$K(3\times n-1,3\times n-1)=K(3\times n-1,3\times n-1)+k(11,11)$;

$K(3\times n-1,3\times n)=K(3\times n-1,3\times n)+k(11,12)$;

$K(3\times n,3\times i-2)=K(3\times n,3\times i-2)+k(12,1)$;

$K(3\times n,3\times i-1)=K(3\times n,3\times i-1)+k(12,2)$;

$K(3\times n,3\times i)=K(3\times n,3\times i)+k(12,3)$;

$K(3\times n,3\times j-2)=K(3\times n,3\times j-2)+k(12,4)$;

$K(3\times n,3\times j-1)=K(3\times n,3\times j-1)+k(12,5)$;

$K(3\times n,3\times j)=K(3\times n,3\times j)+k(12,6)$;

$K(3\times n,3\times m-2)=K(3\times n,3\times m-2)+k(12,7)$;

$K(3\times n,3\times m-1)=K(3\times n,3\times m-1)+k(12,8)$;

$K(3\times n,3\times m)=K(3\times n,3\times m)+k(12,9)$;

$K(3\times n,3\times n-2)=K(3\times n,3\times n-2)+k(12,10)$;

$K(3\times n,3\times n-1)=K(3\times n,3\times n-1)+k(12,11)$;

$K(3\times n,3\times n)=K(3\times n,3\times n)+k(12,12)$。

计算得出:节点4(E点)的水平向(y轴)位移为6.078×10^{-6} m,竖向(z轴)位移为5.5×10^{-8} m;节点3(F点)的水平向(y轴)位移为6.082×10^{-6} m,竖向(z轴)位移为9.03×10^{-8} m;节点8(G点)的水平向(y轴)位移为6.082×10^{-6} m,竖向(z轴)位移为-9.03×10^{-8} m;节点7(H点)的水平向(y轴)位移为6.078×10^{-6} m,竖向(z轴)位移为-5.55×10^{-8} m。

节点2(A点)的水平向(y轴)支反力为-4 025.8 N(方向向左),竖向(z轴)支反力为-3 077.65 N(方向向下);节点1(B点)的水平向(y轴)支反力为-5 349.17 N(方向向左),竖向(z轴)支反力为-9 328.61 N(方向向下);节点6(C点)的水平向(y轴)支反力为-5 349.17 N(方向向左),竖向(z轴)支反力为9 328.61 N(方向向上);节点5(D点)的水平向(y轴)支反力为-4 025.83 N(方向向左),竖向(z轴)支反力为3 077.65 N(方向向上)。

7.2.1.3　ABAQUS 计算

1. Part 模块

(1)Module、Part、Create Part,命名为 Part-1,Modeling Space 选择 3D,Type 选择 Deformable,Base Feature 的 Shape 选择 Solid,Type 选择 Extrusion, Approximate Size 输入 5[默认长度单位为米(m)]。

(2)在 Sketch 中画出 0.25 m × 0.5 m 的长方形,然后拉伸形成题目所示长方体。

(3)Module、Part,通过 Partition Face:Use Shortest Path Between 2 Points,将长方体剖分为题目要求的单元形式。

2. Property 模块

(1) Module、Property, Ceate Material 命名为 Material-1, 选择 Mechanical、Elasticity、Elastic,在 Young's Modulus 输入 210E9,Poisson's Ratio 输入 0.3,点 OK 保存退出。

(2)Module、Property, Ceate Section 命名为 Section-1, Category 选择 Solid, Type 选择 Homogenous,点击 Continue。

(3)Material 选择 Material-1,点 OK 保存退出。

3. Assembly 模块

Module、Assembly、Create Instance, 选择 Parts, 选中 Part-1, Instance Type 选择 Dependent(Mesh on Part),也可以选择 Independent(Mesh on Instance)。

4. Step 模块

(1)Module、Step、Create Step,命名为 Step-1,Procedure Type 选择 General,进一

步选择 Static、General。

(2)Module、Step、Create Field Output,命名为 F-Outpur-2,选择 Step-1。

(3)根据本算例求解的需要,选择位移(U)、支反力(RF)、应变(E)、应力(s)选项,点击 OK 保存退出。

5. Load 模块

(1)Module、Load、Create Boundary Condition,命名为 BC-1,Category 选择 Mechanical,Types for Selected Step 选择 Displacement/Rotation。

(2)点击 Continue,选择左端面,Done,U1 处输入 0,U2 处输入 0,U3 处输入 0,点击 OK 保存退出。

(3)Module、Load、CreatLoad,命名为 Load-1,Category 选择 Mechanical,Types for Selected Step 选择 Pressure。

(4)点击 Continue,选中右端面,输入 −3 000 000,点击 OK 保存退出。

6. Mesh 模块

Module、Mesh、Assign Element Type 选择 3D Stress。

7. Job 模块

Module、Job、Create Job,点击 Submit 提交运算。

8. Visualization 模块

图 7-5 为位移云图。E 点的水平向位移为 6.078×10^{-6} m,竖向位移为 5.551×10^{-8} m;F 点的水平向位移为 6.082×10^{-6} m,竖向位移为 9.034×10^{-8} m;G 点的水平向位移为 6.082×10^{-6} m,竖向位移为 9.034×10^{-8} m;H 点的水平向位移为 6.078×10^{-6} m,竖向位移为 -5.551×10^{-8} m。

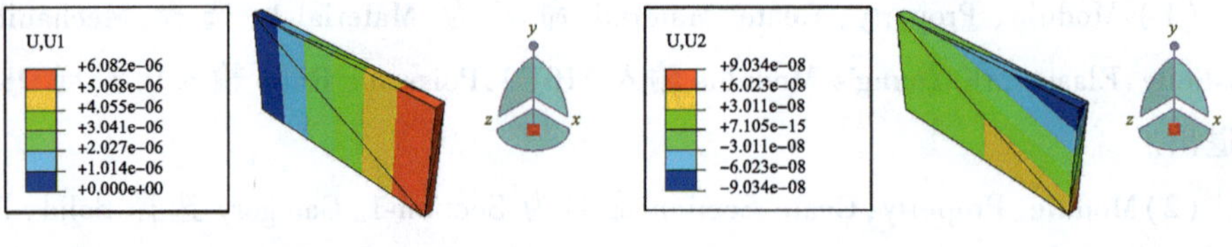

(a)U1　　(b)U2

图 7-5　位移云图

薄平板结构应变如图 7-6 所示。可以明显看到,4 节点四面体单元为常应变单元。

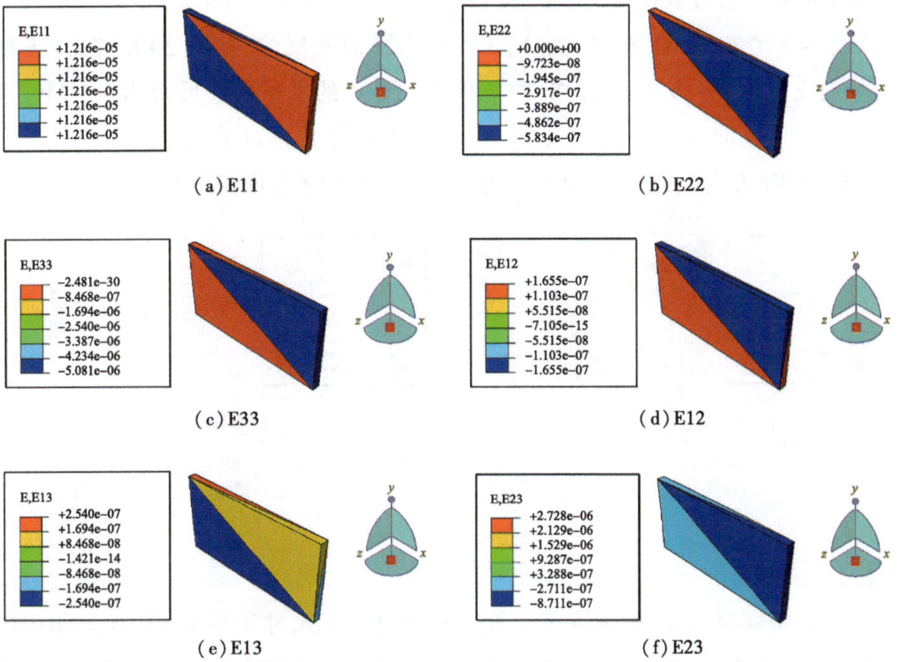

(a) E11　(b) E22　(c) E33　(d) E12　(e) E13　(f) E23

图 7-6　应变云图

薄平板结构应力如图 7-7 所示。同应变，4 节点四面体单元为常应力单元。

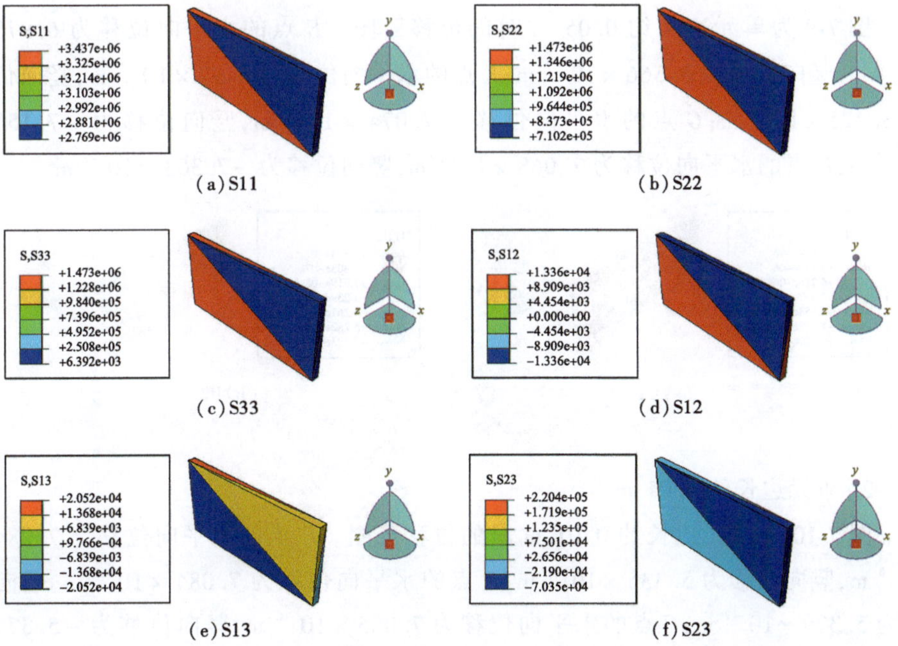

(a) S11　(b) S22　(c) S33　(d) S12　(e) S13　(f) S23

图 7-7　应力云图

图 7-8 为支反力云图。*A* 点的水平向支反力为 -4 025.83 N(方向向左),竖向支反力为 -3 077.65 N(方向向下);*B* 点的水平向支反力为 -5 349.17 N(方向向左),竖向支反力为 -9 328.61 N(方向向下);*C* 点的水平向支反力为 -5 349.17 N(方向向左),竖向支反力为 9 328.61 N(方向向上);*D* 点的水平向支反力为 -4 025.83 N(方向向左),竖向支反力为 3 077.65 N(方向向上)。

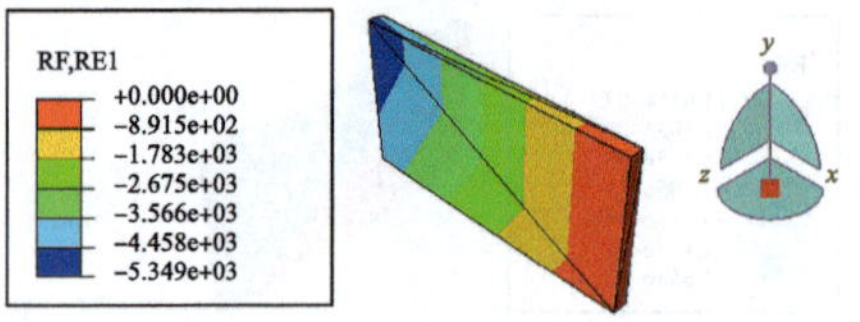

(a) RF1

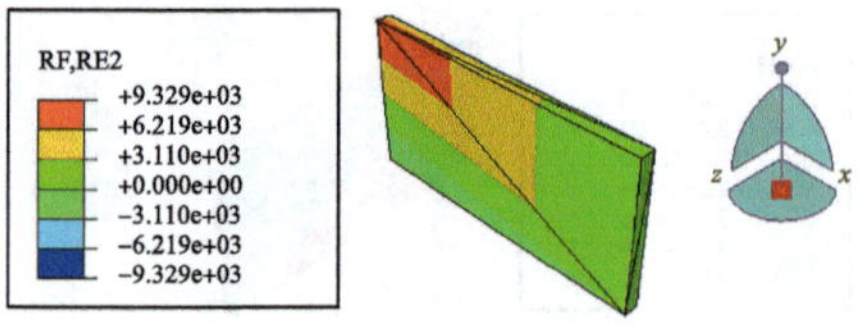

(b) RF2

图 7-8 支反力云图

7.2.2 算例 2

7.2.2.1 问题

基本问题同算例 1,本例将薄平板结构划分单元尺寸取约 0.05 m、约 0.01 m、约 0.005 m,求 *E* 点、*F* 点、*G* 点和 *H* 点的水平向(y 轴)位移和竖向位移。

7.2.2.2 ABAQUS 计算

1. 单元边长约 0.05 m

图 7-9 为单元边长约 0.05 m 时的位移云图。*E* 点的水平向位移为 6.975×10^{-6} m,竖向位移为 3.566×10^{-7} m;*F* 点的水平向位移为 6.97×10^{-6} m,竖向位移为 3.421×10^{-7} m;*G* 点的水平向位移为 7.074×10^{-6} m,竖向位移为 -7.155×10^{-7} m;*H* 点的水平向位移为 7.068×10^{-6} m,竖向位移为 -7.303×10^{-7} m。

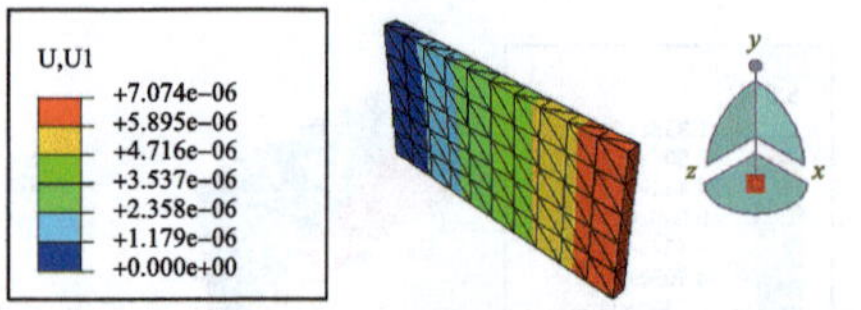

(a) U1

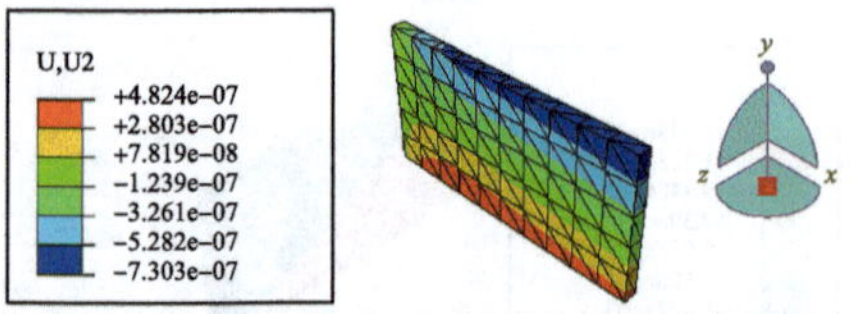

(b) U2

图 7-9 位移云图(单元边长约 0.05 m)

2. 单元边长约 0.01 m

图 7-10 为单元边长约 0.01 m 时的位移云图。*E* 点的水平向位移为 7.084×10^{-6} m,竖向位移为 5.335×10^{-7} m;*F* 点的水平向位移为 7.084×10^{-6} m,竖向位移为 5.329×10^{-7} m;*G* 点的水平向位移为 7.085×10^{-6} m,竖向位移为 -5.377×10^{-7} m;*H* 点的水平向位移为 7.085×10^{-6} m,竖向位移为 -5.382×10^{-7} m。

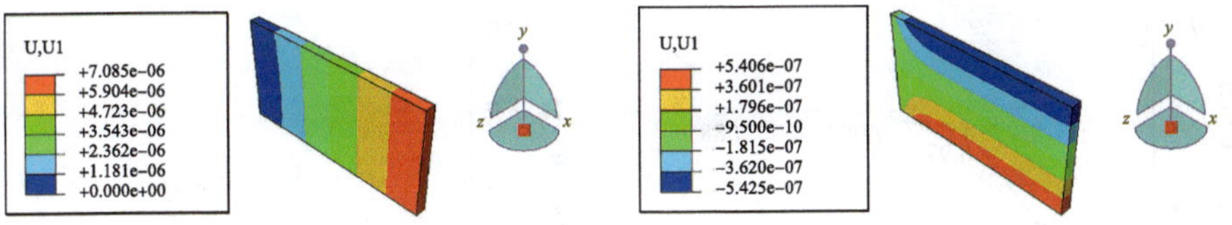

(a) U1　　(b) U2

图 7-10　位移云图(单元边长约 0.01 m)

3. 单元边长约 0.005 m

图 7-11 为单元边长约 0.005 m 时的位移云图。E 点的水平向位移为 7.088×10^{-6} m,竖向位移为 5.352×10^{-7} m;F 点的水平向位移为 7.088×10^{-6} m,竖向位移为 5.357×10^{-7} m,G 点的水平向位移为 7.088×10^{-6} m,竖向位移为 -5.36×10^{-7} m;H 点的水平向位移为 7.088×10^{-6} m,竖向位移为 -5.355×10^{-7} m。

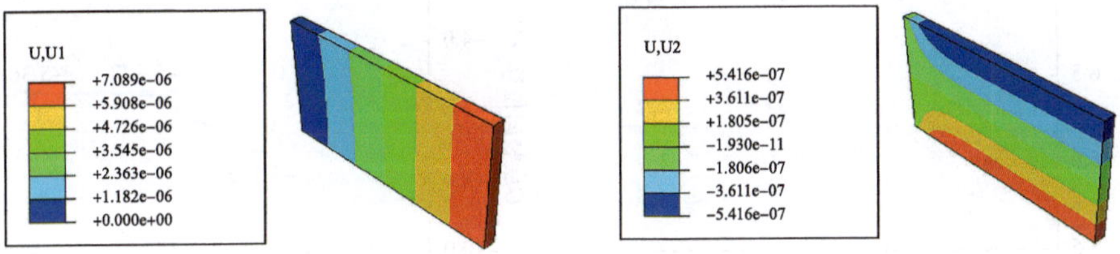

(a) U1　　(b) U2

图 7-11　位移云图(单元边长约 0.005 m)

计算结果随单元数量变化趋势如图 7-12 所示。由图 7-12 可以看出:

(1)相比于平面问题的 3 节点三角形单元,在单元数量最少的情况下(3 节点三角形单元数量为 2,4 节点四面体单元数量为 5),4 节点四面体单元计算结果没有出现明显错误现象。

(2)随着 4 节点四面体单元数量的增加,计算结果越来越准确,但是,计算机计算代价也随之增大。

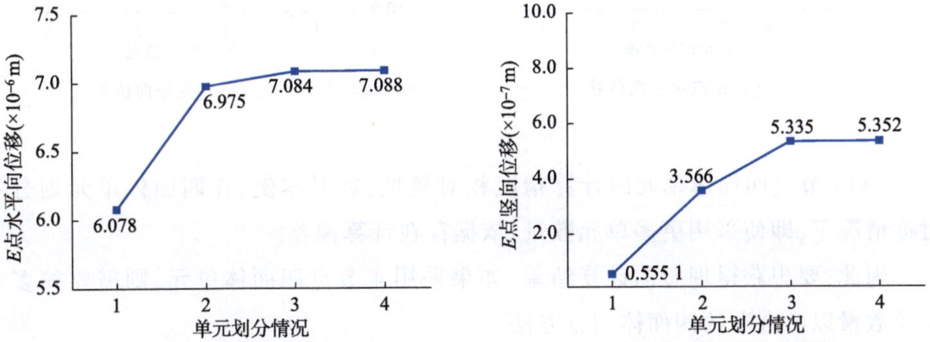

(a) E 点水平向位移　　(b) E 点竖向位移

图　7-12

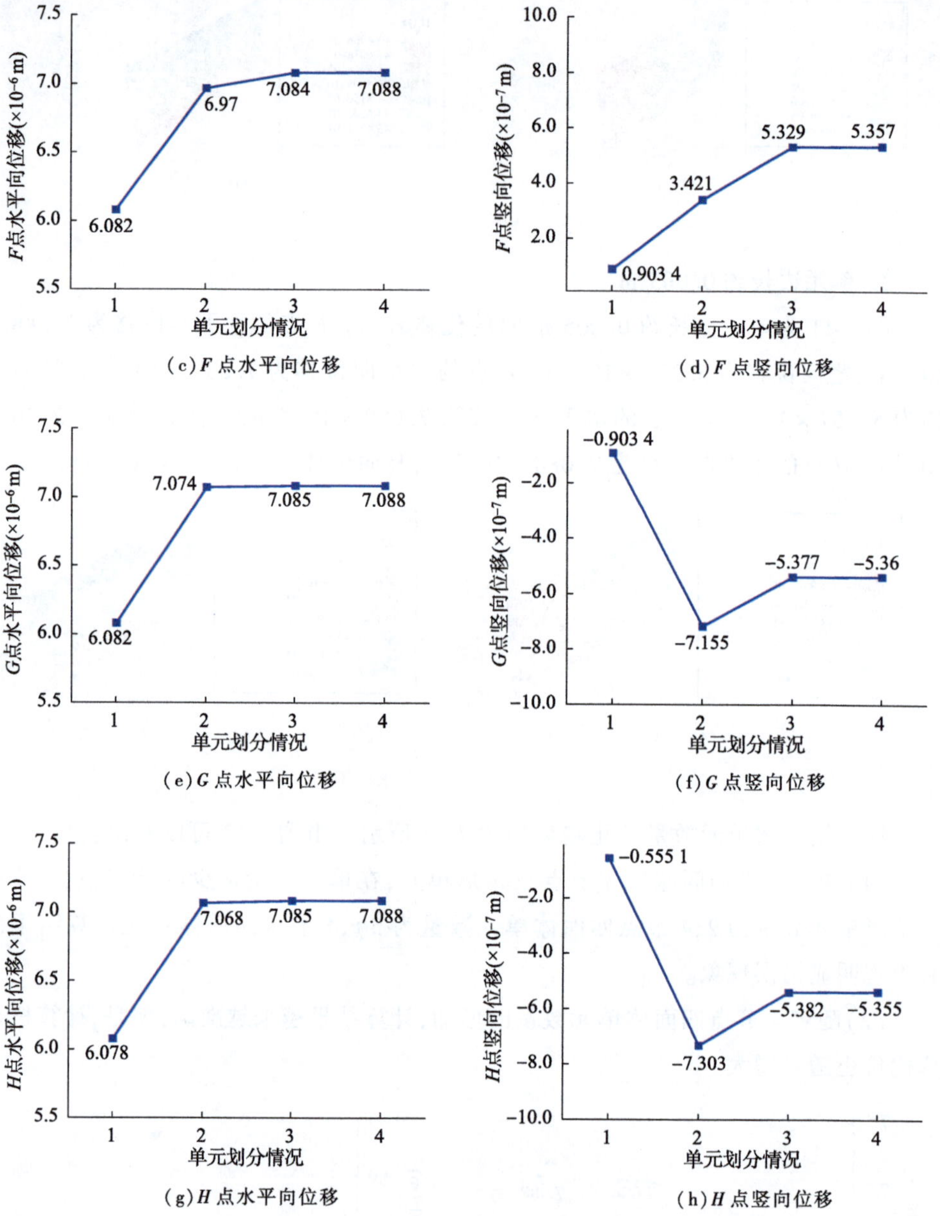

图 7-12　计算结果随单元数量变化

(3)4 节点四面体单元的计算精度相对较低，针对本例，在四面体单元划分不对称情况下，即使采用更多单元数量，依据存在计算偏差。

因此，要想获得理想的计算结果，如果采用 4 节点四面体单元，则需要较多的单元数量以及合适的四面体剖分方法。

7.3 8节点六面体等参数单元

和4节点四边形单元类似,8节点六面体单元(8-node Hexahedron Element)也很难直接在整体坐标系中构建单元刚度矩阵。因此,8节点六面体单元通常采用等参数单元构建。

7.3.1 局部坐标系中的8节点正方体单元

如图7-13所示空间8节点正方体单元,节点1的坐标为(1,-1,-1),节点2的坐标为(1,1,-1),节点3的坐标为(-1,1,-1),节点4的坐标为(-1,-1,-1),节点5的坐标为(1,-1,1),节点6的坐标为(1,1,1),节点7的坐标为(-1,1,1),节点8的坐标为(-1,-1,1)。

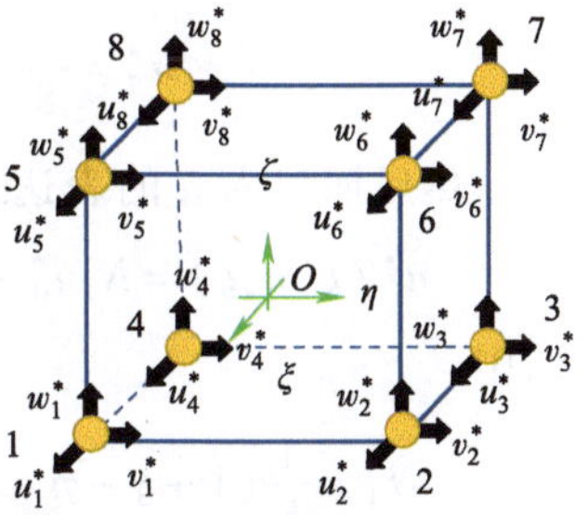

图7-13 8节点正方体单元

位移列阵为

$$\boldsymbol{\delta}^{*e}=\{u_1^* \quad v_1^* \quad w_1^* \quad u_2^* \quad v_2^* \quad w_2^* \quad u_3^* \quad v_3^* \quad w_3^* \quad u_4^* \quad v_4^* \quad w_4^*$$
$$u_5^* \quad v_5^* \quad w_5^* \quad u_6^* \quad v_6^* \quad w_6^* \quad u_7^* \quad v_7^* \quad w_7^* \quad u_8^* \quad v_8^* \quad w_8^*\}^{\mathrm{T}}$$

荷载列阵为

$$\boldsymbol{F}^{*e}=\{F_{1\xi} \quad F_{1\eta} \quad F_{1\zeta} \quad F_{2\xi} \quad F_{2\eta} \quad F_{2\zeta} \quad F_{3\xi} \quad F_{3\eta} \quad F_{3\zeta} \quad F_{4\xi} \quad F_{4\eta} \quad F_{4\zeta}$$
$$F_{5\xi} \quad F_{5\eta} \quad F_{5\zeta} \quad F_{6\xi} \quad F_{6\eta} \quad F_{6\zeta} \quad F_{7\xi} \quad F_{7\eta} \quad F_{7\zeta} \quad F_{8\xi} \quad F_{8\eta} \quad F_{8\zeta}\}^{\mathrm{T}}$$

1. 单元位移场的表达

设8节点正方体单元的位移模式为

$$u^*(\xi,\eta,\zeta)=a_0^*+a_1^*\xi+a_2^*\eta+a_3^*\zeta+a_4^*\xi\eta+a_5^*\eta\zeta+a_6^*\zeta\xi+a_7^*\xi\eta\zeta$$
$$v^*(\xi,\eta,\zeta)=b_0^*+b_1^*\xi+b_2^*\eta+b_3^*\zeta+b_4^*\xi\eta+b_5^*\eta\zeta+b_6^*\zeta\xi+b_7^*\xi\eta\zeta$$
$$w^*(\xi,\eta,\zeta)=c_0^*+c_1^*\xi+c_2^*\eta+c_3^*\zeta+c_4^*\xi\eta+c_5^*\eta\zeta+c_6^*\zeta\xi+c_7^*\xi\eta\zeta$$

由节点条件代入后求得 $a_0^*,a_1^*,a_2^*,a_3^*,a_4^*,a_5^*,a_6^*,a_7^*$。

$$a_0^*=\frac{1}{8}(u_1^*+u_2^*+u_3^*+u_4^*+u_5^*+u_6^*+u_7^*+u_8^*)$$

$$a_1^*=\frac{1}{8}(u_1^*+u_2^*-u_3^*-u_4^*+u_5^*+u_6^*-u_7^*-u_8^*)$$

$$a_2^*=\frac{1}{8}(-u_1^*+u_2^*+u_3^*-u_4^*-u_5^*+u_6^*+u_7^*-u_8^*)$$

$$a_3^*=\frac{1}{8}(-u_1^*-u_2^*-u_3^*-u_4^*+u_5^*+u_6^*+u_7^*+u_8^*)$$

$$a_4^* = \frac{1}{8}(-u_1^* + u_2^* - u_3^* + u_4^* - u_5^* + u_6^* - u_7^* + u_8^*)$$

$$a_5^* = \frac{1}{8}(u_1^* - u_2^* - u_3^* + u_4^* - u_5^* + u_6^* + u_7^* - u_8^*)$$

$$a_6^* = \frac{1}{8}(-u_1^* - u_2^* + u_3^* + u_4^* + u_5^* + u_6^* - u_7^* - u_8^*)$$

$$a_7^* = \frac{1}{8}(u_1^* - u_2^* + u_3^* - u_4^* - u_5^* + u_6^* - u_7^* + u_8^*)$$

然后回代入 u 的表达式,进行整理,得

$$u^*(\xi,\eta,\zeta) = N_1u_1^* + N_2u_2^* + N_3u_3^* + N_4u_4^* + N_5u_5^* + N_6u_6^* + N_7u_7^* + N_8u_8^*$$

式中

$$N_1^* = \frac{1}{8}(1+\xi-\eta-\zeta-\xi\eta+\eta\zeta-\xi\zeta+\xi\eta\zeta) = \frac{1}{8}(1+\xi)(1-\eta)(1-\zeta)$$

$$N_2^* = \frac{1}{8}(1+\xi+\eta-\zeta+\xi\eta-\eta\zeta-\xi\zeta-\xi\eta\zeta) = \frac{1}{8}(1+\xi)(1+\eta)(1-\zeta)$$

$$N_3^* = \frac{1}{8}(1-\xi+\eta-\zeta-\xi\eta-\eta\zeta+\xi\zeta+\xi\eta\zeta) = \frac{1}{8}(1-\xi)(1+\eta)(1-\zeta)$$

$$N_4^* = \frac{1}{8}(1-\xi-\eta-\zeta+\xi\eta+\eta\zeta+\xi\zeta-\xi\eta\zeta) = \frac{1}{8}(1-\xi)(1-\eta)(1-\zeta)$$

$$N_5^* = \frac{1}{8}(1+\xi-\eta+\zeta-\xi\eta-\eta\zeta+\xi\zeta-\xi\eta\zeta) = \frac{1}{8}(1+\xi)(1-\eta)(1+\zeta)$$

$$N_6^* = \frac{1}{8}(1+\xi+\eta+\zeta+\xi\eta+\eta\zeta+\xi\zeta+\xi\eta\zeta) = \frac{1}{8}(1+\xi)(1+\eta)(1+\zeta)$$

$$N_7^* = \frac{1}{8}(1-\xi+\eta+\zeta-\xi\eta+\eta\zeta-\xi\zeta+\xi\eta\zeta) = \frac{1}{8}(1-\xi)(1+\eta)(1+\zeta)$$

$$N_8^* = \frac{1}{8}(1-\xi-\eta+\zeta+\xi\eta-\eta\zeta-\xi\zeta+\xi\eta\zeta) = \frac{1}{8}(1-\xi)(1-\eta)(1+\zeta)$$

同理,可以得出

$$v^* = (\xi,\eta,\zeta) = N_1v_1^* + N_2v_2^* + N_3v_3^* + N_4v_4^* + N_5v_5^* + N_6v_6^* + N_7v_7^* + N_8v_8^*$$

$$w^* = (\xi,\eta,\zeta) = N_1w_1^* + N_2w_2^* + N_3w_3^* + N_4w_4^* + N_5w_5^* + N_6w_6^* + N_7w_7^* + N_8w_8^*$$

进一步,整理后得出

$$\boldsymbol{u}^* = \begin{Bmatrix} u^* \\ v^* \\ w^* \end{Bmatrix} = \boldsymbol{N}^*\boldsymbol{\delta}^{*e} = \begin{bmatrix} N_1^* & 0 & 0 & N_2^* & 0 & 0 & N_3^* & 0 & 0 & N_4^* & 0 & 0 \\ 0 & N_1^* & 0 & 0 & N_2^* & 0 & 0 & N_3^* & 0 & 0 & N_4^* & 0 \\ 0 & 0 & N_1^* & 0 & 0 & N_2^* & 0 & 0 & N_3^* & 0 & 0 & N_4^* \end{matrix}$$

$$\begin{matrix} N_5^* & 0 & 0 & N_6^* & 0 & 0 & N_7^* & 0 & 0 & N_8^* & 0 & 0 \\ 0 & N_5^* & 0 & 0 & N_6^* & 0 & 0 & N_7^* & 0 & 0 & N_8^* & 0 \\ 0 & 0 & N_5^* & 0 & 0 & N_6^* & 0 & 0 & N_7^* & 0 & 0 & N_8^* \end{bmatrix} \boldsymbol{\delta}^{*e} \quad (7\text{-}8)$$

式中,$\boldsymbol{N}^*$ 为形函数矩阵,$N_i^* = \frac{1}{8}(1+\xi_i\xi)(1+\eta_i\eta)(1+\zeta_i\zeta)$,$i=1,2,3,4,5,6,7,8$。

2. 单元应变场的表达

由弹性力学空间问题的几何方程,得

$$\boldsymbol{\varepsilon} = \begin{Bmatrix} \varepsilon_\xi \\ \varepsilon_\eta \\ \varepsilon_\zeta \\ \gamma_{\xi\eta} \\ \gamma_{\eta\zeta} \\ \gamma_{\xi\zeta} \end{Bmatrix} = \begin{Bmatrix} \dfrac{\partial u^*}{\partial \xi} \\ \dfrac{\partial v^*}{\partial \eta} \\ \dfrac{\partial w^*}{\partial \zeta} \\ \dfrac{\partial u^*}{\partial \eta} + \dfrac{\partial v^*}{\partial \xi} \\ \dfrac{\partial v^*}{\partial \zeta} + \dfrac{\partial w^*}{\partial \eta} \\ \dfrac{\partial u^*}{\partial \zeta} + \dfrac{\partial w^*}{\partial \xi} \end{Bmatrix} = \begin{bmatrix} \dfrac{\partial}{\partial \xi} & 0 & 0 \\ 0 & \dfrac{\partial}{\partial \eta} & 0 \\ 0 & 0 & \dfrac{\partial}{\partial \zeta} \\ \dfrac{\partial}{\partial \eta} & \dfrac{\partial}{\partial \xi} & 0 \\ 0 & \dfrac{\partial}{\partial \zeta} & \dfrac{\partial}{\partial \eta} \\ \dfrac{\partial}{\partial \zeta} & 0 & \dfrac{\partial}{\partial \xi} \end{bmatrix} \begin{Bmatrix} u^* \\ v^* \\ w^* \end{Bmatrix} = [\boldsymbol{\partial}]\boldsymbol{u}^*$$

式中,$[\boldsymbol{\partial}]$为几何方程的算子矩阵。

将式(7-8)代入,得

$$\boldsymbol{\varepsilon} = [\boldsymbol{\partial}]\boldsymbol{N}^*\boldsymbol{\delta}^{*e} = \boldsymbol{B}^*\boldsymbol{\delta}^{*e} \quad (7\text{-}9)$$

式中,应变—位移矩阵为

$$\boldsymbol{B}^* = \begin{bmatrix} \dfrac{\partial}{\partial \xi} & 0 & 0 \\ 0 & \dfrac{\partial}{\partial \eta} & 0 \\ 0 & 0 & \dfrac{\partial}{\partial \zeta} \\ \dfrac{\partial}{\partial \eta} & \dfrac{\partial}{\partial \xi} & 0 \\ 0 & \dfrac{\partial}{\partial \zeta} & \dfrac{\partial}{\partial \eta} \\ \dfrac{\partial}{\partial \zeta} & 0 & \dfrac{\partial}{\partial \xi} \end{bmatrix} \begin{bmatrix} N_1^* & 0 & 0 & N_2^* & 0 & 0 & N_3^* & 0 & 0 & N_4^* & 0 & 0 \\ 0 & N_1^* & 0 & 0 & N_2^* & 0 & 0 & N_3^* & 0 & 0 & N_4^* & 0 \\ 0 & 0 & N_1^* & 0 & 0 & N_2^* & 0 & 0 & N_3^* & 0 & 0 & N_4^* \end{bmatrix}$$

$$\begin{matrix} N_5^* & 0 & 0 & N_6^* & 0 & 0 & N_7^* & 0 & 0 & N_8^* & 0 & 0 \\ 0 & N_5^* & 0 & 0 & N_6^* & 0 & 0 & N_7^* & 0 & 0 & N_8^* & 0 \\ 0 & 0 & N_5^* & 0 & 0 & N_6^* & 0 & 0 & N_7^* & 0 & 0 & N_8^* \end{bmatrix}$$

展开后,得

$$
\boldsymbol{B}^{*}=\frac{1}{8}\left[\begin{array}{cccccc}
(1-\eta-\zeta+\eta\zeta) & 0 & 0 & (1+\eta-\zeta+\eta\zeta) & 0 & 0 \\
0 & (-1-\xi+\zeta+\xi\zeta) & 0 & 0 & (1+\xi-\zeta-\xi\zeta) & 0 \\
0 & 0 & (-1+\eta-\xi+\eta\xi) & 0 & 0 & (-1-\eta-\xi-\eta\xi) \\
(-1-\xi+\zeta+\xi\zeta) & (1-\eta-\zeta+\eta\zeta) & 0 & (1+\xi-\zeta-\xi\zeta) & (1+\eta-\zeta-\eta\zeta) & 0 \\
0 & (-1+\eta-\xi+\eta\xi) & (-1-\xi+\zeta+\xi\zeta) & 0 & (-1-\eta-\xi-\eta\xi) & (1+\xi-\zeta-\xi\zeta) \\
(-1+\eta-\xi+\eta\xi) & 0 & (1-\eta-\zeta+\eta\zeta) & (-1-\eta-\zeta+\eta\zeta) & 0 & (1+\eta-\zeta-\eta\zeta)
\end{array}\right.
$$

$$
\begin{array}{cccccc}
(-1-\eta+\zeta+\eta\zeta) & 0 & 0 & (-1+\eta+\zeta-\eta\zeta) & 0 & 0 \\
0 & (1-\xi-\zeta+\xi\zeta) & 0 & 0 & (-1+\xi+\zeta-\xi\zeta) & 0 \\
0 & 0 & (-1-\eta+\xi+\eta\xi) & 0 & 0 & (-1+\eta+\xi-\eta\xi) \\
(1-\xi-\zeta+\xi\zeta) & (-1-\eta+\zeta+\eta\zeta) & 0 & (-1+\xi+\zeta-\xi\zeta) & (-1+\eta+\zeta-\eta\zeta) & 0 \\
0 & (-1-\eta+\xi+\eta\xi) & (1-\xi-\zeta+\xi\zeta) & 0 & (-1+\eta+\xi-\eta\xi) & (-1+\xi+\zeta-\xi\zeta) \\
(-1-\eta+\xi+\eta\xi) & 0 & (-1-\eta+\zeta+\eta\zeta) & (-1+\eta+\xi-\eta\xi) & 0 & (-1+\eta+\zeta-\eta\zeta)
\end{array}
$$

$$
\begin{array}{cccccc}
(1-\eta+\zeta-\eta\zeta) & 0 & 0 & (1+\eta+\zeta+\eta\zeta) & 0 & 0 \\
0 & (-1-\xi-\zeta-\xi\zeta) & 0 & 0 & (1+\xi+\zeta+\xi\zeta) & 0 \\
0 & 0 & (1-\eta+\xi-\eta\xi) & 0 & 0 & (1+\eta+\xi+\eta\xi) \\
(-1-\xi-\zeta-\xi\zeta) & (1-\eta+\zeta-\eta\zeta) & 0 & (1+\xi+\zeta+\xi\zeta) & (1+\eta+\zeta+\eta\zeta) & 0 \\
0 & (1-\eta+\xi-\eta\xi) & (-1-\xi-\zeta-\xi\zeta) & 0 & (1+\eta+\xi+\eta\xi) & (1+\xi+\zeta+\xi\zeta) \\
(1-\eta+\xi-\eta\xi) & 0 & (1-\eta+\zeta-\eta\zeta) & (1+\eta+\xi+\eta\xi) & 0 & (1+\eta+\zeta+\eta\zeta)
\end{array}
$$

$$
\left.\begin{array}{cccccc}
(-1-\eta-\zeta-\eta\zeta) & 0 & 0 & (-1+\eta-\zeta-\eta\zeta) & 0 & 0 \\
0 & (1-\xi+\zeta-\xi\zeta) & 0 & 0 & (-1+\xi-\zeta+\xi\zeta) & 0 \\
0 & 0 & (1+\eta-\xi-\eta\xi) & 0 & 0 & (1-\eta-\xi+\eta\xi) \\
(1-\xi+\zeta-\xi\zeta) & (-1-\eta-\zeta-\eta\zeta) & 0 & (-1+\xi-\zeta+\xi\zeta) & (-1+\eta-\zeta-\eta\zeta) & 0 \\
0 & (1+\eta-\xi-\eta\xi) & (1-\xi+\zeta-\xi\zeta) & 0 & (1-\eta-\xi+\eta\xi) & (-1+\xi-\zeta+\xi\zeta) \\
(1+\eta-\xi-\eta\xi) & 0 & (-1-\eta-\zeta-\eta\zeta) & (1-\eta-\xi+\eta\xi) & 0 & (-1+\eta-\zeta-\eta\zeta)
\end{array}\right]
$$

3. 单元应力场的表达

将式(7-9)代入空间问题的物理方程,即

$$\boldsymbol{\sigma}=\begin{Bmatrix}\sigma_x\\ \sigma_y\\ \sigma_z\\ \tau_{xy}\\ \tau_{yz}\\ \tau_{zx}\end{Bmatrix}=\frac{E(1-\mu)}{(1+\mu)(1-2\mu)}\begin{bmatrix}1 & \frac{\mu}{1-\mu} & \frac{\mu}{1-\mu} & 0 & 0 & 0\\ \frac{\mu}{1-\mu} & 1 & \frac{\mu}{1-\mu} & 0 & 0 & 0\\ \frac{\mu}{1-\mu} & \frac{\mu}{1-\mu} & 1 & 0 & 0 & 0\\ 0 & 0 & 0 & \frac{1-2\mu}{2(1-\mu)} & 0 & 0\\ 0 & 0 & 0 & 0 & \frac{1-2\mu}{2(1-\mu)} & 0\\ 0 & 0 & 0 & 0 & 0 & \frac{1-2\mu}{2(1-\mu)}\end{bmatrix}\boldsymbol{\varepsilon}=\boldsymbol{D}\boldsymbol{\varepsilon}$$

得到

$$\boldsymbol{\sigma}=\boldsymbol{D}\boldsymbol{\varepsilon}=\boldsymbol{D}\boldsymbol{B}\boldsymbol{\delta}^e=\boldsymbol{S}\boldsymbol{\delta}^e \tag{7-10}$$

式中,$\boldsymbol{S}$ 为应力—位移矩阵。

4. 8 节点正方体单元的刚度矩阵

已知势能表达式为 $\Pi^e=U^e-W^e=\frac{1}{2}\int_{\Omega^{*e}}\boldsymbol{\sigma}^{\mathrm{T}}\boldsymbol{\varepsilon}\mathrm{d}\Omega^{*e}-\boldsymbol{F}^{*e\mathrm{T}}\boldsymbol{\delta}^{*e}$,将上述应力、应变代入,得

$$\Pi^e=\frac{1}{2}\boldsymbol{\delta}^{*e\mathrm{T}}\boldsymbol{K}^{*e}\boldsymbol{\delta}^{*e}-\boldsymbol{F}^{*e\mathrm{T}}\boldsymbol{\delta}^{*e} \tag{7-11}$$

将单元的势能对节点位移 $\boldsymbol{\delta}^{*e}$ 取一阶极值,可得到单元的刚度方程为

$$\boldsymbol{F}^{*e}=\boldsymbol{K}^{*e}\boldsymbol{\delta}^{*e} \tag{7-12}$$

8 节点正方体单元的刚度矩阵为

$$\boldsymbol{K}^{*e}=\int_{\Omega^{*e}}\boldsymbol{B}^{*\mathrm{T}}\boldsymbol{D}\boldsymbol{B}^{*}\mathrm{d}\Omega^{*e} \tag{7-13}$$

7.3.2　整体坐标系中的 8 节点六面体单元

如图 7-14(a)所示局部坐标系(ξ,η,ζ)中的 8 节点正方体单元称之为“母单元”,如图 7-14(b)所示整体坐标系(x,y,z)中的 8 节点六面体单元称之为“子单元”。

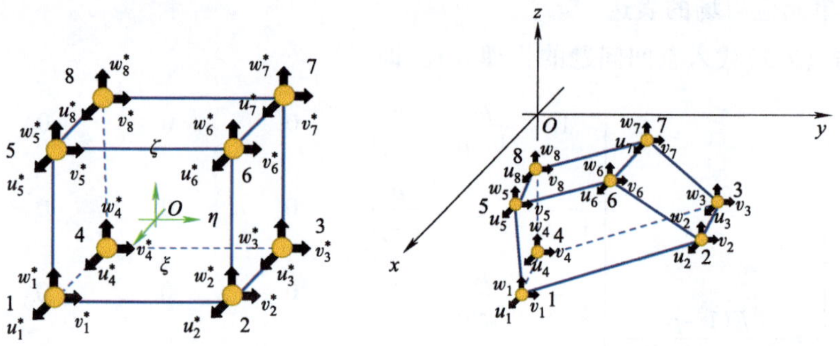

(a)母单元　　　　(b)子单元

图 7-14　正方体单元变换为任意六面体单元

1. 函数变换

局部坐标系(ξ,η,ζ)中的一点对应于整体坐标系(x,y,z)中的一点，有如下关系：

$$\begin{cases} x_i = x(\xi_i,\eta_i,\zeta_i) \\ y_i = y(\xi_i,\eta_i,\zeta_i),\ i=1,2,3,4,5,6,7,8 \\ z_i = z(\xi_i,\eta_i,\zeta_i) \end{cases}$$

用多项式来表达，则为

$$\begin{cases} x(\xi,\eta,\zeta) = \alpha_0 + \alpha_1\xi + \alpha_2\eta + \alpha_3\zeta + \alpha_4\xi\eta + \alpha_5\eta\zeta + \alpha_6\xi\zeta + \alpha_7\xi\eta\zeta \\ y(\xi,\eta,\zeta) = \beta_0 + \beta_1\xi + \beta_2\eta + \beta_3\zeta + \beta_4\xi\eta + \beta_5\eta\zeta + \beta_6\xi\zeta + \beta_7\xi\eta\zeta \\ z(\xi,\eta,\zeta) = \gamma_0 + \gamma_1\xi + \gamma_2\eta + \gamma_3\zeta + \gamma_4\xi\eta + \gamma_5\eta\zeta + \gamma_6\xi\zeta + \gamma_7\xi\eta\zeta \end{cases} \tag{7-14}$$

利用节点条件，得到待定系数α_0、α_1、α_2、α_3、α_4、α_5、α_6、α_7，β_0、β_1、β_2、β_3、β_4、β_5、β_6、β_7，γ_0、γ_1、γ_2、γ_3、γ_4、γ_5、γ_6、γ_7。

将上述系数代回x、y、z的表达式，整理后得

$$\begin{cases} x(\xi,\eta,\zeta) = N_1x_1 + N_2x_2 + N_3x_3 + N_4x_4 + N_5x_5 + N_6x_6 + N_7x_7 + N_8x_8 \\ y(\xi,\eta,\zeta) = N_1y_1 + N_2y_2 + N_3y_3 + N_4y_4 + N_5y_5 + N_6y_6 + N_7y_7 + N_8y_8 \\ z(\xi,\eta,\zeta) = N_1z_1 + N_2z_2 + N_3z_3 + N_4z_4 + N_5z_5 + N_6z_6 + N_7z_7 + N_8z_8 \end{cases} \tag{7-15}$$

式中，$N_i = \frac{1}{8}(1+\xi_i\xi)(1+\eta_i\eta)(1+\zeta_i\zeta)$，$i=1,2,3,4,5,6,7,8$。此表达式与 8 节点正方体单元的形函数表达相同。

进一步，可以将写成矩阵形式，如下：

$$\boldsymbol{x} = \boldsymbol{Nq} \tag{7-16}$$

$$\boldsymbol{x}=\begin{Bmatrix}x\\y\\z\end{Bmatrix}$$

$$\boldsymbol{q}=\{x_1\quad y_1\quad z_1\quad x_2\quad y_2\quad z_2\quad x_3\quad y_3\quad z_3\quad x_4\quad y_4\quad z_4\quad x_5\quad y_5\quad z_5\quad x_6\quad y_6\quad z_6\quad x_7\quad y_7\quad z_7\quad x_8\quad y_8\quad z_8\}^{\mathrm{T}}$$

2. 偏导数变换

在整体坐标系(x,y,z)中，有任意一个函数$f(x,y,z)$，则可以采用链式法则求它对ξ、η、ζ的偏导数，有

$$\begin{cases}\dfrac{\partial f}{\partial \xi}=\dfrac{\partial f}{\partial x}\dfrac{\partial x}{\partial \xi}+\dfrac{\partial f}{\partial y}\dfrac{\partial y}{\partial \xi}+\dfrac{\partial f}{\partial z}\dfrac{\partial z}{\partial \xi}\\[2mm]\dfrac{\partial f}{\partial \eta}=\dfrac{\partial f}{\partial x}\dfrac{\partial x}{\partial \eta}+\dfrac{\partial f}{\partial y}\dfrac{\partial y}{\partial \eta}+\dfrac{\partial f}{\partial z}\dfrac{\partial z}{\partial \eta}\\[2mm]\dfrac{\partial f}{\partial \zeta}=\dfrac{\partial f}{\partial x}\dfrac{\partial x}{\partial \zeta}+\dfrac{\partial f}{\partial y}\dfrac{\partial y}{\partial \zeta}+\dfrac{\partial f}{\partial z}\dfrac{\partial z}{\partial \zeta}\end{cases}$$

写成矩阵形式为

$$\begin{Bmatrix}\dfrac{\partial}{\partial \xi}\\[2mm]\dfrac{\partial}{\partial \eta}\\[2mm]\dfrac{\partial}{\partial \zeta}\end{Bmatrix}=\begin{bmatrix}\dfrac{\partial x}{\partial \xi}&\dfrac{\partial y}{\partial \xi}&\dfrac{\partial z}{\partial \xi}\\[2mm]\dfrac{\partial x}{\partial \eta}&\dfrac{\partial y}{\partial \eta}&\dfrac{\partial z}{\partial \eta}\\[2mm]\dfrac{\partial x}{\partial \zeta}&\dfrac{\partial y}{\partial \zeta}&\dfrac{\partial z}{\partial \zeta}\end{bmatrix}\begin{Bmatrix}\dfrac{\partial}{\partial x}\\[2mm]\dfrac{\partial}{\partial y}\\[2mm]\dfrac{\partial}{\partial z}\end{Bmatrix}=\boldsymbol{J}\begin{Bmatrix}\dfrac{\partial}{\partial x}\\[2mm]\dfrac{\partial}{\partial y}\\[2mm]\dfrac{\partial}{\partial z}\end{Bmatrix}\tag{7-17}$$

式中，$\boldsymbol{J}$是雅可比矩阵。并代入式(7-16)，可以得到

$$\boldsymbol{J}=\begin{bmatrix}JV_{1,1}&JV_{1,2}&JV_{1,3}&JV_{1,4}&JV_{1,5}&JV_{1,6}&JV_{1,7}&JV_{1,8}\\JV_{2,1}&JV_{2,2}&JV_{2,3}&JV_{2,4}&JV_{2,5}&JV_{2,6}&JV_{2,7}&JV_{2,8}\\JV_{3,1}&JV_{3,2}&JV_{3,3}&JV_{3,4}&JV_{3,5}&JV_{3,6}&JV_{3,7}&JV_{3,8}\end{bmatrix}\begin{bmatrix}x_1&y_1&z_1\\x_2&y_2&z_2\\x_3&y_3&z_3\\x_4&y_4&z_4\\x_5&y_5&z_5\\x_6&y_6&z_6\\x_7&y_7&z_7\\x_8&y_8&z_8\end{bmatrix}\tag{7-18}$$

$$JV_{1,1}=-\frac{1}{8}(-1+\eta+\zeta-\eta\zeta)=\frac{\partial N_1}{\partial \xi},JV_{1,2}=\frac{1}{8}(1+\eta-\zeta-\eta\zeta)=\frac{\partial N_2}{\partial \xi}$$

$$JV_{1,3}=-\frac{1}{8}(1+\eta-\zeta-\eta\zeta)=\frac{\partial N_3}{\partial \xi},\quad JV_{1,4}=\frac{1}{8}(-1+\eta+\zeta-\eta\zeta)=\frac{\partial N_4}{\partial \xi}$$

$$JV_{1,5}=-\frac{1}{8}(-1+\eta-\zeta+\eta\zeta)=\frac{\partial N_5}{\partial \xi},JV_{1,6}=\frac{1}{8}(1+\eta+\zeta+\eta\zeta)=\frac{\partial N_6}{\partial \xi}$$

$$JV_{1,7}=-\frac{1}{8}(1+\eta+\zeta+\eta\zeta)=\frac{\partial N_7}{\partial \xi},\quad JV_{1,8}=\frac{1}{8}(-1+\eta-\zeta+\eta\zeta)=\frac{\partial N_8}{\partial \xi}$$

$$JV_{2,1}=-\frac{1}{8}(1+\xi-\zeta-\xi\zeta)=\frac{\partial N_1}{\partial \eta},\quad JV_{2,2}=\frac{1}{8}(1+\xi-\zeta-\xi\zeta)=\frac{\partial N_2}{\partial \eta}$$

$$JV_{2,3}=-\frac{1}{8}(-1+\xi+\zeta-\xi\zeta)=\frac{\partial N_3}{\partial \eta},\quad JV_{2,4}=\frac{1}{8}(-1+\xi+\zeta-\xi\zeta)=\frac{\partial N_4}{\partial \eta}$$

$$JV_{2,5}=-\frac{1}{8}(1+\xi+\zeta+\xi\zeta)=\frac{\partial N_5}{\partial \eta},\quad JV_{2,6}=\frac{1}{8}(1+\xi+\zeta+\xi\zeta)=\frac{\partial N_6}{\partial \eta}$$

$$JV_{2,7}=-\frac{1}{8}(-1+\xi-\zeta+\xi\zeta)=\frac{\partial N_7}{\partial \eta},\quad JV_{2,8}=\frac{1}{8}(-1+\xi-\zeta+\xi\zeta)=\frac{\partial N_8}{\partial \eta}$$

$$JV_{3,1}=\frac{1}{8}(-1+\eta-\xi+\xi\eta)=\frac{\partial N_1}{\partial \zeta},\quad JV_{3,2}=-\frac{1}{8}(1+\eta+\xi+\xi\eta)=\frac{\partial N_2}{\partial \zeta}$$

$$JV_{3,3}=-\frac{1}{8}(1+\eta-\xi-\xi\eta)=\frac{\partial N_3}{\partial \zeta},\quad JV_{3,4}=\frac{1}{8}(-1+\eta+\xi-\xi\eta)=\frac{\partial N_4}{\partial \zeta}$$

$$JV_{3,5}=-\frac{1}{8}(-1+\eta-\xi+\xi\eta)=\frac{\partial N_5}{\partial \zeta},\quad JV_{3,6}=\frac{1}{8}(1+\eta+\xi+\xi\eta)=\frac{\partial N_6}{\partial \zeta}$$

$$JV_{3,7}=\frac{1}{8}(1+\eta-\xi-\xi\eta)=\frac{\partial N_7}{\partial \zeta},\quad JV_{3,8}=-\frac{1}{8}(-1+\eta+\xi-\xi\eta)=\frac{\partial N_8}{\partial \zeta}$$

通过逆矩阵的计算公式,可以得出

$$\begin{Bmatrix}\dfrac{\partial}{\partial x}\\ \dfrac{\partial}{\partial y}\\ \dfrac{\partial}{\partial z}\end{Bmatrix}=\boldsymbol{J}^{-1}\begin{Bmatrix}\dfrac{\partial}{\partial \xi}\\ \dfrac{\partial}{\partial \eta}\\ \dfrac{\partial}{\partial \zeta}\end{Bmatrix} \tag{7-19}$$

由此,可以得出

$$
\boldsymbol{B}=\begin{bmatrix}
\boldsymbol{J}^{-1}(1,1)\frac{\partial}{\partial\xi}+\boldsymbol{J}^{-1}(1,2)\frac{\partial}{\partial\eta}+\boldsymbol{J}^{-1}(1,3)\frac{\partial}{\partial\zeta} & 0 & 0\\
0 & \boldsymbol{J}^{-1}(2,1)\frac{\partial}{\partial\xi}+\boldsymbol{J}^{-1}(2,2)\frac{\partial}{\partial\eta}+\boldsymbol{J}^{-1}(2,3)\frac{\partial}{\partial\zeta} & 0\\
0 & 0 & \boldsymbol{J}^{-1}(3,1)\frac{\partial}{\partial\xi}+\boldsymbol{J}^{-1}(3,2)\frac{\partial}{\partial\eta}+\boldsymbol{J}^{-1}(3,3)\frac{\partial}{\partial\zeta}\\
\boldsymbol{J}^{-1}(2,1)\frac{\partial}{\partial\xi}+\boldsymbol{J}^{-1}(2,2)\frac{\partial}{\partial\eta}+\boldsymbol{J}^{-1}(2,3)\frac{\partial}{\partial\zeta} & \boldsymbol{J}^{-1}(1,1)\frac{\partial}{\partial\xi}+\boldsymbol{J}^{-1}(1,2)\frac{\partial}{\partial\eta}+\boldsymbol{J}^{-1}(1,3)\frac{\partial}{\partial\zeta} & 0\\
0 & \boldsymbol{J}^{-1}(3,1)\frac{\partial}{\partial\xi}+\boldsymbol{J}^{-1}(3,2)\frac{\partial}{\partial\eta}+\boldsymbol{J}^{-1}(3,3)\frac{\partial}{\partial\zeta} & \boldsymbol{J}^{-1}(2,1)\frac{\partial}{\partial\xi}+\boldsymbol{J}^{-1}(2,2)\frac{\partial}{\partial\eta}+\boldsymbol{J}^{-1}(2,3)\frac{\partial}{\partial\zeta}\\
\boldsymbol{J}^{-1}(3,1)\frac{\partial}{\partial\xi}+\boldsymbol{J}^{-1}(3,2)\frac{\partial}{\partial\eta}+\boldsymbol{J}^{-1}(3,3)\frac{\partial}{\partial\zeta} & 0 & \boldsymbol{J}^{-1}(1,1)\frac{\partial}{\partial\xi}+\boldsymbol{J}^{-1}(1,2)\frac{\partial}{\partial\eta}+\boldsymbol{J}^{-1}(1,3)\frac{\partial}{\partial\zeta}
\end{bmatrix}
\begin{bmatrix}
N_1 & 0 & 0 & N_2 & 0 & 0 & N_3 & 0 & 0 & N_4 & 0 & 0 & N_5 & 0 & 0 & N_6 & 0 & 0 & N_7 & 0 & 0 & N_8 & 0 & 0\\
0 & N_1 & 0 & 0 & N_2 & 0 & 0 & N_3 & 0 & 0 & N_4 & 0 & 0 & N_5 & 0 & 0 & N_6 & 0 & 0 & N_7 & 0 & 0 & N_8 & 0\\
0 & 0 & N_1 & 0 & 0 & N_2 & 0 & 0 & N_3 & 0 & 0 & N_4 & 0 & 0 & N_5 & 0 & 0 & N_6 & 0 & 0 & N_7 & 0 & 0 & N_8
\end{bmatrix}
$$

3. 体积变换

两坐标系的变换，可以直接使用三重积分的变量代换公式：

$$\int_V \mathrm{d}x\mathrm{d}y\mathrm{d}z = \int_{V^*} \frac{\partial(x,y,z)}{\partial(\xi,\eta,\zeta)}\mathrm{d}\xi\mathrm{d}\eta\mathrm{d}\zeta = \int_{V^*} |\boldsymbol{J}|\mathrm{d}\xi\mathrm{d}\eta\mathrm{d}\zeta$$

7.3.3　8 节点六面体等参数单元的高斯积分

对于 8 节点六面形等参数单元，其积分公式为

$$\int_{-1}^{1}\int_{-1}^{1}\int_{-1}^{1} f(\xi,\eta,\zeta)\,\mathrm{d}\xi\mathrm{d}\eta\mathrm{d}\zeta = \sum_{i=1}^{r}\sum_{j=1}^{r}\sum_{k=1}^{r} w_i w_j w_k f(\xi_i,\eta_i,\zeta_i) \tag{7-20}$$

式中，$f(\xi,\eta,\zeta)=\boldsymbol{B}^{\mathrm{T}}\boldsymbol{DB}|\boldsymbol{J}|$，$w_i$、$w_j$、$w_k$ 是相应高斯积分点上的加权系数，r 是高斯采样点的总个数。正方体单元上高斯积分点的坐标及其加权系数见表 7-2。

表 7-2　高斯积分点的坐标及其加权系数

r	(ξ,η,ζ)	(w_i,w_j,w_k)
2	$\left(\pm\sqrt{\frac{1}{3}},\pm\sqrt{\frac{1}{3}},\pm\sqrt{\frac{1}{3}}\right)$	(1,1,1)

7.4　8 节点六面体等参数单元算例

7.4.1　算例 1

7.4.1.1　问题

考虑如图 7-15(a)所示的受均匀分布荷载作用的薄平板结构，弹性模量 $E=210$ GPa，泊松比 $\mu=0.3$，均布荷载 $P=3\ 000$ kN/m²，厚度 $t=0.025$ m。按照图 7-15(b)所示划分单元，求：

(1) E 点、F 点、G 点和 H 点的水平向(y 轴)位移和竖向位移；

(2) A 点、B 点、C 点和 D 点的水平向(y 轴)位移和竖向支反力。

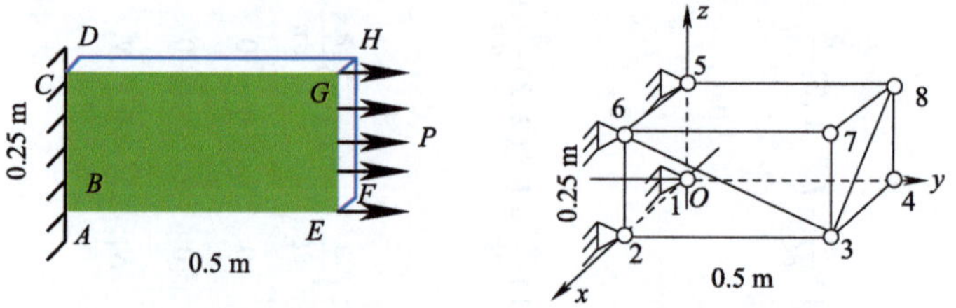

(a)实际问题　　(b)有限元模型

图 7-15　8 节点六面体单元算例 1

7.4.1.2　MATLAB 编程

根据题目表述，边界条件为 $u_1=0$，$v_1=0$，$w_1=0$，$u_2=0$，$v_2=0$，$w_2=0$，$u_5=0$，

$v_5=0, w_5=0, u_6=0, v_6=0, w_6=0$，则位移列阵为

$$\boldsymbol{\delta}^e=\{0\quad 0\quad 0\quad 0\quad 0\quad 0\quad u_3\quad v_3\quad w_3\quad u_4\quad v_4\quad w_4$$
$$0\quad 0\quad 0\quad 0\quad 0\quad 0\quad u_7\quad v_7\quad w_7\quad u_8\quad v_8\quad w_8\}^{\mathrm{T}}$$

分布荷载的总作用力按照1∶1∶1∶1比例分给节点3、节点4、节点7、节点8。$F_{y3}=4\,687.5$ N，$F_{y4}=4\,687.5$ N，$F_{y7}=4\,687.5$ N，$F_{y8}=4\,687.5$ N。则荷载列阵为

$$\boldsymbol{F}^e=\{F_{x1}\quad F_{y1}\quad F_{z1}\quad F_{x2}\quad F_{y2}\quad F_{z2}\quad 0\quad 4\,687.5\quad 0\quad 0\quad 4\,687.5\quad 0$$
$$F_{x5}\quad F_{y5}\quad F_{z5}\quad F_{x6}\quad F_{y6}\quad F_{z6}\quad 0\quad 4\,687.5\quad 0\quad 0\quad 4\,687.5\quad 0\}^{\mathrm{T}}$$

对于题目要求网格划分，仅1个8节点六面体单元。

根据式(7-20)，编写8节点六面体单元刚度矩阵。虽然，本题不需要进行总刚矩阵集成，但仍将总刚矩阵的集成方法放置于此。

```
Num=[3×i-2:3×i,3×j-2:3×j,3×l-2:3×l,3×m-2:3×m,3×
n-2:3×n,3×o-2:3×o,3×p-2:3×p,3×q-2:3×q];
  for n1=1:24
    for n2=1:24
        K(Num(n1), Num(n2)) = K(Num(n1), Num(n2)) +k(n1,n2);
      end
  end
```

计算得出：节点4(*E*点)的水平向(*y*轴)位移为6.564×10^{-6} m，竖向(*z*轴)位移为7.23×10^{-7} m；节点3(*F*点)的水平向(*y*轴)位移为6.564×10^{-6} m，竖向(*z*轴)位移为7.23×10^{-7} m；节点8(*G*点)的水平向(*y*轴)位移为6.564×10^{-6} m，竖向(*z*轴)位移为-7.23×10^{-7} m；节点7(*H*点)的水平向(*y*轴)位移为6.564×10^{-6} m，竖向(*z*轴)位移为-7.23×10^{-7} m。

节点2(*A*点)的水平向(*y*轴)支反力为$-4\,687.5$ N(方向向左)，竖向(*z*轴)支反力为$-2\,576.5$ N(方向向下)；节点1(*B*点)的水平向(*y*轴)支反力为$-4\,687.5$ N(方向向左)，竖向(*z*轴)支反力为$-2\,576.5$ N(方向向下)；节点6(*C*点)的水平向(*y*轴)支反力为$-4\,687.5$ N(方向向左)，竖向(*z*轴)支反力为$2\,576.5$ N(方向向上)；节点5(*D*点)的水平向(*y*轴)支反力为$-4\,687.5$ N(方向向左)，竖向(*z*轴)支反力为$2\,576.5$ N(方向向上)。

7.4.1.3　ABAQUS计算

建模方法同4节点4面体单元的算例1，图7-16为位移云图。*E*点的水平向位移为7.021×10^{-6} m，竖向位移为9.852×10^{-7} m；*F*点的水平向位移为7.021×10^{-6} m，竖向位移为9.852×10^{-7} m；*G*点的水平向位移为7.021×10^{-6} m，竖向位移为

-9.852×10^{-7} m；H 点的水平向位移为 7.021×10^{-6} m，竖向位移为 -9.852×10^{-7} m。

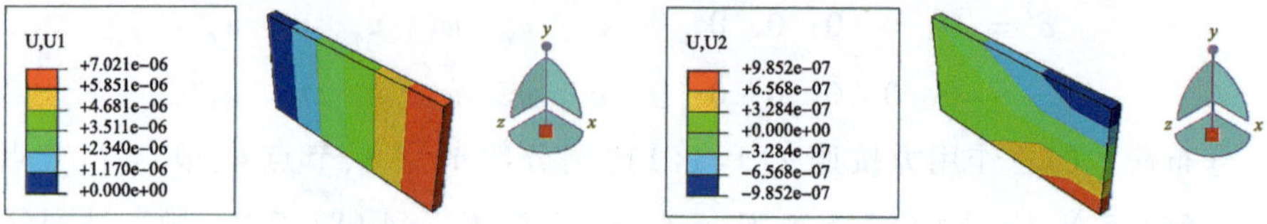

(a) U1　　(b) U2

图 7-16　ABAQUS 计算位移云图

ABAQUS 计算结果和 MATLAB 计算结果存在差异。采用 COMSOL 计算，位移云图如图 7-17 所示。

节点 4（E 点）的水平向（y 轴）位移为 6.564×10^{-6} m，竖向（z 轴）位移为 7.23×10^{-7} m；节点 3（F 点）的水平向（y 轴）位移为 6.564×10^{-6} m，竖向（z 轴）位移为 7.23×10^{-7} m；节点 8（G 点）的水平向（y 轴）位移为 6.564×10^{-6} m，竖向（z 轴）位移为 -7.23×10^{-7} m；节点 7（H 点）的水平向（y 轴）位移为 6.564×10^{-6} m，竖向（z 轴）位移为 -7.23×10^{-7} m。COMSOL 计算结果和 MATLAB 计算结果相同。

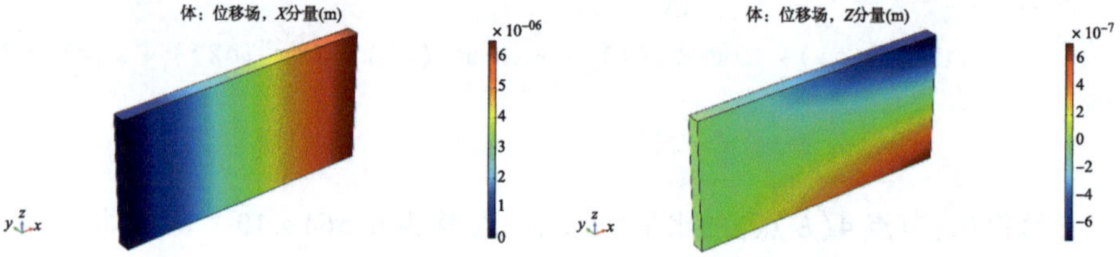

(a) U1　　(b) U2

图 7-17　COMSOL 计算位移云图

薄平板结构应变如图 7-18 所示。可以明显看到，与 4 节点四面体单元（常应变单元）不同。

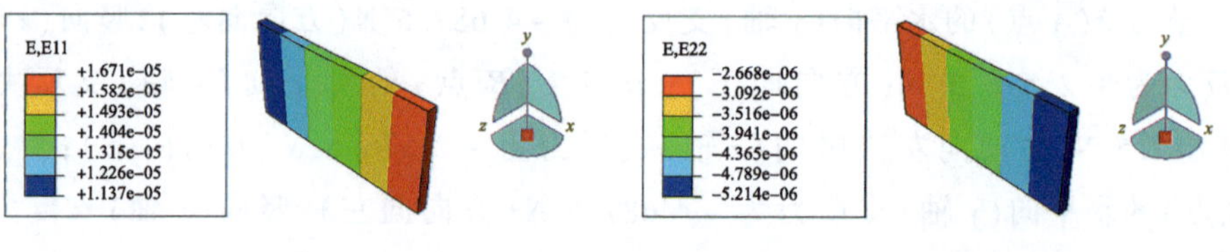

(a) E11　　(b) E22

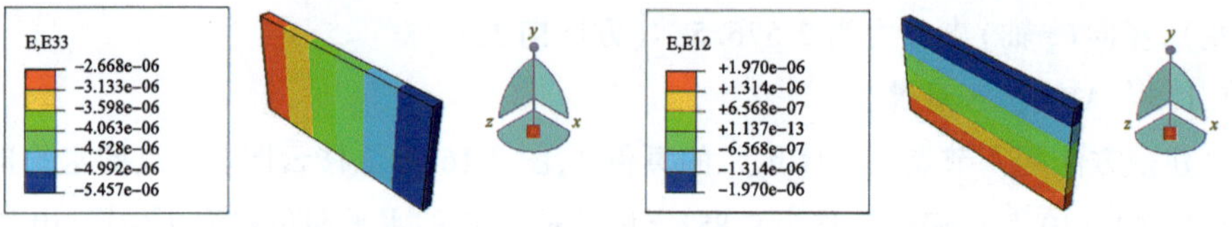

(c) E33　　(d) E12

图　7-18

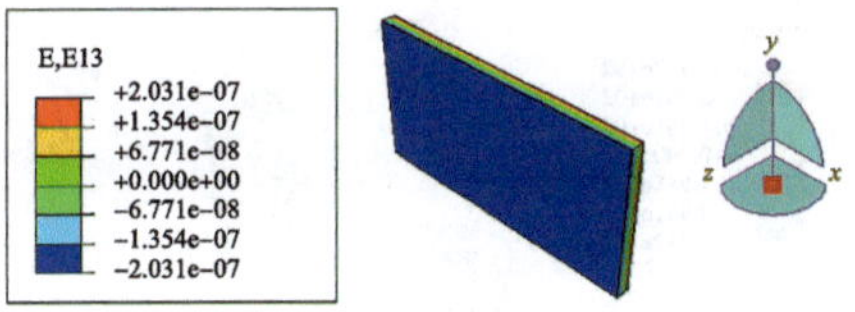

(e) E13

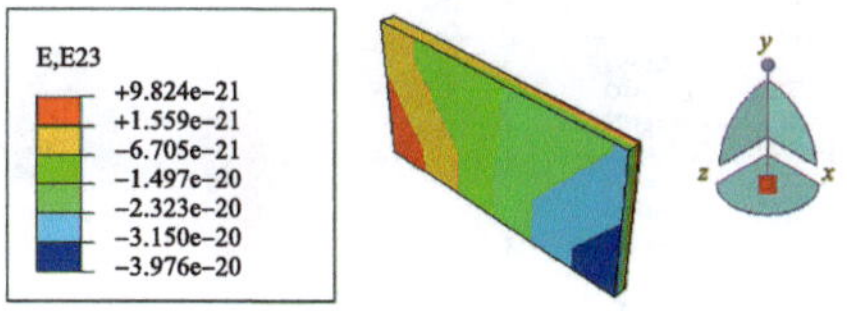

(f) E23

图 7-18 应变云图

薄平板结构应力如图 7-19 所示。同应变情况，8 节点六面体单元与 4 节点四面体单元（常应力单元）不同。

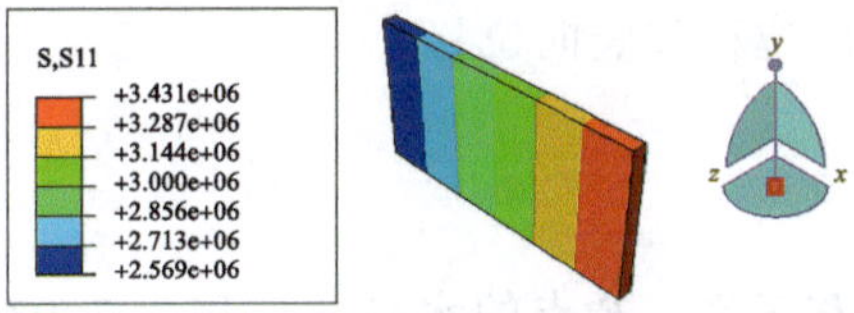

(a) S11

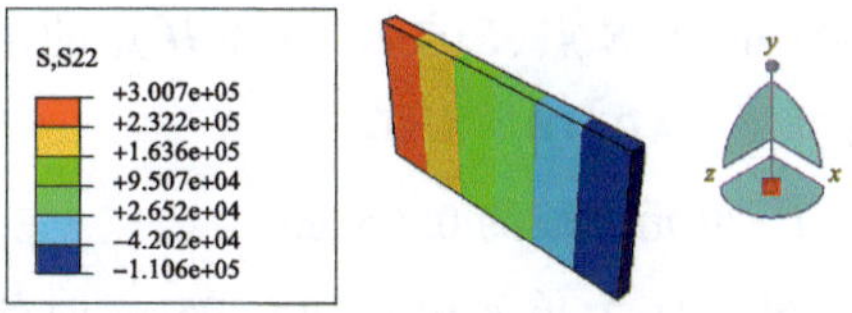

(b) S22

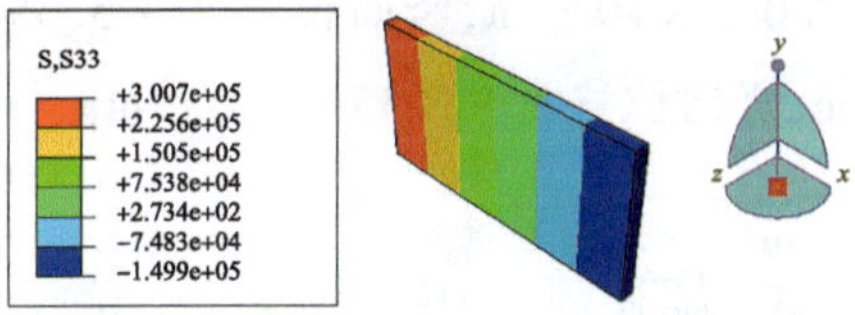

(c) S33

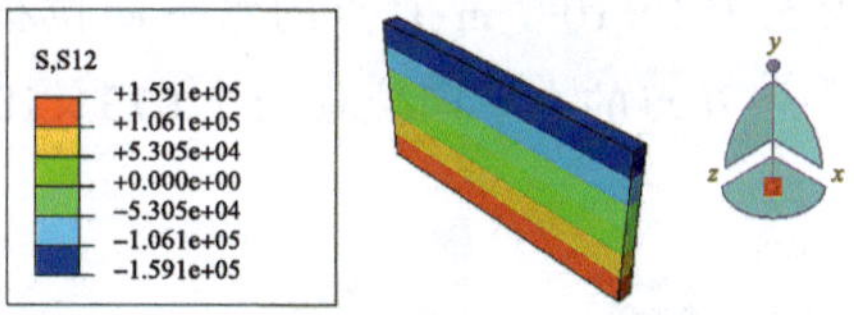

(d) S12

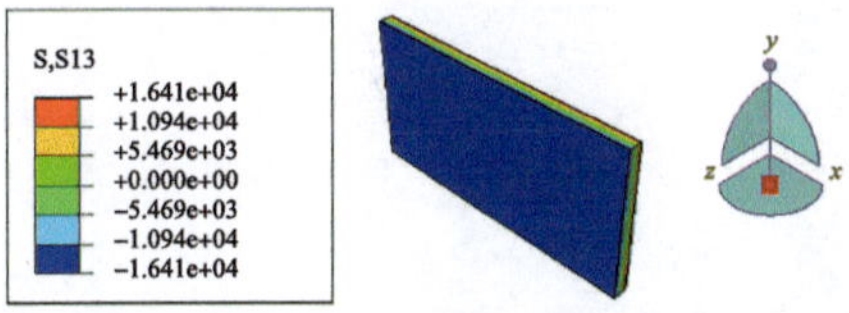

(e) S13

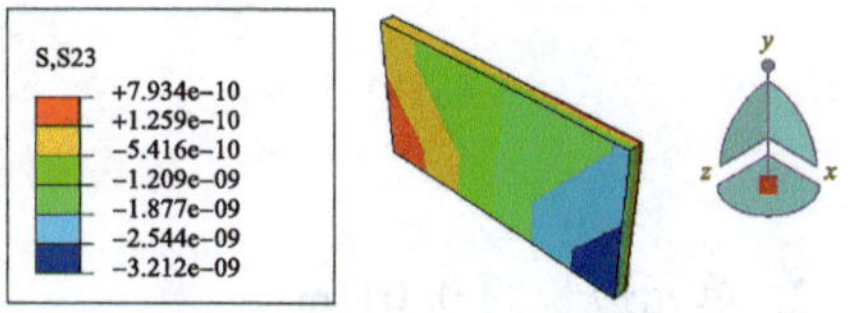

(f) S23

图 7-19 应力云图

图 7-20 为支反力云图。*A* 点的水平向支反力为 -4 687.5 N（方向向左），竖向支反力为 -594.17 N（方向向下）；*B* 点的水平向支反力为 -4 687.5 N（方向向左），竖向支反力为 -594.17 N（方向向下）；*C* 点的水平向支反力为 -4 687.5 N（方向向左），竖向支反力为 594.17 N（方向向上）；*D* 点的水平向支反力为 -4 687.5 N（方向向左），竖向支反力为 594.17 N（方向向上）。

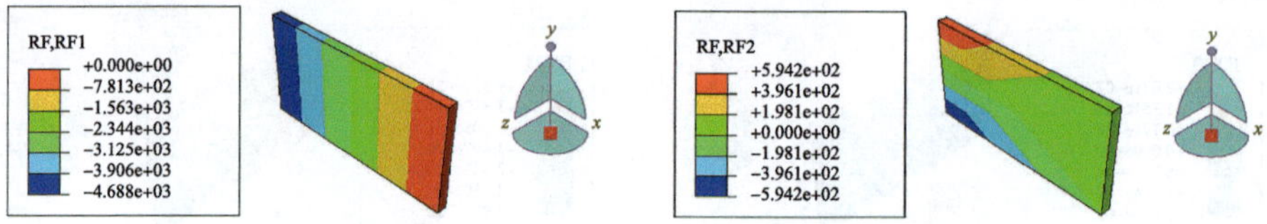

(a) (b) RF2

图 7-20 支反力云图

7.4.2 算例 2

7.4.2.1 问题

基本情况同算例 1,本例将薄平板结构划分成边长取约 0.05 m、约 0.01 m、约 0.005 m,求 *E* 点、*F* 点、*G* 点和 *H* 点的水平向位移和竖向位移。

7.4.2.2 ABAQUS 计算

1. 单元边长约 0.05 m

图 7-21 为单元边长约 0.05 m 时的位移云图。*E* 点的水平向位移为 7.073×10^{-6} m,竖向位移为 5.354×10^{-7} m;*F* 点的水平向位移为 7.073×10^{-6} m,竖向位移为 5.354×10^{-7} m;*G* 点的水平向位移为 7.073×10^{-6} m,竖向位移为 -5.354×10^{-7} m;*H* 点的水平向位移为 7.073×10^{-6} m,竖向位移为 -5.354×10^{-7} m。

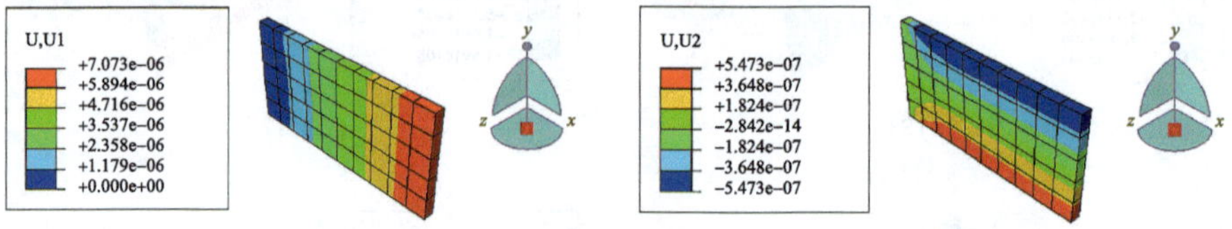

(a) U1 (b) U2

图 7-21 位移云图(单元边长约 0.05 m)

2. 单元边长约 0.01 m

图 7-22 为单元边长约 0.01 m 时的位移云图。*E* 点的水平向位移为 7.089×10^{-6} m,竖向位移为 5.356×10^{-7} m;*F* 点的水平向位移为 7.089×10^{-6} m,竖向位移为 5.356×10^{-7} m;*G* 点的水平向位移为 7.089×10^{-6} m,竖向位移为 -5.356×10^{-7} m;*H* 点的水平向位移为 7.089×10^{-6} m,竖向位移为 -5.356×10^{-7} m。

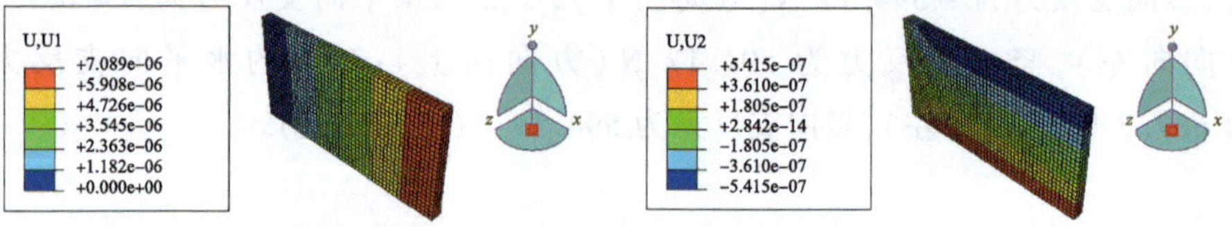

(a) U1 (b) U2

图 7-22 位移云图(单元边长约 0.01 m)

3. 单元边长约 0.005 m

图 7-23 为单元边长约 0.005 m 时的位移云图。E 点的水平向位移为 7.09×10^{-6} m，竖向位移为 5.356×10^{-7} m；F 点的水平向位移为 7.09×10^{-6} m，竖向位移为 5.356×10^{-7} m；G 点的水平向位移为 7.09×10^{-6} m，竖向位移为 -5.356×10^{-7} m；H 点的水平向位移为 7.09×10^{-6} m，竖向位移为 -5.356×10^{-7} m。

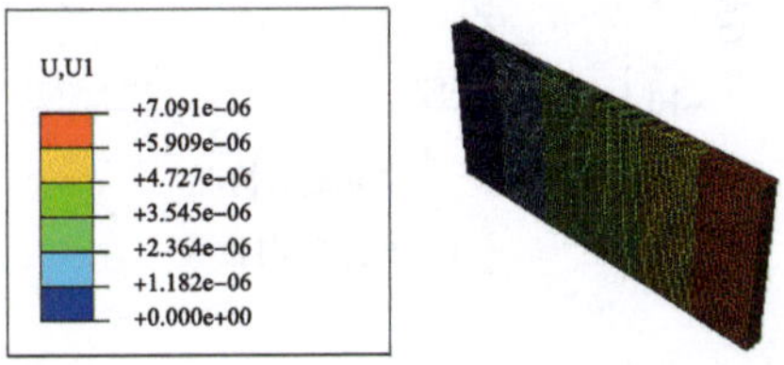

(a) U1

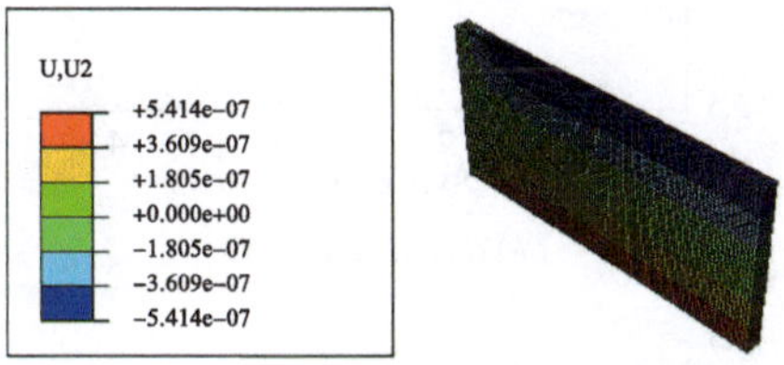

(b) U2

图 7-23　位移云图(单元边长约 0.005 m)

综上，计算结果随单元数量变化趋势如图 7-24 所示。可以明显地看出：

(1) 8 节点六面体单元收敛速度快，可以采用较少的单元数量，获得满意的计算结果，计算机计算代价小。

(2) 相较于 4 节点四面体单元，8 节点六面体单元的计算精度高。

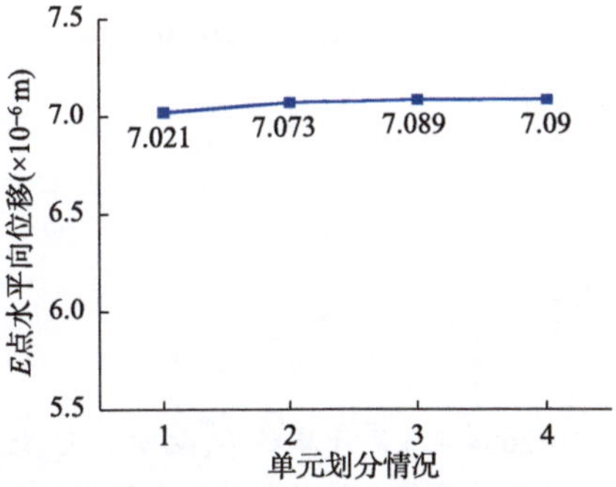

(a) E 点水平向位移

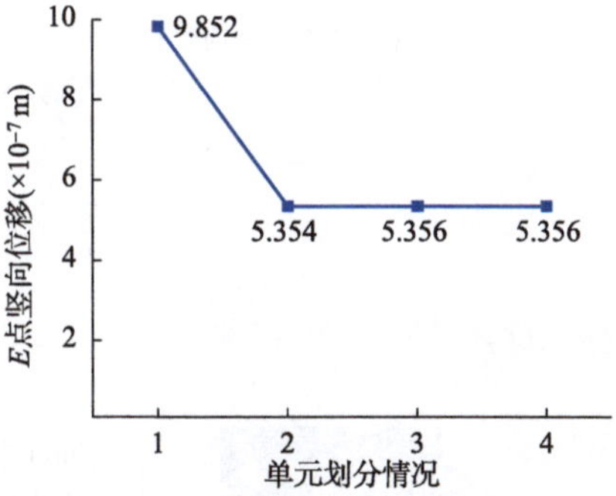

(b) E 点竖向位移

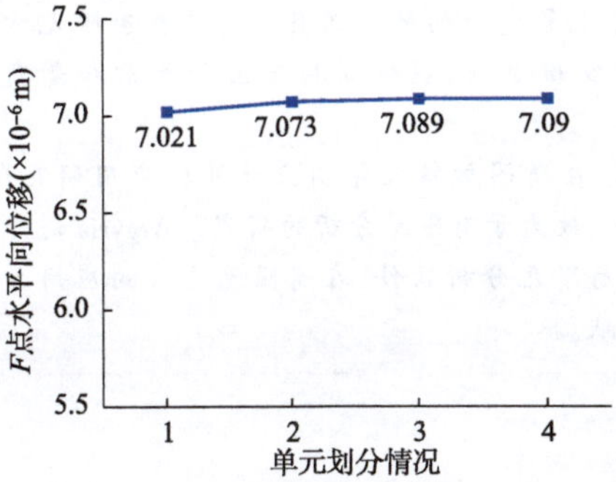

(c) F 点水平向位移

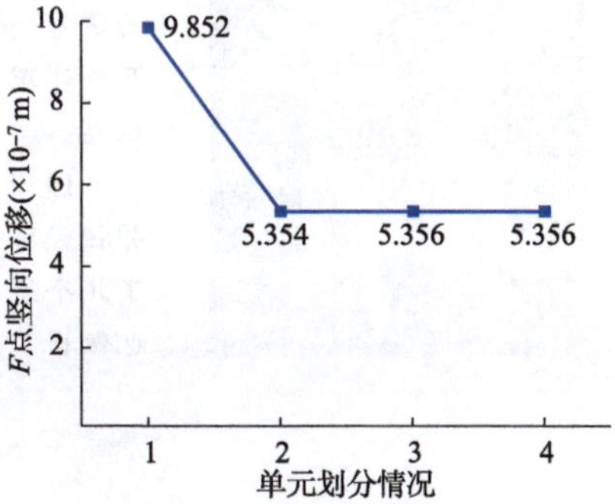

(d) F 点竖向位移

图　7-24

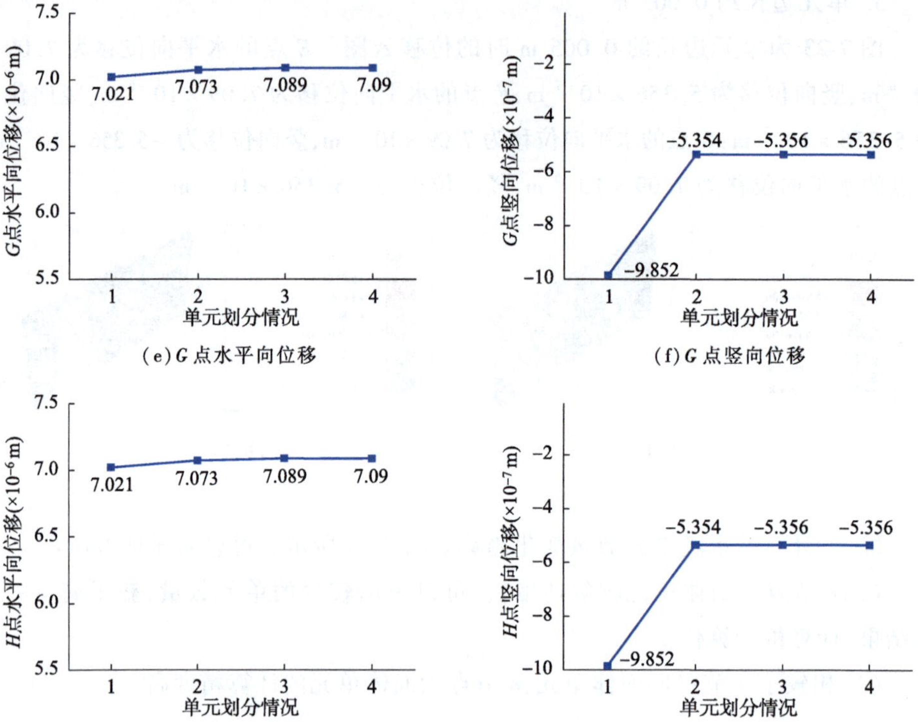

(e) *G* 点水平向位移　(f) *G* 点竖向位移

(g) *H* 点水平向位移　(h) *H* 点竖向位移

图 7-24　计算结果随单元数量变化

John Argyris

人物

John Argyris(1913—2004 年)是计算科学、航空航天、流体力学领域的杰出专家,被誉为有限元分析的发明人和创始人之一。Argyris 创立的"力学分析的矩阵位移方法"是有限单元法的前身,被称为世界上最先进的数学工具。因其在有限元方法及混沌理论方面的突出贡献,获得菲利普王子奖章和爱因斯坦奖。

1950 年,Argyris 在斯图加特大学创立计算机应用研究所,并担任所长近 40 年,致力于有限元分析的研究。Argyris 还开发了几个著名的商业有限元分析软件,在有限元方法的应用方面也做出了杰出的贡献。

8 静力有限单元法的求解方法

前述章节重点对一维单元、二维单元以及三维单元的单元刚度矩阵进行了推导。同时，简要介绍了各类型单元的等效节点荷载、高斯积分、总刚矩阵集成方法。在此基础上，本章将对静力问题的求解过程进行讲解，以期读者能够更为全面地理解如何用有限元单元法进行问题求解。

8.1 数值积分

数值积分有两类方法。第一类积分点是等间距的，例如辛普生方法；第二类积分点是不等间距的，例如高斯方法。在有限单元法中，由于被积函数很复杂，一般采用高斯积分法。因为，高斯积分法可以用较少的积分点达到较高的精度，从而节省计算时间。

8.1.1 高斯积分

8.1.1.1 一维高斯积分

对图 8-1 所示函数 $f(\xi)$，$\xi\in[-1,1]$进行积分，有 $I=\int_{-1}^{1} f(\xi)\,\mathrm{d}\xi$。

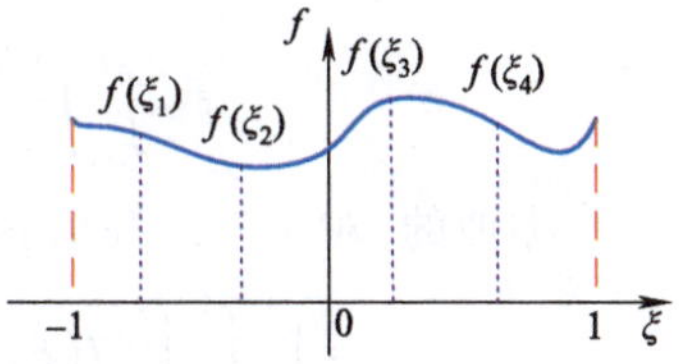

图 8-1 一维数值积分

如果选定积分点 $\xi_1,\xi_2,\cdots,\xi_n$，则上述积分公式可以用求和公式代替，即

$$\int_{-1}^{1} f(\xi)\,\mathrm{d}\xi = H_1 f(\xi_1) + H_2 f(\xi_2) + \cdots + H_n f(\xi_n) = \sum_{i=1}^{n} H_i f(\xi_i)$$

式中，H_i 为 $f(\xi_i)$ 的加权系数。根据计算精度最高，选定 H_i 和 ξ_i。

对于 n 个积分点的情况，高斯积分对任一不高于$(2n-1)$次的多项式都可以给出准确的结果。为了便于计算，列出了 H_i 和 ξ_i 的数值，一维高斯积分点的坐标和加权系数见表 8-1。

表 8-1 一维高斯积分点的坐标和加权系数

积分点 n	ξ_i	H_i
1	0. (15 个 0)	2. (15 个 0)
2	±0. 577 350 269 189 626	1. 000 000 000 000 000
3	±0. 774 596 669 241 483 0. (15 个 0)	0. 555 555 555 555 556 0. 888 888 888 888 889
4	±0. 861 136 311 594 053 ±0. 339 981 043 584 856	0. 347 854 845 137 454 0. 652 145 154 862 546
5	±0. 906 179 845 938 664 ±0. 538 469 310 105 683 0. (15 个 0)	0. 236 926 885 056 189 0. 478 628 670 499 366 0. 568 888 888 888 889

8.1.1.2 二、三维高斯积分

对于二维高斯积分：

$$I=\int_{-1}^{1}\int_{-1}^{1}f(\xi,\eta)\,\mathrm{d}\xi\mathrm{d}\eta$$

先令 η 保持不变，计算变量 ξ 的积分：

$$\int_{-1}^{1}f(\xi,\eta)\,\mathrm{d}\xi=\sum_{i=1}^{n}H_i f(\xi_i,\eta)$$

再对上述积分结果进行积分，得

$$\int_{-1}^{1}\sum_{i=1}^{n}H_i f(\xi_i,\eta)\,\mathrm{d}\eta=\sum_{j=1}^{n}H_j\sum_{i=1}^{n}H_i f(\xi_i,\eta_j)=\sum_{j=1}^{n}\sum_{i=1}^{n}H_jH_i f(\xi_i,\eta_j)\text{，即}$$

$$I=\int_{-1}^{1}\int_{-1}^{1}f(\xi,\eta)\,\mathrm{d}\xi\mathrm{d}\eta=\sum_{j=1}^{n}\sum_{i=1}^{n}H_jH_i f(\xi_i,\eta_j)$$

类似的，对于三维高斯积分：

$$I=\int_{-1}^{1}\int_{-1}^{1}\int_{-1}^{1}f(\xi,\eta)\,\mathrm{d}\xi\mathrm{d}\eta\mathrm{d}\zeta=\sum_{k=1}^{n}\sum_{j=1}^{n}\sum_{i=1}^{n}H_kH_jH_i f(\xi_i,\eta_j,\zeta_k)$$

在上述计算中，每个方向都采用了相同数目的积分点。事实上，这并不是必要的，有时在不同方向可以采用不同个数的积分点。

8.1.2 积分阶次选择

8.1.2.1 保证总刚度矩阵的非奇异

整体平衡方程 $\boldsymbol{K\delta}=\boldsymbol{F}$ 有唯一非零解的条件是刚度矩阵 $\boldsymbol{K}$ 的逆矩阵存在。即，引入边界条件后，$\boldsymbol{K}$ 必须是非奇异的。$\boldsymbol{K}$ 非奇异的条件是 $|\boldsymbol{K}|\neq0$，或称 $\boldsymbol{K}$ 是满秩的。设考虑边界约束条件后，结构自由度数为 N，则 $\boldsymbol{K}$ 是 N 阶方阵。

关于矩阵的秩，有以下两个基本规则：

(1)矩阵相乘的秩小于等于相乘矩阵的秩的最小值。

$$r(\boldsymbol{ABC}) \leqslant \min[r(\boldsymbol{A})r(\boldsymbol{B})rc\boldsymbol{C})] \tag{8-1}$$

(2)矩阵相加的秩小于等于相加矩阵的秩的和。

$$r(\boldsymbol{A}+\boldsymbol{B}+\boldsymbol{C}) \leqslant r(\boldsymbol{A})+r(\boldsymbol{B})+r(\boldsymbol{C}) \tag{8-2}$$

由前述各类型单元刚度矩阵可知,不管一维单元、二维单元或三维单元,单元刚度矩阵都写成统一形式:

$$\boldsymbol{K}^e = \sum_{i=1}^{g} H_i \boldsymbol{B}^{\mathrm{T}} \boldsymbol{DB} \left| \boldsymbol{J} \right|$$

式中,g 为单元内高斯积分点总数。

已知,$\boldsymbol{D}$ 是弹性系数矩阵,$r(\boldsymbol{D})=d$。其中,d 是计算的应变分量数,即每一高斯积分点的独立关系数。对于平面问题 $d=3$,轴对称问题 $d=4$,三维问题 $d=6$。另外,已知 $\boldsymbol{B}$ 是 $d \times e$ 矩阵,e 为单元节点自由度数。通常 $d<e$,所以 $r(\boldsymbol{B})=d$。

根据式(8-1),$\boldsymbol{B}^{\mathrm{T}}\boldsymbol{DB}$ 的秩小于等于 d。根据,$\boldsymbol{K}^e = \sum_{i=1}^{g} H_i \boldsymbol{B}^{\mathrm{T}} \boldsymbol{DB} \left| \boldsymbol{J} \right|$ 的秩小于等于 dg。假设共有 m 个单元,则 $\boldsymbol{K}$ 的秩小于等于 mdg。

由此,可以得出平衡方程组有唯一非零解的必要条件是 $r(\boldsymbol{K})=N \leqslant mgd=S$。$S$ 为结构独立关系总数,mg 为结构高斯积分点总数。

下面以平面弹性力学问题为例,采用线性单元和二次单元,分别选用 1 点和 4 点高斯积分。平面弹性力学问题如图 8-2 所示。

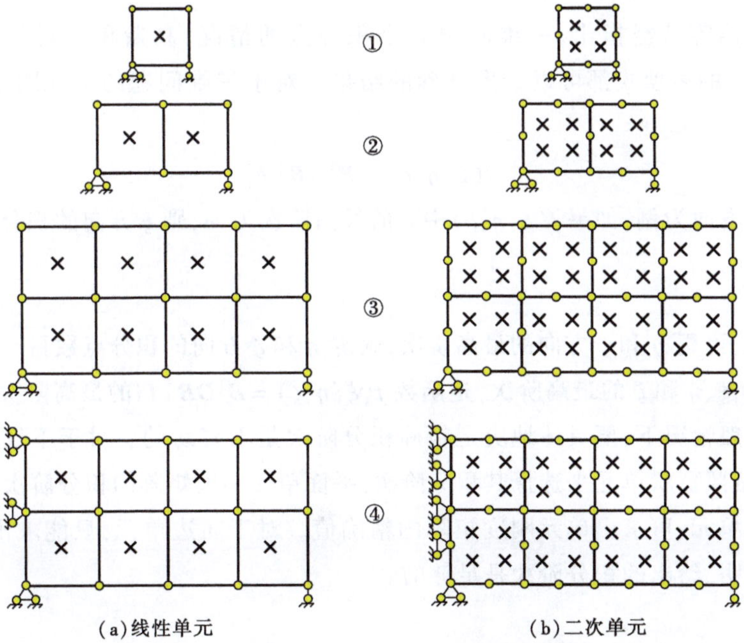

图 8-2 平面弹性力学问题

对于平面问题 $d=3$，因此，结构独立关系总数是高斯积分点总数的3倍。对于平面问题，每个节点有2个独立自由度，则结构自由度总数等于2倍节点数减去约束数。计算结果见表8-2。

表8-2 矩阵奇异性检查

序 号	线性单元		二次单元	
	N	S	N	S
①	$4\times2-3=5>1\times3=3$ 奇异		$8\times2-3=13>4\times3=12$ 奇异	
②	$6\times2-3=9>2\times3=6$ 奇异		$13\times2-3=23<8\times3=24$ 非奇异	
③	$15\times2-3=27>8\times3=24$ 奇异		$37\times2-3=71<32\times3=96$ 非奇异	
④	$15\times2-7=23<8\times3=24$ 非奇异		$37\times2-11=63<32\times3=96$ 非奇异	

对于1点积分线性单元，①、②、③情况下刚度矩阵 $\boldsymbol{K}$ 都是奇异的，只有④情况下刚度矩阵 $\boldsymbol{K}$ 是非奇异的。对于 2×2 的二次单元，除了①情况外，②、③、④情况下刚度矩阵 $\boldsymbol{K}$ 都是非奇异的。

8.1.2.2 保证积分的精度

前述内容已经指出，一维问题 n 个积分点的情况，高斯积分对任一不高于 $(2n-1)$ 次的多项式都可以给出准确的结果。对于三维问题的单元刚度矩阵，被积函数为

$$f(\xi,\eta,\zeta)=\boldsymbol{B}^{\mathrm{T}}\boldsymbol{D}\boldsymbol{B}\,|\boldsymbol{J}|$$

以 ξ 方向为例，如果 $f(\xi,\eta,\zeta)$ 中 ξ 的最高阶次为 m，则 ξ 方向的积分点可取为 $n\geqslant\dfrac{m+1}{2}$。

同理，可用 η 和 ζ 方向的最高阶次，确定 η 和 ζ 方向的积分点数目。此处需要注意的是，ξ、η 和 ζ 的最高阶次，是函数 $f(\xi,\eta,\zeta)=\boldsymbol{B}^{\mathrm{T}}\boldsymbol{D}\boldsymbol{B}\,|\boldsymbol{J}|$ 的最高阶次。

在一般情况下，要具体地决定精确积分阶次是不容易的。对于不规则形状单元，也是按照形状单元来选择其积分阶次，平面单元刚度矩阵的积分阶次见表8-3。对于矩形单元，可求出单元刚度矩阵的精确值。对于曲边单元，只能求出近似值，但经验表明，给出的积分阶次是足够的。

表 8-3　平面单元刚度矩阵的积分阶次

刚度矩阵	单　元	可靠的积分阶次	降阶积分
4 节点矩形单元	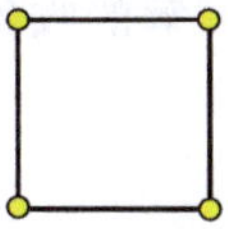	2×2	—
4 节点任意四边形单元	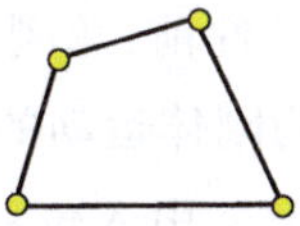	2×2	—
8 节点矩形单元	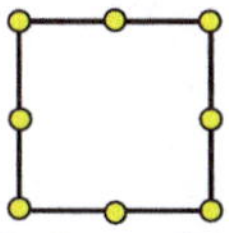	3×3	2×2
8 节点曲边单元	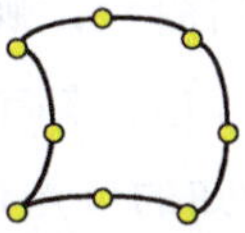	3×3	2×2
9 节点矩形单元	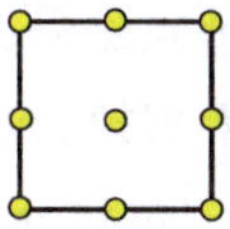	3×3	2×2
9 节点曲边单元	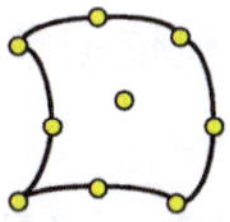	3×3	2×2
16 节点矩形单元	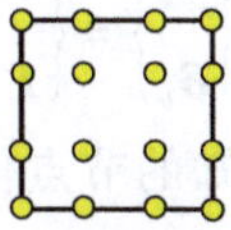	4×4	3×3
16 节点曲边单元	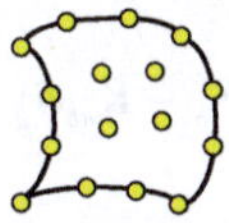	4×4	3×3

在采用曲边单元的早期，对于 8 节点曲边单元，常采用 3×3 高斯积分。对于 20 节点三维曲面单元，常采用 3×3×3 高斯积分。相关资料表明，对于上述两种单元，分别改用 2×2 和 2×2×2 高斯积分，可以显著地改进单元特性，并节省计算时间。

如果积分阶次降低过多，导致不能充分反映单元特性，就可能降低单元刚度矩阵的秩，从而使总刚矩阵奇异。因此，积分阶次也不能降低太多。

采用降阶积分时，应尽量满足以下两个条件：

(1)不降低单元刚度矩阵的秩。即降阶积分所得到单元刚度矩阵的秩,不低于精确积分所得的单元刚度矩阵的秩,以保证平衡方程组有唯一解。

(2)单元中应包含常应变状态,以保证解的收敛性。

8.2 位移边界条件处理方法

对于刚度方程,在未引入位移边界条件前,总刚矩阵是奇异的,也即刚度方程有无穷多组解。因此,必须引入限制结构刚体运动的位移边界条件,才能消除总刚矩阵的奇异性,从而使刚度方程有唯一解。引入位移边界条件的方法主要有降阶法、置“1”法和置大数法(或乘大数法)。

8.2.1 降阶法

前两种方法都没有改变原刚度方程的阶数。顾名思义,降阶法就是降低原刚度方程阶数的方法。该方法将原刚度方程中已知节点位移的自由度全部消去,得到一组降阶的修正方程,用以求解其他未知的节点位移。

针对位移约束为0,可以根据约束的节点编号,在总刚矩阵的主对角线上找到其位置。再将对应的行和列上的所有元素划掉,包括荷载列阵中对应的元素。依次处理每个位移约束,最终得到不包含已知位移分量的降阶方程组。

针对位移约束非0值,可以将刚度方程依据节点位移为已知量和未知量分成两个方程组,写成矩阵的形式为

$$\begin{bmatrix} \boldsymbol{K}_{aa} & \boldsymbol{K}_{ab} \\ \boldsymbol{K}_{ba} & \boldsymbol{K}_{bb} \end{bmatrix} \begin{Bmatrix} \boldsymbol{\delta}_a \\ \boldsymbol{\delta}_b \end{Bmatrix} = \begin{Bmatrix} \boldsymbol{F}_a \\ \boldsymbol{F}_b \end{Bmatrix}$$

式中,$\boldsymbol{\delta}_a$ 为未知的节点位移列阵,$\boldsymbol{\delta}_b$ 为已知的节点位移列阵。

通过上述方程组,可以得到

$$\boldsymbol{\delta}_a = \boldsymbol{K}_{aa}^{-1}(\boldsymbol{F}_a - \boldsymbol{K}_{ab}\boldsymbol{\delta}_b)$$

进一步可以得出

$$\boldsymbol{F}_b = \boldsymbol{K}_{ba}\boldsymbol{K}_{aa}^{-1}(\boldsymbol{F}_a - \boldsymbol{K}_{ab}\boldsymbol{\delta}_b) + \boldsymbol{K}_{bb}\boldsymbol{\delta}_b$$

降阶法需要根据位移约束条件,对刚度方程进行重组,编程相对复杂。

8.2.2 置“1”数法

置“1”法是将总刚矩阵中与位移约束相对应的主对角线元素修改为“1”,且将该行和该列上的其余元素均修改为“0”,荷载列阵对应的元素改为“0”或给定的位移值 $\bar{u}$。修改后的刚度方程为

$$\begin{bmatrix} k_{11} & k_{12} & \cdots & 0 & \cdots & k_{1n} \\ k_{21} & k_{22} & \cdots & 0 & \cdots & k_{2n} \\ \vdots & \vdots & & \vdots & & \vdots \\ 0 & 0 & \cdots & 1 & \cdots & 0 \\ \vdots & \vdots & & \vdots & & \vdots \\ k_{n1} & k_{n2} & \cdots & 0 & \cdots & k_{nn} \end{bmatrix} \begin{Bmatrix} \delta_1 \\ \delta_2 \\ \vdots \\ 0 \\ \vdots \\ \delta_n \end{Bmatrix} = \begin{Bmatrix} F_1 \\ F_2 \\ \vdots \\ 0 \\ \vdots \\ F_n \end{Bmatrix} \text{或} \begin{bmatrix} k_{11} & k_{12} & \cdots & 0 & \cdots & k_{1n} \\ k_{21} & k_{22} & \cdots & 0 & \cdots & k_{2n} \\ \vdots & \vdots & & \vdots & & \vdots \\ 0 & 0 & \cdots & 1 & \cdots & 0 \\ \vdots & \vdots & & \vdots & & \vdots \\ k_{n1} & k_{n2} & \cdots & 0 & \cdots & k_{nn} \end{bmatrix} \begin{Bmatrix} \delta_1 \\ \delta_2 \\ \vdots \\ \bar{u} \\ \vdots \\ \delta_n \end{Bmatrix} = \begin{Bmatrix} F_1 \\ F_2 \\ \vdots \\ \bar{u} \\ \vdots \\ F_n \end{Bmatrix}$$

8.2.3　置(乘)大数法

置大数法就是将总刚矩阵中与被约束位移分量相对应的主对角线元素赋予一个远大于总刚矩阵中其他所有元素的大数 A。大数的选择视计算机而定,如取 $A=10^{30}$。若给定的位移为非零值 $\bar{u}$,则将右端荷载列阵对应的荷载值换成为已知位移值与该大数的乘积。

$$\begin{bmatrix} k_{11} & k_{12} & \cdots & k_{1r} & \cdots & k_{1n} \\ k_{21} & k_{22} & \cdots & k_{2r} & \cdots & k_{2n} \\ \vdots & \vdots & & \vdots & & \vdots \\ k_{r1} & k_{r2} & \cdots & A & \cdots & k_{rn} \\ \vdots & \vdots & & \vdots & & \vdots \\ k_{n1} & k_{n2} & \cdots & k_{nr} & \cdots & k_{nn} \end{bmatrix} \begin{Bmatrix} \delta_1 \\ \delta_2 \\ \vdots \\ 0 \\ \vdots \\ \delta_n \end{Bmatrix} = \begin{Bmatrix} F_1 \\ F_2 \\ \vdots \\ 0 \\ \vdots \\ F_n \end{Bmatrix} \text{或} \begin{bmatrix} k_{11} & k_{12} & \cdots & k_{1r} & \cdots & k_{1n} \\ k_{21} & k_{22} & \cdots & k_{2r} & \cdots & k_{2n} \\ \vdots & \vdots & & \vdots & & \vdots \\ k_{r1} & k_{r2} & \cdots & A & \cdots & k_{rn} \\ \vdots & \vdots & & \vdots & & \vdots \\ k_{n1} & k_{n2} & \cdots & k_{nr} & \cdots & k_{nn} \end{bmatrix} \begin{Bmatrix} \delta_1 \\ \delta_2 \\ \vdots \\ \bar{u} \\ \vdots \\ \delta_n \end{Bmatrix} = \begin{Bmatrix} F_1 \\ F_2 \\ \vdots \\ \bar{u}A \\ \vdots \\ F_n \end{Bmatrix}$$

乘大数法与置大数法类似,只是在修改总刚矩阵中与被约束位移相对应的主对角线元素时,不采用赋值大数方法,而是在原数基础上乘以一个很大的数,使其远大于总刚矩阵中其他所有元素。

$$\begin{bmatrix} k_{11} & k_{12} & \cdots & k_{1r} & \cdots & k_{1n} \\ k_{21} & k_{22} & \cdots & k_{2r} & \cdots & k_{2n} \\ \vdots & \vdots & & \vdots & & \vdots \\ k_{r1} & k_{r2} & \cdots & Ak_{rr} & \cdots & k_{rn} \\ \vdots & \vdots & & \vdots & & \vdots \\ k_{n1} & k_{n2} & \cdots & k_{nr} & \cdots & k_{nn} \end{bmatrix} \begin{Bmatrix} \delta_1 \\ \delta_2 \\ \vdots \\ 0 \\ \vdots \\ \delta_n \end{Bmatrix} = \begin{Bmatrix} F_1 \\ F_2 \\ \vdots \\ 0 \\ \vdots \\ F_n \end{Bmatrix} \text{或} \begin{bmatrix} k_{11} & k_{12} & \cdots & k_{1r} & \cdots & k_{1n} \\ k_{21} & k_{22} & \cdots & k_{2r} & \cdots & k_{2n} \\ \vdots & \vdots & & \vdots & & \vdots \\ k_{r1} & k_{r2} & \cdots & Ak_{rr} & \cdots & k_{rn} \\ \vdots & \vdots & & \vdots & & \vdots \\ k_{n1} & k_{n2} & \cdots & k_{nr} & \cdots & k_{nn} \end{bmatrix} \begin{Bmatrix} \delta_1 \\ \delta_2 \\ \vdots \\ \bar{u} \\ \vdots \\ \delta_n \end{Bmatrix} = \begin{Bmatrix} F_1 \\ F_2 \\ \vdots \\ k_{rr}\bar{u}A \\ \vdots \\ F_n \end{Bmatrix}$$

置大数法(或乘大数法)在程序实现上相对简单,只需要修改两个数值即可。但是过大的大数可能引起线性方程的病态,造成在某些求解方法下无法求解,过小的大数则有可能引起计算的误差。

8.3 线性代数方程组求解:直接解法

线性代数方程组求解方法可以分为两大类,即直接解法和迭代解法。直接解法的特点是选定某种形式的直接解法后,对于一个给定的线性代数方程组,事先可以按规定的算法步骤计算出它所需要的算数运算操作数,直接给出最后的结果。迭代解法的特点是首先假定一个初始解,然后按一定的算法进行迭代,在每次迭代过程中对解的误差进行检查,并通过增加迭代次数不断降低解的误差,直至满足解的精度要求,并给出最终结果。

本节主要讨论基于高斯消去法的直接解法。

8.3.1 高斯循序消去法

高斯循序消去法是高斯消去法的基本形式。为了阐明该方法的步骤和特点,现引入以下算例。有线性代数方程组:

$$\begin{cases} 5\delta_1 - 4\delta_2 + \delta_3 = 2 & ① \\ -4\delta_1 + 6\delta_2 - 4\delta_3 + \delta_4 = -4 & ② \\ \delta_1 - 4\delta_2 + 6\delta_3 - 4\delta_4 = 6 & ③ \\ \delta_2 - 4\delta_3 + 5\delta_4 = -3 & ④ \end{cases}$$

$$\boldsymbol{K\delta} = \boldsymbol{F}$$

$$\boldsymbol{K} = \begin{bmatrix} 5 & -4 & 1 & 0 \\ -4 & 6 & -4 & 1 \\ 1 & -4 & 6 & -4 \\ 0 & 1 & -4 & 5 \end{bmatrix}$$

$$\boldsymbol{\delta} = \begin{bmatrix} \delta_1 \\ \delta_2 \\ \delta_3 \\ \delta_4 \end{bmatrix}$$

$$\boldsymbol{F} = \begin{bmatrix} 2 \\ -4 \\ 6 \\ -3 \end{bmatrix}$$

首先,将上述方程组的第①个方程作为主元行,消去其余方程中对应的项。具体步骤如下:

对于第②个方程,② - ① × (-4/5),得

$$K_{(2,:)}^{(1)} = \begin{bmatrix} 0 & \frac{14}{5} & -\frac{16}{5} & 1 \end{bmatrix}, F_2^{(1)} = -\frac{12}{5}$$

式中,$K_{(2,:)}^{(1)}$ 和 $F_2^{(1)}$ 的上标(1)表示进行一次消元,$K_{(2,:)}^{(1)}$ 的下标(2,:)表示第 2 行所有列,也即第 2 行。

对于第③个方程,③ - ① × (1/5),得

$$K_{(3,:)}^{(1)} = \begin{bmatrix} 0 & -\frac{16}{5} & \frac{29}{5} & -4 \end{bmatrix}, F_3^{(1)} = \frac{28}{5}$$

对于第④个方程,④ - ① × (0/5),得

$$K_{(4,:)}^{(1)} = [0 \quad 1 \quad -4 \quad 5], F_4^{(1)} = -3$$

整理成矩阵(列阵)形式,即

$$K^{(1)} = \begin{bmatrix} 5 & -4 & 1 & 0 \\ 0 & \frac{14}{5} & -\frac{16}{5} & 1 \\ 0 & -\frac{16}{5} & \frac{29}{5} & -4 \\ 0 & 1 & -4 & 5 \end{bmatrix}, F^{(1)} = \begin{Bmatrix} 2 \\ -\frac{12}{5} \\ \frac{28}{5} \\ -3 \end{Bmatrix}$$

依次类推,进行二次消元和三次消元,得到

$$K^{(2)} = \begin{bmatrix} 5 & -4 & 1 & 0 \\ 0 & \frac{14}{5} & -\frac{16}{5} & 1 \\ 0 & 0 & \frac{15}{7} & -\frac{20}{7} \\ 0 & 0 & -\frac{20}{7} & \frac{65}{14} \end{bmatrix}, F^{(2)} = \begin{Bmatrix} 2 \\ -\frac{12}{5} \\ \frac{20}{7} \\ -\frac{15}{7} \end{Bmatrix}$$

$$K^{(3)} = \begin{bmatrix} 5 & -4 & 1 & 0 \\ 0 & \frac{14}{5} & -\frac{16}{5} & 1 \\ 0 & 0 & \frac{15}{7} & -\frac{20}{7} \\ 0 & 0 & 0 & \frac{5}{6} \end{bmatrix}, F^{(3)} = \begin{Bmatrix} 2 \\ -\frac{12}{5} \\ \frac{20}{7} \\ \frac{5}{3} \end{Bmatrix}$$

经过 3 次消元,我们能够看到,对于 $K_{(4,:)}^{(1)}$ 的第 4 行(最后一行)只剩下一个元素。这意味着 δ_4 很容易求出,即 $\delta_4 = \frac{5/3}{5/6}$。

依次回代，可以得出 δ_3、δ_2 和 δ_1。

对上述案例进行总结和推广，对于一般线性代数方程组的求解，可以归纳为：

1. 消去部分

$$K_{ij}^{(m)} = K_{ij}^{(m-1)} - \frac{K_{im}^{(m-1)}}{K_{mm}^{(m-1)}} K_{mj}^{(m-1)}$$

$$F_{i}^{(m)} = F_{i}^{(m-1)} - \frac{F_{im}^{(m-1)}}{F_{mm}^{(m-1)}} F_{m}^{(m-1)}$$

式中，$m = 1,2,\cdots,n-1$；$i,j = m+1,m+2,\cdots,n$。

2. 回代部分

$$\delta_n = \frac{F_n^{(n-1)}}{K_{nn}^{(n-1)}}$$

$$\delta_i = \frac{F_i^{(n-1)} - \sum_{j=i+1}^{n} K_{ij}^{(n-1)} \delta_j}{K_{ii}^{(n-1)}}$$

式中，$i = n-1,n-2,\cdots,1$。

8.3.2 三角分解法

三角分解法实质上是高斯消去法的一种变化形式。其特点就是用一种区别于循序消去法的步骤而得到前述消元过程最后得到的上三角矩阵 $\boldsymbol{S}$。

根据 8.3.1 节的内容，可以得到：

$$S_{ij} = K_{ij}^{(n-1)} = K_{ij}^{(i-1)} \quad i = 1,2,\cdots,n; j = i,i+1,\cdots,n$$

$$K_{ij}^{(m)} = K_{ij}^{(m-1)} - K_{mi}^{(m-1)} K_{mj}^{(m-1)} / K_{mm}^{(m-1)}$$

则，可以得到：

$$S_{ij} = K_{ij}^{(i-2)} - \frac{S_{i-1,i} S_{i-1,j}}{S_{i-1,i-1}} = K_{ij}^{(i-3)} - \frac{S_{i-2,i} S_{i-2,j}}{S_{i-2,i-2}} - \frac{S_{i-1,i} S_{i-1,j}}{S_{i-1,i-1}}$$

最后可将 S_{ij} 表示成：

$$S_{ij} = K_{ij}^{(0)} - \sum_{m=1,2}^{i-1} \frac{S_{mi} S_{mj}}{S_{mm}} (i = 1,2,\cdots,n; j = i,i+1,\cdots,n) \tag{8-3}$$

式中，$K_{ij}^{(0)} = K_{ij}$。

式(8-3)表明，可以将经过高斯消去法得到的上三角阵 $\boldsymbol{S}$ 看成是对原矩阵 $\boldsymbol{K}$ 的上三角部分 $K_{ij}(i = 1,2,\cdots,n; j = i,i+1,\cdots,n)$ 进行 $i-1$ 次修正的结果。式(8-3)右端第 2 项表示的就是 $i-1$ 次修正项之和。修正的结果 $S_{ij}(=K_{ij}^{(i-1)})$ 仍放在原来 K_{ij} 的位置上。

从式(8-3)还可以看到，对于一个指定 i,j 的元素 S_{ij}，修正项涉及的矩阵元素仅是已经修正的第 1,2,⋯,$i-1$ 行的第 i 列和第 j 列元素 S_{mi},S_{mj} 以及对角元素 S_{mm} ($m=1,2,\cdots,i-1$)。用对 K_{ij} 进行修正得到上三角阵 S 的算法,通常称之为三角分解法,因此三角分解法实际上是高斯消去法的一种变化形式。

8.4 线性代数方程组求解:迭代解法

8.4.1 雅可比迭代法

方程组 $\boldsymbol{Ax}=\boldsymbol{b}$ 的展开形式为

$$\begin{bmatrix} a_{11} & a_{12} & \cdots & a_{1n} \\ a_{21} & a_{22} & \cdots & a_{2n} \\ \cdots & \cdots & \cdots & \cdots \\ a_{n1} & a_{n2} & \cdots & a_{nn} \end{bmatrix} \begin{pmatrix} x_1 \\ x_2 \\ \vdots \\ x_n \end{pmatrix} = \begin{pmatrix} b_1 \\ b_2 \\ \vdots \\ b_n \end{pmatrix} \tag{8-4}$$

改写式(8-4),将第 i 个方程($i=1\sim n$)表示为 x_i 的表达式为

$$x_i=\frac{1}{a_{ii}}\Big(b_i-\sum_{\substack{j=1\\j\neq i}}^{n}a_{ij}x_j\Big)\quad(i=1,2,3,\cdots,n) \tag{8-5}$$

雅可比迭代法是由一组 x_i 的初始值 x_i^0($i=1,2,\cdots,n$),然后按式(8-6)进行迭代:

$$x_i^{k+1}=\frac{1}{a_{ii}}\Big(b_i-\sum_{\substack{j=1\\j\neq i}}^{n}a_{ij}x_j^k\Big)\quad\begin{matrix}(i=1,2,3,\cdots,n)\\(k=0,1,2,3,\cdots)\end{matrix} \tag{8-6}$$

上标 k 代表迭代次数。上式还可以改写成更便于编程的如下形式,即

$$x_i^{k+1}=x_i^k+\frac{1}{a_{ii}}\Big(b_i-\sum_{j=1}^{n}a_{ij}x_j^k\Big)\quad\begin{matrix}(i=1,2,3,\cdots,n)\\(k=0,1,2,3,\cdots)\end{matrix} \tag{8-7}$$

迭代一直进行到满足精度要求为止。迭代的精度通常可采用以下准则进行检查,即

$$\|\boldsymbol{x}^{k+1}-\boldsymbol{x}^k\|\leqslant\varepsilon\|\boldsymbol{x}^k\|\quad(k=0,1,2,\cdots) \tag{8-8}$$

式中,ε 是允许的误差,$\|\boldsymbol{x}^k\|$ 表示向量的范数,例如 $\|\boldsymbol{x}^k\|_2=\left(\sum_{i=1}^{n}(x_i^k)^2\right)^{\frac{1}{2}}$。

用迭代法求解时需要注意迭代的收敛性。当 $\boldsymbol{Ax}=\boldsymbol{b}$ 中的系数矩阵 A 为严格对角优势矩阵,即 $\boldsymbol{A}$ 的每一行对角元素的绝对值都大于同行其他元素的绝对值之和,即

$$|a_{ii}|>\sum_{\substack{j=1\\j\neq i}}^{n}|a_{ij}|\quad(i=1,2,3,\cdots,n) \tag{8-9}$$

则可证明雅可比迭代法是收敛的。

有限元法的求解方程 $\boldsymbol{K\delta}=\boldsymbol{F}$ 中，系数矩阵 $\boldsymbol{K}$ 具有主元占优的特点，但不能保证是严格对角优势。

8.4.2 高斯-赛德尔迭代法

由雅可比迭代法可知，在计算 $\boldsymbol{x}^{k+1}$ 的过程中，采用的都是上一迭代步的结果 $\boldsymbol{x}^{k}$。考察其计算过程，显然在计算新的分量 x_i^{k+1} 时，已经计算得到了新的分量 $x_1^{k+1},x_2^{k+1},\cdots,x_{i-1}^{k+1}$。有理由认为新计算出来的分量可能比上次迭代得到的分量有所改善。希望充分利用新计算出来的分量以提高迭代解法的效率，这就是高斯-赛德尔迭代法（简称 G-S 迭代法）。

对式(8-6)进行改变可以得到 G-S 迭代法的分量形式：

$$x_i^{k+1}=\frac{1}{a_{ii}}\left(b_i-\sum_{j=1}^{i-1}a_{ij}x_j^{k+1}-\sum_{j=i+1}^{n}a_{ij}x_j^{k}\right)\quad\begin{pmatrix}i=1,2,3,\cdots,n\\k=0,1,2,3,\cdots\end{pmatrix}\tag{8-10}$$

G-S 迭代法的分量形式亦可表示为

$$x_i^{k+1}=x_i^{k}+\frac{1}{a_{ii}}\left(b_i-\sum_{j=1}^{i-1}a_{ij}x_j^{k+1}-\sum_{j=i}^{n}a_{ij}x_j^{k}\right)\quad\begin{pmatrix}i=1,2,3,\cdots,n\\k=0,1,2,3,\cdots\end{pmatrix}\tag{8-11}$$

G-S 迭代法每步迭代的计算量与雅可比迭代法相当。

8.4.3 超松弛迭代法

逐次超松弛迭代法（Succesive Over Relaxation Method，SOR）是 G-S 迭代法的一种加速收敛的方法。其特点是适当选择一个松弛因子 ω，将它引入式(8-11)，以加速其迭代收敛过程，迭代式(8-11)可以改写为

$$x_i^{k+1}=x_i^{k}+\frac{\omega}{a_{ii}}\left(b_i-\sum_{j=1}^{i-1}a_{ij}x_j^{k+1}-\sum_{j=1}^{n}a_{ij}x_j^{k}\right)\quad\begin{pmatrix}i=1,2,3,\cdots,n\\k=0,1,2,3,\cdots\end{pmatrix}\tag{8-12}$$

迭代式(8-12)称为松弛因子迭代方法。当 $\omega=1$ 时，式(8-12)就是 G-S 迭代法；当 $\omega<1$ 时，式(8-12)称为低松弛法；当 $\omega>1$ 时，式(8-12)称为超松弛法，即 SOR 方法。由于加速迭代收敛一般选取 $\omega>1$，因此式(8-12)一般称为超松弛迭代法（SOR 方法）。

8.4.4 共轭梯度法

8.4.4.1 梯度法

线性方程组 $\boldsymbol{Ax}=\boldsymbol{b}$ 是对应二次函数 $f(\boldsymbol{x})=\frac{1}{2}\boldsymbol{x}^{\mathrm{T}}\boldsymbol{Ax}-\boldsymbol{b}^{\mathrm{T}}\boldsymbol{x}$ 的极值条件，用梯度法求解函数 $f(x)$ 的极值问题可按以下步骤：

(1)设 $\boldsymbol{x}$ 的初值 $\boldsymbol{x}_0$；

(2)求 $f(\boldsymbol{x})$ 在 $\boldsymbol{x}_0$ 的梯度为 $\left.\frac{\partial f(\boldsymbol{x})}{\partial \boldsymbol{x}}\right|_{\boldsymbol{x}=\boldsymbol{x}_0}=\boldsymbol{Ax}_0-\boldsymbol{b}$；

(3)沿梯度的负方向,即 $\boldsymbol{r}_0=\boldsymbol{b}-\boldsymbol{A}\boldsymbol{x}_0$ 进行一维搜索,寻找$f(\boldsymbol{x})$在此方向的最小值。步骤如下:

①设 $\boldsymbol{x}_1=\boldsymbol{x}_0+\alpha_0\boldsymbol{r}_0$;

②将 $\boldsymbol{x}_1$ 代入$f(\boldsymbol{x})$,得到$f(\boldsymbol{x}_1)=\dfrac{1}{2}(\boldsymbol{x}_0+\alpha_0\boldsymbol{r}_0)^{\mathrm{T}}\boldsymbol{A}(\boldsymbol{x}_0+\alpha_0\boldsymbol{r}_0)-\boldsymbol{b}^{\mathrm{T}}(\boldsymbol{x}_0+\alpha_0\boldsymbol{x}_0)$;

③求$f(\boldsymbol{x}_1)$的最小值,即从$\dfrac{\partial f(\boldsymbol{x}_1)}{\partial\alpha_0}=0$,得到 $\alpha_0=\dfrac{\boldsymbol{b}^{\mathrm{T}}\boldsymbol{r}_0-\boldsymbol{x}_0^{\mathrm{T}}\boldsymbol{A}\boldsymbol{r}_0}{\boldsymbol{r}_0^{\mathrm{T}}\boldsymbol{A}\boldsymbol{r}_0}=\dfrac{\boldsymbol{r}_0^{\mathrm{T}}\boldsymbol{r}_0}{\boldsymbol{r}_0^{\mathrm{T}}\boldsymbol{A}\boldsymbol{r}_0}$;

(4)以 $\boldsymbol{x}_1$ 代替(1)中的 $\boldsymbol{x}_0$,重复上述(1)、(2)、(3)步骤的计算,直至 $\|\boldsymbol{r}_k\|\leqslant\varepsilon_1\|\boldsymbol{b}\|$ 或 $\|\boldsymbol{x}_{k+1}-\boldsymbol{x}_k\|\leqslant\varepsilon_2\|\boldsymbol{x}_k\|$,其中,$k$ 是迭代次数,ε_1 和 ε_2 是规定的允许误差;

(5)输出结果 $\boldsymbol{x}_{k+1}$。

从上述步骤可见,每次迭代是沿$f(\boldsymbol{x})$在 $x_k(k=1,2,\cdots)$的梯度的负方向进行一维搜索,寻找使$f(\boldsymbol{x})$下降的最大值,所以通常称此法为最速下降法。但实际计算表明此法的迭代收敛速度常常是不高的。

8.4.4.2 共轭梯度法

与上述梯度法不同,共轭梯度法(简称 CG 方法)的一维搜索不是沿$f(\boldsymbol{x})$在 $\boldsymbol{x}_k$ 的梯度方向,而是沿与前一次搜索方向关于系数矩阵 $\boldsymbol{A}$ 相互正交的所谓共轭梯度方向。它的算法步骤如下:

(1)设 $\boldsymbol{x}$ 的初值 $\boldsymbol{x}_0$;

(2)计算$f(\boldsymbol{x})$在 x_0 的梯度,$\left.\dfrac{\partial f(\boldsymbol{x})}{\partial\boldsymbol{x}}\right|_{\boldsymbol{x}=\boldsymbol{x}_0}=\boldsymbol{A}\boldsymbol{x}_0-\boldsymbol{b}$;

(3)令:$\boldsymbol{r}_0=\boldsymbol{b}-\boldsymbol{A}\boldsymbol{x}_0,\boldsymbol{p}_0=\boldsymbol{r}_0$;

(4)沿 $\boldsymbol{p}_0$ 方向进行一维搜索,寻找 $\min f(\boldsymbol{x})$,即设 $\boldsymbol{x}_1=\boldsymbol{x}_0+\alpha_0\boldsymbol{p}_0=\boldsymbol{x}_0+\alpha_0\boldsymbol{r}_0$,其中 α_0 可从$\dfrac{\partial f(\boldsymbol{x}_1)}{\partial\alpha}=0$ 得到,即有 $\alpha_0=\dfrac{\boldsymbol{r}_0^{\mathrm{T}}\boldsymbol{r}_0}{\boldsymbol{r}_0^{\mathrm{T}}\boldsymbol{A}\boldsymbol{r}_0}$;

(5)计算 $\boldsymbol{r}_1=\boldsymbol{b}-\boldsymbol{A}\boldsymbol{x}_1$;

(6)令 $\boldsymbol{p}_1=\boldsymbol{r}_1+\beta_0\boldsymbol{p}_0$,其中,$\beta_0$ 由 $\boldsymbol{p}_0^{\mathrm{T}}\boldsymbol{A}\boldsymbol{p}_1=0$ 决定,从 $\boldsymbol{p}_0^{\mathrm{T}}\boldsymbol{A}\boldsymbol{p}_1=\boldsymbol{p}_0^{\mathrm{T}}\boldsymbol{A}\boldsymbol{r}_1+\beta_0\boldsymbol{p}_0^{\mathrm{T}}\boldsymbol{A}\boldsymbol{p}_0=0$,可得 $\beta_0=-\dfrac{\boldsymbol{p}_0^{\mathrm{T}}\boldsymbol{A}\boldsymbol{r}_1}{\boldsymbol{p}_0^{\mathrm{T}}\boldsymbol{A}\boldsymbol{p}_0}$;

(7)沿 $\boldsymbol{p}_1$ 方向进行一维搜索,寻找 $\min f(\boldsymbol{x})$,即设 $\boldsymbol{x}_2=\boldsymbol{x}_1+\alpha_1\boldsymbol{p}_1$,其中,$\alpha_1$ 可从$\dfrac{\partial f(\boldsymbol{x}_2)}{\partial\alpha_1}=0$ 得到,即 $\alpha_1=\dfrac{\boldsymbol{p}_1^{\mathrm{T}}\boldsymbol{r}_1}{\boldsymbol{p}_1^{\mathrm{T}}\boldsymbol{A}\boldsymbol{p}_1}$;

(8)以 $\boldsymbol{x}_2$ 代替步骤(5)中的 $\boldsymbol{x}_1$,重复上述(5)、(6)、(7)步骤;继续进行迭代,直至满足收敛要求。

8.4.4.3　预条件共轭梯度法

预条件共轭梯度法简称 PCG 方法，是加速共轭梯度法收敛的一种方法。因为所有迭代法的收敛速度都与表征系数矩阵性态的条件数（系数矩阵最大特征值和最小特征值之比）有关，此数越大，收敛速度越慢。虽然共轭梯度法在理论上最多经过 n 次迭代就可达到精确解，但由于计算中的舍入误差，使每次迭代后的残差 r_k（$k=1, 2, \cdots$）不能保持正交性，从而使收敛速度降低。何况对于大型、超大型方程组，即使 n 次迭代收敛，也是实际计算所不能接受的。PCG 方法是通过引入预条件矩阵 $\boldsymbol{M}$，使方程系数矩阵的条件数降低，以达到提高收敛速度的目的。具体做法如下：

引入一对称正定矩阵 $\boldsymbol{M}=\boldsymbol{W}^{\mathrm{T}}\boldsymbol{W}$，使原方程 $\boldsymbol{A}\boldsymbol{x}=\boldsymbol{b}$ 转换成

$$(\boldsymbol{W}^{-\mathrm{T}}\boldsymbol{A}\boldsymbol{W}^{-1})\boldsymbol{W}\boldsymbol{x}=\boldsymbol{W}^{-\mathrm{T}}\boldsymbol{b} \tag{8-13}$$

或写成

$$\hat{\boldsymbol{A}}\hat{\boldsymbol{x}}=\hat{\boldsymbol{b}} \tag{8-14}$$

式中，$\hat{\boldsymbol{A}}=\boldsymbol{W}^{-\mathrm{T}}\boldsymbol{A}\boldsymbol{W}^{-1}$，$\hat{\boldsymbol{x}}=\boldsymbol{W}\boldsymbol{x}$，$\hat{\boldsymbol{b}}=\boldsymbol{W}^{-\mathrm{T}}\boldsymbol{b}$。

这里的 $\boldsymbol{M}$ 称为预条件矩阵。显然 $\hat{\boldsymbol{A}}$ 也是对称正定矩阵。当 $\boldsymbol{M}$ 为 $\boldsymbol{A}$ 的近似时，$\hat{\boldsymbol{A}}$ 接近单位矩阵，这时它的条件数近似为 1，即 $\mathrm{cond}(\hat{\boldsymbol{A}})\approx 1$。然后用 CG 方法求解式（8-14）。

Ray William Clough

人物

Ray William Clough（1920—2016 年）出生于美国西雅图，曾是加州大学伯克利分校土木工程系（荣誉）教授。正如第一章所述，Ray William Clough 是有限单元法发展历程的关键人物之一。另外，Ray William Clough 在地震工程领域也非常有名。2008 年秋，在中国举行的世界地震工程大会上，Ray William Clough 被评为“Legend of Earthquake Engineering”（地震工程传奇）。

Ray William Clough 在加州大学伯克利分校建立了地震工程研究中心，该中心具有工程研究、信息融合和公共服务等功能。Ray William Clough 是 National Academy of Sciences（美国科学院）、National Academy of Engineering（美国工程院）、Royal Norwegian Scientists Society（挪威皇家科学家学会）和 Chinese Academy of Engineering（中国工程院）的成员。Ray William Clough 一生获得诸多重要奖章，比如伦敦皇家工程学院颁发的 Prince Philip Medal（菲利普亲王奖章）、克林顿总统颁发的 National Medal of Science（国家科学奖章）、富兰克林研究所颁发的 Benjamin Franklin Medal（本杰明·富兰克林奖章）。

9 动力有限单元法的求解方法

第 8 章主要了讲解静力问题的求解方法，是有限单元法的首次综合应用。但是，轨道交通振动问题主要为动力问题。因此，本章进一步讲解动力问题的求解方法，主要包括模态分析计算方法以及瞬态动力计算方法。

9.1 运动方程

动力问题中，结构所受外力有惯性力、阻尼力以及动力荷载。因此，通过能量原理，可以得到

$$\boldsymbol{K\delta} = \boldsymbol{F}_i + \boldsymbol{F}_d + \boldsymbol{F}(t) \tag{9-1}$$

式中，$\boldsymbol{K}$ 为刚度矩阵，$\boldsymbol{\delta}$ 为节点位移，$\boldsymbol{F}_i$ 为惯性力，$\boldsymbol{F}_d$ 为阻尼力，$\boldsymbol{F}(t)$ 为动力荷载。

根据达朗贝尔原理，可利用质量矩阵 $\boldsymbol{M}$ 和节点加速度$\frac{\partial^2\boldsymbol{\delta}}{\partial t^2}$表示惯性力，即

$$\boldsymbol{F}_i = -\boldsymbol{M}\frac{\partial^2\boldsymbol{\delta}}{\partial t^2} \tag{9-2}$$

设结构具有黏滞阻尼，可用阻尼矩阵 $\boldsymbol{C}$ 和节点速度$\frac{\partial\boldsymbol{\delta}}{\partial t}$表示阻尼力，即

$$\boldsymbol{F}_d = -\boldsymbol{C}\frac{\partial\boldsymbol{\delta}}{\partial t} \tag{9-3}$$

将式(9-2)、式(9-3)代入式(9-1)，得到运动方程如下：

$$\boldsymbol{M}\frac{\partial^2\boldsymbol{\delta}}{\partial t^2} + \boldsymbol{C}\frac{\partial\boldsymbol{\delta}}{\partial t} + \boldsymbol{K\delta} = \boldsymbol{F}(t) \tag{9-4}$$

假定 $\dot{\boldsymbol{\delta}} = \frac{\partial\boldsymbol{\delta}}{\partial t}$，$\ddot{\boldsymbol{\delta}} = \frac{\partial^2\boldsymbol{\delta}}{\partial t^2}$，则运动方程可写成

$$\boldsymbol{M}\ddot{\boldsymbol{\delta}} + \boldsymbol{C}\dot{\boldsymbol{\delta}} + \boldsymbol{K\delta} = \boldsymbol{F}(t) \tag{9-5}$$

从式(9-4)或式(9-5)可以看出，用有限单元法进行结构动力计算，必须解决以下两个问题：一是建立结构的质量矩阵 $\boldsymbol{M}$、阻尼矩阵 $\boldsymbol{C}$ 和刚度矩阵 $\boldsymbol{K}$(与静力问题

相同,可以不再计算);二是运动方程是二阶微分方程组,其中出现了位移对时间的二次微商,必须找到求解这种大型二阶微分方程组的有效方法。

9.2 质量矩阵与阻尼矩阵

9.2.1 质量矩阵

下面用 $\boldsymbol{m}$ 表示单元质量矩阵,$\boldsymbol{M}$ 表示整体质量矩阵。求出单元质量矩阵后,进行适当的组合即可得到整体质量矩阵。组合方法与由单元刚度矩阵求整体刚度矩阵相似。在动力计算中可采用两种质量矩阵,即协调质量矩阵和集中质量矩阵。

9.2.1.1 协调质量矩阵

从运动的结构中取出一个微小部分,根据达朗贝尔原理,在它的单位体积上作用的惯性力为

$$\boldsymbol{p}_i = -\rho \frac{\partial^2 \boldsymbol{u}}{\partial t^2} \tag{9-6}$$

式中,ρ 为材料的密度,$\boldsymbol{u}$ 为位移向量。

在对结构进行离散化以后,取出一个单元,并采用如下形式的位移函数:

$$\boldsymbol{u} = \boldsymbol{N}\boldsymbol{\delta}^e \tag{9-7}$$

将式(9-7)代入式(9-6),得到

$$\boldsymbol{p}_i = -\rho \boldsymbol{N} \frac{\partial^2 \boldsymbol{\delta}^e}{\partial t^2} \tag{9-8}$$

进一步,可以求得作用于单元节点上的惯性力为

$$\boldsymbol{F}_i^e = \int \boldsymbol{N}^{\mathrm{T}} \boldsymbol{p}_i \mathrm{d}V = -\int \boldsymbol{N}^{\mathrm{T}} \rho \boldsymbol{N} \mathrm{d}V \frac{\partial^2 \boldsymbol{\delta}^e}{\partial t^2} = -\boldsymbol{m}\ddot{\boldsymbol{\delta}}^e \tag{9-9}$$

可见,单元质量矩阵为

$$\boldsymbol{m} = \int \boldsymbol{N}^{\mathrm{T}} \rho \boldsymbol{N} \mathrm{d}V \tag{9-10}$$

如此计算单元质量矩阵,单元的动能和位能是互相协调的,因此叫作协调质量矩阵。

9.2.1.2 集中质量矩阵

假定单元的质量集中在它的节点上,质量的平移和转动可同样处理。这样得到的质量矩阵是对角线矩阵。单元集中质量矩阵定义如下:

$$\boldsymbol{m} = \int \rho \boldsymbol{\psi}^{\mathrm{T}} \boldsymbol{\psi} \mathrm{d}V \tag{9-11}$$

式中,$\boldsymbol{\psi}$ 为函数 ψ_i 的矩阵,ψ_i 在分配给节点 i 的区域内取 1,在域外取 0。由于分配

给各节点的区域不能交错，所以由式(9-11)计算的质量矩阵是对角线的。

下面给出几种典型单元的质量矩阵。

1. 梁单元

设梁单元重量为 W，则每个节点分配 $l/2$，并略去转动项，得到

$$\boldsymbol{m}=\frac{W}{2g}\begin{bmatrix}1&0&0&0\\0&0&0&0\\0&0&1&0\\0&0&0&0\end{bmatrix}$$

2. 平面等应变三角形单元

设单元重量为 W，将它 3 等分，分配给每一节点，得到单元质量矩阵

$$\boldsymbol{m}=\frac{W}{3g}\left[\begin{array}{cc:cc:cc}1&0&0&0&0&0\\0&1&0&0&0&0\\\hdashline 0&0&1&0&0&0\\0&0&0&1&0&0\\\hdashline 0&0&0&0&1&0\\0&0&0&0&0&1\end{array}\right]$$

计算经验表明，在单元数目相同的条件下，两种质量矩阵给出的计算精度是相差不多的。集中质量矩阵不但本身易于计算，而且由于它是对角线矩阵，可使动力计算简化很多。对于梁、板、壳等问题，由于可省去转动惯性项，运动方程的自由度数量可显著减少。

9.2.2 阻尼矩阵

如果假定阻尼力正比于质点运动速度，从运动的结构中取出一微小部分，在它的单位体积上作用的阻尼力为

$$\boldsymbol{p}_d=-\alpha\rho\frac{\partial\boldsymbol{u}}{\partial t}=-\alpha\rho\boldsymbol{N}\dot{\boldsymbol{\delta}}^e \tag{9-12}$$

式中，α 为比例常数。

进一步，可以求得作用于单元节点上的阻尼力为

$$\boldsymbol{F}_d^e=\int\boldsymbol{N}^{\mathrm{T}}\boldsymbol{p}_d\mathrm{d}V=-\alpha\int\boldsymbol{N}^{\mathrm{T}}\rho\boldsymbol{N}\mathrm{d}V\dot{\boldsymbol{\delta}}^e=-\boldsymbol{c}\dot{\boldsymbol{\delta}}^e \tag{9-13}$$

可见，单元阻尼矩阵正比于单元质量矩阵，即

$$\boldsymbol{c}=\alpha\int\boldsymbol{N}^{\mathrm{T}}\rho\boldsymbol{N}\mathrm{d}V=\alpha\boldsymbol{m} \tag{9-14}$$

如果假定阻尼力正比于应变速度，则阻尼应力可表示为

$$\boldsymbol{\sigma}_d = -\beta \boldsymbol{D} \frac{\partial \boldsymbol{\varepsilon}}{\partial t} = -\beta \boldsymbol{DB} \dot{\boldsymbol{\delta}}^e \tag{9-15}$$

式中，β 为比例常数。

进一步，可以得出作用于单元节点上的阻尼力为

$$\boldsymbol{F}_d^e = \int \boldsymbol{B}^{\mathrm{T}} \boldsymbol{\sigma}_d \mathrm{d}V = -\beta \int \boldsymbol{B}^{\mathrm{T}} \boldsymbol{DB} \mathrm{d}V \dot{\boldsymbol{\delta}}^e = -\boldsymbol{c} \dot{\boldsymbol{\delta}}^e \tag{9-16}$$

可见，单元阻尼矩阵正比于单元刚度矩阵，即

$$\boldsymbol{c} = \beta \int \boldsymbol{B}^{\mathrm{T}} \boldsymbol{DB} \mathrm{d}V = \beta \boldsymbol{k} \tag{9-17}$$

一般情况下，根据实测资料来决定阻尼的近似值，因此不是计算单元阻尼矩阵，而是直接计算结构的整体阻尼矩阵 $\boldsymbol{C}$。采用如下线性关系，称为瑞利(Rayleigh)阻尼，即

$$\boldsymbol{C} = \alpha \boldsymbol{M} + \beta \boldsymbol{K} \tag{9-18}$$

进一步，可以得到

$$\zeta_i = \frac{\alpha}{2\omega_i} + \frac{\beta \omega_i}{2} \tag{9-19}$$

根据实测的 2 个阻尼比，由式(9-19)可算出 α 和 β。

例如，已知 2 个阻尼比 ζ_i 和 ζ_j，代入式(9-19)，得到

$$\begin{cases} \alpha + \beta \omega_i^2 = 2\zeta_i \omega_i \\ \alpha + \beta \omega_j^2 = 2\zeta_j \omega_j \end{cases} \tag{9-20}$$

联立解之，得到

$$\begin{cases} \alpha = \dfrac{2(\zeta_i \omega_j - \zeta_j \omega_i)}{\omega_j^2 - \omega_i^2} \omega_i \omega_j \\ \beta = \dfrac{2(\zeta_j \omega_j - \zeta_i \omega_i)}{\omega_j^2 - \omega_i^2} \end{cases} \tag{9-21}$$

如果 $\zeta_i = \zeta_j = \zeta$，则有

$$\alpha = \frac{2\omega_i \omega_j}{\omega_i + \omega_j} \zeta$$

$$\beta = \frac{2\zeta}{\omega_i + \omega_j} \tag{9-22}$$

9.3　模态分析计算方法

9.3.1　自振频率与振型

在式(9-5)中令 $\boldsymbol{F}(t) = \boldsymbol{0}$，得到自由振动方程 $\boldsymbol{M} \ddot{\boldsymbol{\delta}} + \boldsymbol{C} \dot{\boldsymbol{\delta}} + \boldsymbol{K} \boldsymbol{\delta} = \boldsymbol{0}$。在实际工程

中，阻尼对结构自振频率与振型的影响不大，因此可进一步忽略阻尼力，得到无阻尼自由振动的运动方程为

$$\boldsymbol{M}\ddot{\boldsymbol{\delta}}+\boldsymbol{K}\boldsymbol{\delta}=\boldsymbol{0} \tag{9-23}$$

设结构作简谐运动 $\boldsymbol{\delta}=\boldsymbol{\phi}\cos(\omega t)$，并代入式(9-23)，得到其次方程为

$$(\boldsymbol{K}-\omega^2\boldsymbol{M})\boldsymbol{\phi}=\boldsymbol{0} \tag{9-24}$$

在自由振动时，结构中各振点的振幅 $\boldsymbol{\phi}$ 不全为零，所以，$(\boldsymbol{K}-\omega^2\boldsymbol{M})$ 的行列式之值必须等于零。由此，得到结构自振频率方程为

$$|\boldsymbol{K}-\omega^2\boldsymbol{M}|=0 \tag{9-25}$$

刚度矩阵 $\boldsymbol{K}$ 和质量矩阵 $\boldsymbol{M}$ 都是 n 阶方阵，其中 n 是节点自由度数目。所以，式(9-25)是关于 ω^2 的 n 次代数方程，由此，可求出结构的 n 个自振频率：

$$\omega_1\leqslant\omega_2\leqslant\omega_3\leqslant\cdots\leqslant\omega_n$$

对于每个自振频率，由式(9-24)可确定一组结构点的振幅 $\boldsymbol{\phi}_i=\{\phi_{i1},\phi_{i2},\cdots,\phi_{in}\}^{\mathrm{T}}$，称为特征向量，在工程上则称为振型。振幅 ϕ 之间保持固定的比值，但绝对值可任意变化。

因此，在实际工作中，常用规准化振型或正则化振型来决定振型的具体数值。

规准化振型：取 $\boldsymbol{\phi}_i=\{\phi_{i1},\phi_{i2},\cdots,\phi_{in}\}^{\mathrm{T}}$ 的某一项，例如取第 n 项为 1，即 $\phi_{in}=1$，则

$$\boldsymbol{\phi}_i=\{\phi_{i1},\phi_{i2},\cdots,1\}^{\mathrm{T}} \tag{9-26}$$

正则化振型：取 $\boldsymbol{\phi}_i=\{\phi_{i1},\phi_{i2},\cdots,\phi_{in}\}^{\mathrm{T}}$ 的数值，使

$$\boldsymbol{\phi}_i^{\mathrm{T}}\boldsymbol{M}\boldsymbol{\phi}_i=1 \tag{9-27}$$

9.3.2 Ritz 向量直接叠加法

Ritz 向量直接叠加法的基本点：根据荷载空间分布模式按一定规律生成一组 Ritz 向量，再将系统运动方程转换到这组 Ritz 向量空间以后，只要求解一次减缩了的标准特征值问题，再经过坐标系的变换，就可得到原系统运动方程的部分特征解。其基本步骤如下：

(1)给定 $\boldsymbol{K}$、$\boldsymbol{M}$、$\boldsymbol{F}$，其中 $\boldsymbol{F}(s,t)=\boldsymbol{P}(s)q(t)$。

(2)生成 $\boldsymbol{x}_1$，求解 $\boldsymbol{K}\hat{\boldsymbol{x}}_1=\boldsymbol{P}(s)$。正则化 $\boldsymbol{x}_1=\hat{\boldsymbol{x}}_1/\beta_1$，其中 $\beta_1=(\hat{\boldsymbol{x}}_1^{\mathrm{T}}\boldsymbol{M}\hat{\boldsymbol{x}}_1)^{1/2}$。

(3)生成 $\boldsymbol{x}_i$，$i=2,3,\cdots$，求解 $\boldsymbol{K}\tilde{\boldsymbol{x}}_i=\boldsymbol{M}\boldsymbol{x}_{i-1}$，正交化 $\hat{\boldsymbol{x}}_i=\tilde{\boldsymbol{x}}_i-\sum\limits_{j=1}^{i-1}\alpha_{ij}\boldsymbol{x}_j$，其中 $\alpha_{ij}=\tilde{\boldsymbol{x}}_i^{\mathrm{T}}\boldsymbol{M}\boldsymbol{x}_j$，正则化 $\boldsymbol{x}_i=\hat{\boldsymbol{x}}_i/\beta_i$，其中 $\beta_i=(\hat{\boldsymbol{x}}_i^{\mathrm{T}}\boldsymbol{M}\hat{\boldsymbol{x}}_i)^{1/2}$。

(4)将方程 $\boldsymbol{K}\boldsymbol{\Phi}_r=\boldsymbol{M}\boldsymbol{\Phi}_r\boldsymbol{\Omega}_r$ 转到 Ritz 向量空间，设 $\boldsymbol{\Phi}_r=\boldsymbol{X}\boldsymbol{\Phi}^*$，其中，$\boldsymbol{\Phi}_r=[\boldsymbol{\phi}_1\quad\boldsymbol{\phi}_2\quad\cdots\quad\boldsymbol{\phi}_r]$，$\boldsymbol{X}=[\boldsymbol{x}_1\quad\boldsymbol{x}_2\quad\cdots\quad\boldsymbol{x}_r]$。代入 $\boldsymbol{K}\boldsymbol{\Phi}=\boldsymbol{M}\boldsymbol{\Phi}\boldsymbol{\Omega}$，并用 $\boldsymbol{X}^{\mathrm{T}}$ 前乘两端，

得到 $\boldsymbol{K}^*\boldsymbol{\Phi}^*=\boldsymbol{\Phi}^*\boldsymbol{\Omega}_r$。

(5)求解 $\boldsymbol{K}^*\boldsymbol{\Phi}^*=\boldsymbol{\Phi}^*\boldsymbol{\Omega}_r$，得到特征解 $\boldsymbol{\Phi}^*=[\boldsymbol{\phi}_1^*\quad \boldsymbol{\phi}_2^*\quad \cdots\quad \boldsymbol{\phi}_r^*]$和 $\boldsymbol{\Omega}_r=\mathrm{diag}(\omega_i^2)$，其中，$\boldsymbol{\Omega}_r=\mathrm{diag}(\omega_i^2)$是 $\omega_1^2,\omega_2^2,\cdots,\omega_r^2$ 组成的对角矩阵。

(6)计算原问题的部分特征向量 $\boldsymbol{\Phi}_r=\boldsymbol{X}\boldsymbol{\Phi}^*$。

9.3.3　Lanczos 方法

Lanczos 方法和以上讨论的 Ritz 向量直接叠加法本质上是一致的。两者采用基本相同的步骤生成一组相互正交的 Ritz 向量(在 Lanczos 方法中成为 Lanczos 向量)。其基本步骤如下：

(1)给定 $\boldsymbol{K}$、$\boldsymbol{M}$、$\boldsymbol{F}$，其中 $\boldsymbol{F}(s,t)=\boldsymbol{P}(s)q(t)$。

(2)生成 $\boldsymbol{x}_1$，求解 $\boldsymbol{K}\hat{\boldsymbol{x}}_1=\boldsymbol{P}(s)$。正则化 $\boldsymbol{x}_1=\hat{\boldsymbol{x}}_1/\beta_1$，其中 $\beta_1=(\hat{\boldsymbol{x}}_1^{\mathrm{T}}\boldsymbol{M}\hat{\boldsymbol{x}}_1)^{1/2}$。

(3)生成 $\boldsymbol{x}_i$，$i=2,3,\cdots$，求解 $\boldsymbol{K}\tilde{\boldsymbol{x}}_i=\boldsymbol{M}\boldsymbol{x}_{i-1}$，正交化 $\hat{\boldsymbol{x}}_i=\tilde{\boldsymbol{x}}_i-\alpha_{i-1}\boldsymbol{x}_{i-1}-\beta_{i-1}\boldsymbol{x}_{i-2}$，其中 $\alpha_{i-1}=\tilde{\boldsymbol{x}}_i\boldsymbol{M}\boldsymbol{x}_{i-1}$，正则化 $\boldsymbol{x}_i=\hat{\boldsymbol{x}}_i/\beta_i$，其中 $\beta_i=(\hat{\boldsymbol{x}}_i^{\mathrm{T}}\boldsymbol{M}\hat{\boldsymbol{x}}_i)^{1/2}$。

(4)将原求解部分特征解 $\boldsymbol{\Omega}_r$ 和 $\boldsymbol{\Phi}_r$ 的广义特征值问题 $\boldsymbol{K}\boldsymbol{\Phi}_r=\boldsymbol{M}\boldsymbol{\Phi}_r\boldsymbol{\Omega}_r$ 转换为 Lanczos 向量空间内三对角矩阵 $\boldsymbol{T}$ 的标准特征值问题，即求解 $\boldsymbol{T}\boldsymbol{Z}=\boldsymbol{Z}\boldsymbol{\lambda}$，其中，

$$\boldsymbol{T}=\begin{bmatrix}\alpha_1 & \beta_2 & & & & \\ \beta_2 & \alpha_2 & \beta_3 & & & \\ & \beta_3 & \alpha_3 & \beta_4 & & \\ & & \ddots & \ddots & \ddots & \\ & & & \ddots & \ddots & \ddots \\ & & & & \ddots & \ddots & \ddots\end{bmatrix}$$

(5)求解标准特征值问题 $\boldsymbol{T}\boldsymbol{Z}=\boldsymbol{Z}\boldsymbol{\lambda}$，得到特征解 $\boldsymbol{Z}=[z_1\quad z_2\quad \cdots\quad z_r]$和 $\boldsymbol{\lambda}=\mathrm{diag}(\lambda_i)$。

(6)计算原问题的部分特征解 $\boldsymbol{\Phi}_r=\boldsymbol{X}\boldsymbol{Z}$，$\boldsymbol{\Omega}_r=\boldsymbol{\lambda}^{-1}$，即 $\omega_i^2=\dfrac{1}{\lambda_i}$，$i=1,2,\cdots,r$。

9.3.4　子空间迭代法

子空间迭代法是假设 r 个起始向量同时进行迭代以求得矩阵的前 $p(<r)$个特征值和特征向量。其基本步骤如下：

(1)初始计算：

①形成刚度矩阵 $\boldsymbol{K}$ 和质量矩阵 $\boldsymbol{M}$；

②按所给定的边界条件修正 $\boldsymbol{K}$；

③三角分解 $\boldsymbol{K}$，即 $\boldsymbol{K}=\boldsymbol{L}\boldsymbol{D}\boldsymbol{L}^{\mathrm{T}}$。

(2)给定初始向量矩阵 $\boldsymbol{X}_0=[(\boldsymbol{x}_1)_0 \quad (\boldsymbol{x}_2)_0 \quad \cdots \quad (\boldsymbol{x}_r)_0]$。

(3)对于每次迭代 $k(k=0,1,2,\cdots)$作:

①赋值 $\boldsymbol{Y}=\boldsymbol{M}\boldsymbol{X}_k$;

②求解方程组 $\boldsymbol{L}\boldsymbol{D}\boldsymbol{L}^{\mathrm{T}}\boldsymbol{X}_{k+1}=\boldsymbol{Y}$;

③赋值 $\tilde{\boldsymbol{K}}=\boldsymbol{X}_{k+1}^{\mathrm{T}}\boldsymbol{Y}$;

④赋值 $\boldsymbol{Y}_1=\boldsymbol{M}\boldsymbol{K}_{k+1}$;

⑤赋值 $\tilde{\boldsymbol{M}}=\boldsymbol{X}_{k+1}^{\mathrm{T}}\boldsymbol{Y}_1$;

⑥求解广义特征值问题 $\tilde{\boldsymbol{K}}\boldsymbol{\Phi}^*=\tilde{\boldsymbol{M}}\boldsymbol{\Phi}^*\boldsymbol{\Omega}_{k+1}^*$;

⑦检查 $\boldsymbol{\Omega}_{k+1}^*$是否满足精度要求 $\left|\dfrac{(\omega_i^*)_{k+1}-(\omega_i^*)_k}{(\omega_i^*)_{k+1}}\right|\leqslant er,i=1,2,\cdots,p$,如果满足精度要求转到下面的步骤(4),如果不满足精度要求,则作⑧;

⑧赋值 $\boldsymbol{Y}=\boldsymbol{Y}_1\boldsymbol{\Phi}^*$;

⑨令 $k=k+1$ 并返回步骤②。

(4)赋值 $\boldsymbol{\Omega}_{\mathrm{I}}=\boldsymbol{\Omega}_{k+1}^*,\boldsymbol{\Phi}_I=\boldsymbol{X}_{k+1}\boldsymbol{\Phi}^*$。

(5)输出 $\boldsymbol{\Omega}_I$ 和 $\boldsymbol{\Phi}_I$。

9.4 瞬态动力计算方法

9.4.1 Newmark-β法

Newmark-β 法假定:

$$\{\dot{u}\}_{t+\Delta t}=\{\dot{u}\}_t+[(1-\beta)\{\ddot{u}\}_t+\beta\{\ddot{u}\}_{t+\Delta t}]\Delta t \tag{9-28}$$

$$\{u\}_{t+\Delta t}=\{u\}_t+\{\dot{u}\}\Delta t+\left[\left(\frac{1}{2}-\gamma\right)\{\ddot{u}\}_t+\gamma\{\ddot{u}\}_{t+\Delta t}\right]\Delta t^2 \tag{9-29}$$

式中,β 和 γ 是按积分的精度和稳定性要求进行调整的参数。当 $\beta=0.5,\gamma=0.25$ 时,为常平均加速度法,即假定从 t 到 $t+\Delta t$ 时刻的速度不变,取为常数$\frac{1}{2}(\{\ddot{u}\}_t+\{\ddot{u}\}_{t+\Delta t})$。研究表明,当 $\beta\geqslant0.5,\gamma\geqslant0.25(0.5+\beta)^2$ 时,Newmark-β 法是一种无条件稳定的格式。

由式(9-28)和式(9-29)可得到用$\{u\}_{t+\Delta t}$及$\{u\}_t$,$\{\dot{u}\}_t$,$\{\ddot{u}\}_t$ 表示的$\{\dot{u}\}_{t+\Delta t}$,$\{\ddot{u}\}_{t+\Delta t}$表达式,即有

$$\{\ddot{u}\}_{t+\Delta t}=\frac{1}{\gamma\Delta t^2}(\{u\}_{t+\Delta t}-\{u\}_t)-\frac{1}{\gamma\Delta t}\{\dot{u}\}_t-\left(\frac{1}{2\gamma}-1\right)\{\ddot{u}\}_t \tag{9-30}$$

$$\{\dot{u}\}_{t+\Delta t}=\frac{\beta}{\gamma\Delta t}(\{u\}_{t+\Delta t}-\{u\}_t)+\left(1-\frac{\beta}{\gamma}\right)\{\dot{u}\}_t+\left(1-\frac{\beta}{2\gamma}\right)\Delta t\{\ddot{u}\}_t \tag{9-31}$$

考虑 $t+\Delta t$ 时刻的振动微分方程为

$$[\boldsymbol{M}]\{\ddot{u}\}_{t+\Delta t}+[\boldsymbol{C}]\{\dot{u}\}_{t+\Delta t}+[\boldsymbol{K}]\{u\}_{t+\Delta t}=\{\beta\}_{t+\Delta t} \tag{9-32}$$

将式(9-30)、式(9-31)代入式(9-32),得到关于 $u_{t+\Delta t}$ 的方程

$$[\bar{\boldsymbol{K}}]\{u\}_{t+\Delta t}=\{\bar{R}\}_{t+\Delta t} \tag{9-33}$$

$$[\bar{\boldsymbol{K}}]=[\boldsymbol{K}]+\frac{1}{\gamma\Delta t^2}[\boldsymbol{M}]+\frac{\beta}{\gamma\Delta t}[\boldsymbol{C}]$$

$$\{\bar{R}\}=\{R\}_{t+\Delta t}+[\boldsymbol{M}]\left(\frac{1}{\gamma\Delta t^2}\{u\}_t+\frac{1}{\gamma\Delta t}\{\dot{u}\}_t+\left(\frac{1}{2\gamma}-1\right)\{\ddot{u}\}_t\right)+$$
$$[\boldsymbol{C}]\left(\frac{\beta}{\gamma\Delta t}\{u\}_t+\left(\frac{\beta}{\gamma}-1\right)\{\dot{u}\}_t+\left(\frac{\beta}{2\gamma}-1\right)\Delta t\{\ddot{u}\}_t\right)$$

求解式(9-33)可得 $\{u\}_{t+\Delta t}$,然后由式(9-30)和式(9-31)可解出 $\{\dot{u}\}_{t+\Delta t}$ 和 $\{\ddot{u}\}_{t+\Delta t}$。

由此,Newmark-β 法的计算步骤如下:

(1)初始计算

①形成刚度矩阵[$\boldsymbol{K}$]、质量矩阵[$\boldsymbol{M}$]和阻尼矩阵[$\boldsymbol{C}$];

②给定初始值 $\{u\}_0$,$\{\dot{u}\}_0$ 和 $\{\ddot{u}\}_0$;

③选择积分步长 Δt,参数 β、γ,并计算积分常数 $\alpha_0=\frac{1}{\gamma\Delta t^2}$,$\alpha_1=\frac{\beta}{\gamma\Delta t}$,$\alpha_2=\frac{1}{\gamma\Delta t}$,$\alpha_3=\frac{1}{2\gamma}-1$,$\alpha_4=\frac{\beta}{\gamma}-1$,$\alpha_5=\frac{\Delta t}{2}\left(\frac{\beta}{\gamma}-1\right)$,$\alpha_6=\Delta t(1-\beta)$,$\alpha_7=\beta\Delta t$;

④形成有效刚度矩阵 $[\bar{\boldsymbol{K}}]=[\boldsymbol{K}]+\alpha_0[\boldsymbol{M}]+\alpha_1[\boldsymbol{C}]$。

(2)对每个时间步的计算

①计算 $t+\Delta t$ 时刻的有效荷载:

$$\{\bar{F}\}_{t+\Delta t}=\{F\}_{t+\Delta t}+[\boldsymbol{M}](\alpha_0\{u\}_t+\alpha_2\{\dot{u}\}_t+\alpha_3\{\ddot{u}\}_t)+$$
$$[\boldsymbol{C}](\alpha_1\{u\}_t+\alpha_4\{\dot{u}\}_t+\alpha_5\{\ddot{u}\}_t)$$

②求解 $t+\Delta t$ 时刻的位移:

$$[\bar{\boldsymbol{K}}]\{u\}_{t+\Delta t}=\{\bar{F}\}_{t+\Delta t}$$

③计算 $t+\Delta t$ 时刻的速度和加速度:

$$\{\ddot{u}\}_{t+\Delta t}=\alpha_0(\{u\}_{t+\Delta t}-\{u\}_t)-\alpha_2\{\dot{u}\}_t-\alpha_3\{\ddot{u}\}_t$$
$$\{\dot{u}\}_{t+\Delta t}=\{\dot{u}\}_t+\alpha_6\{\ddot{u}\}_t+\alpha_7\{\ddot{u}\}_{t+\Delta t}$$

Newmark-β 方法是一种无条件稳定的隐式积分格式,时间步长 Δt 的大小不影响解的稳定性,Δt 的选择主要根据解的精度确定。

9.4.2 Wilson-θ法

线性加速度法和 Wilson-θ 法,都是属于逐步积分法。线性加速度法是假定在

$[t,t+\Delta t]$时间间隔内，即在步长 Δt 时间内，加速度$\{\ddot{u}(t+\tau)\}$呈线性变化，其表达式为

$$\{\ddot{u}\}_{t+\tau}=\{\ddot{u}\}_t+\tau\{A\} \tag{9-34}$$

式中，$\{A\}=(\{\ddot{u}\}_{t+\tau}-\{\ddot{u}\}_t)/\Delta t$。但是，这个方法不是无条件稳定的，所以在应用上受到限制。20 世纪 70 年代初期，Wilson 推广了线性加速度法，他假定在此步长 Δt 更大的时间区间$(t,t+\theta\Delta t)$内，加速度仍保持线性变化，经过证明，当 $\theta\geqslant 1.37$ 时，这一方法是无条件稳定的，这就是 Wilson-β 方法。

这个方法的加速度表达式为

$$\{\ddot{u}\}_{t+\tau}=\{\ddot{u}\}_t+\tau\{A_1\} \tag{9-35}$$

式中，$\{A_1\}=(\{\ddot{u}\}_{t+\theta\Delta t}-\{\ddot{u}\}_t)/\theta\Delta t$。

显然，对比式(9-34)和式(9-35)得知，线性加速度法是 Wilson-θ 法中，当 $\theta=1$ 时的一个特例。所以，我们只讨论 Wilson-θ 法就够了。

在 $0\leqslant\tau\leqslant\theta t$ 区间内，对式(9-35)进行积分，得到：

$$\{\dot{u}\}_{t+\tau}=\{\dot{u}\}_t+\{\ddot{u}\}_t\tau+\frac{\tau^2}{2\theta\Delta t}(\{\ddot{u}\}_{t+\theta\Delta t}-\{\ddot{u}\}_t) \tag{9-36}$$

$$\{u\}_{t+\tau}=\{u\}_t+\{\dot{u}\}_t\tau+\frac{1}{2}\{\ddot{u}\}_t\tau^2+\frac{\tau^3}{6\theta\Delta t}(\{\ddot{u}\}_{t+\theta\Delta t}-\{\ddot{u}\}_t) \tag{9-37}$$

令 $\tau=\theta\Delta t$，由式(9-36)和式(9-37)得

$$\{\dot{u}\}_{t+\theta\Delta t}=\{\dot{u}\}_t+\frac{\theta\Delta t}{2}(\{\ddot{u}\}_{t+\theta\Delta t}+\{\ddot{u}\}_t) \tag{9-38}$$

$$\{u\}_{t+\theta\Delta t}=\{u\}_t+\theta\Delta t\{\dot{u}\}_t+\frac{\theta^2\Delta t^2}{6}(\{\ddot{u}\}_{t+\theta\Delta t}+2\{\ddot{u}\}_t) \tag{9-39}$$

由式(9-38)和式(9-39)求导，可将$(t+\theta\Delta t)$时刻的加速度和速度用位移来表示，即

$$\{\ddot{u}\}_{t+\theta\Delta t}=\frac{6}{\theta^2\Delta t^2}(\{u\}_{t+\theta\Delta t}-\{u\}_t)-\frac{6}{\theta\Delta t}(\{\dot{u}\}_t-2\{\ddot{u}\}_t) \tag{9-40}$$

$$\{\dot{u}\}_{t+\theta\Delta t}=\frac{3}{\theta\Delta t}(\{u\}_{t+\theta\Delta t}-\{u\}_t)-2\{\dot{u}\}_t-\frac{\theta\Delta t}{2}\{\ddot{u}\}_t \tag{9-41}$$

于是，在 $t+\theta\Delta t$ 时刻的动力方程为

$$[\boldsymbol{M}]\{\ddot{u}\}_{t+\theta\Delta t}+[\boldsymbol{C}]\{\dot{u}\}_{t+\theta\Delta t}+[\boldsymbol{K}]\{u\}_{t+\theta\Delta t}=\{\widetilde{\boldsymbol{F}}\}_{t+\theta\Delta t} \tag{9-42}$$

式中，$\{\widetilde{\boldsymbol{F}}\}_{t+\theta\Delta t}=\{\boldsymbol{F}\}_t+\theta(\{\boldsymbol{F}\}_{t+\Delta t}-\{\boldsymbol{F}\}_t)$。

将式(9-40)和式(9-41)代入式(9-42)，就得到关于$\{u\}_{t+\theta\Delta t}$的方程为

$$\left([K]+\frac{6}{\theta^2\Delta t^2}[M]+\frac{3}{\theta\Delta t}+[C]\right)\{u\}_{t+\theta\Delta t}=\{F\}_t+\theta(\{F\}_{t+\Delta t}-[F]_t)+$$

$$[M]\left(\frac{6}{\theta^2\Delta t^2}\{u\}_t+\frac{6}{\theta\Delta t}\{\dot{u}\}_t+2\{\ddot{u}\}_t\right)+[C]\left(\frac{3}{\theta\Delta t}\{u\}_t+2\{\dot{u}\}_t+\frac{\theta\Delta t}{2}\{\ddot{u}\}_t\right)$$

(9-43)

记$[\widetilde{K}]=[K]+\frac{6}{\theta^2\Delta t^2}[M]+\frac{3}{\theta\Delta t}[C]$

$$\{\widetilde{F}\}_{t+\theta\Delta t}=\{F\}_t+\theta(\{F\}_{t+\theta\Delta t}-\{F\}_t)+[M]\left(\frac{6}{\theta^2\Delta t^2}\{u\}_t+\frac{6}{\theta^2\Delta t}\{\dot{u}\}_t+2\{\ddot{u}\}_t\right)+$$

$$[C]\left(\frac{6}{\theta\Delta t}\{u\}_t+2\{\dot{u}\}_t+\frac{\theta\Delta t}{2}\{\ddot{u}\}_t\right)$$

于是,式(9-43)可写为

$$[\widetilde{K}]\{u\}_{t+\theta\Delta t}=\{\widetilde{F}\}_{t+\theta\Delta t} \tag{9-44}$$

求解方程式(9-44),则得到$\{u\}_{t+\theta\Delta t}$。

将求解得到的$\{u\}_{t+\theta\Delta t}$,代入式(9-40)中,就得到$\{\dot{u}\}_{t+\theta\Delta t}$。如在式(9-35)中,取$\tau=\Delta t$,并将式(9-40)代入,有

$$\{\ddot{u}\}_{t+\theta\Delta t}=\frac{6}{\theta^3\Delta t^2}(\{u\}_{t+\theta\Delta t}-\{u\}_t)+\frac{6}{\theta^2\Delta t}\{\dot{u}\}_t+\left(1-\frac{3}{\theta}\right)\{\ddot{u}\}_t \tag{9-45}$$

将式(9-35)代入式(9-36)和式(9-37),并取$\tau=\Delta t$,有

$$\{\dot{u}\}_{t+\theta\Delta t}=\{\dot{u}\}_t+\frac{\Delta t}{2}(\{\ddot{u}\}_{t+\Delta t}+\{\ddot{u}\}_t) \tag{9-46}$$

$$\{u\}_{t+\Delta t}=\{u\}_t+\Delta t\{\dot{u}\}_t+\frac{\Delta t^2}{6}(\{\ddot{u}\}_{t+\Delta t}+2\{\ddot{u}\}_t) \tag{9-47}$$

用 Wilson-θ 法逐步求解的过程如下:

(1)初始计算

①形成刚度矩阵$[K]$、质量矩阵$[M]$和阻尼矩阵$[C]$;

②给出初始值$\{u\}_0$,$\{\dot{u}\}_0$和$\{\ddot{u}\}_0$;

③选择时间步长Δt,取$\theta=1.4$,并计算积分常数,$a_0=\frac{6}{(\theta\Delta t)^2}$,$a_1=\frac{3}{\theta\Delta t}$,$a_2=2a_1$,$a_3=\frac{\theta\Delta t}{2}$,$a_4=\frac{a_0}{\theta}$,$a_5=-\frac{a_2}{\theta}$,$a_6=1-\frac{3}{\theta}$,$a_7=\frac{\Delta t}{2}$,$a_8=\frac{\Delta t^2}{6}$;

④形成有效刚度矩阵$[K^*]$:$[K^*]=[K]+a_0[M]+a_1[C]$;

⑤对$[K^*]$作三角分解:$[K^*]=[L][D][L]^{\mathrm{T}}$。

(2)对每个时间步计算

①计算 $t+\theta\Delta t$ 时刻的有效载荷

$$\{\tilde{F}\}_{t+\theta\Delta t}=\{F\}_t+\theta(\{F\}_{t+\Delta t}-\{F\}_t)+[\boldsymbol{M}](a_0\{u\}_t+a_2\{\dot{u}\}_t+2\{\ddot{u}\}_t)+[\boldsymbol{C}](a_1\{u\}_t+2\{\dot{u}\}_t+a_3\{\ddot{u}\}_t)$$

②计算 $t+\theta\Delta t$ 时刻的位移

$$[\boldsymbol{L}][\boldsymbol{D}][\boldsymbol{L}]^{\mathrm{T}}\{u\}_{t+\theta\Delta t}=\{\tilde{F}\}_{t+\theta\Delta t}$$

③计算 $t+\theta\Delta t$ 时刻的位移,速度和加速度

$$\{\ddot{u}\}_{t+\Delta t}=a_4(\{u\}_{t+\theta\Delta t}-\{u\}_t)+a_5\{\dot{u}\}_t+a_6\{\ddot{u}\}_t$$

$$\{\dot{u}\}_{t+\Delta t}=\{\dot{u}\}_t+a_7(\{\ddot{u}\}_{t+\Delta t}+\{\ddot{u}\}_t)$$

$$\{u\}_{t+\Delta t}=\{u\}_t+\Delta t\{\dot{u}\}_t+a_8(\{\ddot{u}\}_{t+\Delta t}+2\{\ddot{u}\}_t)$$

Wilson-θ 法是隐式积分,即每计算一步,必须解一个线性代数方程组。当 $\theta>1.37$ 时,它是无条件稳定的。此外,这种算法是自起步的,$t+\theta\Delta t$ 时刻的位移、速度和加速度都可由 t 时刻的变量表示,不需要特别的起动处理。

9.4.3　中心差分法

假定 $t=0$ 时,位移、速度和加速度分别为已知的 u_0、$\dot{u}_0$ 和 $\ddot{u}_0$。再将求解的时间区间划分为 n 个等分,即 $\Delta t=\dfrac{T}{n}$。我们要建立的积分格式就是从已知的 $0,\Delta t,2\Delta t,\cdots,t$ 的解来计算下一个时间步的解。

在中心差分法中,是按中心差分将速度和加速度矢量离散化为

$$\{\dot{u}\}_t=\frac{1}{2\Delta t}(\{u\}_{t+\Delta t}-\{u\}_{t-\Delta t})\tag{9-48}$$

$$\{\ddot{u}\}_t=\frac{1}{2\Delta t^2}(\{u\}_{t+\Delta t}-2\{u\}_t+\{u\}_{t-\Delta t})\tag{9-49}$$

由式(9-48)和式(9-49)可知,将 t 时刻的速度和加速度用相邻时刻的位移来表示。考虑在 t 时刻的动力方程,有

$$[\boldsymbol{M}]\{\ddot{u}\}_t+[\boldsymbol{C}]\{\dot{u}\}_t+[\boldsymbol{K}]\{u\}_t=\{F\}_t\tag{9-50}$$

将式(9-48)和式(9-49)代入式(9-50)中,得到

$$\left(\frac{1}{\Delta t^2}[\boldsymbol{M}]+\frac{1}{2\Delta t}[\boldsymbol{C}]\right)\{u\}_{t+\Delta t}=\{F\}_t-\left([\boldsymbol{K}]-\frac{2}{\Delta t^2}[\boldsymbol{M}]\right)\{u\}_t-\left(\frac{1}{\Delta t^2}[\boldsymbol{M}]-\frac{1}{2\Delta t}[\boldsymbol{C}]\right)\{u\}_{t-\Delta t}\tag{9-51}$$

这样,上式就化为用相邻时刻的位移表示的代数方程组。由它可解出 $\{u\}_{t+\Delta t}$。又由于它是利用 t 时刻的方程解得 $\{u\}_{t+\Delta t}$ 的,所以,它称为显示积分。并且,还注意到,在求解 $\{u\}_{t+\Delta t}$ 时,需要用 $\{u\}_t$ 和 $\{u\}_{t-\Delta t}$ 的值。于是,在计算开始时,即 $t=0$

时，要计算$\{u\}_{\Delta t}$的值就需要$\{u\}_{-\Delta t}$的值，它是未知的，因此，必须有一个启动的处理，因而这种算法不是自起步的。由于$\{u\}_0$、$\{\dot{u}\}_0$和$\{\ddot{u}\}_0$是已知的，所以，由$t=0$时的式(9-48)和式(9-49)，可解得

$$\{u\}_{-\Delta t}=\{u\}_0-\Delta t\{\dot{u}\}_0+\frac{\Delta t^2}{2}\{\ddot{u}\}_0 \tag{9-52}$$

使用中心差分法的逐步求解过程如下：

(1)初始计算

①形成刚度矩阵$[\boldsymbol{K}]$、质量矩阵$[\boldsymbol{M}]$和阻尼矩阵$[\boldsymbol{C}]$；

②给定初始值$\{u\}_0$，$\{\dot{u}\}_0$和$\{\ddot{u}\}_0$；

③选择时间步长Δt，$\Delta t<\Delta t_{cr}$，并计算积分常数：$a_0=\dfrac{1}{\Delta t^2}$，$a_1=\dfrac{1}{2\Delta t}$，$a_2=2a_0$，$a_3=\dfrac{1}{a_2}$；

④计算$\{u\}_{-\Delta t}=\{u\}_0-\Delta t\{\dot{u}\}_0+a_3\{\dot{u}\}_0$；

⑤形成有效质量矩阵$[\widetilde{\boldsymbol{M}}]=a_0[\boldsymbol{M}]+a_1[\boldsymbol{C}]$；

⑥三角分解$[\boldsymbol{M}]$：$[\widetilde{\boldsymbol{M}}]=[\boldsymbol{L}][\boldsymbol{D}][\boldsymbol{L}]^{\mathrm{T}}$。

(2)对每个时间步计算

①计算t时刻的有效载荷

$\{\widetilde{F}\}_t=\{F\}_t-([\boldsymbol{K}]-a_2[\boldsymbol{M}])\{u\}_t-(a_0[\boldsymbol{M}]-a_1[\boldsymbol{C}])\{u\}_{t-\Delta t}$

②求解$t+\Delta t$时刻的位移

$[\boldsymbol{L}][\boldsymbol{D}][\boldsymbol{L}]^{\mathrm{T}}\{u\}_{t+\Delta t}=\{\widetilde{F}\}_t$

③如果需要计算t时刻的速度和加速度

$\{\ddot{u}\}_t=a_0(\{u\}_{t+\Delta t}-2\{u\}_t+\{u\}_{t-\Delta t})$

$\{\dot{u}\}_t=a_0(\{u\}_{t+\Delta t}-\{u\}_{t-\Delta t})$

Olgierd Cecil Zienkiewiz

人物

Olgierd Cecil Zienkiewicz(辛克维奇，1913—2004年)是公认的工程力学和计算力学专家。Zienkiewicz长期从事有限单元法的研究，被认为是有限单元法的先驱者之一。其对有限单元法作出了系统性、创造性的开拓和发展，在有限单元法许多方面作出了重要贡献。

Zienkiewicz是英国皇家学会会员(1979年)，英国皇家工程科学院院士(1979年)，美国国家工程院外籍院士(1981年)和波兰科学院外籍院士(1985年)。曾获英国女王授予的勋爵、英国皇家学会皇家勋章(1990年)及法国科学骑士奖(1996年)等。

第三部分

城市轨道交通振动问题

基于第二部分（有限单元法理论）的学习，第三部分内容主要通过ABAQUS、LS-DYNA、COMSOL等商业有限元软件完成轨道交通振动问题的建模分析。同时，为验证计算模型的准确性，每章首先介绍了相应的振动试验。采用多种商业有限元软件进行分析，主要目的在于让读者明白，在掌握有限单元法理论后，可以选择不同商业软件实现同一目的。当然，读者也可以采用MATLAB等计算机语言对同一问题进行编译，实现相同功能。

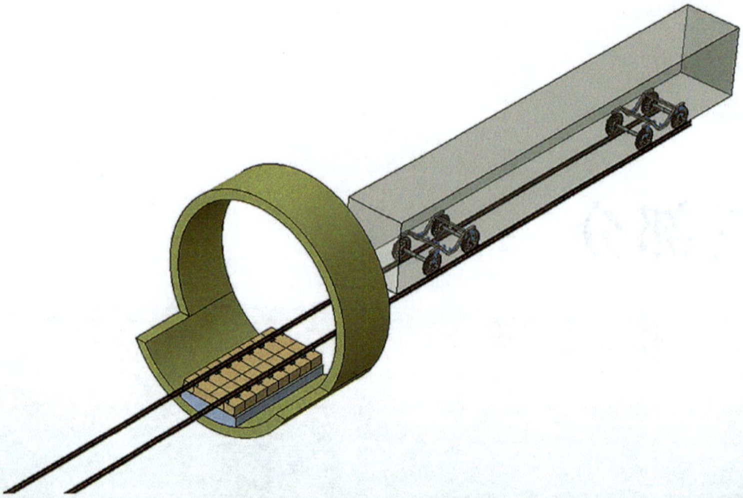

Assembly模型

10 轨道减振措施的模态试验及有限元模态分析

通过模态分析，可以获得轨道减振措施的动力特性，如振型、自振频率等。本章首先介绍模态试验理论，并以梯式轨道为例，说明模态试验方法；其次，采用ABAQUS和COMSOL两款商业有限元软件，对梯式轨道、聚氨酯(橡胶)减振垫浮置板轨道和点支撑浮置板轨道进行有限元模态分析。模态试验如图10-1所示，梯式轨道有限元模态分析如图10-2所示。

图10-1　模态试验

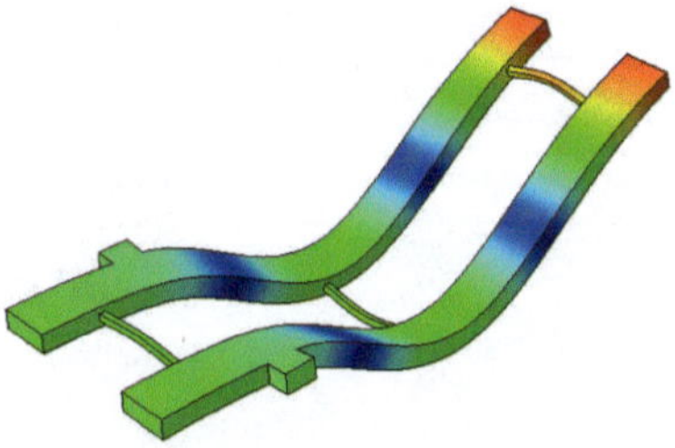

图10-2　梯式轨道有限元模态分析

10.1　模态试验理论

模态试验可测得比较精确的振型、自振频率等。模态试验的结果可以用于修正有限元模型，使其趋于完善和合理。

经离散化处理后，一个结构的动态特性可由N阶矩阵微分方程描述：

$$\boldsymbol{M}\ddot{\boldsymbol{x}}+\boldsymbol{C}\dot{\boldsymbol{x}}+\boldsymbol{K}\boldsymbol{x}=\boldsymbol{f} \tag{10-1}$$

式中，$\boldsymbol{f}$为N维激振向量；$\boldsymbol{x}$，$\dot{\boldsymbol{x}}$，$\ddot{\boldsymbol{x}}$分别为N维位移、速度和加速度响应向量；$\boldsymbol{M}$，$\boldsymbol{K}$，$\boldsymbol{C}$分别为结构的质量、刚度和阻尼矩阵，通常为实对称N阶矩阵。

假定系统初始状态为零，对式(10-1)两边进行拉普拉斯变换，可以得到以复数S为变量的矩阵代数方程。

$$[\boldsymbol{M}s^2+\boldsymbol{C}s+\boldsymbol{K}]\boldsymbol{X}(s)=\boldsymbol{F}(s) \tag{10-2}$$

式中，$[\boldsymbol{M}s^2+\boldsymbol{C}s+\boldsymbol{K}]=\boldsymbol{Z}(s)$反映了系统的动态特性，称为系统动态矩阵或广义阻

抗矩阵。其逆矩阵 $\boldsymbol{H}(s)=\boldsymbol{Z}(s)^{-1}=[\boldsymbol{M}s^2+\boldsymbol{C}s+\boldsymbol{K}]^{-1}$ 称为广义导纳矩阵，也就是传递函数矩阵。

进一步可以得到 $\boldsymbol{X}(s)=\boldsymbol{H}(s)\boldsymbol{F}(s)$，在式(10-2)中令 $s=j\omega$，即可得到系统在频域中输出[响应向量 $X(\omega)$]和输入[激励向量 $F(\omega)$]的关系式为

$$\boldsymbol{X}(\omega)=\boldsymbol{H}(\omega)\boldsymbol{F}(\omega) \tag{10-3}$$

式中，$\boldsymbol{H}(\omega)$ 为频率响应函数矩阵。$\boldsymbol{H}(\omega)$ 矩阵中第 i 行、第 j 列的元素为

$$\boldsymbol{H}_{ij}(\omega)=\frac{\boldsymbol{X}_i(\omega)}{\boldsymbol{F}_j(\omega)} \tag{10-4}$$

等于仅在 j 坐标激励（其余坐标激励力为零）时，i 坐标响应与激励力之比。进一步可得阻抗矩阵为

$$\boldsymbol{Z}(\omega)=(\boldsymbol{K}-\omega^2\boldsymbol{M})+j\omega\boldsymbol{C} \tag{10-5}$$

利用对称矩阵的加权正交性，有

$$\boldsymbol{\Phi}^{\mathrm{T}}\boldsymbol{M}\boldsymbol{\Phi}=\begin{bmatrix}\ddots & & \\ & m_r & \\ & & \ddots\end{bmatrix}$$

$$\boldsymbol{\Phi}^{\mathrm{T}}\boldsymbol{K}\boldsymbol{\Phi}=\begin{bmatrix}\ddots & & \\ & k_r & \\ & & \ddots\end{bmatrix}$$

式中，矩阵 $\boldsymbol{\Phi}=[\varphi_1,\varphi_2,\cdots,\varphi_N]$ 称为振型矩阵，并假设阻尼矩阵 $\boldsymbol{C}$ 也满足振型正交性关系，即

$$\boldsymbol{\Phi}^{\mathrm{T}}\boldsymbol{C}\boldsymbol{\Phi}=\begin{bmatrix}\ddots & & \\ & c_r & \\ & & \ddots\end{bmatrix}$$

将上三式代入式(10-5)，得到

$$\boldsymbol{Z}(\omega)=\boldsymbol{\Phi}^{\mathrm{T}}\begin{bmatrix}\ddots & & \\ & z_r & \\ & & \ddots\end{bmatrix}\boldsymbol{\Phi}^{-1} \tag{10-6}$$

式中，$z_r=(k_r-\omega^2m_r)+j\omega c_r$。因此，

$$\boldsymbol{H}(\omega)\boldsymbol{Z}(\omega)^{-1}=\boldsymbol{\Phi}\begin{bmatrix}\ddots & & \\ & z_r & \\ & & \ddots\end{bmatrix}\boldsymbol{\Phi}^{\mathrm{T}} \tag{10-7}$$

$$H_{ij}(\omega)=\sum_{r=1}^{N}\frac{\varphi_{ri}\varphi_{rj}}{m_r[(\omega_1^2-\omega^2)+j2\zeta_r\omega_r\omega]} \tag{10-8}$$

式中，$\omega_r^2=k_r/m_r$，$\zeta_r=c_r/(2m_r\omega_r)$。其中，$\varphi_{ri}$，$\varphi_{rj}$分别为第 r 阶模态下 i、j 点的振型，m_r，k_r 为第 r 阶模态质量和模态刚度，ω_r，ζ_r 为第 r 阶自振频率、模态阻尼比。

N 自由度系统的频率响应，等于 N 个单自由度系统频率响应的线性叠加。为了确定全部模态参数 ω_r、ζ_r 和 $\boldsymbol{\Phi}_r$，实际上只需测量频率响应矩阵的一列[对应一点激振，各点测量的 $H(\omega)$]或一行[对应依次各点激振，一点测量的 $\boldsymbol{H}(\omega)^{\mathrm{T}}$]。

试验模态分析的任务就是由一定频段内的实测频率响应函数数据，确定系统的模态参数，即模态频率 ω_r、模态阻尼比 ζ_r 和振型 $\boldsymbol{\Phi}_r=(\varphi_{r1},\varphi_{r2},\cdots,\varphi_{rN})^{\mathrm{T}}$。

10.2　案例 1：梯式轨道的模态试验

10.2.1　测试背景

梯式轨道源于 Baulk Road，如图 10-3 所示，早期主要应用于无砟桥梁。1830 年，梯式轨道应用于 Leeds and Selby Railway，如图 10-4 所示。日本、俄罗斯和法国在 20 世纪中叶，最早对梯式轨道进行了研究。到 20 世纪末，由于梯式轨道具有低成本等优势，越来越多的科研机构参与到梯式轨道的研究中。

图 10-3　Baulk Road

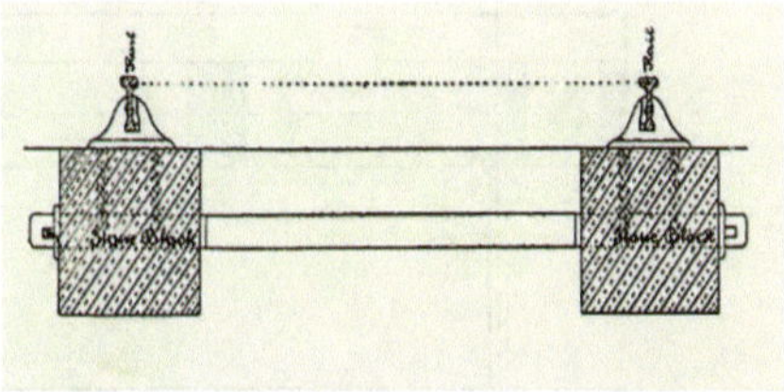

图 10-4　Leeds and Selby Railway 梯式轨道

目前，梯式轨道主要有三种不同的型式。南非 TT 公司梯式轨道如图 10-5 所示，日本 RTRI 梯式轨道如图 10-6 所示，南非 STS 公司梯式轨道如图 10-7 所示。

图 10-5　Tubular Modular Track

图 10-6　RTRI 无砟梯式轨道

本书所指梯式轨道指为 Railway Technical Research Institute of Japan(日本铁道技术研究所)开发,适用于无砟和有砟条件的梯式轨道(RTRI Japan ladder track),如图 10-6 和图 10-8 所示。

图 10-7 STS 梯式轨道

图 10-8 有砟条件梯式轨道

梯式轨道由两根钢筋混凝土纵梁(纵向轨枕)及三根钢管制横向联接杆构成,纵向轨枕下设弹性减振垫。本章测试用梯式轨道枕下减振垫尺寸分别为 460 mm × 250 mm × 25 mm 和 460 mm × 125 mm × 25 mm,铺设形式如图 10-9 所示。目前,国内使用的梯式轨道并没有在纵向轨枕两端设置枕下减振垫;枕下减振垫仅给出尺寸信息,隐去具体型号,但不影响读者对本部分内容的理解。

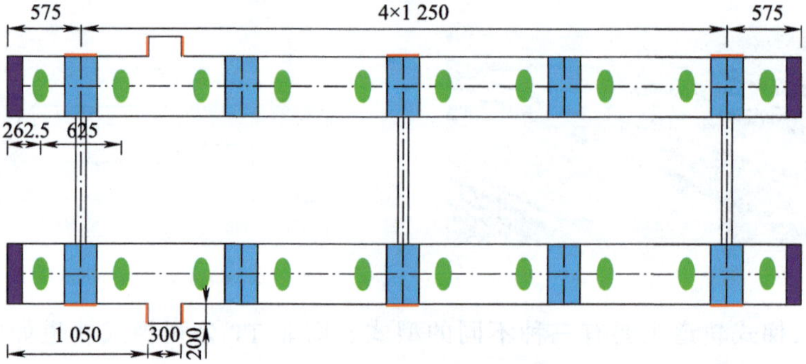

图 10-9 梯式轨道尺寸及枕下减振垫铺设形式(单位:mm)

10.2.2 测试设备

1. INV3020D 型数据采集仪

测试采用某所开发的 INV3020D 型数据采集仪,如图 10-10 所示。该型号采集仪采用 24 位 ΔΣ 方式的 AD 转换器,结合了最新 FPGA 和 DSP 技术,可 32 个通道并行处理,单个通道最高采样频率达 102.4 kHz,典型动态范围 120 dB。

本次测试,力信号采样频率 5 120 Hz,振动加速度信号采样频率 1 280 Hz。

2. LC13 型小力锤

模态试验采用 LC13 系列小力锤(图 10-11)进行激振。小力锤中安装有石英力传感器,通过击打被测结构,可快捷、方便地测得结构的振动响应。

图 10-10　INV3020D 型数据采集仪

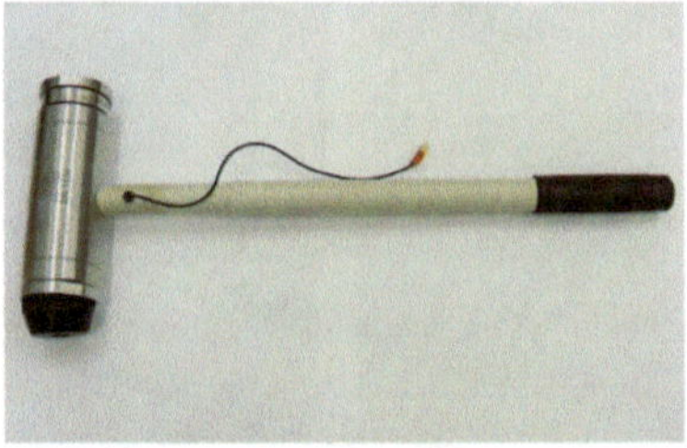

图 10-11　LC13 型小力锤

本次测试,小力锤采用尼龙制锤头,锤击力峰值尽量保持在 10 kN。不同的锤头,主要考虑激励高频部分的需要。锤头刚度越大,激励时程越"陡",激励频段越"宽"。

3. 内装 IC 压电加速度传感器

模态测试用振动加速度传感器为 Lance AS0105 系列振动加速度传感器。量程 $20g$,频率范围 0.35 ~ 6 000 Hz,分辨率 0.000 $1g$,灵敏度约 250 mV/g。

10.2.3 测点布置

梯式轨道模态测试,采用多输入多输出模态测试方法。锤击点和测点示意如图 10-12 所示,小力锤作用在图 10-12 的◆处,共计 44 处锤击点。振动加速度传感器在图 10-12 的▲处,共 2 个测点。

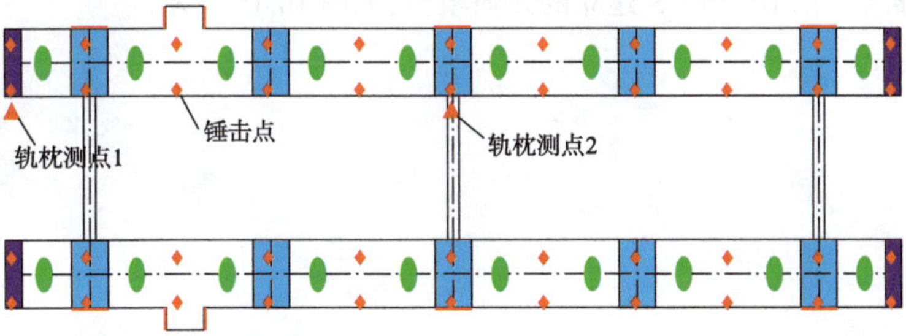

图 10-12　锤击点和测点示意

10.2.4 试验结果

梯式轨道前四阶振型如图 10-13 所示。同时,可以得到梯式轨道的一阶自振频率 36 Hz,二阶自振频率 39 Hz,三阶自振频率 46 Hz,四阶自振频率 70 Hz。梯式轨道的一阶模态阻尼比 3.9%,二阶模态阻尼比 3.6%,三阶模态阻尼比 1.5%,四阶模态阻尼比 1.5%。

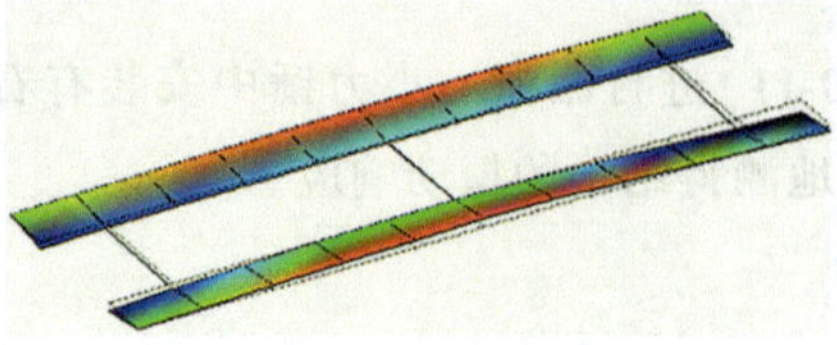

(a)一阶振型

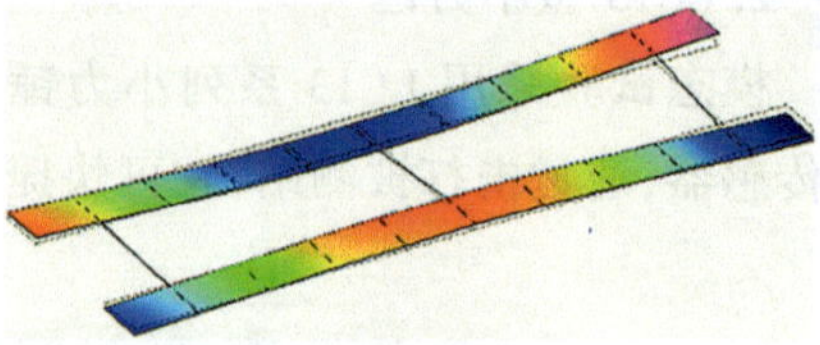

(b)二阶振型

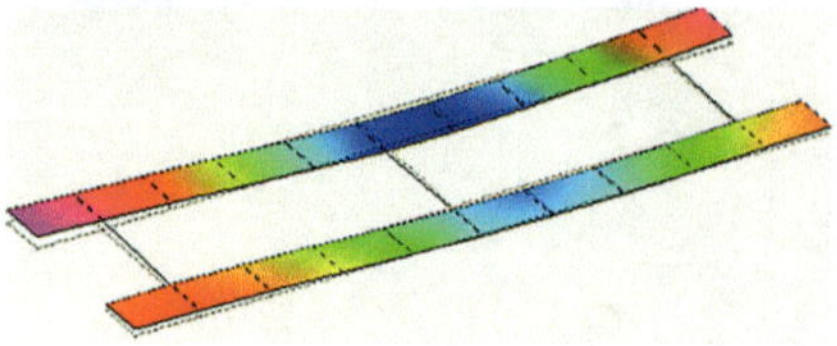

(c)三阶振型

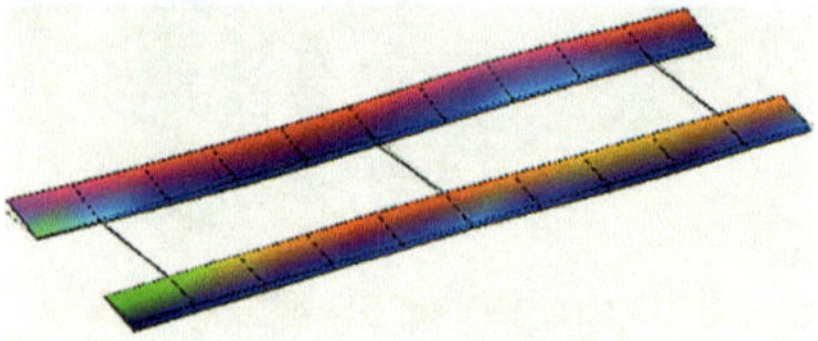

(d)四阶振型

图 10-13 模态试验结果(振型)

10.3 案例2:梯式轨道的有限元模态分析

采用 ABAQUS 对上述模态试验的梯式轨道进行有限元模态分析。

10.3.1 ABAQUS 建模

1. Part 模块

梯式轨道纵向轨枕长 6.15 m,宽 0.46 m,高 0.185 m,纵向轨枕间联结横梁长 0.975 m,宽 0.065 m,高 0.06 m。在 ABAQUS 中直接建立几何模型,如图 10-14 所示;或者导入 SOLIDWORKS 建立的几何模型,如图 10-15 所示。

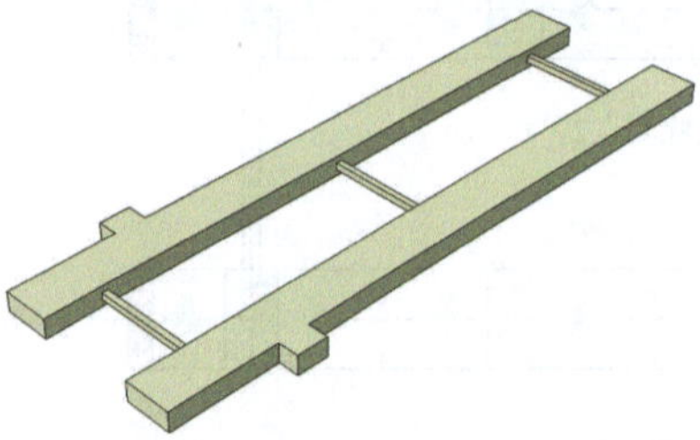

图 10-14 ABAQUS 构建的梯式轨道

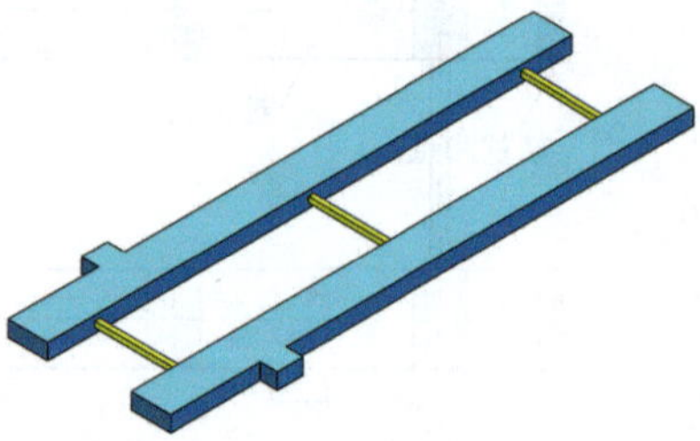

图 10-15 SOLIDWORKS 构建的梯式轨道

一般来说,ABAQUS 能够建立不是很复杂的几何模型。对于特别复杂的几何模型,作者建议使用 SOLIDWORKS、CATIA 等专业的 3D 几何绘图软件。目前,ABAQUS 已经能够兼容多种几何绘图软件。比如,最新版本 ABAQUS 可以直接导入 SOLIDWORKS 的 sldprt 文件。

2. Property 模块

纵向轨枕密度 2 500 kg/m^3，弹性模量 35×10^9 N/m^2，泊松比 0.2。联结横梁密度 7 850 kg/m^3，弹性模量 214×10^9 N/m^2，泊松比 0.3。

3. Assembly 模块

将 Part 中几何模型导入 Assembly，装配体如图 10-16 所示。考虑网格划分需要，此处已将纵向轨枕进行了剖分。为获得高质量网格，可以事先在 Part 或者 Assembly 模块，对几何体进行剖分。

4. Step 模块

在 Step 模块中选择 Linear Perturbation 的 Static，Linear Perturbation。特征分析方法采用 Lanczos，Number of Eigenvalues Requested（特征值求解数目）选择 Value，填入 20（读者可以根据自己分析的问题设置特定数值），Step 设置如图 10-17 所示。有时候约束设置不足，会出现自振频率很小的情况。为避免此类问题，可以在 Minimum Frequency of Interest（Cycle/Time）中设置一个较小值，比如 0.1。

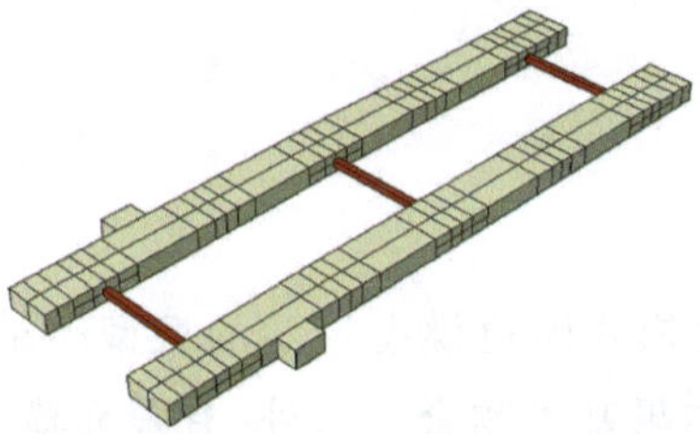

图 10-16　装配体

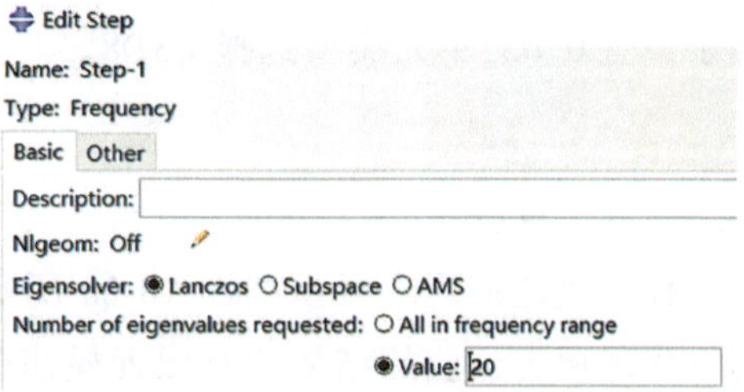

图 10-17　Step 设置

5. Interaction 模块

根据枕下减振垫材料属性并换算，460 mm × 250 mm × 25 mm 枕下减振垫的等效竖向刚度为 15.18×10^6 N/m，460 mm × 125 mm × 25 mm 枕下减振垫的等效竖向刚度为 7.59×10^6 N/m。

在每个枕下减振垫几何中心处设置参考点 RP，并 Coupling 对应纵向轨枕与枕下减振垫的接触面。Coupling 的设置如图 10-18 所示，Coupling Type 选择 Continuum Distributing，不勾选 UR1、UR2 以及 UR3，其他参数保持默认不变。

在 Special 中选择 Springs/Dashpots，选择 Connect Points to Ground（接地弹簧），将参考点 RP 与大地相邻，参数设置如图 10-19 所示。因为默认的是全局坐标系（Global），此处自由度选择 2，Spring Stiffness（弹簧刚度）处分别填入两种枕下减振垫的等效竖向刚度。

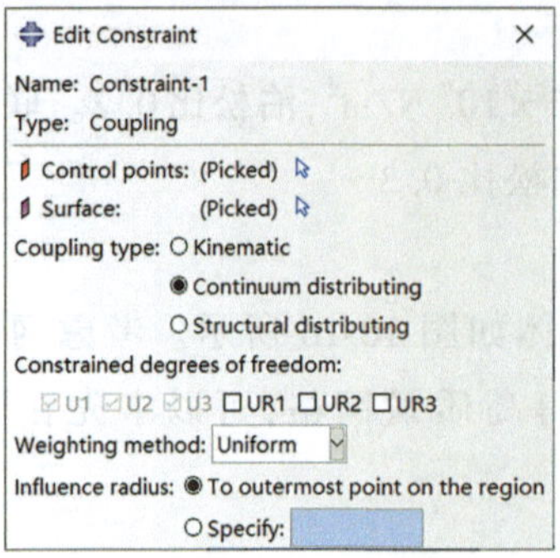

图 10-18　Coupling 设置

图 10-19　Springs/Dashpots 设置

6. Load 模块

前面已经设置接地弹簧，此模型不需要再设置其他边界条件。因为是模态分析，所以也不需要进行荷载设置。

7. Mesh 模块

因为前面已经对几何体进行了剖分，所以可以采用映射方式划分网格。全局种子设置 0.03，单元类型选择 C3D8。

10.3.2　计算结果

10.3.2.1　振型

梯式轨道前八阶振型如图 10-20 所示。对比梯式轨道模态试验的振型结果，可以发现模态试验的结果和有限元模态分析的结果基本吻合。另外，有限元模态分析比前述模态试验获得更多的模态信息（振型和自振频率）。

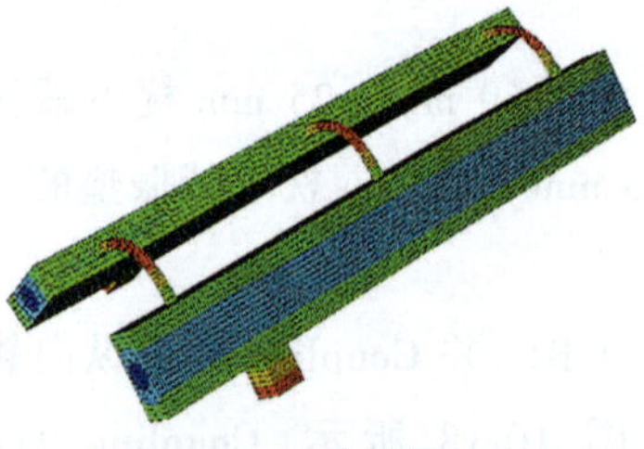

(a)一阶振型

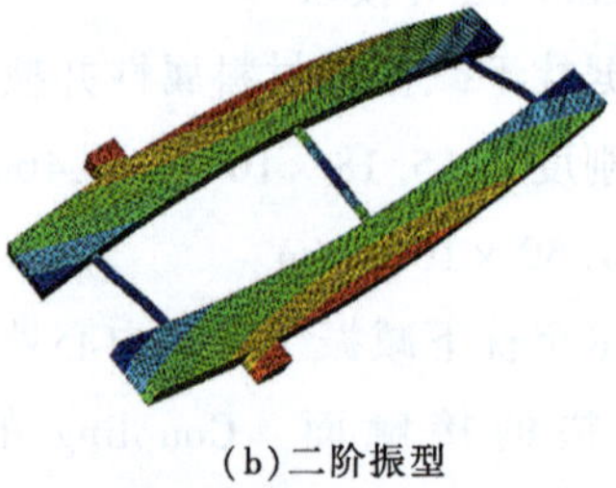

(b)二阶振型

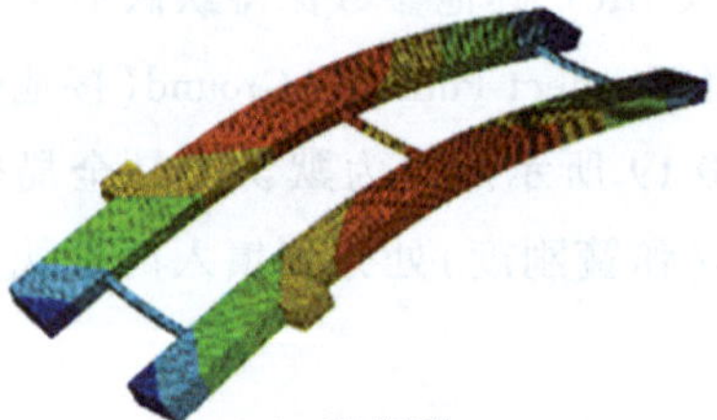

(c)三阶振型

(d)四阶振型

图　10-20

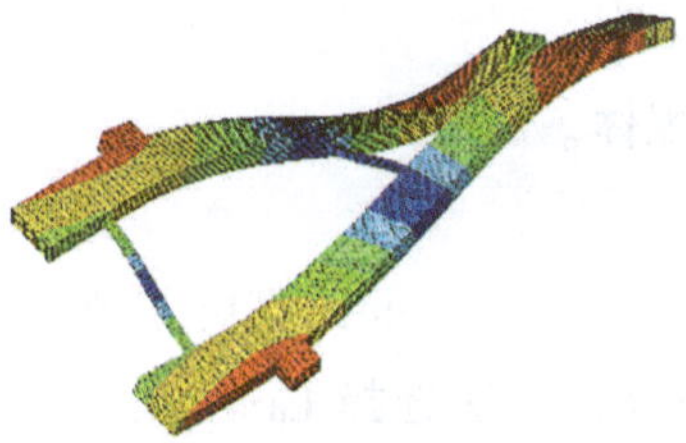

(e)五阶振型

(f)六阶振型

(g)七阶振型

(h)八阶振型

图 10-20　梯式轨道振型

10.3.4.2　自振频率

梯式轨道前八阶自振频率见表 10-1。

表 10-1　自振频率

阶数	1	2	3	4	5	6	7	8
自振频率(Hz)	33	38	40	44	46	52	55	70

10.4　案例 3:聚氨酯(橡胶)减振垫浮置板轨道的有限元模态分析

目前,国内使用的聚氨酯减振垫浮置板轨道和橡胶减振垫浮置板轨道,普遍采用满铺形式。作者曾经做过条铺和点铺的试验,这两种形式具有更低的自振频率。考虑到橡胶减振垫和聚氨酯减振垫在形式上相似,所以,本节采用聚氨酯减振垫浮置板轨道为例进行说明。

10.4.1　ABAQUS 建模

1. Part 模块

聚氨酯减振垫浮置板板长 7.00 m,宽 3.50 m,高 0.40 m。

2. Property 模块

聚氨酯减振垫浮置板选择 C50 混凝土,密度 2 500 kg/m^3,弹性模量 35×10^9 N/m^2,泊松比 0.2。

3. Assembly 模块

将 Part 中几何模型导入 Assembly,形成装配体。

4. Step 模块

类似上述梯式轨道有限元模态分析的设置。在 Step 模块中选择 Linear Perturbation 的 Static, Linear Perturbation。特征分析方法选择 Lanczos,特征值求解数目填入 10。在 Minimum Frequency of Interest (Cycle/Time)中输入 0.1,其他参数保持默认即可。

5. Interaction 模块

在聚氨酯减振垫几何中心设置参考点 RP,并 Coupling 整个聚氨酯减振垫浮置板下底面。类似上述梯式轨道有限元模态分析的设置,Coupling 中选择 Continuum Distributing,不勾选 UR1、UR2 以及 UR3,其他参数保持默认不变。

在 Special 中选择 Springs/Dashpots,选择接地弹簧。因为选择的是全局坐标系,此处自由度选择 2。板下减振垫尺寸为 7 000 mm × 3 500 mm × 25 mm,根据材料属性换算,板下减振垫的等效竖向刚度为 2.254×10^{8} N/m,填入 Spring Stiffness (弹簧刚度)中。

6. Load 模块

已经设置接地弹簧,此模型不需要再设置其他边界条件。因为是模态分析,所以,也不需要进行荷载设置。

7. Mesh 模块

浮置板几何简单,可以采用映射方法划分网格。全局种子设置 0.1,单元类型选择 C3D8。

10.4.2 计算结果

10.4.2.1 振型

聚氨酯减振垫浮置板轨道前八阶振型如图 10-21 所示。

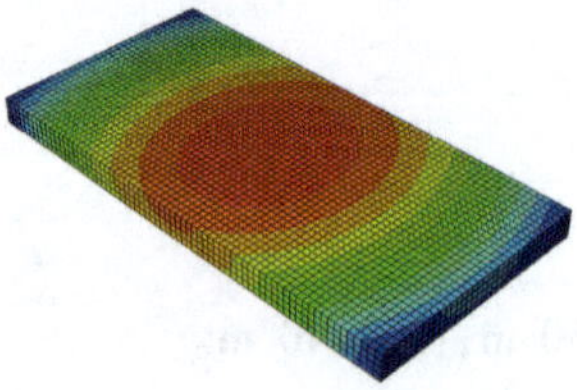

(a)一阶振型

(b)二阶振型

图 10-21

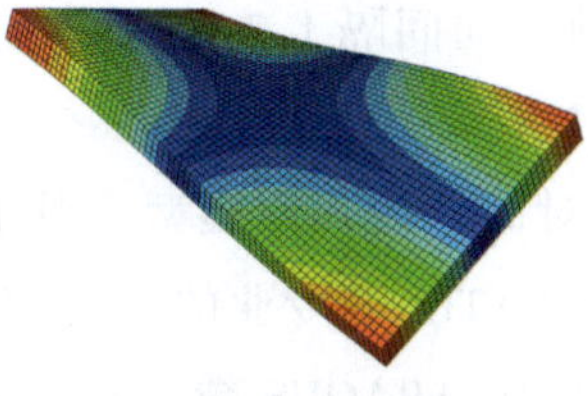

(c)三阶振型

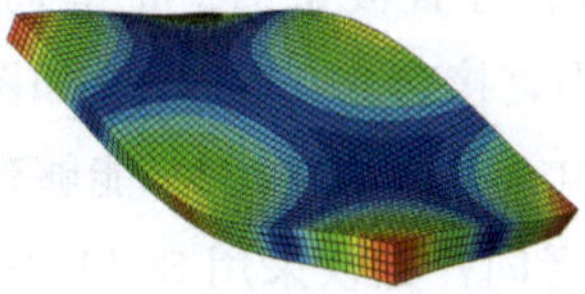

(d)四阶振型

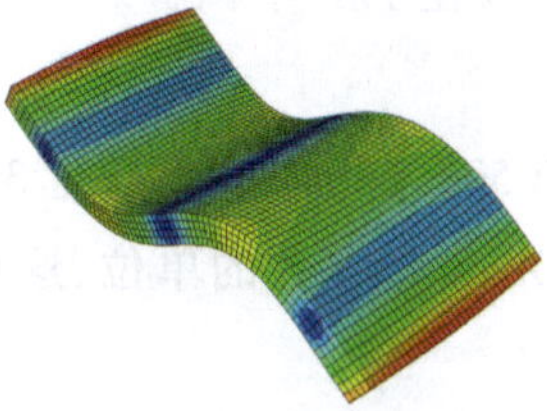

(e)五阶振型

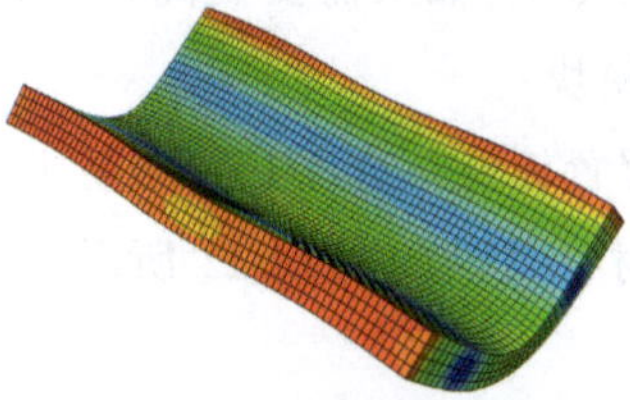

(f)六阶振型

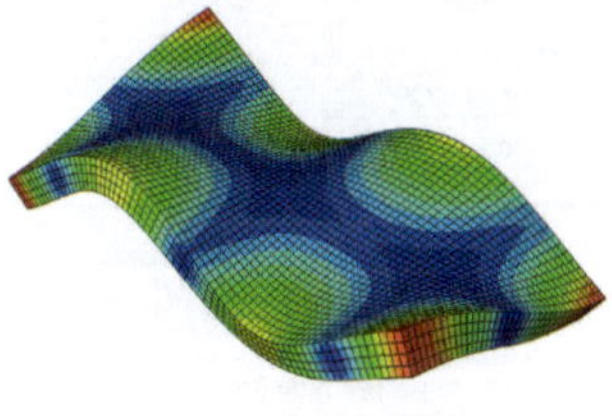

(g)七阶振型

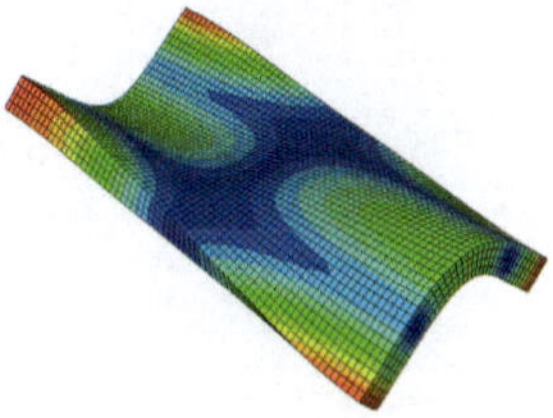

(h)八阶振型

图 10-21　聚氨酯减振垫浮置板轨道振型

10.4.2.2　自振频率

聚氨酯减振垫浮置板轨道前八阶自振频率见表 10-2。

表 10-2　自振频率

阶数	1	2	3	4	5	6	7	8
自振频率(Hz)	15	31	39	83	84	121	140	141

10.5　案例 4:点支撑浮置板轨道的有限元模态分析

点支撑浮置板轨道有钢弹簧浮置板轨道和局域共振型浮置板轨道等。对于有限元模态分析,因为未考虑支撑结构的具体形式,所以,有限元模态分析是相似的(区别仅在于竖向支撑刚度)。另外,为更好地理解有限元模态分析,本节采用 COMSOL 对点支撑浮置板轨道进行模态分析。

10.5.1　COMSOL 建模

1. 几何模块

点支撑浮置板板长 6.00 m,宽 3.50 m,高 0.45 m,点支撑套筒直径为 0.292 m,

点支撑套筒深入浮置板 0.312 m，套筒沿钢轨方向间隔 1.2 m，沿横向间隔 2.2 m。在 COMSOL 中直接建立几何模型，如图 10-22 所示。

和 ABAQUS 类似，COMSOL 能够建立相对简单的几何模型。对于特别复杂的几何模型，作者同样建议采用 SOLIDWORKS、CATIA 等专业的 3D 几何绘图软件构建。这里指出，COMSOL 默认的几何显示效果比 ABAQUS 精度高。ABAQUS 默认显示精度为 Coarse，如果需要提高显示精度，可以在 Part 中调整。

2. 材料模块

点支撑浮置板材料选用 C50 混凝土，密度 2 500 kg/m^3，弹性模量 35×10^9 N/m^2，泊松比 0.2，材料设置如图 10-23 所示。COMSOL 自带参数的单位，这点与 ABAQUS 不同。

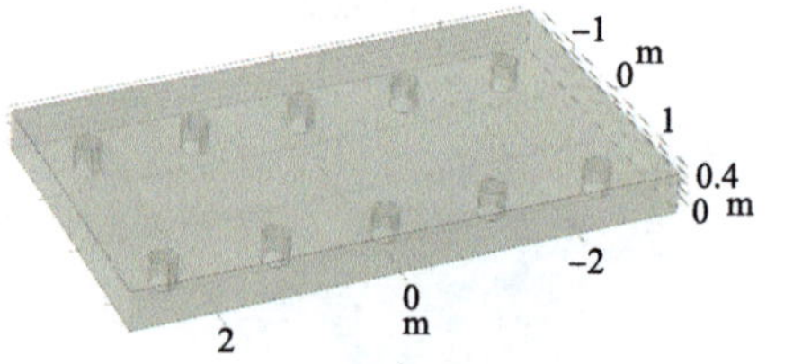

图 10-22　COMSOL 构建的点支撑浮置板

图 10-23　材料设置

3. 物理场模块

添加物理场，选择固体力学。在浮置板钢套筒位置设置弹簧基础，弹簧基础选择总弹簧常数，竖向参数输入点支撑的竖向刚度 5.3×10^6 N/m。另两个方向，即横向刚度，输入较大值，比如 1×10^{10} N/m，弹簧基础设置如图 10-24 所示。

4. 网格模块

本例选取极细化网格。读者可视计算机性能，选择网格划分密度。

5. 研究模块

添加研究为"特征频率"，特征频率搜索方法默认为手动，所需特征频率数，填入 10（读者根据实际问题确定特定数值），特征频率设置如图 10-25 所示。

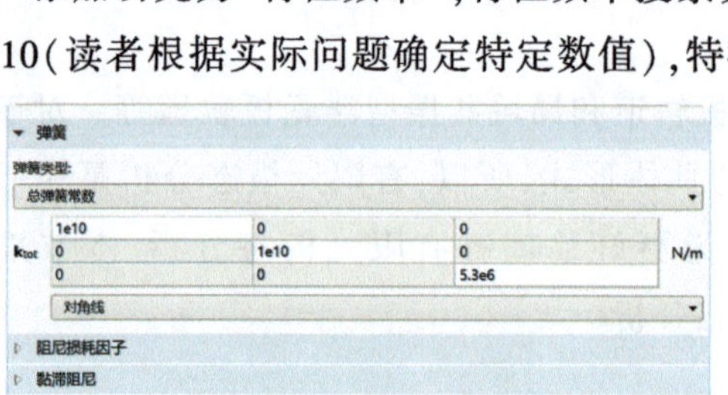

图 10-24　弹簧基础设置

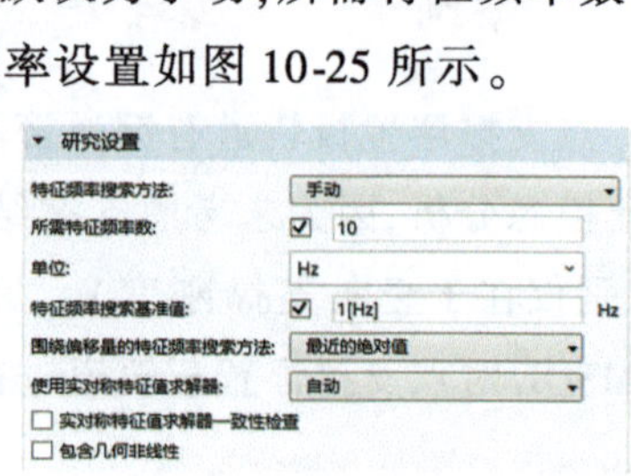

图 10-25　特征频率设置

10.5.2 计算结果

10.5.2.1 振型

点支撑浮置板轨道前八阶振型如图 10-26 所示。

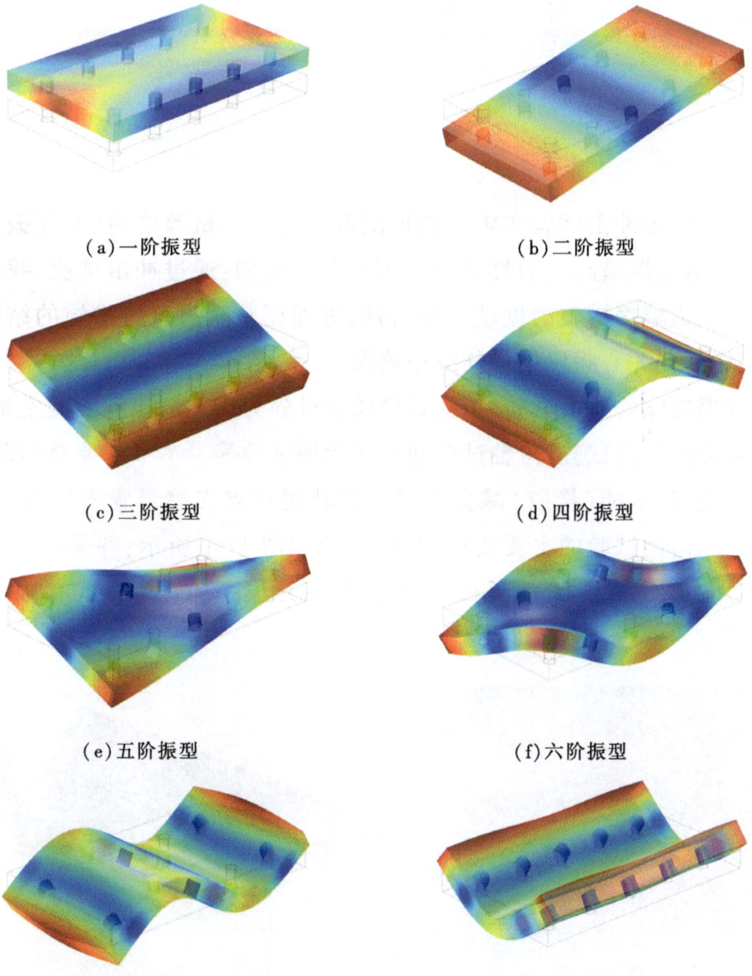

(a)一阶振型 (b)二阶振型

(c)三阶振型 (d)四阶振型

(e)五阶振型 (f)六阶振型

(g)五阶振型 (h)六阶振型

图 10-26 点支撑浮置板轨道振型

10.5.2.2 自振频率

点支撑浮置板轨道前八阶自振频率见表 10-3。

表 10-3 自振频率

阶数	1	2	3	4	5	6	7	8
自振频率(Hz)	7.6	19	31	61	64	124	140	157

11 轨道减振措施的冲击(落锤)试验及其有限元模拟

轨道减振措施冲击试验实施于轨道减振措施模态试验之后，上线振动测试之前，是判定轨道减振措施动力性能的重要一环。比如：通过冲击试验，我们能够掌握关心频段轨道减振措施的振动衰减特性，进而调整轨道减振措施的结构以及材料参数，最终达到关心频段的最佳减振效果。

轨道减振措施的冲击试验，依据试验场地可分为线上试验和实验室试验，依据激励荷载可分为落锤试验、落轴试验和扫频激振试验等。本章主要介绍落锤试验，将以梯式轨道、聚氨酯(橡胶)减振垫浮置板轨道和点支撑浮置板轨道为例，介绍轨道减振措施落锤试验的主要流程，落锤试验如图 11-1 所示；并采用 ABAQUS 和 COMSOL 对轨道减振措施落锤试验进行有限元模拟，梯式轨道有限元模型如图 11-2所示。

图 11-1　落锤试验

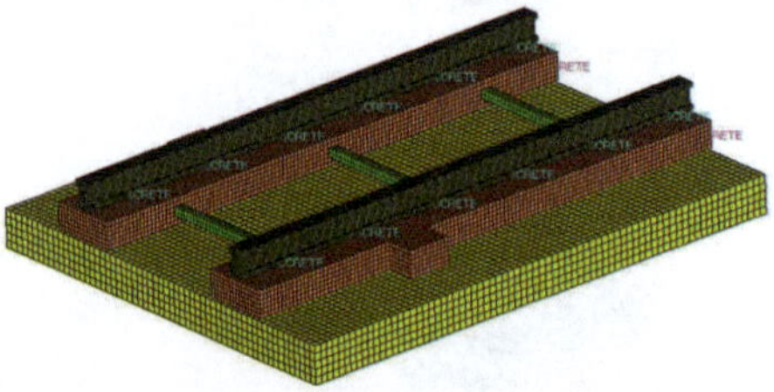

图 11-2　梯式轨道有限元模型

此处，作者想要强调，冲击试验的作用是进一步掌握轨道减振措施的动力特性。通过冲击试验得出的结果，不能简单对标《城市轨道交通引起建筑物振动与二次辐射噪声限值及其测量方法标准》(JGJ/T 170—2009)等标准规范，用于宣传轨道减振措施的减振效果。运行列车对轨道减振措施的冲击作用和我们实验室采用的落锤(轴)冲击是不同的。

11.1　案例1:梯式轨道的落锤试验

11.1.1　测试设备

同第10章模态试验的数据采集仪,落锤试验使用INV3020D型数据采集仪。根据本章落锤试验的测试内容,振动加速度传感器也可以采用第10章的振动加速度传感器,即Lance AS0105系列振动加速度传感器。不过,作者需要指出,振动加速度传感器的选择,需要综合考虑落锤试验的振动响应,包括量程以及分析频段。随意使用传感器,会影响振动信号采集精度。本次测试,力信号采样频率12.8 kHz,振动加速度信号采样频率1 600 Hz。

与第10章模态试验不同的是荷载激励装置。模态试验采用的是小力锤,落锤试验则采用图11-3所示自动落锤激励装置,该装置原型主要由北京交通大学刘维宁教授课题组主持设计。

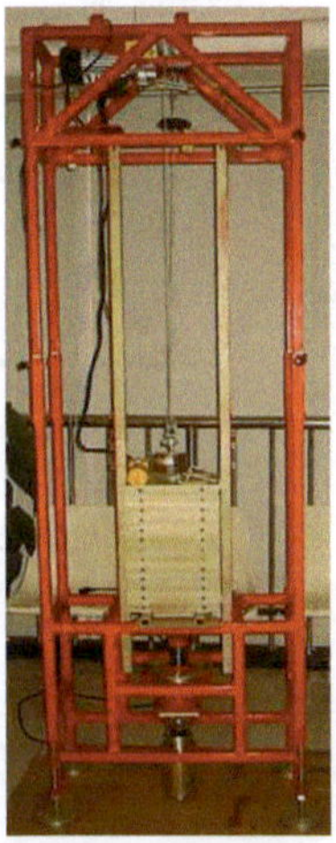

图11-3　自动落锤激励装置

自动落锤激励装置可对钢轨以及地面等被测对象进行跌落冲击试验。设计导槽摩擦力很小,配重块下落过程可认为是自由落体。根据测试需要,调节配重块和垂直下落高度,以此来调节冲击力大小。装置配备有13块配重块,每块约14.6 kg。在锤头下部安装有石英力传感器,可测得试验过程中冲击力,量程0~250 kN。

测试过程中,为避免自动落锤激励装置质量包含到被测结构中,改变被测结构的自振频率,影响振动测试结果,本次测试使用了如图11-4所示的支架。

图11-4　自动落锤支架

北京地铁采用B型车,最大轴重14 t。因此,自动落锤激励装置采用5块质量配重块(共73 kg),下落高度10 cm,获得冲击力峰值约70 kN。为获得关心频段的激励响应，采用钢制锤体和铝制锤头。

11.1.2 测点布置

通过锤击纵向轨枕中断面钢轨（*AA* 断面），测试梯式轨道中断面轨枕振动加速度和基底振动加速度。锤击位置和传感器布置位置如图 11-5 所示，传感器安装底座（位置）如图 11-6 所示。贴垫片粘贴于轨枕和基底坐台，采用磁力座吸附于铁垫片。传感器通过预留底部螺孔，与磁力底座紧固。

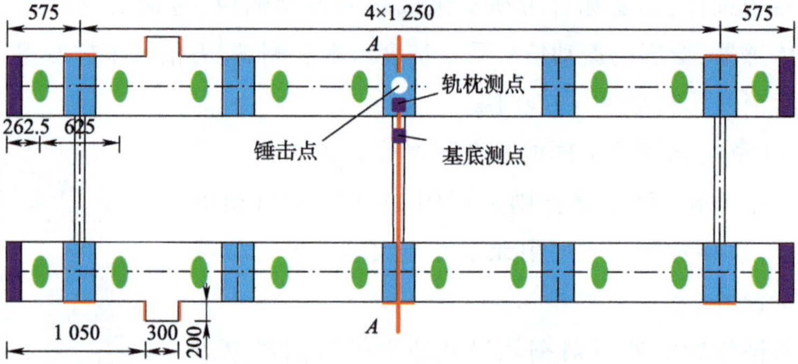

图 11-5 落锤试验测点及锤击点位置（单位：mm）

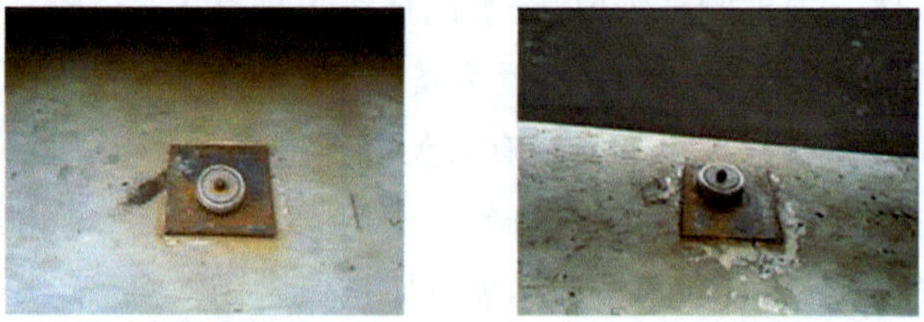

（a）轨枕测点 （b）基底测点

图 11-6 传感器安装底座（位置）

11.1.3 评估指标

1. 振动加速度级

振动加速度级公式为

$$VL = 20 \times \lg \frac{a}{a_0} \tag{11-1}$$

式中，VL 为轨枕和基底振动加速度级，单位为 dB；a 为轨枕和基底振动加速度，单位为 g；a_0 为参考振动加速度，单位为 $1 \times 10^{-7} g$。

2. 传递损失

传递损失公式为

$$VL_{1\text{-}2} = VL_1 - VL_2 \tag{11-2}$$

式中，$VL_{1\text{-}2}$为轨枕和基底之间的传递损失，单位为 dB；VL_1为轨枕振动加速度级，单位为 dB；VL_2为基底振动加速度级，单位为 dB。

注明：落锤试验评估指标，除上述振动加速度级和传递损失之外，还有频响函数、振动加速度传递率、插入损失等。读者可以根据实际试验需要，进行评估指标选择。

11.1.4 测试结果

11.1.4.1 时程

轨枕和基底振动加速度时程如图 11-7 所示。

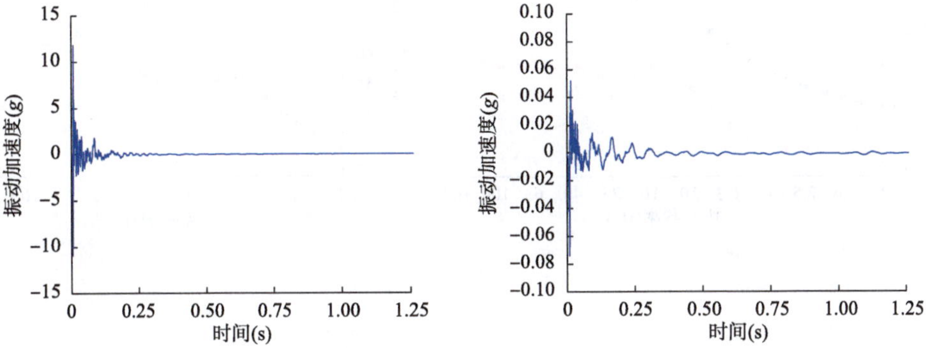

(a) 轨枕　　(b) 基底

图 11-7　振动加速度时程

11.1.4.2 频谱

基于时程数据，通过 FFT，可以得到轨枕和基底振动加速度频谱，振动加速度频谱如图 11-8 所示。

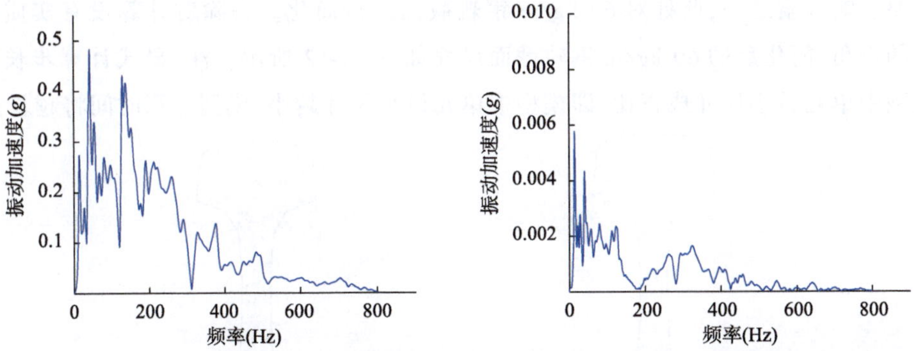

(a) 轨枕　　(b) 基底

图 11-8　振动加速度频谱

11.1.4.3 振动加速度 1/3 倍频程

通过时程数据或频谱数据,可以得到轨枕和基底振动加速度 1/3 倍频程,振动加速度 1/3 倍频程如图 11-9 所示。

11.1.4.4 传递损失

根据振动加速度级,进一步,可以得到轨枕和基底振动加速度的传递损失,传递损失如图 11-10 所示。

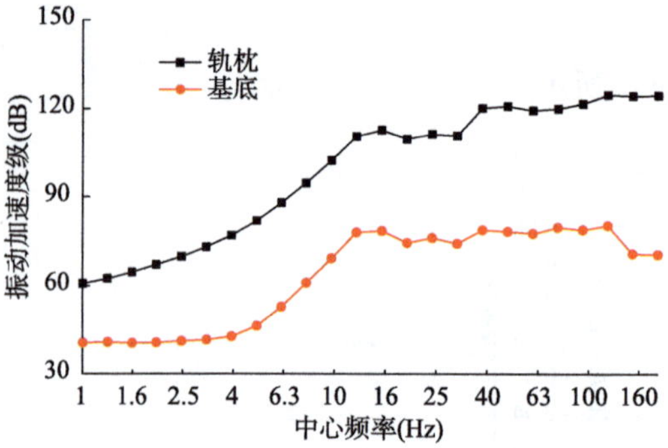

图 11-9 振动加速度 1/3 倍频程

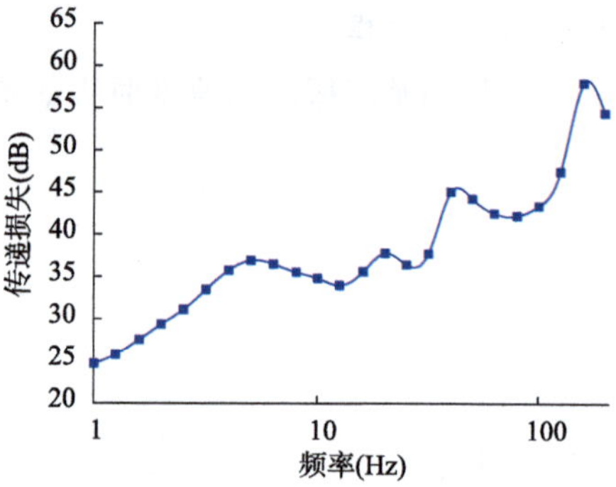

图 11-10 传递损失

11.2 案例 2:梯式轨道落锤试验的有限元模拟

11.2.1 ABAQUS 建模

1. Part 模块

在 AutoCAD 中建立 60 kg/m 钢轨截面几何,导入 ABAQUS 中,60 kg/m 钢轨截面尺寸如图 11-11 所示。考虑到模型中单元最小尺寸是 ABAQUS 显式计算步长的主要影响因素之一,此处对 60 kg/m 钢轨截面进行简化。去除对计算没有实质影响的倒角,简化后的 60 kg/m 钢轨截面尺寸如图 11-12 所示。注:显式计算步长和模型中单元最小尺寸成正比,即模型中单元最小尺寸越小,模型计算时间将越长。

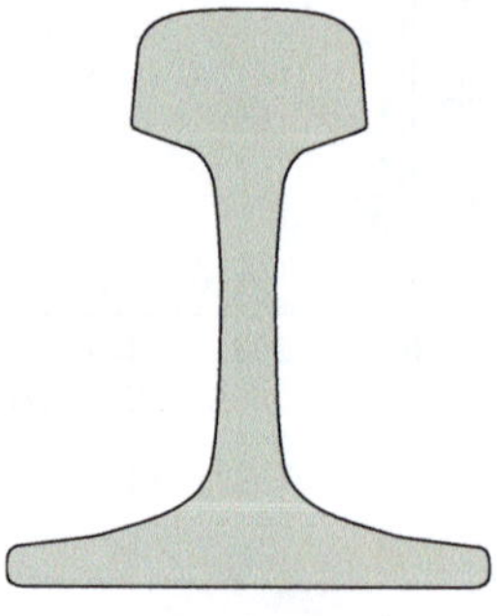
图 11-11 60 kg/m 钢轨截面尺寸

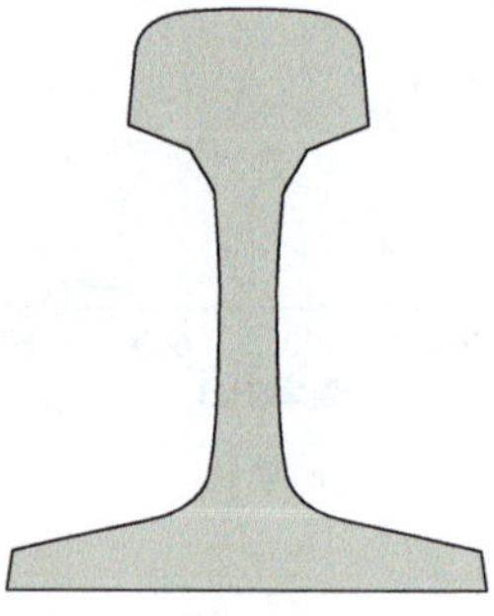
图 11-12 简化后的 60 kg/m 钢轨截面尺寸

本例采用等效扣件垫板代替扣件，等效扣件垫板尺寸 146 mm × 146 mm × 25 mm。梯式轨道纵向轨枕长 6.15 m，宽 0.46 m，高 0.185 m；纵向轨枕间联结横梁长 0.975 m，宽 0.065 m，高 0.06 m。枕下减振垫尺寸有两种类型，分别为 460 mm × 250 mm × 25 mm 和 460 mm × 125 mm × 25 mm。基底台座尺寸为 6.15 m × 3 m × 0.2 m。

2. Property 模块

钢轨密度 7 850 kg/m^3，弹性模量 214×10^9 N/m^2，泊松比 0.3。等效扣件垫板密度 1 000 kg/m^3，弹性模量 48×10^6 N/m^2，泊松比 0.49。纵向轨枕密度 2 500 kg/m^3，弹性模量 35×10^9 N/m^2，泊松比 0.2。联结横梁密度 7 850 kg/m^3，弹性模量 214×10^9 N/m^2，泊松比 0.3。枕下减振垫密度 1 000 kg/m^3，弹性模量 5.04×10^6 N/m^2，泊松比 0.49。基底台座密度 2 500 kg/m^3，弹性模量 35×10^9 N/m^2，泊松比 0.2。

3. Assembly 模块

将 Part 中模型导入 Assembly，装配体如图 11-13 所示。考虑后续网格划分需要，已将几何体进行了剖分。

4. Step 模块

在 Step 模块中选择 General 的 Dynamic Explicit。Time Period 处输入计算时长，此处输入 1.26。几何非线性开关 Nlgeom 选择 On，打开，Stop 设置如图 11-14 所示。其他参数保持默认，本例不需要进行更改。其中，Incrementation 主要用于设置计算增量步，Mass Scaling 用于设置质量放大（在不影响主要计算结果的前提下，进行质量放大，可以缩短计算时长），Other 用于设置粘滞系数。

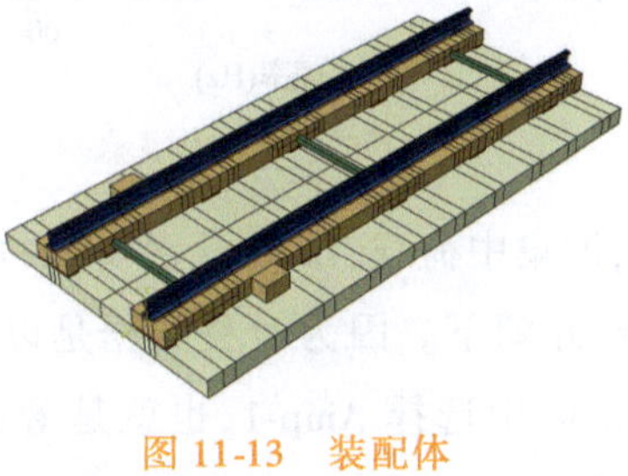

图 11-13　装配体

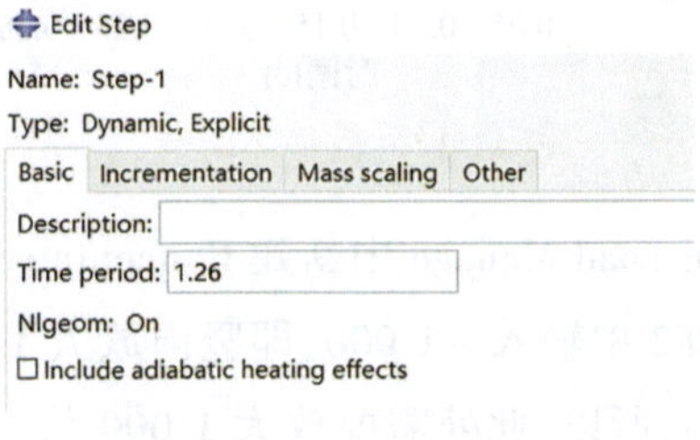

图 11-14　Step 设置

在 History Output Management 中新建输出选项，分别为纵向轨枕拾振点的竖向振动加速度和基底拾振点的竖向振动加速度。以纵向轨枕拾振点的设置为例，History Output 设置如图 11-15 所示，Domain 处选择 Set，选择建立的 Sleeper。Frequency 中选择 Every x Unit of Time，x 处输入 0.000 625。Frequency 可以有多种选择，本例对照落锤试验，所以，选择时间间隔输出。因为采样频率为 1 600 Hz，所

以 x 设置为 0.000 625。Ouput Variables 中选择 A2,即竖向振动加速度。读者可以根据研究需要,选择输出。输出越多,结果文件会越大。作者建议,根据研究内容来选择输出选项。

5. Load 模块

荷载施加位置同梯式轨道落锤试验,荷载和约束设置如图 11-16 所示。落锤试验的锤击力时程如图 11-17 所示,锤击力频谱频谱如图 11-18 所示。

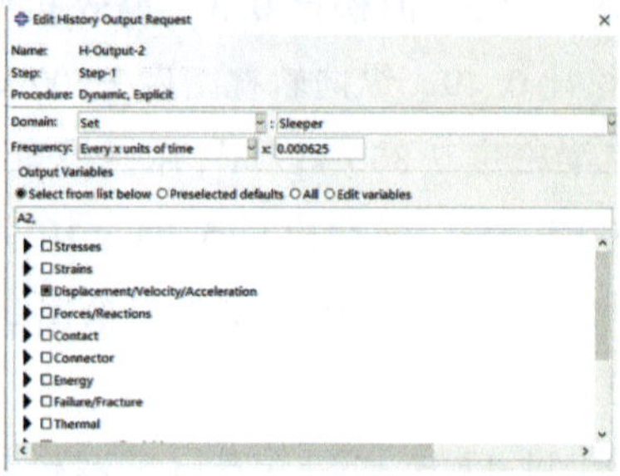

图 11-15 History Output 设置

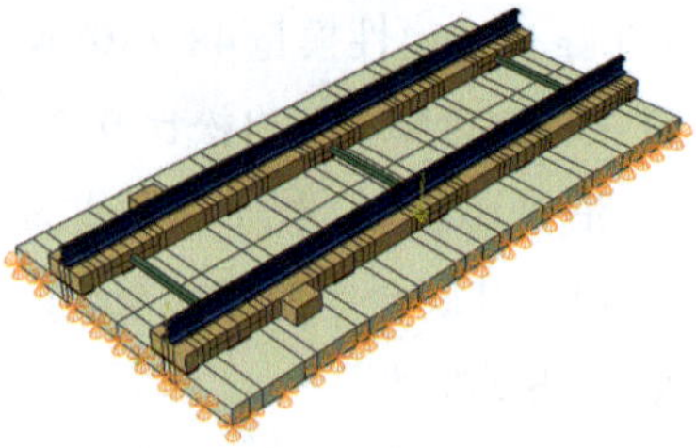

图 11-16 荷载和约束设置

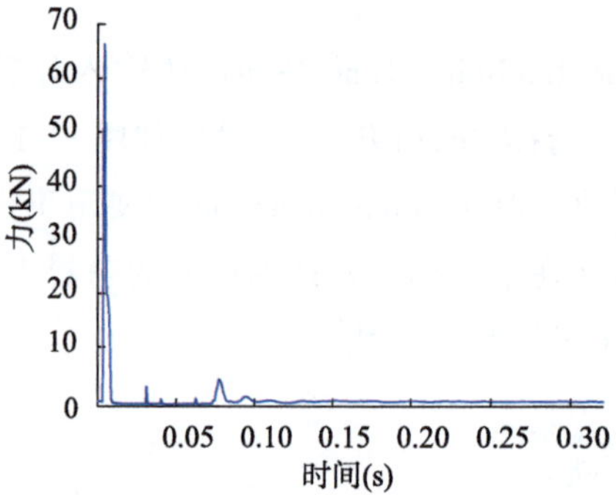

图 11-17 锤击力时程

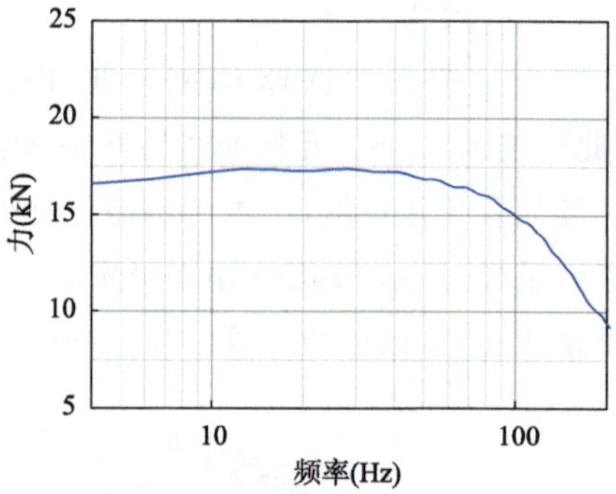

图 11-18 锤击力频谱

在 Load Manage 中新建 Concenrated Force,即集中荷载,Load 设置如图 11-19 所示。CF2 中输入 -1 000,即竖向放大 1 000 倍,并朝下。因为时程数据是以 kN 为单位的,所以,此处需要放大 1 000 倍。Amplitude 中选择 Amp-1,也就是落锤试验的锤击力时程,Amplitude 设置如图 11-20 所示。

在 Tool 中选择 Amplitude,新建 Tabular,然后导入落锤试验的荷载数据。Time Span 本例选择 Step Time。基底台座下底面进行三向约束。

6. Mesh 模块

全局种子 0.02,采用映射网格,选择 C3D8 单元。钢轨网格划分如图 11-21 所示,纵向轨枕和枕下减振垫网格划分如图 11-22 所示。诚如钢轨几何模型简化所述，模型中单元的最小尺寸影响显式计算时间步长。因此，不能一味设置小的单元尺寸，需综合考虑计算精度和计算效率（时长）。

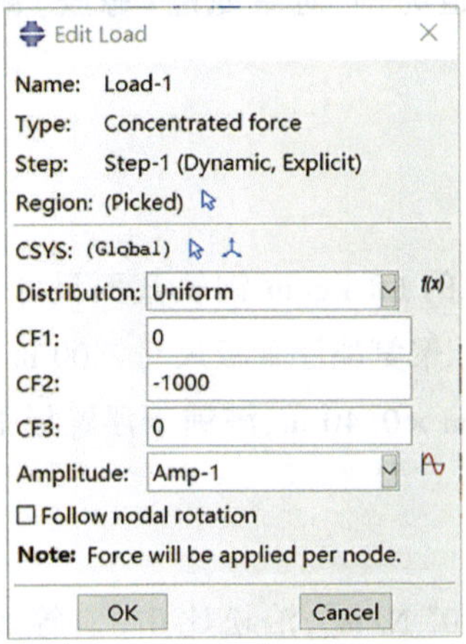

图 11-19　Load 设置

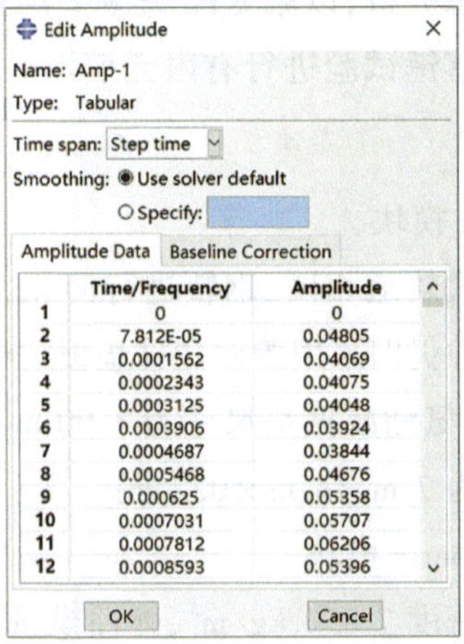

图 11-20　Amplitude 设置

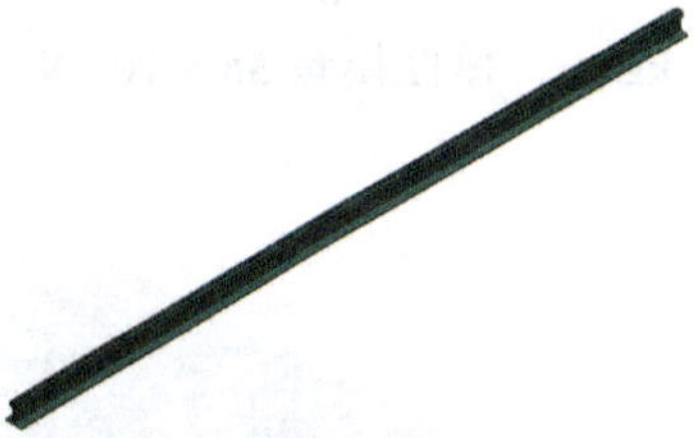

图 11-21　钢轨网格

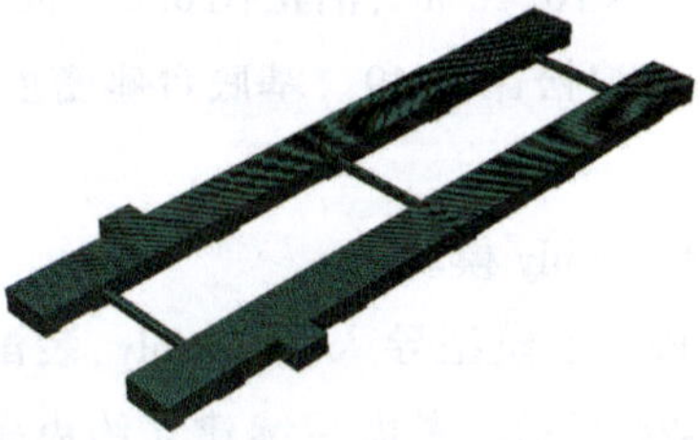

图 11-22　纵向轨枕和枕下减振垫网格

11.2.2　计算结果

梯式轨道纵向轨枕和基底的竖向振动加速度时程如图 11-23 所示。

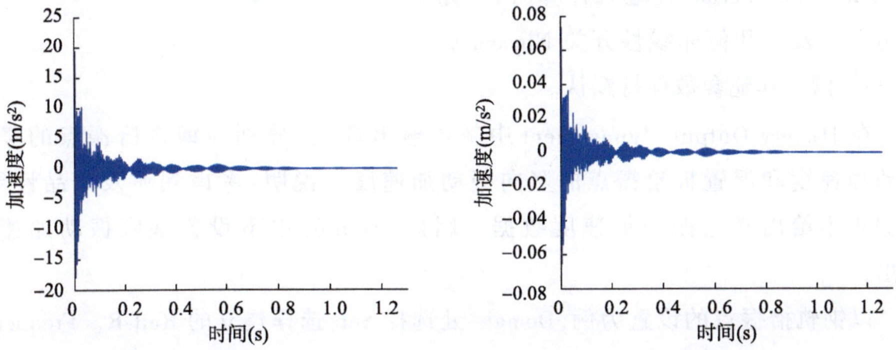

（a）轨枕　　（b）基底

图 11-23　振动加速度时程

11.3 案例3:聚氨酯减振垫浮置板轨道落锤试验的有限元模拟

同模态分析,以聚氨酯减振垫浮置板轨道为例,对聚氨酯(橡胶)减振垫浮置板轨道的落锤试验进行有限元模拟。

11.3.1 ABAQUS建模

1. Part模块

和梯式轨道相同,钢轨进行简化,简化后的60 kg/m钢轨截面尺寸如图11-12所示。扣件仍旧采用等效扣件垫板进行模拟。聚氨酯浮置板尺寸7.00 m×3.50 m×0.40 m,聚氨酯减振垫尺寸为7.00 m×3.50 m×0.40 m,满铺于浮置板下部。基底台座尺寸为7 m×4 m×0.2 m。

2. Property模块

钢轨密度7 850 kg/m^3,弹性模量214×10^9 N/m^2,泊松比0.3。等效扣件垫板密度1 000 kg/m^3,弹性模量70×10^6 N/m^2,泊松比0.49。浮置板密度2 500 kg/m^3,弹性模量35×10^9 N/m^2,泊松比0.2。板下减振垫密度1 000 kg/m^3,弹性模量1.72×10^5 N/m^2,泊松比0.49。基底台座密度2 500 kg/m^3,弹性模量35×10^9 N/m^2,泊松比0.2。

3. Assembly模块

将Part中模型导入Assembly,装配体如图11-24所示。考虑后续建立约束条件的需要,已将几何体进行了剖分。

图11-24 装配体

4. Step模块

在Step模块中选择General的Dynamic,Explicit。Time Period处输入计算时长,此处输入1.26。几何非线性开关Nlgeom选择On,打开,其他参数保持默认。

在History Output Management中新建输出选项,分别为钢轨拾振点的竖向振动加速度和浮置板拾振点的竖向振动加速度。说明:考虑到涉及产品性能,本例将不给出基底振动加速度数据。因此,Step处也不设置基底振动加速度输出。

以钢轨拾振点的设置为例,Domain处选择Set,选择建立的Rail-R。Frequency中选择Every x Unit of Time,x处输入0.000 625,即采样频率1 600 Hz。Ouput Variables中选择A2,即竖向振动加速度。

5. Load 模块

采用和前述梯式轨道有限元模拟相同的冲击荷载，锤击力时程曲线如图 11-17 所示，锤击力频谱曲线如图 11-18 所示。在 Load Manage 中新建 Concenrated Force，CF2 中输入 -1 000。Amplitude 中选择 Amp-1，即锤击力时程数据。基底台座下底面进行三方向约束。

6. Mesh 模块

浮置板布设全局种子，间距 0.05，采用映射网格，选择 C3D8 单元。钢轨局部加密种子，间距为 0.02，选择 C3D6 单元，网格划分如图 11-25 所示。

图 11-25　网格划分

11.3.2　计算结果

聚氨酯减振垫浮置板轨道钢轨和浮置板的竖向振动加速度时程，振动加速度时程如图 11-26 所示。

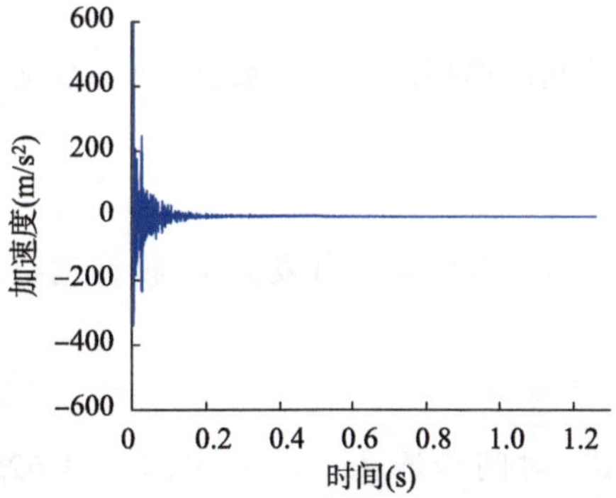

（a）钢轨

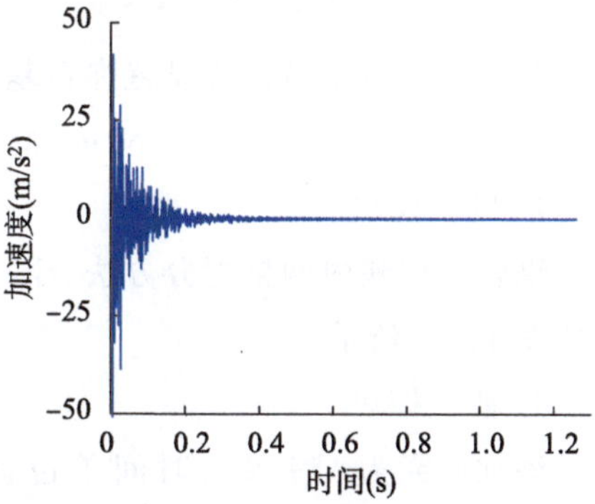

（b）浮置板

图 11-26　振动加速度时程

11.4　案例 4：点支撑浮置板轨道落锤试验的有限元模拟

11.4.1　COMSOL 建模

1. 几何模块

本例，仍采用 60 kg/m 钢轨简化截面，轨距 1.435 m。点支撑浮置板板长 6.00 m，宽 3.50 m，高 0.45 m，点支撑套筒直径 0.292 m，套筒沿钢轨方向间隔 1.2 m，沿横向间隔 2.2 m。同聚氨酯减振垫浮置板轨道，考虑到涉及产品性能，因此，本例直接不考虑基底台座（振动加速度）。COMSOL 中建立几何模型如图 11-27 所示。

2. 材料模块

钢轨密度 7 850 kg/m^3，弹性模量 2.14×10^{11} N/m^2，泊松比 0.3。浮置板密度 2 500 kg/m^3，弹性模量 35×10^9 N/m^2，泊松比 0.2。

3. 物理场模块

添加物理场，选择多体动力学。在 COMSOL 中，扣件可以采用前述等效扣件垫板进行模拟，也可以采用更为简便的弹簧阻尼器（事实上，ABAQUS 也可以用弹簧阻尼单元连接两点，用于扣件模拟），弹簧阻尼器设置如图 11-28 所示。按照扣件间距 0.625 m，沿钢轨纵向等间距设置。

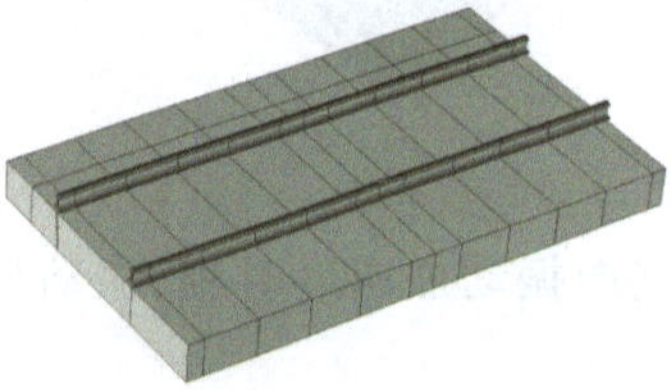

图 11-27　COMSOL 构建点支撑浮置板轨道

图 11-28　弹簧阻尼器设置

在浮置板钢套筒位置设置弹簧基础，弹簧基础选择总弹簧常数，竖向参数输入点支撑的竖向刚度 5.3×10^6 N/m，如 10.5 节设置。

4. 网格模块

钢轨采用映射网格划分方法，浮置板采用自由四面体划分发方法，模型网格划分如图 11-29 所示。

5. 研究模块

添加研究为“瞬态”，时间单位设为“s”，时间步输入“range(0,0.000 625,1.26)”，表示分析时长 1.26 s，按照 0.000 625 s 间隔采样，瞬态设置如图 11-30 所示。

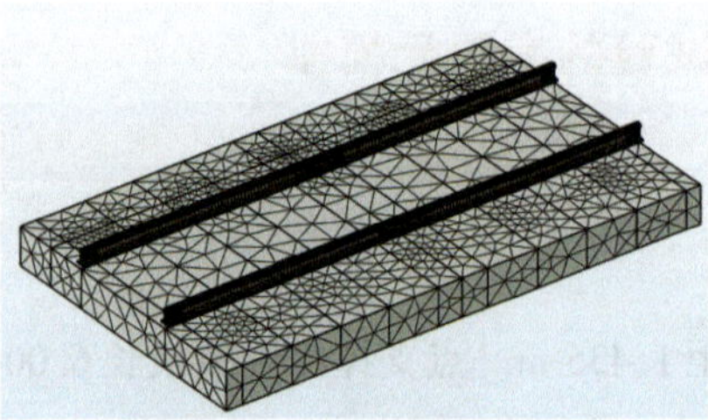

图 11-29　网格划分

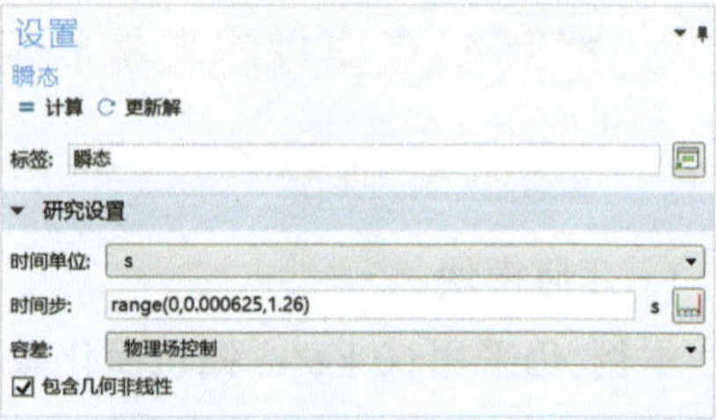

图 11-30　瞬态设置

11.4.2 计算结果

点支撑浮置板轨道钢轨和浮置板的竖向振动加速度时程，振动加速度时程如图 11-31 所示。

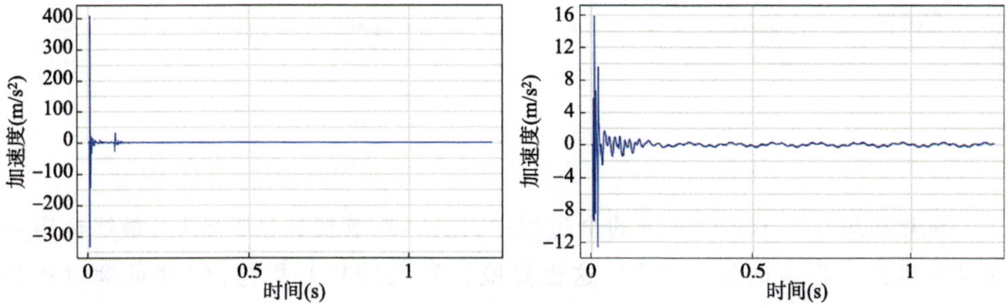

(a) 钢轨　　(b) 浮置板

图 11-31　振动加速度时程

12 基于改进蚁群算法轨道减振措施的参数优化

优化思想存在于解决问题的全过程中,比如:蚂蚁找到食物源后,最终确定一条从蚁巢到实物源的最短路径(这也是蚁群算法的核心思想,蚁群觅食过程如图 12-1所示)。在城市轨道交通振动控制领域,优化思想也无处不在。比如:针对不同城市轨道交通的线路条件、车辆类型等,同种轨道减振措施需微调其结构及匹配其参数,以此发挥该种轨道减振措施的最佳性能。对于近代工程问题,优化是工程师追求卓越的目标。

图 12-1　蚁群觅食过程

本章首先系统介绍群智能算法,进而构建觅食—返巢机制蚁群算法。最后,以梯式轨道和橡胶混凝土道床为例,介绍轨道减振措施的参数优化。

12.1　轨道减振措施的参数优化方法

基于有限元对轨道减振措施进行参数优化,依据实现途径可以归结为三类:

(1)商业有限元软件自带的优化功能。比如:ABAQUS 具有 Optimization 模块,COMSOL 专门设置有优化功能。

(2)商业优化软件联合商业有限元软件或有限元程序。比如:采用 Isight 调用 ABAQUS 的 inp 文件、LS-DYNA 的 k 文件等,实现有限元参数优化目的。

(3)通过 MATLAB 等工具(语言),编写优化程序,并联合商业有限元软件或有限元程序。比如:用 MATLAB 编写蚁群优化算法,通过 DOS 函数调用 ABAQUS 的 inp 文件或者 LS-DYNA 的 k 文件,最终实现参数优化。

12.2 群智能算法

传统的优化算法主要有线性规划、非线性规划、整数规划和动态规划。这些算法不仅复杂度较大,而且往往只能求解小规模问题。群智能优化算法则不同,它可以在没有集中控制并且不提供全局模型的前提下,利用群体优势进行分布搜索,从而更快地找到复杂问题的最优解。这里有必要提及仿生计算,它和群智能优化算法较为相似,比如遗传算法等。但本书对此不做介绍,读者可以参考相关书籍。

本节介绍几种常用的群智能优化算法,包括粒子群算法、混合蛙跳算法、猫群算法、细菌觅食算法、人工鱼群算法、人工蜂群算法、蚁群算法。

12.2.1 粒子群算法

粒子群算法(Particle Swarm Optimization, PSO)最早由 Kenedy 和 Eberhart 于 1995 年提出,是模拟群体(鸟群)中粒子间合作与竞争的一种群体智能算法。该算法目前已广泛应用于函数优化、数据挖掘、神经网络训练等应用领域。

粒子群算法中,每一个优化问题的解看作是搜索空间中的一只鸟,即“粒子”。首先,生成初始种群,即在可行解空间中随机初始化一群粒子,每个粒子都为优化问题的一个可行解,并由目标函数评价其适应度值。每个粒子都在解空间中运动,并由一个速度决定其飞行方向和距离,通常粒子追随当前的最优粒子在解空间中进行搜索。在每一次迭代过程中,粒子将跟踪两个“极值”来更新自己,一个是粒子本身找到的最优解,另一个是整个种群目前找到的最优解,这个极值即全局最优解。

粒子群算法可描述为:设粒子群在一个 n 维空间中搜索,由 N 个粒子组成种群 $\boldsymbol{X}=\{\boldsymbol{X}_1\quad \boldsymbol{X}_2\quad \cdots\quad \boldsymbol{X}_n\}$,其中,每个粒子所处的位置 $\boldsymbol{X}_i=\{x_{1i}\quad x_{2i}\quad \cdots\quad x_{ni}\}$ 都表示问题的一个解。粒子通过不断调整自己的位置 x 来搜索新解。每个粒子都能记住自己搜索到的最优解,记做 p_{id},以及整个粒子群经历过的最好的位置,即目前搜索到的最优解,记做 p_{gd}。此外每个粒子都有一个速度,记做 $V_i=\{v_{1i},v_{2i},\cdots,v_{ni}\}$,当两个最优解都找到后,每个粒子根据式(12-1)来更新自己的速度。

$$v_{id}(t+1)=\omega v_{id}(t)+\eta_1\text{rand}(\quad)[p_{id}-x_{id}(t)]+\eta_2\text{rand}(\quad)[p_{gd}-x_{id}(t)] \tag{12-1}$$

$$x_{id}(t+1)=x_{id}(t)+v_{id}(t+1) \tag{12-2}$$

式中，$v_{id}(t+1)$表示第 i 个粒子在 $t+1$ 次迭代中第 d 维上的速度，ω 为惯性权重，η_1 和 η_2 为加速常数，rand( )为 0～1 之间的随机数。此外，为使粒子速度不致过大，可设置速度上限 v_{max}，即当式(12-1)中 $v_{id}(t+1) > v_{max}$ 时，$v_{id}(t+1) = v_{max}$；$v_{id}(t+1) < -v_{max}$时，$v_{id}(t+1) = -v_{max}$。

12.2.2 混合蛙跳算法

混合蛙跳算法(Shuffled Frog Leaping Algorithm，SFLA)最早由 Eusuff 和 Lansey 于 2003 年提出，是模拟青蛙觅食过程中群体信息共享和交流机制的一种群体智能算法。关于蛙跳算法的研究目前还比较少，近年来国内外一些学者多将混合蛙跳算法用于优化问题、旅行商问题、模糊控制器设计等方面。

混合蛙跳算法将每只青蛙定义为问题的一个解。整个青蛙群体采用模因分组方法分为不同的子群体，来模拟青蛙的聚群行为，每个子群体称为模因分组。模因组中的每只青蛙都有为了靠近目标而努力的想法，具有对食物源远近的判断能力，并且受其他青蛙影响，这里称为文化。每个模因组都有自己的文化，影响着其他个体，并随着模因组的进化而进化。在模因组的每一次进化过程中，在每个模因组中找到组内位置最好和最差的青蛙。组内最差青蛙采用类似于粒子群算法中的速度位移模型操作算子，执行局部位置更新，对最差青蛙位置进行调整。模因组内经过一定次数的模因进化后，不同模因组间的青蛙重新混合成整个群体，实现各个模因组间的信息交流与共享，直到算法执行完预定的种群进化次数。

混合蛙跳算法按照族群分类进行信息传递，将这种局部进化和重新混合过程相间进行，有效地将全局信息交互与局部进化搜索相结合，具有高效的计算性能和优良的全局搜索能力。

12.2.3 猫群算法

猫群算法最早由 S. C. Chu 通过观察猫在日常生活中的行为动作提出。日常生活中，猫总是非常懒散地躺在某处不动，经常花费大量的时间处在一种休息、张望的状态，即使在这种情况下，它们也保持高度的警惕性，它们对于活动的目标具有强烈的好奇心。一旦发现目标便进行跟踪，并且能够迅速地捕获到猎物。将猫的行为分为两种模式，一种是猫在懒散、环顾四周状态时的模式，称为搜寻模式；另一种是猫在跟踪动态目标时的状态，称为跟踪模式。猫群算法正是通过对于猫的这种行为的分析，将猫的两种行为模式结合起来，提出的一种新型的群体智能算法。

在猫群算法中，猫即为待求优化问题的可行解。将猫的行为模式分为两种：一种是搜寻模式，另一种是跟踪模式。仿照真实世界中猫的行为，整个猫群中的大部分猫执行搜寻模式,剩下的少部分执行跟踪模式。在搜寻模式下,猫通过复制自身位置,对自身位置的每一个副本通过变异算子改变基因,来产生新的邻域位置,并将新产生的位置放在记忆池中,进行适应度值计算,利用选择算子在记忆池中选择适应度值最高的候选点,作为猫所要移动到的下一个位置点,以此方式进行猫的位置更新。在跟踪模式下,类似于粒子群算法,利用全局最优的位置来改变猫的当前位置。进行完搜寻模式和跟踪模式后,计算每一只猫的适应度并保留当前最好的解。之后混合成整个群体,再根据分组率,随机地将猫群分为搜寻模式下和跟踪模式下的两组,直到算法执行完预定的种群进化次数。

12.2.4　细菌觅食算法

细菌觅食算法(Bacterial Foraging Optimization,BFO)最早由 K. M. Passino 于 2002 年提出,是一种模拟 Ecol 大肠杆菌在人体肠道内搜寻食物行为的群体智能算法。该算法因具有并行搜索、易跳出局部极小值等优点,被广泛应用于电气工程与控制、滤波器控制、人工神经网络训练、颜色调度及各种群智能识别等方面问题,已经成为生物启发式计算研究领域的又一热点。

细菌觅食算法主要依靠以细菌特有的趋化、繁殖、迁徙三种行为为基础的三种算子进行位置更新和最优解的搜索,进而实现种群的进化。细菌觅食算法求解最优化问题的基本过程为:初始化随机解;设计评价函数;根据算法的三种算子进行群体更新和最优解搜索。

细菌向食物源区域聚集并躲避有害区域的行为在算法中称为细菌的趋化算子。首先每只细菌分别执行趋化算子,在细菌位置更新过程中,每个细菌先向一个随机的方向前进一个步长,根据评价函数判断其适应度是否得到改善,如果适应度得以改善,就按此方向继续前进,直到适应度不再改善或达到最大的前进次数;如果按此方向前进一个步长后适应度值没有得到改善,就随机向另一个方向前进一个步长,直到每只细菌都完成预定的趋化算子次数后执行繁殖算子。

细菌达到最大趋化算子次数后,细菌将执行繁殖算子。细菌的繁殖行为同样遵循自然“优胜劣汰,适者生存”的原则。在繁殖算子中,每只细菌按照其执行完趋化算子后的适应度值进行排序,适应度值较低的半数细菌个体死亡,适应度值高的半数细菌个体繁殖自身,生成新的群体。然后新产生的群体再次循环执行趋化算子、繁殖算子,直到群体执行完预定的繁殖算子次数后执行迁徙算子。

细菌生活的区域可能会突然发生剧烈变化。例如:温度的突然变化或食物的消耗殆尽。这样可能导致生活在这个区域的细菌种群死亡或迁徙到一个新的适合的生活区域。在细菌觅食算法中模拟这种现象的行为在算法中称为细菌的迁徙算子。每只细菌以一定概率执行迁徙算子，如果种群中的某个个体满足迁徙算子发生的概率，则这个细菌个体死亡，并随机地在解空间的任意位置生成一个新的个体。执行完一次迁徙算子后，细菌再次循环执行趋化算子、繁殖算子、迁徙算子，直到执行完预定的迁徙算子次数，种群更新并输出最优解，算法结束。

其中趋化算子为算法的核心部分，决定着细菌搜寻食物源时位置的改变方式，并对细菌能否找到食物源起决定作用，对算法的收敛性和算法的优劣有极其重要的影响。繁殖算子保证了细菌种群总体优良性能的提高，使得群体向着最优的方向移动，有利于达到全局最优。迁徙算子产生的新个体与灭亡的个体一般具有不同的位置，即不同的觅食能力，但是对趋化算子可能产生一定的促进作用，因为迁徙操作随机生成的新个体可能更靠近食物源区域，这样更有利于趋化算子跳出局部最优解和寻找全局最优解。

12.2.5　人工鱼群算法

人工鱼群算法（Artificial Fish School Algorithm，AFSA）最早由李晓磊于2002年提出，是一种模拟鱼群觅食行为的群体智能算法。人工鱼群算法具有良好的求取全局极值的能力，并具有对初值参数选择不敏感、鲁棒性强、简单易实现等优点。目前，人工鱼群算法已经在神经网络、模式识别、参数估计辨识方法等诸多方面得到了应用，并与其他算法相结合解决组合优化问题，得到了社会的广泛认可。

人工鱼群算法模拟自然界中鱼的集群觅食行为，通过个体之间的协作使群体达到最优选择的目的，算法实现的重点是人工鱼模型的建立和个体行为的描述与实现。鱼群算法采用了自下而上的设计思想，主要利用人工鱼群的觅食、聚群和追尾三种算子，构造了个体的底层行为。每条人工鱼探索它当前所处的环境，选择执行一种行为算子，通过不断调整自己的位置，最终集结在食物密度较大的区域周围，取得全局极值。

人工鱼是真实鱼的虚拟实体，人工鱼存在的环境指的是问题的解空间和其他同伴的状态，下一刻的行为取决于目前自身状态和目前环境的状态，并且它还通过自身活动来影响环境和其他同伴的活动，进而达到最终寻优的目的。

首先每条人工鱼根据自身所处的环境，分别试探执行聚群和追尾两种算子，通过目标函数计算其适应度值是否得到改善，选择执行适应度值改善较大的行为算子；若某条人工鱼试探聚群算子和追尾算子后，适应度值均没有改善，则这条人工鱼执行觅食算子；若这条人工鱼在达到觅食算子的最大尝试次数之后，适应度值仍没有改善，则执行随机算子，即这条人工鱼在自己周围环境中随机游动到一个新的位置，最终人工鱼集结在几个局部最优解的周围。一般而言，拥有较大食物量或靠近目标解的人工鱼处于全局最优解周围，这有助于获取全局最优解，而全局最优解周围总能集结较多的人工鱼，同样有助于获取全局最优解。

在人工鱼群算法中，聚群、追尾和觅食三种算子是人工鱼的核心算子，控制着人工鱼寻食物时位置的改变方式，并最终决定人工鱼是否能够找到食物，对种群的更新与进化起决定性作用。而随机算子是执行上述三种行为算子后适应度都不能得到改善后执行的行为，随机算子不一定向最优解的方向移动，但是随机算子能够帮助跳出局部最优，增加种群解的多样性，同样是种群进化不可缺少的部分，同时也符合生物多样性的进化规律。

12.2.6　人工蜂群算法

1995 年，Seeley 最早提出了蜂群的自组织模拟模型。在该模型中，虽然各社会阶层的蜜蜂只完成了一种任务，但是蜜蜂以“摆尾舞”、气味等多种方式在群中进行信息的交流，使得整个群体可以完成诸如喂养、采蜜、筑巢等多种工作。Karaboga 于 2005 年将蜂群算法成功应用于函数的极值优化问题，系统地提出了人工蜂群算法（Artificial Bee Colony Algorithm，ABCA），该算法简单、鲁棒性强。Basturk 等人在 2006 年又进一步将人工蜂群算法应用到限制性数值优化问题上，并且取得了比较好的测试成果。

蜜蜂是一种群居昆虫，单个蜜蜂的行为极其简单，但是由单个简单的个体组成的群体却表现出极其复杂的行为。现实生活中的蜜蜂能够在任何环境下，以极高的效率获得食物；同时它们能够适应环境的改变。

在蜂群算法中，蜜源的位置代表了所求优化问题的可行解，蜜源的丰富程度表示可行解的质量。首先在 D 维解空间中初始化 N 个可行解（蜜源）X_i，其中（$i=1,2,\cdots,N$）；每一个蜜源吸引一个引领蜂，因此 N 个蜜源吸引了 N 个引领蜂，使引领蜂所在的位置即为蜜源的位置。蜜源的个数不会随着迭代过程的进行而改变。引领蜂在舞蹈区将蜜源的信息与跟随蜂共享，吸引大量的跟随蜂采蜜，蜜源适应度越高则被选择过来的跟随蜂越多。跟随蜂依照选择概率来决定去哪个蜜源采蜜，每个跟随蜂到达蜜源后，对该蜜源做一次邻域搜索，对吸引过来的跟随蜂所搜索的位置进行比较，在引领蜂所对应的跟随蜂中找到最好的蜜源，并与原来引领蜂所对应的蜜源比较，如果比原来的蜜源好，则新位置作为新的蜜源，由引领蜂开采；否则，继续开采原来的蜜源，并记录开采次数。当同一个蜜源被开采的次数超过限定的次数后，如果解的质量还是没有得到改善，此时采集该蜜源的引领蜂变成侦察蜂，并且由侦察蜂随机在解空间中产生一个新的蜜源来代替原来的蜜源。

12.2.7 蚁群算法

蚁群算法(Ant Colony Optimization, ACO)最早由 M. Dorigo 等人于 1991 年提出,是一种模拟蚁群觅食行为的群智能优化算法。本章后续将重点对此算法进行讲解,并给出作者提出的一种改进蚁群算法,即觅食—返巢机制蚁群算法。

12.3 蚁群算法

12.3.1 蚁群算法的生物学背景

自然界中,蚂蚁的食物总是随机的散布于蚁巢周围。我们只要仔细观察就可以发现,经过一段时间后,蚂蚁总能找到一条从蚁巢到食物源的最短路径。生物学家 Pasteels 等经过大量的观察研究发现,Argentine 蚂蚁个体之间通过一种化学物质(信息素)进行信息交流与协作。在蚂蚁运动过程中,会在其经过的路径留下信息素。其他蚂蚁"嗅"到信息素的"味道",就会朝着这个方向前进。信息素浓度越大,蚂蚁选择这个方向的概率就越大。经过一段时间后,蚂蚁就能找到最短的觅食路径。

1989 年,Goss 等完成了著名的"双桥"实验,实验过程如图 12-2 所示。图 12-2(a)为初始状态,此时并未放置蚂蚁;图 12-2(b)为经过 4 min 后,蚂蚁的分布状态;图 12-2(c)为经过 8 min 后,蚂蚁的分布状态。可以很明显地看到,蚂蚁趋向于选择最短路径。该实验结果为蚁群算法的提出奠定了坚实的生物学基础。

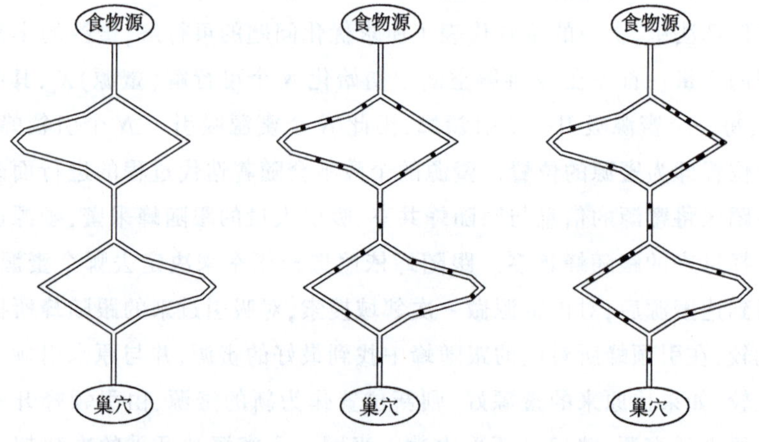

(a)初始状态　(b)4 min　(c)8 min

图 12-2 "双桥"实验示意图

1990 年,Deneubourg 等还给出了"双桥"实验的数学模型。首先,假定过去一段时间经过该桥的蚂蚁数与在非对称桥上残留的信息素量成正比;其次,某一时刻蚂蚁按桥上信息素的多少来选择某座桥，即蚂蚁选择某座桥的概率与经过该桥的蚂蚁数成正比。假设短桥为 A，长桥为 B，当所有 m 只蚂蚁都经过两座桥以后，设 A_m、B_m 分别为经过 A 桥和 B 桥的蚂蚁数，则第 $m+1$ 只蚂蚁选择 A 桥的概率为

$$P_A(m)=\frac{(A_m+k)^h}{(A_m+k)^h+(B_m+k)^h} \tag{12-3}$$

式中，参数 h 和 k 用来匹配真实实验数据。

蚂蚁选择 B 桥的概率为

$$P_B(m)=1-P_A(m) \tag{12-4}$$

第 $m+1$ 只蚂蚁首先按式(12-3)计算选择概率 $P_A(m)$，然后生成一个在区间 $[0,1]$ 上均匀分布的随机数 φ，如果 $\varphi\leqslant P_A(m)$，则选择 A 桥，否则选择 B 桥。最终观察到有 80%～100%的蚂蚁选择较短的桥。

12.3.2　蚁群算法的建立

1991 年，M. Dorigo 等人根据前文提到的蚁群生物学特性，最早提出了能够解决旅行商优化问题的蚂蚁系统（Ant System，AS）。该算法描述如下：设有 m 只蚂蚁随机放在具有 n 个节点的全连通图上，$\tau_{i,j}(t)$ 表示 t 时刻在 i、j 连线上的信息素量，$\eta_{i,j}(t)$ 是与问题相关的启发式信息，此处设 $\eta_{i,j}(t)=1/d_{i,j}$。初始时刻，各条路径上的信息素量相等，设 $\tau_{i,j}(0)=C$（C 为常数）。蚂蚁 $k(k=1,2,3,\cdots,m)$ 在运动过程中根据各条路径上的信息量和问题的启发式信息决定转移方向，$P_{i,j}^k(t)$ 表示在 t 时刻蚂蚁 k 由位置 i 转移到位置 j 的概率：

$$P_{i,j}^k(t)=\begin{cases}\dfrac{[\tau_{i,j}(t)]^\alpha\cdot[\eta_{i,j}(t)]^\beta}{\sum\limits_{S\notin tabu_k}[\tau_{i,j}(t)]^\alpha\cdot[\eta_{i,j}(t)]^\beta} & j\notin tabu_k\\ 0 & j\in tabu_k\end{cases} \tag{12-5}$$

式中，$tabu_k$ 记录蚂蚁遍历的城市，α，β 为调节信息素强度和启发式信息 η 相对重要的参数。

经过 n 个时刻，蚂蚁完成一次周游，各路径上信息量根据式(12-6)和式(12-7)作调整。

$$\tau_{i,j}(t+n)=(1-\rho)\cdot\tau_{i,j}(t)+\Delta\tau_{i,j}(t+n) \tag{12-6}$$

$$\Delta\tau_{i,j}(t+n)=\sum_{k=1}^{m}\Delta\tau_{i,j}^k(t+n) \tag{12-7}$$

式中，$\rho\in(0,1)$ 表示信息素的挥发系数，$\Delta\tau_{i,j}^k$ 表示第 k 只蚂蚁在本次循环中留在路径 (i,j) 上的信息量，$\Delta\tau_{i,j}$ 表示本次循环中所有蚂蚁留在路径 (i,j) 上的信息量。

$\Delta\tau_{i,j}^{k}$计算方法有三种，如式(12-8)、式(12-9)和式(12-10)所示。

Ant-cycle 算法：

$$\Delta\tau_{i,j}^{k}(t+n)=\begin{cases}\dfrac{Q}{L_k} & \text{第 } k \text{ 只蚂蚁在本次循环中经过路径}(i,j)\\ 0 & \text{否则}\end{cases} \tag{12-8}$$

Ant-density 算法：

$$\Delta\tau_{i,j}^{k}(t,t+1)=\begin{cases}Q_1 & \text{第 } k \text{ 只蚂蚁在 } t+1 \text{ 步经过路径}(i,j)\\ 0 & \text{否则}\end{cases} \tag{12-9}$$

Ant-quantity 算法：

$$\Delta\tau_{i,j}^{k}(t,t+1)=\begin{cases}\dfrac{Q_2}{d_{i,j}} & \text{第 } k \text{ 只蚂蚁在 } t+1 \text{ 步经过路径}(i,j)\\ 0 & \text{否则}\end{cases} \tag{12-10}$$

12.3.3 蚁群算法的发展

在 M. Dorigo 等将蚁群算法(即 AS)应用到离散域优化问题(旅行商问题)后，1996 年，M. Dorigo 等又在 *IEEE Transactions on Systems, Man, and Cybernetics-Part B* 上发表了 *Ant System: Optimization by a Colony of Cooperating Agents* 一文。在这篇文章中，M. Dorigo 等不仅更加系统地阐述了蚁群算法的基本原理及数学模型，还将其与禁忌搜索算法、遗传算法、爬山法及模拟退火算法等进行了仿真实验比较，并且初步探讨了蚁群算法中初始化参数对其性能的影响。

在 AS 诞生之后，世界各国蚁群算法爱好者相继提出了多种变体。比较具有代表性的有 Ant-Q，ACS(Ant Colony System)、ACO (Ant Colony Optimization)以及 *Max-Min* AS 等。国际顶级学术刊物 *Nature* 曾多次对蚁群算法的研究成果进行报道。譬如：2000 年，M. Dorigo 等在 *Nature* 上发表了 *Inspiration for Optimization From Social Insect Behaviour*，文章对受社会性昆虫启发的蚁群算法进行了综述，列举了 2000 年前蚁群算法的成功应用，并且对蚁群算法进行了展望。

如今，蚁群算法已经成为一个备受关注的研究热点和前沿性课题。每年，都会有大量关于蚁群算法的论文发表在国内外学术期刊和会议上。

12.4 改进蚁群算法：觅食—反巢机制蚁群算法

12.4.1 觅食—反巢机制蚁群算法的提出

如前所述，M. Dorigo 在 Deneubourg 建立的数学模型基础上，提出了最早的蚁群算法(即 AS)，用来解决旅行商这一组合优化问题。而 Deneubourg 建立的数学模型是在 Goss 和 Pasteels 等对 Argentine 蚂蚁生物学行为观察的基础上得到的。

Pasteels 等用来观察的 Argentine 蚂蚁，被 Pasteels 等认为只释放单一信息素。但是，实际情况 Argentine 蚂蚁是否只释放单一信息素？根据作者查找的资料，蚂蚁释放的化学物质会根据不同的外界情况，产生相应的变化。因此，Pasteels 等认为的蚂蚁信息素，只是在当时的情况下得出的一种假定。

自 Dorigo 提出 AS 后，后面的科研工作者在其算法的基础上，提出了多种变体。但是，都没有对人工蚂蚁产生的信息素进行分类。通过查阅蚂蚁的生物学行为，尝试用两种不同的信息素来代替单一的蚂蚁信息素。即：人工蚂蚁从"蚁巢"出发，释放"蚁巢"信息素，根据"食物"信息素到达"食物源"；然后，根据"蚁巢"信息素折返回"蚁巢"，同时释放"食物"信息素。

基于此，作者提出了觅食—返巢机制蚁群算法（Foraging Homing Ant Colony Optimization，FHACO）。通过设置较小的初始"食物"信息素浓度，人工蚂蚁在刚开始搜索"食物"时，将具有更为广阔的搜索空间。从"食物源"返回"蚁巢"的过程，"食物"信息素将发挥真正导向作用。这样的设计思路与自然蚂蚁的生物学行为更为相近，人工蚂蚁对全域最优解的搜索能力更强，有效减弱或避免"早熟现象"的产生。

12.4.2 单目标觅食—返巢机制蚁群算法

12.4.2.1 觅食过程的数学模型

以单个设计变量为例进行说明。假定目标函数为 $f(x)$，设计变量为 x。其中，$x \in [a,b]$，a、b 分别为设计变量 x 的最小值和最大值。通过数学换算，将目标函数 $f(x)$ 转化为 $f(x')$，设计变量 x 转化为 x'。其中，$x=(b-a)x'+a$，$x' \in [0,1)$。设置一个极小值 ε，如果 $(1-x') \leqslant \varepsilon$，则认为 $x'=1$。根据不同的问题，设计变量 x' 可以取小数点后 d 位。

对于十进制数，除第 1 层和第 $d+2$ 层只能取"0"外，中间 d 层每一层都可以取 10 个自然数（0，1，…，9），觅食过程的十进制数字串如图 12-3 所示。

根据寻优精度和计算时间，判定设置 n 只蚂蚁从"蚁巢"出发。从"蚁巢"出发的蚂蚁 j 在 $k-1$ 层的数字为 $T_{\text{nest}}(j,k-1)$。其中，$j=1,2,\cdots,n$；$k=2,3,\cdots,d+2$。

根据以下公式选择下一层数字：

$$T_{\text{nest}}(j,k)=\begin{cases}\max\{\tau^{k}_{\text{food}-(T_{\text{nest}}(j,k-1),T(j,k))}\} & q<Q_0\\ \text{randperm} & q \geqslant Q_0\end{cases} \tag{12-11}$$

式中，q 是（0，1）的随机数；Q_0 为判别常数；randperm 表示随机抽取 10（0，1，…，9）个自然数中的一个；$T_{\text{nest}}(j,k)$ 表示第 j 只蚂蚁在第 k 层的数字，其中 $T_{\text{nest}}(j,1)=$

$T_{\text{nest}}(j,d+2)=0$；$\tau^{k}_{\text{food}-(T_{\text{nest}}(j,k-1),T_{\text{nest}}(j,k))}$表示设计变量 x' 在 k 层上取 $T_{\text{nest}}(j,k)$ 的“食物”信息数浓度。

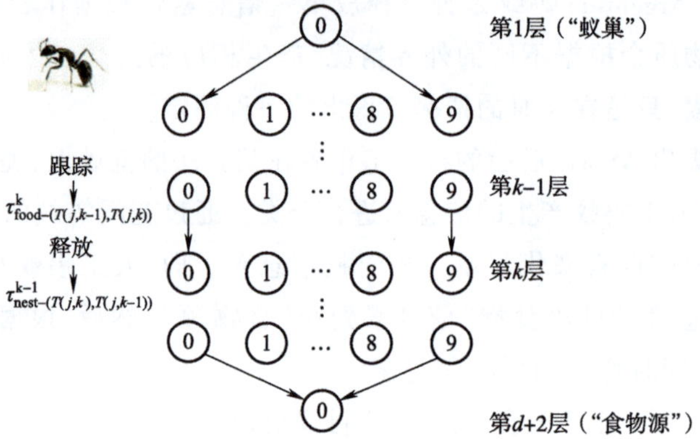

图 12-3　觅食过程的十进制数字串

每只蚂蚁走完一层后，“蚁巢”信息素就需要局域更新：

$$\tau^{k-1}_{\text{nest}-(T_{\text{nest}}(j,k-1),T_{\text{nest}}(j,k))}\leftarrow(1-\rho_{\text{nest}})\times\tau^{k-1}_{\text{nest}-(T_{\text{nest}}(j,k-1),T_{\text{nest}}(j,k))}+\alpha \tag{12-12}$$

式中，$\tau^{k-1}_{\text{nest}-(T_{\text{nest}}(j,k-1),T_{\text{nest}}(j,k))}$表示设计变量 x' 在 $(k-1)$ 层上取 $T_{\text{nest}}(j,k-1)$ 的“蚁巢”信息数浓度；$(1-\rho_{\text{nest}})$ 为“蚁巢”信息素残留因子，ρ_{nest} 为“蚁巢”信息素挥发系数；α 为局域“蚁巢”信息素更新修正系数。

12.4.2.2　返巢过程的数学模型

当所有人工蚂蚁根据食物信息素找到食物后，通过人工蚂蚁觅食过程留下的蚁巢信息素 τ_{nest} 返回蚁巢。在确定下一层（我们将靠近食物源的那一层叫做下一层）的数字后，如何选取上一层的数字，判别方法与觅食过程相同，返巢过程的十进制数字串如图 12-4 所示。

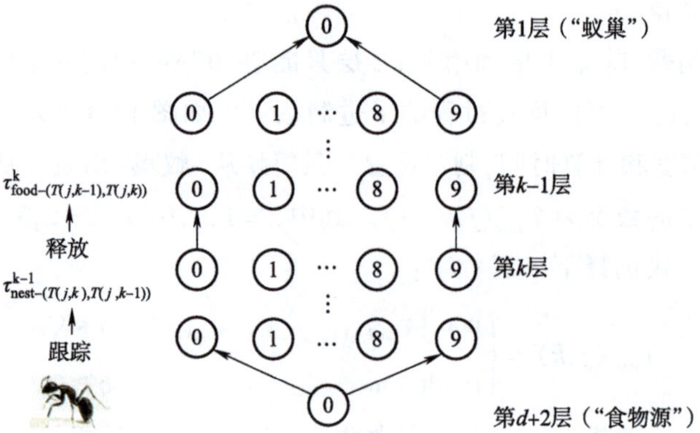

图 12-4　返巢过程的十进制数字串

从“食物源”出发的蚂蚁 j' 在 k 层的数字为 $T_{\text{food}}(j',k)$，根据以下公式选择上一层数字：

$$T_{\text{food}}(j',k-1)=\begin{cases}\max\{\tau^{k-1}_{nest-(T_{\text{food}}(j',k),T_{\text{food}}(j',k-1))}\} & q<Q_0\\ \text{randperm} & q\geqslant Q_0\end{cases} \tag{12-13}$$

式中，q 是(0,1)的随机数；Q_0 为判别常数；randperm 表示随机抽取 10(0,1,…,9)个自然数中的一个；$T_{\text{food}}(j',k-1)$ 表示第 j' 只蚂蚁在第 $k-1$ 层的数字，其中 $T_{\text{food}}(j',1)=T_{\text{food}}(j',d+2)=0$；$\tau^{k-1}_{\text{nest}-(T_{\text{food}}(j',k),T_{\text{food}}(j',k-1))}$ 表示设计变量 x' 在 $k-1$ 层上取 $T_{\text{food}}(j',k-1)$ 的“蚁巢”信息数浓度。

同样，每只蚂蚁走完一层后，“食物”信息素就需要局域更新：

$$\tau^{k}_{\text{food}-(T_{\text{food}}(j',k),T_{\text{food}}(j',k-1))}\leftarrow(1-\rho_{\text{food}})\times\tau^{k}_{\text{food}-(T_{\text{food}}(j',k),T_{\text{food}}(j',k-1))}+\beta \tag{12-14}$$

式中，$\tau^{k}_{\text{food}-(T_{\text{food}}(j',k),T_{\text{food}}(j',k-1))}$ 表示设计变量 x' 在 k 层上取 $T_{\text{food}}(j',k-1)$ 的“食物”信息数浓度；$(1-\rho_{\text{food}})$ 为“食物”信息素残留因子，ρ_{food} 为“食物”信息素挥发系数；β 为局域“食物”信息素更新修正系数。

当全部人工蚂蚁都回到“蚁巢”后，进行全域“食物”信息素更新：

$$\tau^{k}_{\text{food}-(T_{\text{food}}(i,k),T_{\text{food}}(i,k-1))}\leftarrow(1-\sigma)\times\tau^{k}_{\text{food}-(T_{\text{food}}(i,k),T_{\text{food}}(i,k-1))}+\xi \tag{12-15}$$

式中，$(1-\sigma)$ 为全域“食物”信息素残留因子，σ 为全域“食物”信息素挥发系数；ξ 为全域“食物”信息素更新修正系数；i 为本次“觅食—返巢”全过程下函数最优值对应的那只蚂蚁；$T_{\text{food}}(i,k)$ 为从食物源返回蚁巢的第 i 值蚂蚁在第 k 层上的数字；$\tau^{k-1}_{\text{food}-(T_{\text{food}}(i,k-1),T_{\text{food}}(i,k))}$ 为根据蚂蚁 i 走过的路径，将“食物”信息素更新。

通过“返巢”这一机制，可有效避免蚁群算法“收敛过慢”现象。其中，主要通过局域信息素更新和全域信息素更新来实现。

12.4.2.3 单目标 FHACO 程序代码

```
len =10;
d =7;% 精确到小数点后 d 位
tao_nest(d +1,len,len) =0.01;
tao_food(d +1,len,len) =0.01;
Num =20;% 蚂蚁数目
T_food =zeros(Num,d +2);
T_nest =zeros(Num,d +2);
Q0 =0.8;
food_co =0.5;
nest_co =0.5;
```

```
alpha = 0.5;
beta = 0.5;
sigma = 0.1;
Q = 3;
iteration = 30;% 迭代次数
for i = 1:iteration % 迭代循环
for k = 2:(d + 2)% “觅食”
for j = 1:Num
b_food = food_p(tao_food,Q0,j,k,T_food,d);
T_food(j,k) = b_food - 1;
tao_nest = pheromone_nest(tao_nest, food_co, T_food, k, j,
alpha);% “觅食”局域信息素更新
end
end
for e = (d + 1): - 1:1% “返巢”
for r = 1:Num
b_nest = nest_p(tao_nest,Q0,r,e,T_nest);
T_nest(r,e) = b_nest - 1;
tao_food = pheromone_food(tao_food, nest_co, beta, T_nest, r,
e);% “返巢”局域信息素更新
end
end
tao_food = update_all_food(d,T_nest,tao_food,Q,id1,sigma);%
全局信息素更新
end
```

12.4.3 多目标觅食—返巢机制蚁群算法

12.4.3.1 多目标优化问题的基本理论

一般来说,多目标优化问题是由多个目标函数和约束条件(等式和不等式)组成。一个多目标优化问题由 m 个目标函数、n 个设计变量和 k 个约束条件组成,这些目标函数可以是线性和非线性的。

多目标优化问题的基本数学模型如下所示:

$$\min \boldsymbol{y} = \boldsymbol{F}(\boldsymbol{x}) = [f_1(\boldsymbol{x}), f_2(\boldsymbol{x}), \cdots, f_m(\boldsymbol{x})]$$

$$\text{s. t. } g(\boldsymbol{x}) = [g_1(\boldsymbol{x}), g_2(\boldsymbol{x}), \cdots, g_k(\boldsymbol{x})] \leqslant 0$$

式中，$\boldsymbol{x}=(x_1,x_2,\cdots,x_n)\in X$，$\boldsymbol{y}=(y_1,y_2,\cdots,y_n)\in Y$，$X$ 表示决策向量 $\boldsymbol{x}$ 形成的决策空间，Y 表示目标向量 $\boldsymbol{y}$ 形成的目标空间。其中，$X=\{(x_1,x_2,\cdots,x_n)\mid l_i\leqslant x_i\leqslant u_i, i=1,2,\cdots,n\}$，$L$ 和 U 分别为上界和下界，$L=(l_1,l_2,\cdots,l_n)$，$U=(u_1,u_2,\cdots,u_n)$。

多目标优化中最优解通常称为 Pareto 解，它是由 Vilfredo Pareto 于 1896 年提出的，因此被命名为 Pareto 最优解。

1. 定义 1 目标空间中的支配关系

对于目标向量 $\boldsymbol{u}=(u_1,u_2,\cdots,u_m)$，$\boldsymbol{v}=(v_1,v_2,\cdots,v_m)$：

$\boldsymbol{u}=\boldsymbol{v}$（$\boldsymbol{u}$ 等于 $\boldsymbol{v}$），当且仅当 $\forall i\in\{1,\cdots,m\}$，满足 $u_i=v_i$；

$\boldsymbol{u}\succ\boldsymbol{v}$（$\boldsymbol{u}$ 优于 $\boldsymbol{v}$），当且仅当 $\forall i\in\{1,\cdots,m\}$，满足 $u_i<v_i$；

$\boldsymbol{u}\succeq\boldsymbol{v}$（$\boldsymbol{u}$ 弱优于 $\boldsymbol{v}$），当且仅当 $\forall i\in\{1,\cdots,m\}$，满足 $u_i\leqslant v_i$；

$\boldsymbol{u}\sim\boldsymbol{v}$（$\boldsymbol{u}$ 无差别于 $\boldsymbol{v}$），当且仅当 $u_i\nleqslant v_i$ 且 $u_i\ngeqslant v_i$。

2. 定义 2 决策空间中的支配关系（Pareto 优胜）

对于决策向量 $\boldsymbol{a}=(a_1,a_2,\cdots,a_n)$，$\boldsymbol{b}=(b_1,b_2,\cdots,b_n)$：

$\boldsymbol{a}=\boldsymbol{b}$（$\boldsymbol{a}$ 等于 $\boldsymbol{b}$），$F(\boldsymbol{a})=F(\boldsymbol{b})$；

$\boldsymbol{a}\succ\boldsymbol{b}$（$\boldsymbol{a}$ 优于 $\boldsymbol{b}$），$F(\boldsymbol{a})<F(\boldsymbol{b})$；

$\boldsymbol{a}\succeq\boldsymbol{b}$（$\boldsymbol{a}$ 弱优于 $\boldsymbol{b}$），$F(\boldsymbol{a})\leqslant F(\boldsymbol{b})$；

$\boldsymbol{a}\sim\boldsymbol{b}$（$\boldsymbol{a}$ 无差别于 $\boldsymbol{b}$），$F(\boldsymbol{a})\nleqslant F(\boldsymbol{b})$ 且 $F(\boldsymbol{a})\ngeqslant F(\boldsymbol{b})$。

3. 定义 3 Pareto 最优解

Pareto 最优解 $\boldsymbol{x}$，当且仅当不存在 $\boldsymbol{x}'\in X_f$，使得 $\boldsymbol{v}=F(\boldsymbol{x}')$ 优胜于 $\boldsymbol{u}=F(\boldsymbol{x})$，即 $\boldsymbol{v}\succ\boldsymbol{u}$，$X_f$ 为可行解。一般满足 Pareto 最优解条件的解不只一个，而是一个最优解集。

4. 定义 4 Pareto 最优前端

对于给定多目标优化函数 $F(x)$，Pareto 最优解集 P 定义为 $P=\{\boldsymbol{x}\in X_f\mid\nexists\boldsymbol{x}'\in X_f:F(\boldsymbol{x}')>F(\boldsymbol{x})\}$。所有 Pareto 最优解简称为 Pareto 最优解集，相应目标向量的图形被称为 Pareto 最优前端。

12.4.3.2　多目标觅食—返巢机制蚁群算法

1. 构造初始 Pareto 最优解集

FHACO 对于单目标寻优具有很好的收敛性。但是，多目标优化和单目标优化不同，多目标优化得到的是一个 Pareto 最优解集。过强的收敛性，将会使 Pareto 最优解集稀少，不利于多目标问题的优化。因此，随机产生一个均布的初始蚁群，针对不同的设计变量，派遣对应的蚂蚁小分队。

下面以两个设计变量为例：

假设设计变量为 x_1 和 x_2，其中，$a_1 \leqslant x_1 \leqslant b_1$，$a_2 \leqslant x_2 \leqslant b_2$。则，应该派遣两支蚂蚁小分队，每支蚂蚁小分队的蚂蚁数量为 Num 只。因此，第一支蚂蚁小分队的每只蚂蚁驻守的值为

$$x_{1(i)} = a_1 + (i-1) \times \frac{b_1 - a_1}{Num - 1} \tag{12-16}$$

式中，$i = 1, 2, \cdots, Num$。

第二支蚂蚁小分队的每只蚂蚁驻守的值为

$$x_{2(j)} = a_2 + (j-1) \times \frac{b_2 - a_2}{Num - 1} \tag{12-17}$$

式中，$j = 1, 2, \cdots, Num$。

两支蚂蚁小分队，设置信息交流机制。在每一只蚂蚁都有对应的设计变量值后，两支小分队的蚂蚁互相交流，形成 Num^2 对解。然后，从 Num^2 对解中剔除非可行解，保留可行解。

最后，比较可行解的目标函数值，得到初始 Pareto 最优解集。初始 Pareto 最优解集的设置，有利于提高多目标蚁群算法的散布性，避免传统蚁群算法收敛过快造成的 Pareto 最优前端稀疏的问题。

2. 更新初始“食物”信息素

初始 Pareto 最优解集对后续觅食蚂蚁具有导引作用，可有效避免蚂蚁在开始觅食时的盲目性。具体实现为：开始觅食时，蚂蚁应该循着“食物”信息素找到“食物源”。因此，对初始 Pareto 最优解对应的“食物”信息素进行加强。“食物”信息素加强公式为

$$\tau_{\text{food}}^{c} \leftarrow \tau_{\text{food}}^{0} + Q_{\text{c}} \tag{12-18}$$

式中，τ_{food}^{0} 为初始“食物”信息素；Q_{c} 为初始“食物”信息素更新系数；τ_{food}^{c} 为根据初始 Pareto 最优解集更新后的“食物”信息素。

3. 运行觅食—返巢机制

首先，根据“觅食—返巢”机制进行寻优，并进行可行性分析，剔除非可行性解；其次，对可行性解对应的目标函数值进行比较，得到 Pareto 最优解集。注意，多目标 FHACO 的“觅食—返巢”机制和单目标 FHACO 略有不同，主要为不进行全域“食物”信息素的更新。避免过度收敛，造成 Pareto 最优前端稀疏。

12.4.3.3 多目标 FHACO 程序代码

```
d=7;% 小数点后精确位置
Num=60;% 蚂蚁数目
```

```
iteration =20;% 迭代次数
tao_nest1(d +1,len,len) =0.01;% 初始蚁巢信息素
tao_food1(d +1,len,len) =0.01;% 初始食物信息素
T_food1 = zeros(Num,d +2);% 路径矩阵,朝向食物源
T_nest1 = zeros(Num,d +2);% 路径矩阵,朝向蚁巢
Q0 =0.3;food_co =0.5;nest_co;alpha =0.5;beta =0.5;
x1_s =0;% 变量设计范围
x2_s =0;
l_x1 = x1_e - x1_s;
delt_x1 = l_x1./Num;% 生成均布解
x1 = zeros(Num,1);
for c_0 =1:1:Num
x1(c_0) = x1_s + delt_x1* (c_0 -1);
end
x1(1) = x1(1) +10^( -d);
x1(Num) = x1(Num) -10^( -d);
xc_jun1 = x1;
Xc_hun = zeros(Num,2* Num);% 形成混合解
for c_i =1:1:Num
for c_j =1:1:Num
Xc_hun(c_i,2* c_j -1) = xc_jun1(c_i);
Xc_hun(c_i,2* c_j) = xc_jun2(c_j);
end
end
[fp1,fp2] = Mu_biao_jie(Xc1,Xc2);% 为加强后续的“食物”信息素,产生的解
Fp = [fp1,fp2];
e1 = zeros(Num* Num,1);% 求得可行解
for c_j =1:1:Num* Num
e1(c_j) = (Xc1(c_j) -5).^2 + Xc2(c_j).^2;
end
for c_l =1:1:Num* Num;% 将不满足条件的置为 0
```

```
if (e1(c_l)>25)||(e2(c_l)<7.7)
Xc_zhuan(c_l,:)=[0,0];
end
end
Xc_zhuan(find(sum(Xc_zhuan,2)==0),:)=[];% 新的变量解
Xc1=Xc_zhuan(:,1);
Xc2=Xc_zhuan(:,2);
[fc1,fc2]=Mu_biao_jie(Xc1,Xc2);% 目标函数值
Gc=[fc1,fc2];% 初始非支配解集
BP=[];
Bl_c=1;
[len_Gc,width_Gc]=size(Gc);
while len_Gc>0
Bc_1=Gc(1,1);
Bc_2=Gc(1,2);
GGc=[];
for c_m=2:1:len_Gc;% 进行擂台法则
    if Bc_1<Gc(c_m,1)
      if Bc_2<=Gc(c_m,2)
        GGc=[GGc;Gc(c_m,1),Gc(c_m,2)];
      end
   elseif Bc_1==Gc(c_m,1)
      if Bc_2<=Gc(c_m,2)
     GGc=[GGc;Gc(c_m,1),Gc(c_m,2)];
      end
   else Bc_1>Gc(c_m,1);
        if Bc_2>=Gc(c_m,2);
        GGc=[GGc;Bc_1,Bc_2];
        Bc_1=Gc(c_m,1);
        Bc_2=Gc(c_m,2);
        end
    end
```

```
end
S_BP = sum(BP,2);% 加强初始“食物”信息素浓度
S_Fp = sum(Fp,2);
len_S_BP = length(S_BP);
lin_p = zeros(len_S_BP,1);
for p_i =1:len_S_BP
    [row_p,col_p] = find(S_Fp = =S_BP(p_i));
    len_row_p = length(row_p);
    for p_j =1:len_row_p
        if Fp(row_p(p_j),1) = =BP(p_i,1)
            lin_p(p_i) = row_p(p_j);
        end
    end
end
rp = zeros(len_S_BP,1);
cp = zeros(len_S_BP,1);
for p_k =1:1:len_S_BP
    rp(p_k) = floor(lin_p(p_k)/Num);
    cp(p_k) =mod(lin_p(p_k),Num);
end
xp1 = zeros(len_S_BP,1);
xp2 = zeros(len_S_BP,1);
for p_l =1:1:len_S_BP
    xp1(p_l) = ((x1_s +delt_x1* (rp(p_l) -1))/l_x1)* 10^(d);
    xp2(p_l) = ((x2_s +delt_x2* (cp(p_l) -1))/l_x2)* 10^(d);
end
T_a1 = zeros(len_S_BP,d +2);
T_a2 = zeros(len_S_BP,d +2);
for p_m =1:1:len_S_BP
for p_n = (d +1): -1:2
T_a1(p_m,p_n) =floor((xp1(p_m)/10^(d +2 - p_n) - floor(xp1(p_
m)/10^(d +2 -p_n)))* 10);
```

```
    T_a2(p_m,p_n)=floor((xp2(p_m)/10^(d+2-p_n)-floor(xp2(p_
m)/10^(d+2-p_n)))*10);
        end
    end
    for a_i=1:iteration;% 觅食—返巢机制
    ……
    end
```

12.5　案例1:梯式轨道扣件及减振垫的参数优化

12.5.1　设计变量和优化目标

12.5.1.1　设计变量

1. 扣件竖向刚度

已知不同扣件的竖向刚度,可以设定扣件竖向刚度取值范围为15～120 kN/mm。

(1)DTⅠ型扣件垂向静刚度40～60 kN/mm;

(2)DTⅠ型扣件垂向静刚度为21 kN/mm;

(3)DTⅠ2型扣件垂向静刚度为20～30 kN/mm;

(4)DTⅡ1型扣件垂向静刚度为24 kN/mm;

(5)DTⅤ型扣件20～40 kN/mm;

(6)DTⅥ1型扣件垂向静刚度20～40 kN/mm;

(7)DTⅥ2型扣件垂向静刚度20～40 kN/mm;

(8)DTⅥ3型扣件垂向静刚度30～50 kN/mm;

(9)DTⅦ2型扣件垂直静刚度为20～30 kN/mm;

(10)WJ-2型扣件垂直静刚度为40～60 kN/mm;

(11)单趾弹簧扣件铁垫板下橡胶垫板静刚度为40～60 kN/mm;

(12)Ⅰ型轨道减振器扣件设计要求在15～30 kN时,垂向静刚度为8～14 kN/mm,27～30 kN后,垂向静刚度为30～40 kN/mm;

(13)底板型Vanguard先锋扣件在荷载范围5～35 kN时的平均垂直方向动态刚度为6 kN/mm;LORD扣件垂向静刚度为15～20 kN/mm;

(14)ZX-3型扣件垂向静刚度为40～60 kN/mm;

(15)弹条Ⅰ型扣件轨下胶垫的静刚度为90～120 kN/mm;

(16)弹条Ⅱ型扣件轨下胶垫的静刚度为55～80 kN/mm或40～60 kN/mm。

2. 枕下减振垫竖向等效刚度

目前，使用的枕下弹性垫体积模量为 0.157 N/mm^3，换算后等效刚度为 18.055 kN/mm。因此，枕下减振垫竖向等效刚度可取为 10～30 kN/mm。

12.5.1.2　优化目标

将基底台座 1～200 Hz 频段振动加速度级作为减振优化目标。

$$\min f = V_a L_{\text{mounting}} = 20 \times \lg \frac{\sqrt{\frac{1}{N} \times \sum_{i=1}^{N} a_{\text{i-rms}}^2}}{a_0} \tag{12-19}$$

式中，N 为 1～200 Hz 频段数据量，$a_{\text{i-rms}}$ 为各频率点处的振动加速度有效值，$a_0 = 1 \times 10^{-6}$ m/s^2 为参考振动加速度。

12.5.2　单目标 FHACO 耦合 LS-DYNA 进行参数优化

12.5.2.1　单目标 FHACO 耦合 LS-DYNA 程序

单目标 FHACO 程序由 MATLAB 编译，LS-DYNA 动力有限元软件可通过 k 文件执行。因此，通过 MATLAB 调用 k 文件，并且修改 k 文件的参数，来完成二者的耦合。最后，利用 MATLAB 可执行 DOS 程序的功能，打开 LS-DYNA 主程序中的 LS-PrePost 子程序，得到处理后的最优化结果。

单目标 FHACO 耦合 LS-DYNA 程序，首先要执行觅食—返巢过程。第一只蚂蚁首先出发，得到一个参数值。将该人工蚂蚁得到的值，写入 LS-DYNA 的 k 文件。利用 MATLAB 调用 DOS 程序，k 文件进行一次 LS-DYNA 动力计算。随后，将 LS-DYNA 计算得到的结果写入 Ls-PrePost 程序进行分析。通过 Ls-PrePost 分析得到的结果，计入优化结果文本。

第一只人工蚂蚁完成后，余下人工蚂蚁按此过程进行。后续的每一只人工蚂蚁得到的解，都需要和前面得到的最优解进行比较。通过这个过程完成全域信息素更新的功能，并且得到最优解。单目标 FHACO 耦合 LS-DYNA 程序具体流程如图 12-5 所示。

12.5.2.2　单目标 FHACO 耦合 LS-DYNA 参数设置

单目标 FHACO 参数设置：小数位数 $d=3$，判别常数 $Q_0=0.8$，“食物”信息素挥发系数 $\rho_{\text{food}}=0.5$，“蚁巢”信息素挥发系数 $\rho_{\text{nest}}=0.5$，局域“蚁巢”信息素更新修正系数 $\alpha=0.5$，局域“食物”信息素更新修正系数 $\beta=0.5$，全域“食物”信息素挥发系数 $\sigma=0.1$，全域“食物”信息素更新修正系数 $\xi=3$，蚂蚁数目 $n=10$，迭代次数 $number=10$。

12.5.2.3　优化结果

通过运行单目标 FHACO 耦合 LS-DYNA 程序，得到梯式轨道扣件竖向刚度最

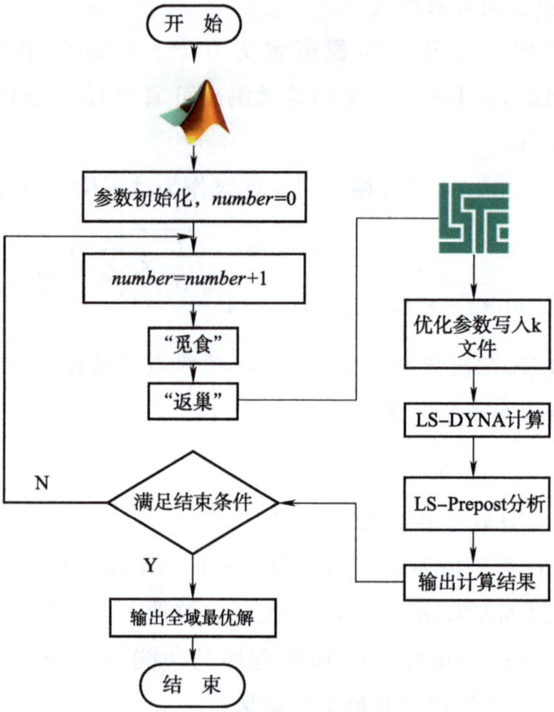

图 12-5 单目标 FHACO 耦合 LS-DYNA 程序流程

优值为 89.97 kN/mm，枕下减振垫竖向等效刚度最优值为 10.14 kN/mm。优化结果表明，并不是同时减小扣件和枕下减振垫竖向刚度，减振效果就越好。

将梯式轨道优化前后基底振动响应进行对比(优化前，梯式轨道扣件竖向刚度 60 kN/mm，枕下减振垫竖向等效刚度 18.055 kN/mm)。优化前，基底台座 1～200 Hz频段振动加速度级为 108.8 dB；优化后，基底台座 1～200 Hz 频段振动加速度级为 105.8 dB。优化前后相比，优化后基底台座 1～200 Hz 频段振动加速度级降低 3 dB。

优化前，基底台座 1～200 Hz 频段振动加速度频谱如图 12-6 所示，最大值为 1.96×10^{-3} m/s^2，发生在 49 Hz 处；优化后，基底台座 1～200 Hz 频段振动加速度频谱如图 12-7 所示，最大值为 1.37×10^{-3} m/s^2，发生在 45 Hz 处。

可以明显看出：优化前，基底振动加速度频谱的主要共振峰值为 49 Hz。优化后，降低了这一共振频率(45 Hz)，并且幅值变小。另，在 46 Hz 以后频段，优化后频域基底振动加速度都小于优化前频域基底振动加速度。

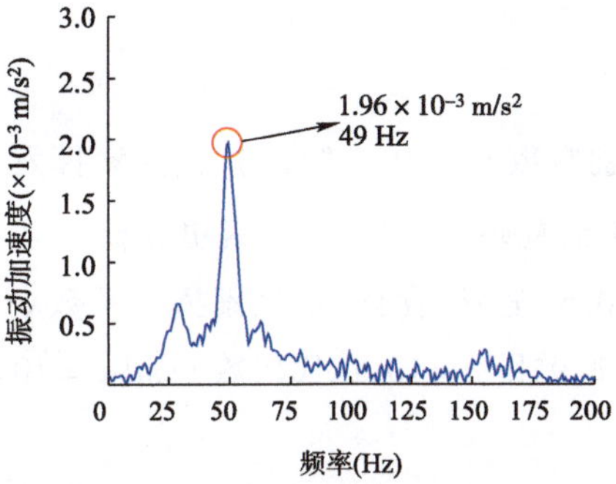

图 12-6　优化前基底台座振动加速度频谱

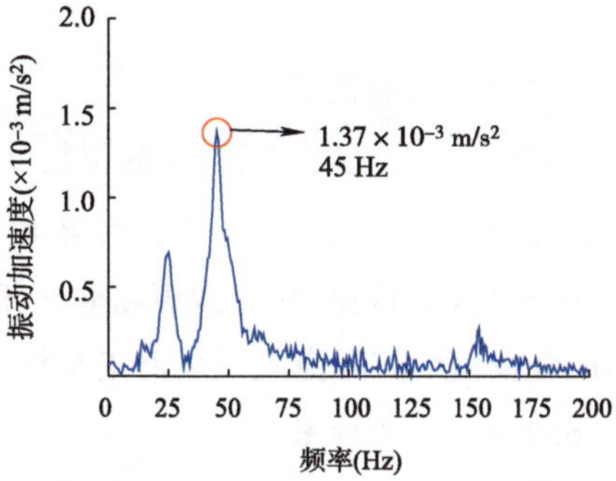

图 12-7　优化后基底台座振动加速度频谱

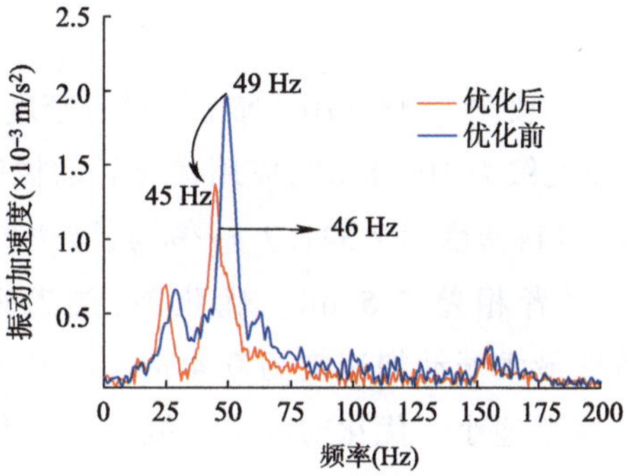

图 12-8　优化前后基底台座振动加速度频谱对比

12.6　案例 2:橡胶混凝土道床的参数优化

12.6.1　设计变量和优化目标

12.6.1.1　设计变量

将橡胶集料混凝土弹性模量和橡胶混凝土密度分别作为设计变量 1 和设计变量 2。根据橡胶集料混凝土材料属性,设计变量取值范围为

1. 橡胶集料混凝土弹性模量

$$0.6\times10^{10}\ \mathrm{N/m^2}<E_{\mathrm{crc}}<3.6\times10^{10}\ \mathrm{N/m^2}$$

2. 橡胶混凝土密度

$$1\ 900\ \mathrm{kg/m^3}<\rho_{\mathrm{crc}}<2\ 600\ \mathrm{kg/m^3}$$

12.6.1.2　优化目标

优化目标同 12.5.1.2。

12.6.2 单目标 FHACO 耦合 LS-DYNA 进行参数优化

12.6.2.1 参数设置

SO-FHACO 参数设置:小数位数 $d=3$,判别常数 $Q_0=0.8$,“食物”信息素挥发系数 $\rho_{food}=0.5$,“蚁巢”信息素挥发系数 $\rho_{nest}=0.5$,局域“蚁巢”信息素更新修正系数 $\alpha=0.5$,局域“食物”信息素更新修正系数 $\beta=0.5$,全域“食物”信息素挥发系数 $\sigma=0.1$,全域“食物”信息素更新修正系数 $\xi=3$,蚂蚁数目 $n=10$,迭代次数 $number=10$。

12.6.2.2 优化结果

通过运行单目标 FHACO 耦合 LS-DYNA 程序,橡胶混凝土道床弹性模量为 1.014×10^{10} N/m²,材料密度为 2 341.7 kg/m³时,隧道壁 1~200 Hz 频段振动加速度级最小。

应用 C50 混凝土(弹性模量 3.45×10^{10} N/m²,材料密度 2 400 kg/m³),隧道壁 1~200 Hz 频段振动加速度级为 106.8 dB;应用优化后的橡胶集料混凝土(弹性模量为 1.014×10^{10} N/m²,材料密度为 2 341.7 kg/m³),隧道壁 1~200 Hz 频段振动加速度级为 101.3 dB,两者相差 5.5 dB。优化前,隧道壁最大振动加速度为 0.5 m/s²;优化后,隧道壁最大振动加速度为 0.4 m/s²。从图 12-9 可以明显看出,优化后隧道壁振动加速度普遍小于优化前隧道壁振动加速度。

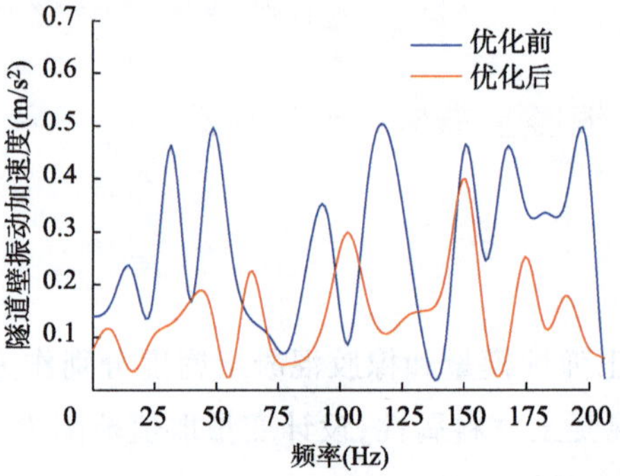

图 12-9 优化前后隧道壁振动加速度频谱对比

13 基于有限单元法车辆—轨道耦合动力计算方法

本章介绍利用有限单元法建立车辆—轨道耦合动力计算模型，包括二维车辆—轨道耦合动力计算模型及三维车辆—轨道耦合动力计算模型。首先，讲解二维车辆—轨道耦合动力计算模型的构建，通过基本理论、MATLAB 编译及 ABAQUS 建模三部分，串联形成完整的知识体系。在二维车辆—轨道耦合动力计算模型的基础上，进一步介绍三维车辆—轨道耦合动力计算 ABAQUS 模型和 COMSOL 模型。ABAQUS 模型如图 13-1 所示，COMSOL 模型如图 13-2 所示。

图 13-1　ABAQUS 模型

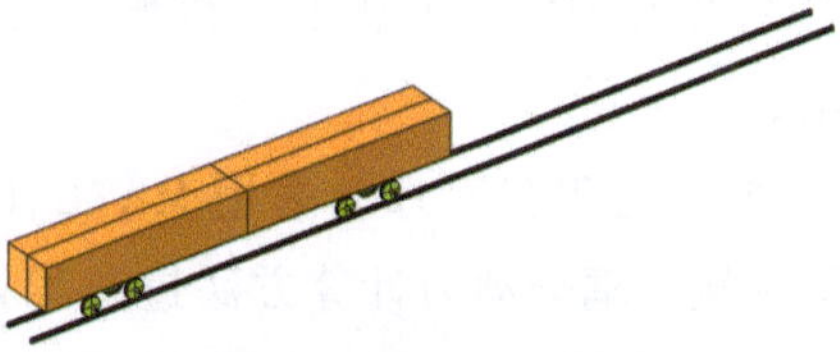

图 13-2　COMSOL 模型

13.1　车辆—轨道耦合动力计算的建模方法

车辆—轨道耦合动力计算的建模方法很多，除了本书讲解的有限单元法外，还有振型叠加法、传递矩阵法、周期性傅里叶变换法等。读者如感兴趣，可以进一步参考翟婉明院士的《车辆—轨道耦合动力学》，雷晓燕教授的《高速铁路轨道动力学—模型、算法与应用》，刘维宁教授的《地铁列车振动环境影响的预测、评估与控制》《地铁车辆—轨道耦合动力学：直线 & 曲线/匀速 & 变速》等。有限单元法与其他方法相比，主要区别在于轨道建模的不同。

从车辆—轨道耦合动力建模的实现途径来说，大体可以分为三类，分别为商业有限元软件、商业多刚体动力学软件以及独立开发程序，建模方法如图 13-3 所示。

(1)商业有限元软件。比如本章主要采用的商业有限元软件 ABAQUS 和

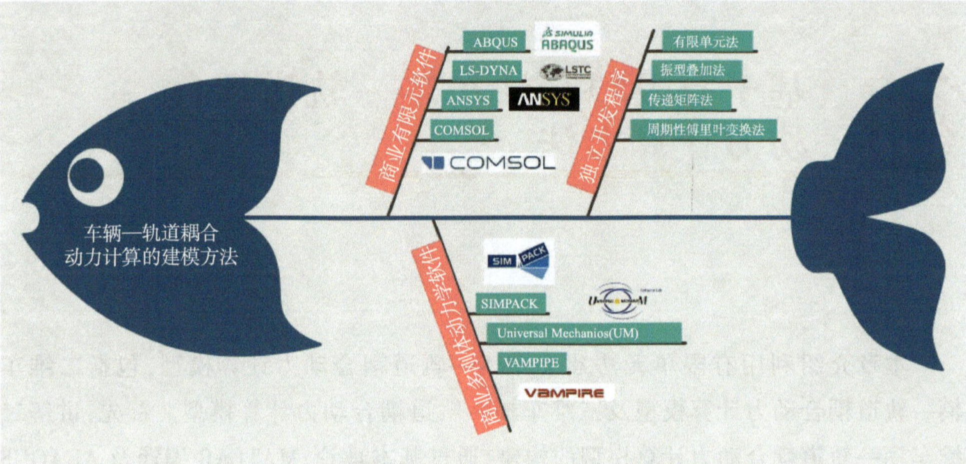

图 13-3　车辆—轨道耦合动力计算的建模方法

COMSOL。除此之外，还可以采用 ANSYS、LS-DYNA 等建立车辆—轨道耦合动力计算模型。

(2)商业多刚体动力学软件。目前，普遍采用的商业多刚体动力学软件有 SIMPACK 和 UM。本书主要讲解有限元建模，因此，SIMPACK 和 UM 在此不做介绍。

(3)独立开发程序。采用 MATLAB、FORTRAN、C 等计算机语言对前述提到的车辆—轨道耦合动力计算方法进行编译。虽然，MATLAB 不能严格称为计算机语言，编写的程序，运行效率也偏低。但是，随着个人 PC 性能的提升，以及 MATLAB 拥有的集成性，本书主要采用 MATLAB 对车辆—轨道耦合动力计算模型进行编译。

13.2　算例 1：二维车辆—轨道耦合动力计算模型 MATLAB 编译

13.2.1　基于有限单元法的车辆—轨道耦合动力计算方法

车辆—轨道耦合动力计算模型主要涉及三块内容，分别是车辆模型、轨道模型及轮轨接触关系。这点，二维车辆—轨道耦合动力计算模型和三维车辆—轨道耦合动力计算模型都是如此。因此，本章仅对二维车辆—轨道耦合动力计算模型进行介绍。

各城市轨道交通的车辆编组有 6 节编组，也有 8 节编组，等。对于车辆建模来说，编组形式仅是工作量问题，核心是单节车辆的建模。因此，本节以单节车辆建模为例。另外，轨道模型可以包含钢轨、轨枕、路基(下部基础)，核心是钢轨和扣件的建模。因此,本节轨道模型仅包含钢轨及扣件。

13.2.1.1 车辆模型

图 13-4 为单节车辆“投影”到平面的各部件运动示意。

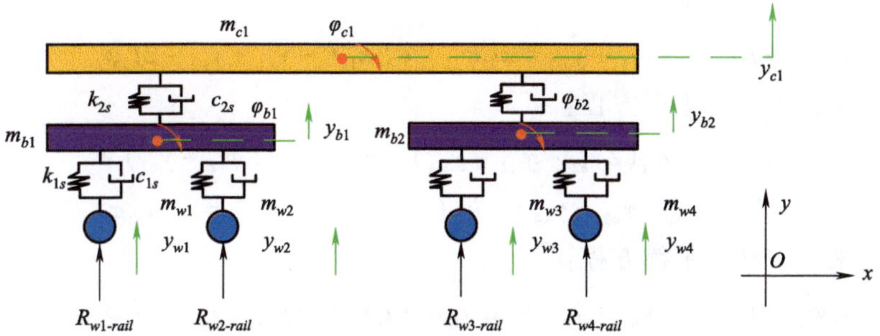

图 13-4 单车车辆各部件运动示意

其中,m_{c1}为车体质量;m_{b1}为第 1 转向架质量;m_{b2}为第 2 转向架质量;m_{w1}为第 1 轮对质量;m_{w2}为第 2 轮对质量;m_{w3}为第 3 轮对质量;m_{w4}为第 4 轮对质量;$y_{c1}(t)$为第 1 车体垂向位移;$\varphi_{c1}(t)$为第 1 车体点头振动的角位移;$y_{b1}(t)$为第 1 转向架垂向位移;$\varphi_{b1}(t)$为第 1 转向架点头振动的角位移;$y_{b2}(t)$为第 2 转向架垂向位移;$\varphi_{b2}(t)$为第 2 转向架点头振动的角位移;$y_{w1}(t)$为第 1 轮对垂向位移;$y_{w2}(t)$为第 2 轮对垂向位移;$y_{w3}(t)$为第 3 轮对垂向位移;$y_{w4}(t)$为第 4 轮对垂向位移;$R_{w1\text{-}rail}(t)$是第 1 轮对和钢轨之间的相互作用力;$R_{w2\text{-}rail}(t)$是第 2 轮对和钢轨之间的相互作用力;$R_{w3\text{-}rail}(t)$是第 3 轮对和钢轨之间的相互作用力;$R_{w4\text{-}rail}(t)$是第 4 轮对和钢轨之间的相互作用力;k_{1s}为 1 系悬挂刚度;c_{1s}为 1 系悬挂阻尼;k_{2s}为 2 系悬挂刚度;c_{2s}为 2 系悬挂阻尼;l_b 为转向架固定轴距的一半;l_c 为车辆定距的一半;J_{b1}为第 1 转向架的转动惯量;J_{b2}为第 2 转向架的转动惯量;J_{c1}为第 1 车体的转动惯量。

依据图 13-4,可以得出

第 1 轮对动力平衡方程:

$$m_{w1}\ddot{y}_{w1}(t)+c_{1s}\dot{y}_{w1}-c_{1s}\dot{y}_{b1}-c_{1s}l_b\dot{\varphi}_{b1}+k_{1s}y_{w1}-k_{1s}y_{b1}-k_{1s}l_b\varphi_{b1}=R_{w1\text{-}rail}-m_{w1}g$$

第 2 轮对动力平衡方程:

$$m_{w2}\ddot{y}_{w2}(t)+c_{1s}\dot{y}_{w2}-c_{1s}\dot{y}_{b1}+c_{1s}l_b\dot{\varphi}_{b1}+k_{1s}y_{w2}-k_{1s}y_{b1}+k_{1s}l_b\varphi_{b1}=R_{w2\text{-}rail}-m_{w2}g$$

第 3 轮对动力平衡方程:

$$m_{w3}\ddot{y}_{w3}(t)+c_{1s}\dot{y}_{w3}-c_{1s}\dot{y}_{b2}-c_{1s}l_b\dot{\varphi}_{b2}+k_{1s}y_{w3}-k_{1s}y_{b2}-k_{1s}l_b\varphi_{b2}=R_{w3\text{-}rail}-m_{w3}g$$

第 4 轮对动力平衡方程:

$$m_{w4}\ddot{y}_{w4}(t)+c_{1s}\dot{y}_{w4}-c_{1s}\dot{y}_{b2}+c_{1s}l_b\dot{\varphi}_{b2}+k_{1s}y_{w4}-k_{1s}y_{b2}+k_{1s}l_b\varphi_{b2}=R_{w4\text{-}rail}-m_{w4}g$$

第 1 转向架沉浮动力平衡方程：

$$m_{b1}\ddot{y}_{b1}+c_{1s}(2\dot{y}_{b1}-\dot{y}_{w1}-\dot{y}_{w2})-c_{2s}(\dot{y}_{c1}+l_c\dot{\varphi}_{c1}-\dot{y}_{b1})+$$
$$k_{1s}(2y_{b1}-y_{w1}-y_{w2})-k_{2s}(y_{c1}+l_c\varphi_{c1}-y_{b1})=-m_{b1}g$$

第 1 转向架点头动力平衡方程：

$$J_b\ddot{\varphi}_{b1}+l_bc_{1s}(-\dot{y}_{w1}+\dot{y}_{w2}+2l_b\dot{\varphi}_{b1})+l_bk_{1s}(-y_{w1}+y_{w2}+2l_b\varphi_{b1})=0$$

第 2 转向架沉浮动力平衡方程：

$$m_{b2}\ddot{y}_{b2}+c_{1s}(2\dot{y}_{b2}-\dot{y}_{w3}-\dot{y}_{w4})-c_{2s}(\dot{y}_{c1}-l_c\dot{\varphi}_{c1}-\dot{y}_{b2})+$$
$$k_{1s}(2y_{b2}-y_{w3}-y_{w4})-k_{2s}(y_{c1}-l_c\varphi_{c1}-y_{b2})=-m_{b2}g$$

第 2 转向架点头动力平衡方程：

$$J_b\ddot{\varphi}_{b2}+l_bc_{1s}(-\dot{y}_{w3}+\dot{y}_{w4}+2l_b\dot{\varphi}_{b2})+l_bk_{1s}(-y_{w3}+y_{w4}+2l_b\varphi_{b2})=0$$

第 1 车体沉浮动力平衡方程：

$$m_{c1}\ddot{y}_{c1}+c_{2s}(\dot{y}_{c1}-l_c\dot{\varphi}_{c1}-\dot{y}_{b2})+c_{2s}(\dot{y}_{c1}+l_c\dot{\varphi}_{c1}-\dot{y}_{b1})+$$
$$k_{2s}(y_{c1}-l_c\varphi_{c1}-y_{b2})+k_{2s}(y_{c1}+l_c\varphi_{c1}-y_{b1})=-m_{c1}g$$

第 1 车体点头动力平衡方程：

$$J_c\ddot{\varphi}_{c1}-l_cc_{2s}(\dot{y}_{b1}-2l_c\dot{\varphi}_{c1}-\dot{y}_{b2})-l_ck_{2s}(y_{b1}-2l_c\varphi_{c1}-y_{b2})=0$$

写成矩阵的形式，即

$$\boldsymbol{M}\ddot{\boldsymbol{y}}+\boldsymbol{C}\ddot{\boldsymbol{y}}+\boldsymbol{K}\boldsymbol{y}=\boldsymbol{F}$$

$$\boldsymbol{M}=\begin{bmatrix} m_{w1} & 0 & 0 & 0 & 0 & 0 & 0 & 0 & 0 & 0 \\ 0 & m_{w2} & 0 & 0 & 0 & 0 & 0 & 0 & 0 & 0 \\ 0 & 0 & m_{w3} & 0 & 0 & 0 & 0 & 0 & 0 & 0 \\ 0 & 0 & 0 & m_{w4} & 0 & 0 & 0 & 0 & 0 & 0 \\ 0 & 0 & 0 & 0 & m_{b1} & 0 & 0 & 0 & 0 & 0 \\ 0 & 0 & 0 & 0 & 0 & J_{b1} & 0 & 0 & 0 & 0 \\ 0 & 0 & 0 & 0 & 0 & 0 & m_{b2} & 0 & 0 & 0 \\ 0 & 0 & 0 & 0 & 0 & 0 & 0 & J_{b2} & 0 & 0 \\ 0 & 0 & 0 & 0 & 0 & 0 & 0 & 0 & m_{c1} & 0 \\ 0 & 0 & 0 & 0 & 0 & 0 & 0 & 0 & 0 & J_{c1} \end{bmatrix}$$

$$
\boldsymbol{C}=\begin{bmatrix}
c_{1s} & 0 & 0 & 0 & -c_{1s} & -l_b c_{1s} & 0 & 0 & 0 & 0\\
0 & c_{1s} & 0 & 0 & -c_{1s} & l_b c_{1s} & 0 & 0 & 0 & 0\\
0 & 0 & c_{1s} & 0 & 0 & 0 & -c_{1s} & -l_b c_{1s} & 0 & 0\\
0 & 0 & 0 & c_{1s} & 0 & 0 & -c_{1s} & l_b c_{1s} & 0 & 0\\
-c_{1s} & -c_{1s} & 0 & 0 & (c_{2s}+2c_{1s}) & 0 & 0 & 0 & -c_{2s} & -l_c c_{2s}\\
-l_b c_{1s} & l_b c_{1s} & 0 & 0 & 0 & 2l_b^2 c_{1s} & 0 & 0 & 0 & 0\\
0 & 0 & -c_{1s} & -c_{1s} & 0 & 0 & (c_{2s}+2c_{1s}) & 0 & -c_{2s} & l_c c_{2s}\\
0 & 0 & -l_b c_{1s} & l_b c_{1s} & 0 & 0 & 0 & 2l_b^2 c_{1s} & 0 & 0\\
0 & 0 & 0 & 0 & -c_{2s} & 0 & -c_{2s} & 0 & 2c_{2s} & 0\\
0 & 0 & 0 & 0 & -l_c c_{2s} & 0 & l_c c_{2s} & 0 & 0 & 2l_c^2 c_{2s}
\end{bmatrix}
$$

$$
\boldsymbol{K}=\begin{bmatrix}
k_{1s} & 0 & 0 & 0 & -k_{1s} & -l_b k_{1s} & 0 & 0 & 0 & 0\\
0 & k_{1s} & 0 & 0 & -k_{1s} & l_b k_{1s} & 0 & 0 & 0 & 0\\
0 & 0 & k_{1s} & 0 & 0 & 0 & -k_{1s} & -l_b k_{1s} & 0 & 0\\
0 & 0 & 0 & k_{1s} & 0 & 0 & -k_{1s} & l_b k_{1s} & 0 & 0\\
-k_{1s} & -k_{1s} & 0 & 0 & (k_{2s}+2k_{1s}) & 0 & 0 & 0 & -k_{2s} & -l_c k_{2s}\\
-l_b k_{1s} & l_b k_{1s} & 0 & 0 & 0 & 2l_b^2 k_{1s} & 0 & 0 & 0 & 0\\
0 & 0 & -k_{1s} & -k_{1s} & 0 & 0 & (k_{2s}+2k_{1s}) & 0 & -k_{2s} & l_c k_{2s}\\
0 & 0 & -l_b k_{1s} & l_b k_{1s} & 0 & 0 & 0 & 2l_b^2 k_{1s} & 0 & 0\\
0 & 0 & 0 & 0 & -k_{2s} & 0 & -k_{2s} & 0 & 2k_{2s} & 0\\
0 & 0 & 0 & 0 & -l_c k_{2s} & 0 & l_c k_{2s} & 0 & 0 & 2l_c^2 k_{2s}
\end{bmatrix}
$$

$$
\ddot{\boldsymbol{y}}=\begin{Bmatrix}\ddot{y}_{w1}\\ \ddot{y}_{w2}\\ \ddot{y}_{w3}\\ \ddot{y}_{w4}\\ \ddot{y}_{b1}\\ \ddot{\varphi}_{b1}\\ \ddot{y}_{b2}\\ \ddot{\varphi}_{b2}\\ \ddot{y}_{c1}\\ \ddot{\varphi}_{c1}\end{Bmatrix},
\dot{\boldsymbol{y}}=\begin{Bmatrix}\dot{y}_{w1}\\ \dot{y}_{w2}\\ \dot{y}_{w3}\\ \dot{y}_{w4}\\ \dot{y}_{b1}\\ \dot{\varphi}_{b1}\\ \dot{y}_{b2}\\ \dot{\varphi}_{b2}\\ \dot{y}_{c1}\\ \dot{\varphi}_{c1}\end{Bmatrix},
\boldsymbol{y}=\begin{Bmatrix}y_{w1}\\ y_{w2}\\ y_{w3}\\ y_{w4}\\ y_{b1}\\ \varphi_{b1}\\ y_{b2}\\ \varphi_{b2}\\ y_{c1}\\ \varphi_{c1}\end{Bmatrix},
\boldsymbol{F}=\begin{Bmatrix}R_{w1\text{-}rail}(t)-m_{w1}g\\ R_{w2\text{-}rail}(t)-m_{w2}g\\ R_{w3\text{-}rail}(t)-m_{w3}g\\ R_{w4\text{-}rail}(t)-m_{w4}g\\ -m_{b1}g\\ 0\\ -m_{b2}g\\ 0\\ -m_{c1}g\\ 0\end{Bmatrix}
$$

13.2.1.2 轨道模型

钢轨梁的建模，主要用到梁单元，可以是欧拉-伯努利梁单元，也可以采用铁木辛柯梁单元。本书第5章详细讲解了欧拉-伯努利梁单元。欧拉-伯努利梁单元和铁木辛柯梁单元的区别，请参考其他专著，本书不做对比。

13.2.1.3 轮轨接触关系

轮轨之间的接触作用，一般采用Hertz理论。假定轮轨接触弹簧是非线性的，即

$$R_{wi}(t)=\left[\frac{1}{G}\Delta y_i(t)\right]^{3/2}$$

式中，G为轮轨接触常数。对于锥形踏面车轮，有$G=4.57R^{-0.149}\times10^{-8}(\mathrm{m/N^{2/3}})$；对于磨耗性踏面车轮，有$G=3.86R^{-0.115}\times10^{-8}(\mathrm{m/N^{2/3}})$，$R$为车轮半径。

因此，轮轨接触力为

$$R_{wi-rail}(t)=\begin{cases}\left\{\dfrac{1}{G}\left[y_{rail}^{i}(t)-y_{wi}(t)-y_{irr}^{i}(t)\right]\right\}^{3/2} & \Delta y_i(t)>0\\ 0 & \Delta y_i(t)<0\end{cases}$$

式中，$y_{rail}(t)$为钢轨位移，$y_{wi}(t)$为轮对位移，$y_{irr}(t)$为轨道不平顺。

13.2.2 MATLAB编译

13.2.2.1 算例

有一根由249个扣件支撑的钢轨（钢轨两端假定为简支），扣件间距$l=0.625$ m，即钢轨长度为156.25 m。钢轨弹性模量$E=2.1\times10^{11}$ N/m²，惯性矩$I=3.04\times10^{-5}$ m⁴，线密度$\rho=60$ kg/m。扣件刚度$k_f=7.8\times10^{7}$ N/m，扣件阻尼$c_f=5\times10^{4}$ N/(m·s⁻¹)。列车出发位置距离原点（左端点）30 m，运行速度60 km/h，即(60/3.6)m/s。轮对、转向架以及车体等部件属性见表13-1。

不考虑轨道不平顺，求距离原点50 m处钢轨的竖向位移。

表13-1 列车各部件属性

项目	数值	单位
车体质量	23 000	kg
转向架质量	2 600	kg
轮对质量	1 800	kg
车体点头转动惯量	620 000	kg·m²
车体摇头转动惯量	620 000	kg·m²
车体侧滚转动惯量	15 000	kg·m²

续上表

项　　目	数　　值	单　　位
转向架点头转动惯量	32 000	kg · m^2
转向架摇头转动惯量	35 000	kg · m^2
转向架侧滚转动惯量	1 050	kg · m^2
轮对点头转动惯量	165	kg · m^2
轮对摇头转动惯量	987	kg · m^2
轮对侧滚转动惯量	987	kg · m^2
一系弹簧横向刚度	5	MN/m
一系弹簧垂向刚度	1.25	MN/m
一系弹簧纵向刚度	10	MN/m
一系弹簧横向阻尼	1	MN · s/m
一系弹簧垂向阻尼	1	MN · s/m
一系弹簧纵向阻尼	1	MN · s/m
二系弹簧横向刚度	0.4	MN/m
二系弹簧垂向刚度	0.4	MN/m
二系弹簧纵向刚度	0.4	MN/m
二系弹簧横向阻尼	0.5	MN · s/m
二系弹簧垂向阻尼	0.5	MN · s/m
二系弹簧纵向阻尼	0.5	MN · s/m
车体重心距轨面距离	1.3	m
转向架重心距轨面距离	0.6	m
轮对重心距轨面距离	0.42	m
滚动圆半径	0.42	m
轴距	2.2	m
车辆定距	12.6	m

13.2.2.2 计算结果

按照13.2.2.1节建立车辆模型,依据第5章欧拉-伯努利梁单元建立钢轨模型,并采用第9章介绍的Newmark-β法,计算得到的钢轨竖向位移如图13-5所示。为了验证准确性,采用《车辆—轨道耦合动力学》中所述方法,在相同计算参数下,并采用翟婉明院士提出的新型显式积分法,计算得到钢轨竖向位移如图13-6所示。可以看到,两者计算结果几乎是一致的。计算结果的细微差别,主要由有限单元法的单元数量、振型叠加法的振型数量等引起。当然,本例还可以采用传递矩阵法、周期性傅里叶变换法等方法进行计算。

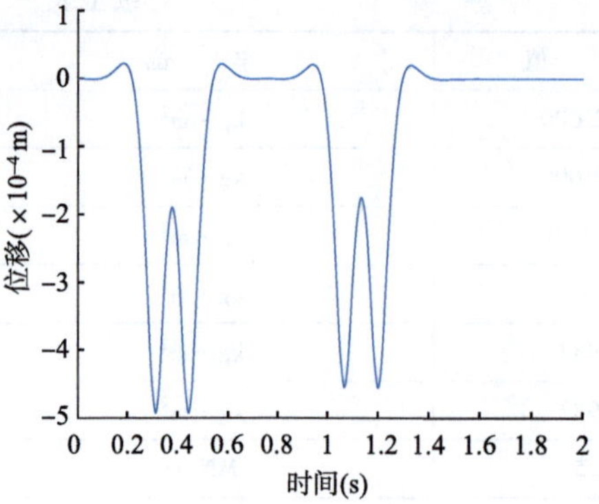

图 13-5 有限元计算的钢轨位移

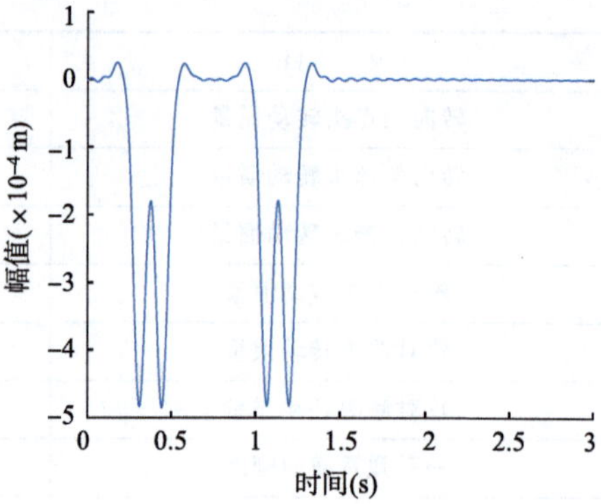

图 13-6 振型叠加法计算的钢轨位移

13.3 算例 2:二维车辆—轨道耦合动力计算模型 ABAQUS 实现

商业有限元软件,也可以建立二维车辆—轨道耦合动力计算模型。本节将采用 ABAQUS 建立二维车辆—轨道耦合动力计算模型。

13.3.1 ABAQUS 建模

1. Part 模块

在 Part 中分别构建钢轨、轮对、转向架以及车体。因为钢轨采用梁单元模拟,在 Part 中就是一条线,钢轨 Part 设置如图 13-7 所示。本模型,采用 6 节编组,所以钢轨长度选用 300 m。轮对、转向架和车体都采用 Discrete Rigid(离散刚体),轮对 Part 设置如图 13-8 所示。

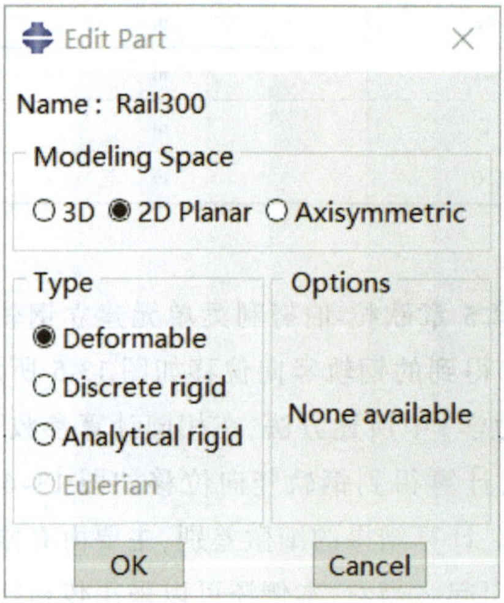

图 13-7 钢轨 Part 设置

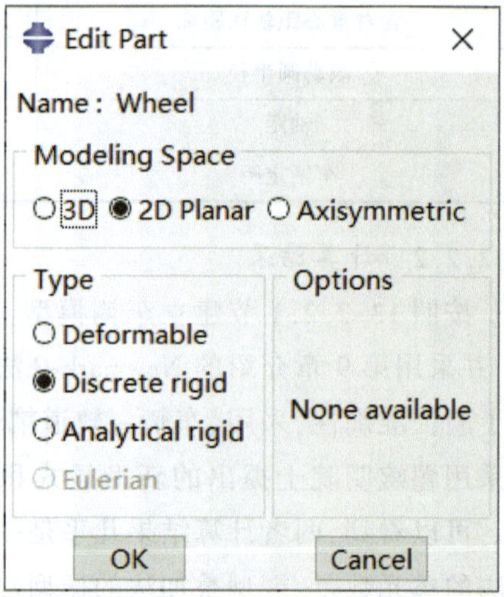

图 13-8 轮对 Part 设置

2. Property 模块

因为轮对、转向架和车体都是离散刚体，所以不需要设置材料属性。由此，本模型仅钢轨需要设置材料属性，钢轨密度 7 850 kg/m³，弹性模量 210 GPa，泊松比 0.3。

因为钢轨采用梁单元模拟，所以还需要设置钢轨截面尺寸。有两种方法可以设置钢轨截面。一种是简化方法，ABAQUS 中给定了多种梁截面几何形状，梁截面类型如图 13-9 所示，可以采用工字形截面对钢轨截面进行简化，钢轨截面简化如图 13-10 所示。另一种方法是保留钢轨截面尺寸，如此需要自定义梁截面，但是自定义梁截面只有 4 个积分点。通常，对于二维车辆—轨道耦合动力计算模型，采用第 1 种方法即可。因为，在二维车辆—轨道耦合动力计算模型中，没有考虑轮轨横向作用，仅分析了轮轨垂向相互作用。最后，指定梁单元的方向，完成钢轨材料属性设定。

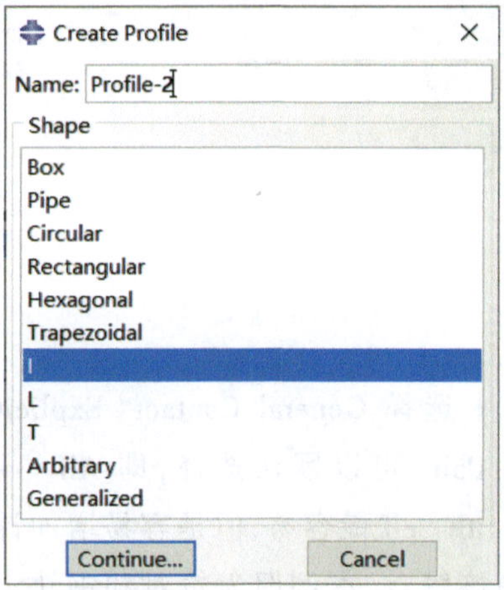

图 13-9　梁截面类型

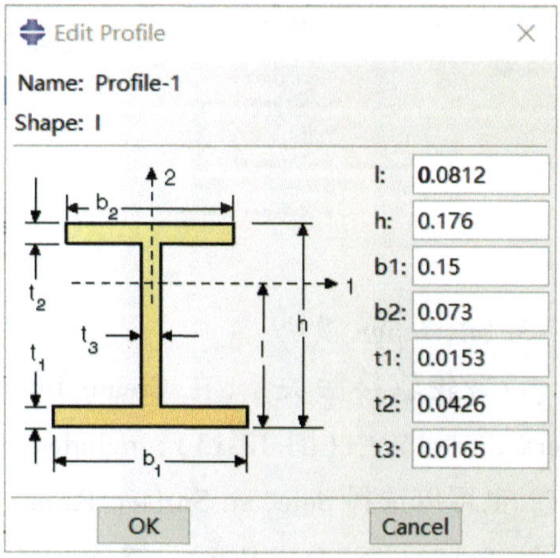

图 13-10　钢轨截面简化

3. Assembly 模块

将钢轨、轮对、转向架以及车体导入 Assembly，六节编组车辆中的一节如图 13-11 所示。

图 13-11　六节编组车辆中的一节

4. Step 模块

在 Step 模块中选择 General 的 Dynamic，Explicit。Time Period 处输入计算时长，此处输入 7。几何非线性开关 Nlgeom 选择 On，打开。其他参数保持默认。

场变量输出(Field Output)选择 Whole Model,输出频率方式采用 Evenly Spaced Time Intervals,Interval 中设置 20。此处数值越小,输出数据就越多,结果文件会越大。尽量根据分析问题的需要,选择一个恰当的数值。Output Variables 中选择 A、S、U、V。默认情况下,软件会把更多变量选择上。同输出频率设置,变量输出越多,结果文件越大,不利于后续分析,选择我们需要的变量即可。

时间变量输出(History Output)中根据需要,设置对应的 Set。我们可以设置车体竖向振动加速度、轮轨接触力、钢轨某点的竖向位移、钢轨某点的竖向振动加速度以及某扣件位置的支反力。以钢轨某点的响应设置为例,输出变量选择 A2、U2,输出频率 Frequency 中选择 Every x Unit of Time,x 设置 0. 000 5,即采样频率 2 000 Hz,钢轨某点的响应设置如图 13-12 所示。

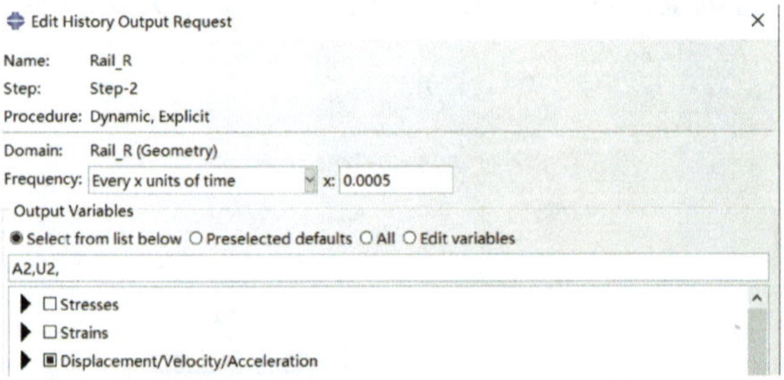

图 13-12 钢轨某点的响应设置

5. Interaction 模块

设置轮轨接触关系,在 Create Interaction 中选择 General Contact(Explicit)。Interaction 设置中(图 13-13),Included Surface Pairs 可以默认选择,即 All * with Self。也可以选择 Selected Surface Pairs。All * with Self 最容易,但是容易增加计算时间。Selected Surface Pairs 设置的前提是明确接触对,本例即为轮对和钢轨。相对来说,Selected Surface Pairs 可以提高计算速度。Contact Properties 中的 Global Property Assignment 选择设置好的轮轨接触关系(如果还没有设置,可以点击右侧图标进行设置)。

接触属性(Contact Property)可以设置轮轨法向接触关系以及摩擦等。二维模型仅设置轮轨法向接触关系即可。根据前文提到的轮轨接触关系,计算接触力和侵入位移的数据,输入表格中即可,Contact Property 设置如图 13-14 所示。

因为 ABAQUS 的接地弹簧仅能用于 Standard 分析,无法用于 Explicit 分析。所以,我们采用 Connector 方法来代替弹簧。在 Connector Section Manager 中创建扣件的 Connector,扣件 Connector 设置如图 13-15 所示。此处,可以设置扣件弹性系数以及阻尼。然后,在 Connector Builder 中创建扣件,注意选择 Connect to Ground。

而后，类似扣件 Connector 创建方法，根据一系悬挂以及二系悬挂参数（参见 13.2 节），设置对应的 Connector，Connector 创建如图 13-16 所示。

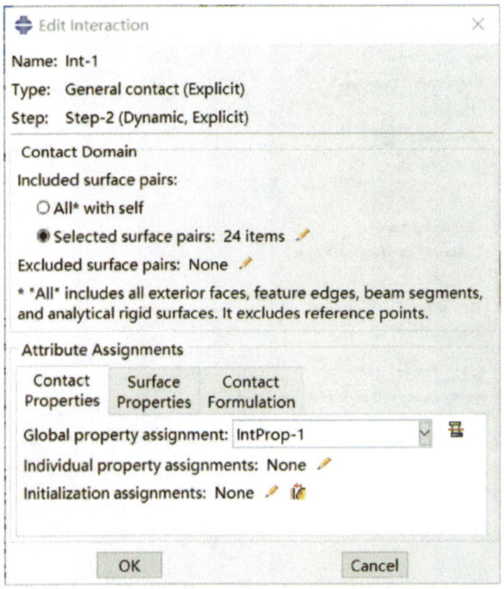

图 13-13 Interaction 设置

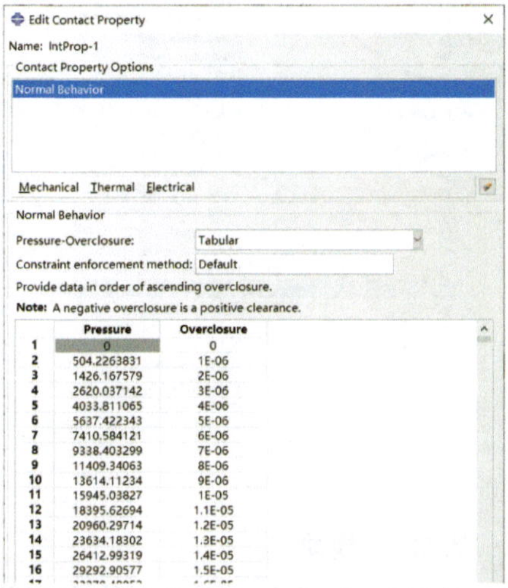

图 13-14 Contact Property 设置

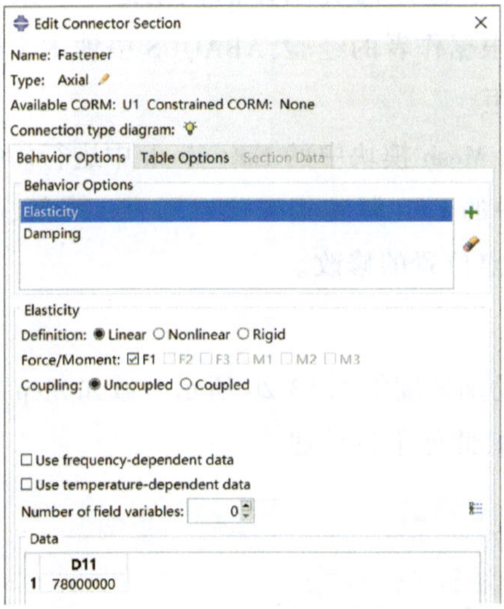

图 13-15 扣件 Connector 设置

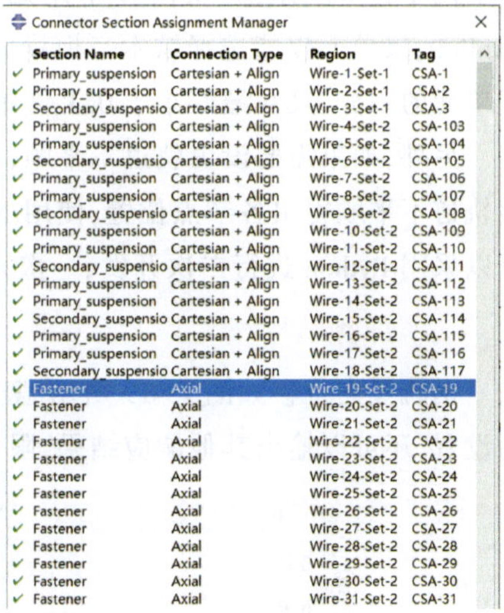

图 13-16 Connector 创建

因为轮对、转向架以及车体是离散刚体，所以，需要给对应部件设置质量等属性。在 Special 中选择 inertia 如图 13-17 所示，创建轮对、转向架以及车体的 mass 和 inertia，参数见 13.2 节。轮对质量、惯性矩设置如图 13-18 所示。

6. Load 模块

在 Load 模块中设置 Whole Model 的 Gravity。另外，给轮对、转向架以及车体设置平动速度 20 m/s。本例以匀速运动为例,读者也可以设置加速度。

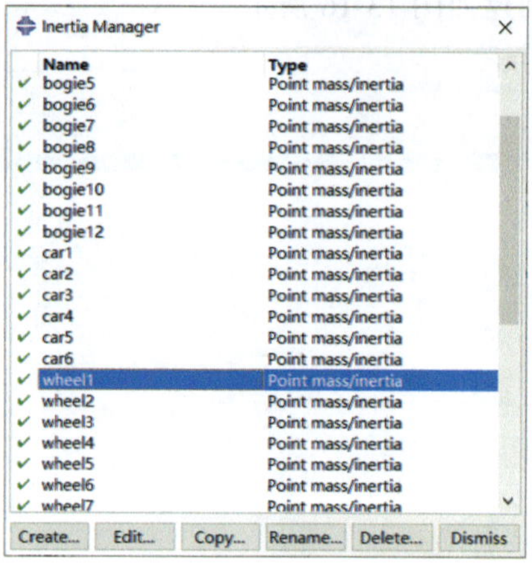

图 13-17 Inertia Manager

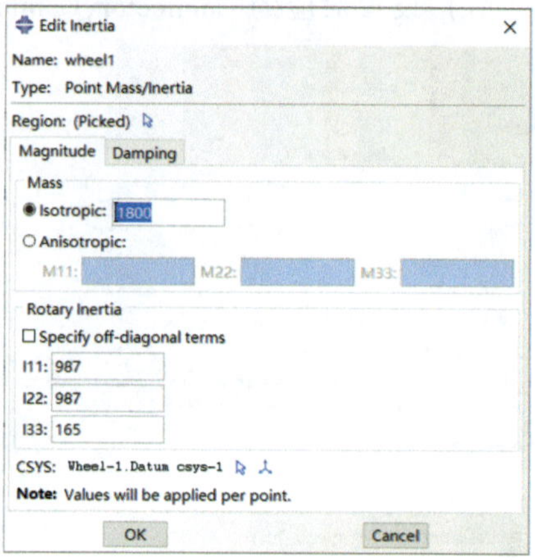

图 13-18 轮对质量、惯性矩设置

7. Mesh 模块

虽然轮对、转向架以及车体为离散刚体,但是,仍需要给其划分网格。离散刚体不同于解析刚体,解析刚体不用划分网格。这是两类刚体的区别之一。采用 Explicit,梁单元仅能选择铁木辛柯梁单元。根据作者的经验,ABAQUS 中铁木辛柯梁单元的划分,尺寸最好小于 0.1 倍扣件间距。

另外,如果需要设置轨道不平顺,可以在 Mesh 模块中的 Edit Mesh 中进行。按照轨道不平顺得出各节点位置,使用 Node 中的 Edit 调整相应位置即可。当然,也可以采用 Python 进行二次开发,一次完成节点位置的修改。

13.3.2 计算结果

钢轨竖向位移如图 13-19 所示,竖向振动加速度如图 13-20 所示。诚如 Step 中的设置,还可以输出其他响应结果,限于篇幅,此处不再赘述。

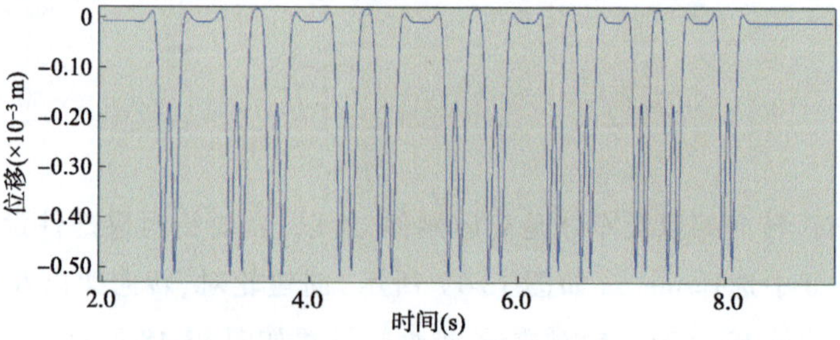

图 13-19 钢轨竖向位移

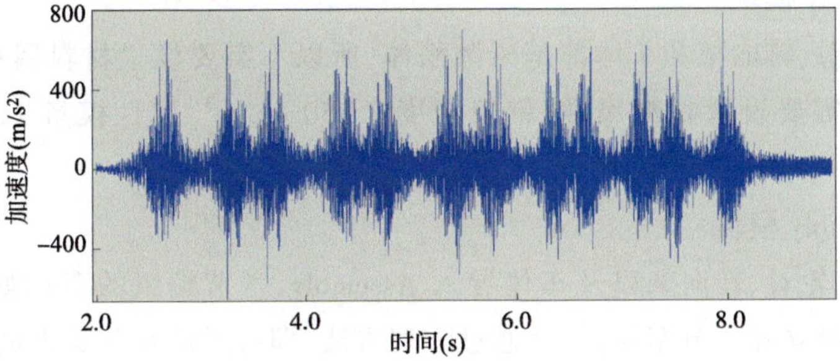

图 13-20 钢轨竖向振动加速度

13.4 算例3:三维车辆—轨道耦合动力计算模型 ABAQUS 实现

13.4.1 ABAQUS 建模

1. Part 模块

在 Part 中分别构建钢轨、轮对、转向架以及车体。考虑到单元最小尺寸问题,钢轨截面采用上述提到的简化截面。轨道不平顺施加方法,除上述提到在 Mesh 中采用 Edit Node 方法修改节点位置和 Python 二次开发外,也可以在钢轨轨面设置几何不平顺,钢轨如图 13-21(a)所示。轮对、转向架以及车体采用离散刚体建模,如图 13-21(b)、(c)、(d)所示。

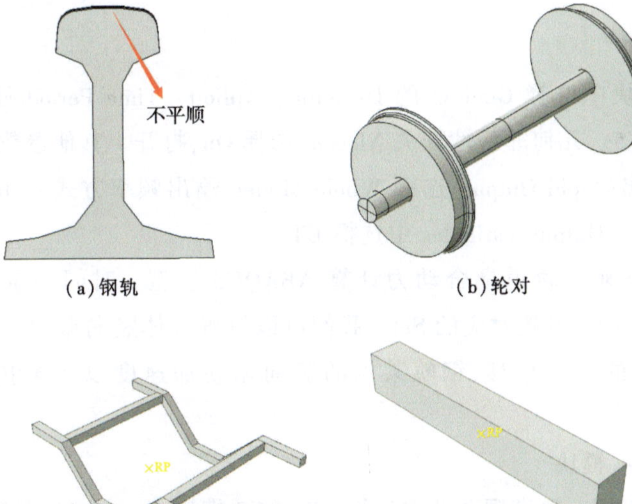

(a)钢轨　(b)轮对

(c)转向架　(d)车体

图 13-21 模型各部件

2. Property 模块

因为轮对、转向架和车体都是离散刚体，所以不需要设置材料属性。由此，本模型仅钢轨需要设置材料属性，钢轨密度 7 850 kg/m³，弹性模量 210 GPa，泊松比 0.3。

3. Assembly 模块

将钢轨、轮对、转向架以及车体导入 Assembly，六节编组的车辆如图 13-22 所示。仅需要建立好一节车体，然后通过阵列方法，即可形成 6 节编组的车辆。依次类推，如有需要，可以建立其他编组形式的车辆。此外，需要注意轮对和钢轨之间的位置，最好不要有相互侵入。一般的接触算法，都会将侵入部分在计算初始时刻“抹平”。

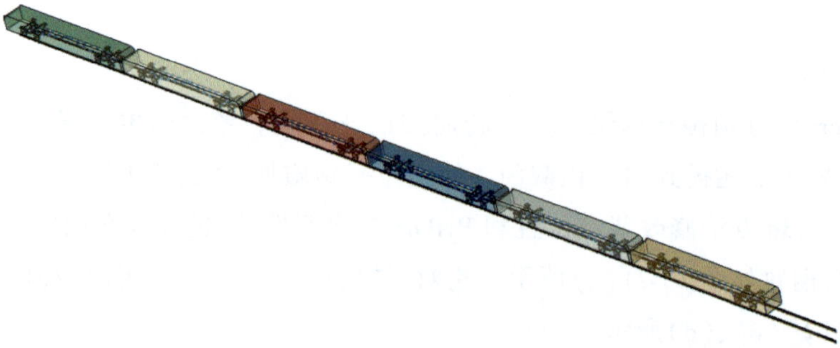

图 13-22 六节编组的车辆

4. Step 模块

在 Step 模块中选择 General 的 Dynamic、Explicit。Time Period 处输入计算时长，此处输入 8.5。几何非线性开关 Nlgeom 选择 On，打开。其他参数保持默认。

场变量输出(Field Output)选择 Whole Model，输出频率方式采用 Every x Unit of Time，x = 0.1。Output Variables 中选择 UT。

类似二维车辆—轨道耦合动力计算 ABAQUS 模型。时间变量输出(History Output)中根据需要，设置对应的 Set。我们可以设置车体竖向振动加速度、轮轨接触力、钢轨某点的竖向位移、钢轨某点的竖向振动加速度以及某扣件位置的支反力。

5. Interaction 模块

类似二维车辆—轨道耦合动力计算 ABAQUS 模型，Interaction 是整个建模最为核心的一个模块。

首先，需要设置轮轨接触关系。在 Create Interaction 中选择 General Contact (Explicit)。Interaction 设置中(图 13-23)，Included Surface Pairs 可以默认选择，即

All * with Self。也可以选择 Selected Surface Pairs。All * with Self 最容易，但是容易增加计算时间。Selected Surface Pairs 设置的前提是明确接触对，本例即为轮对和钢轨。相对来说，Selected Surface Pairs 可以提高计算速度。Contact Properties 中的 Global Property Assignment 选择设置好的轮轨接触关系（如果还没有设置，可以点击右侧图标进行设置）。

其次，接触属性（Contact Property）可以设置轮轨法向接触关系以及摩擦等。根据前文提到的轮轨接触关系，计算接触力和侵入位移的数据，输入表格中即可。

最后，根据一系悬挂以及二系悬挂参数，设置对应的 Connector，如图 13-24 所示。

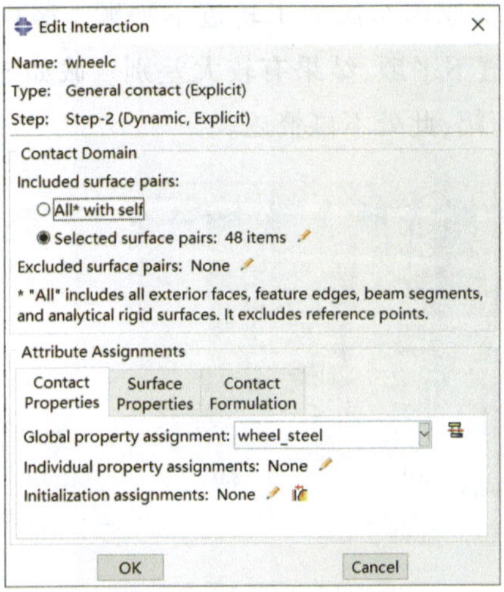

图 13-23 Interaction 设置

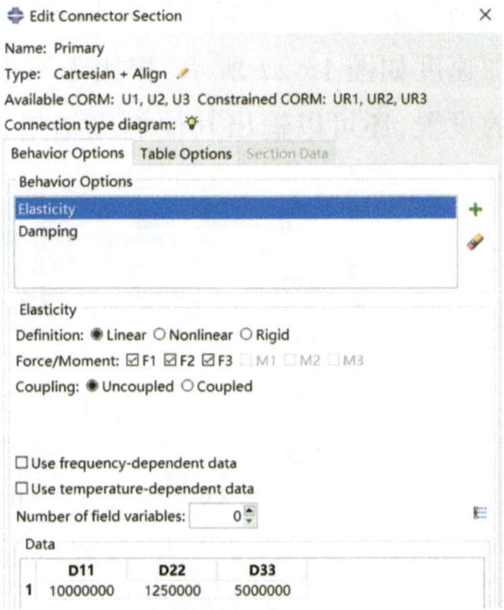

图 13-24 一系悬挂 Connector 设置

因为轮对、转向架以及车体是离散刚体，所以，需要给对应部件设置质量等属性。在 Special 中选择 Inertia，创建轮对、转向架以及车体的 Mass 和 Inertia。

6. Load 模块

在 Load 模块中设置 Whole Model 的 Gravity。另外，在 Boundary Condition 中给轮轨、转向架以及车体设置平动速度 20 m/s。

7. Mesh 模块

诚如二维车辆—轨道耦合动力计算 ABAQUS 模型中所述，离散刚体也需要划分网格，模型网格划分情况如图 13-25 所示。因为轮对是离散刚体，而钢轨是变形体，相对来说，模型中轮对硬度比钢轨硬度要大。因此，轮对网格划分需要比钢轨细，尤其是接触部分，要格外注意，否则计算结果会有偏差。

(a)轮对

(b)整个模型的截取

图 13-25 模型网格划分

13.4.2 计算结果

钢轨竖向位移如图 13-26 所示,数据毛糙原因是添加了轨道不平顺。竖向振动加速度如图 13-27 所示,相比于不添加轨道不平顺,结果有较大差别。诚如 Step 中的设置,还可以输出其他响应结果,限于篇幅,此处不再赘述。

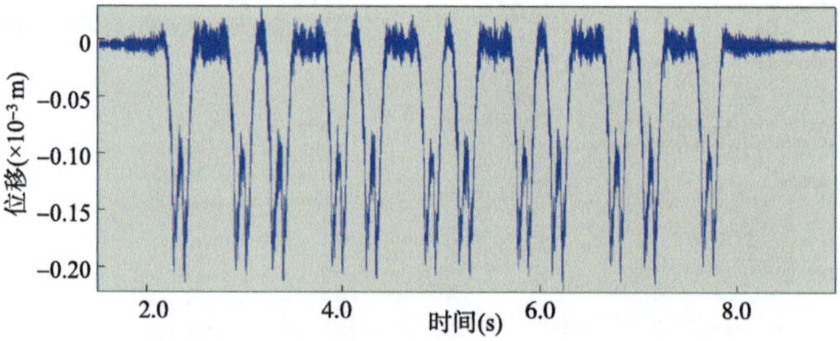

图 13-26 钢轨竖向位移

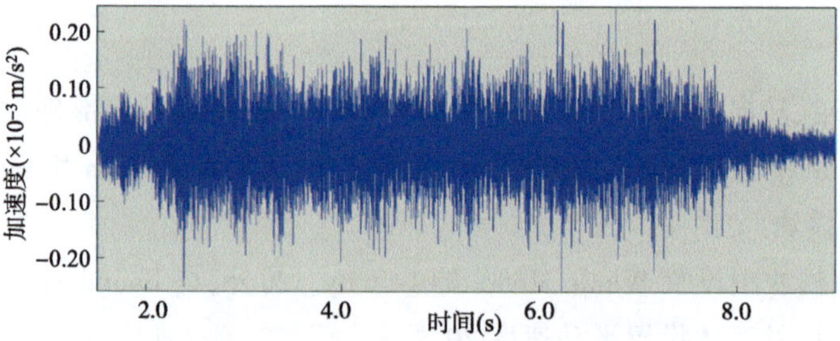

图 13-27 钢轨竖向振动加速度

说明一点,和二维车辆—轨道耦合动力计算 ABAQUS 模型不同,三维车辆—轨道耦合动力计算 ABAQUS 模型的扣件模拟,最好不要用 Connector 或者 Spring。如果在扣件位置,仅连接两点形成扣件,容易导致连接节点所在的单元变形过大,从而出现计算误差。因此,三维模型的扣件可以采用等效扣件垫板来模拟,如第 10 章的处理方法。当然,如果将弹簧满布于扣件所在的面,则也可以。不过,此种方法在 ABAQUS 的 CAE 中处理，就会变得异常繁琐。因此，需要采用 Python 编写代码，插入整个面的弹簧。

13.5 算例 4：三维车辆—轨道耦合动力计算模型 COMSOL 实现

同样，基于建模多样性考虑，本书再采用 COMSOL 对三维车辆—轨道耦合动力计算模型进行构建。

13.5.1 COMSOL 建模

1. 全局定义

COMSOL 是典型的参数化建模软件，可以在全局定义里面，将需要的参数和函数进行定义，方便后续参数更改。

图 13-28 是参数定义。这里，可以把后续几何建模、材料参数、边界条件等涉及的参数进行定义。比如：图 13-28 中所示的轮对质量，在“名称”处设置参数名称，在“表达式”中输入参数数值，注意需要输入单位，用[ ]表示，“描述”处可以对变量进行简单说明，以放混乱。

图 13-29 是函数定义。COMOSL 提供了很多函数定义的方式，本例选择“插值”函数，对轮轨接触关系进行定义。“数据源”选择局部表，“函数名称”输入 Hertz，后续调用使用会用到，“t”中输入轮轨接触力时程数据的时间，“f(t)”中输入轮轨接触力时程的荷载。“变元”单位输入 m，“函数”单位输入 N/m^2。

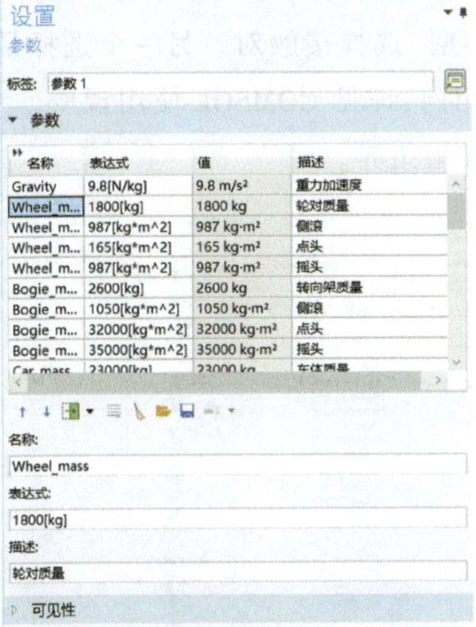

图 13-28 参数定义

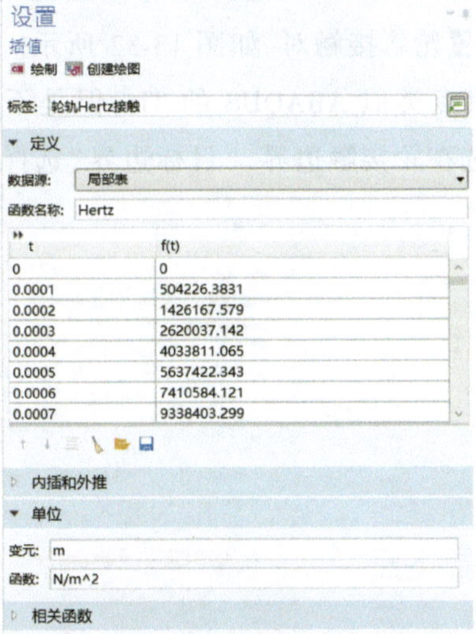

图 13-29 函数定义

2. 几何模块

通过利用 COMSOL 的几何建模工具，结合 SOLIDWORKS 等几何绘图软件，建立 6 节编组车辆模型，如图 13-30 所示。

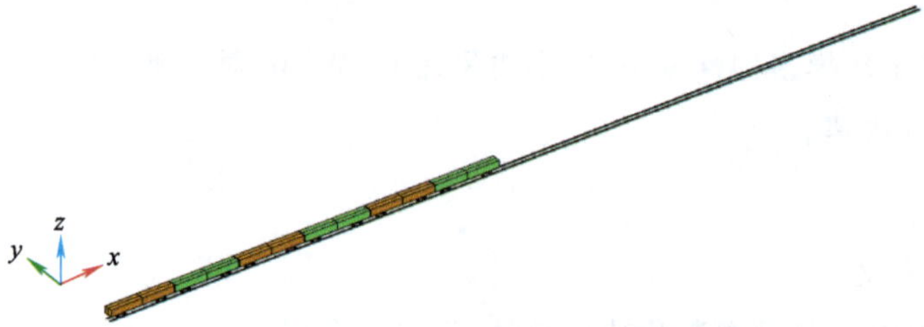

图 13-30　6 节编组车辆模型

3. 材料模块

钢轨密度 7 850 kg/m^3，弹性模量 210×10^9 N/m^2，泊松比 0.3。等效扣件垫板密度 1 000 kg/m^3，弹性模量 136.4×10^6 N/m^2，泊松比 0.49。等效扣件垫板的参数，通过 COMSOL 的参数反演功能（也可以采用其他软件，其实质即优化），对照 DTVI2 扣件竖向刚度 78×10^6 N/m 得出。

4. 物理场模块和边界条件

添加物理场为"多体动力学"模块。在后续操作之前，可以到"组件 1"中的"定义"。将对应的几何进行归类，以及后续需要的采集点进行选择，如图 13-31 所示。"几何实体层"可以选择域等，"颜色"处可以设定几何模型显示颜色。另外，在此处设置轮轨接触对，如图 13-32 所示。"对类型"选择接触对。另一个选择是一致对，有点类似 ABAQUS 的 Tie，但是不完全相同，详见 COMSOL 使用说明。"源边界"选在轮接触边界，"目标边界"选择钢轨接触边界。

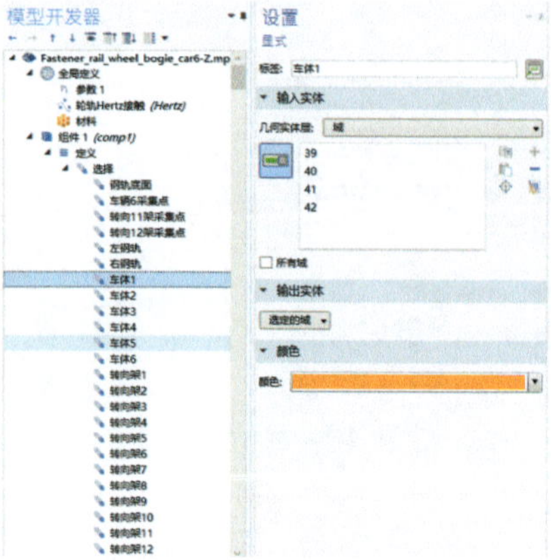

图 13-31　选择

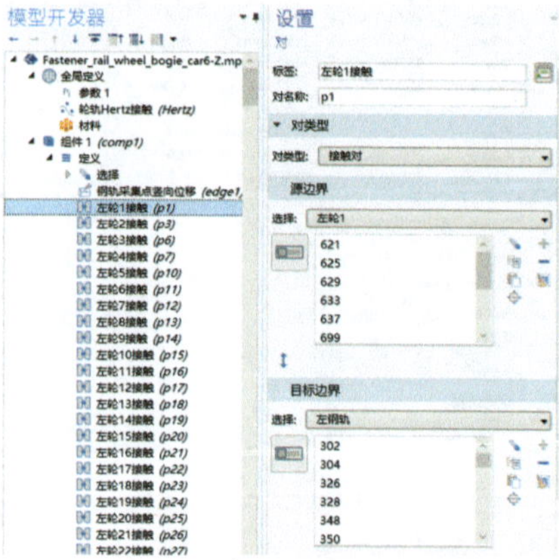

图 13-32　轮轨接触对设置

给轮对、转向架以及车体设置质量、惯性矩。

以第一个轮对为例，刚性域设置如图13-33所示，“域选择”选择前面定义好的Wheel1。图13-34为质量和惯性矩设置，基于自定义的坐标系，设置质量和惯性矩。

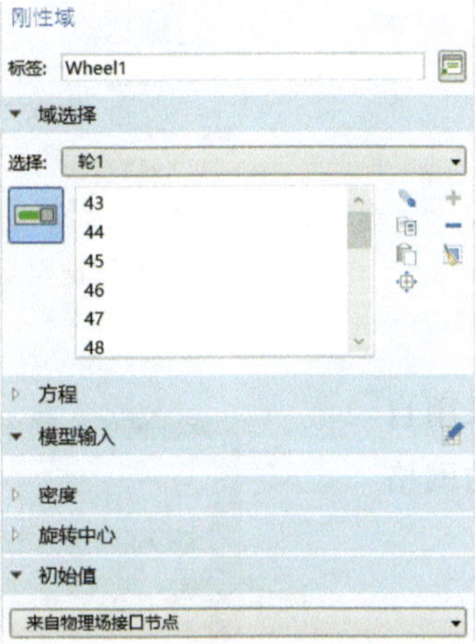

图13-33　刚性域设置

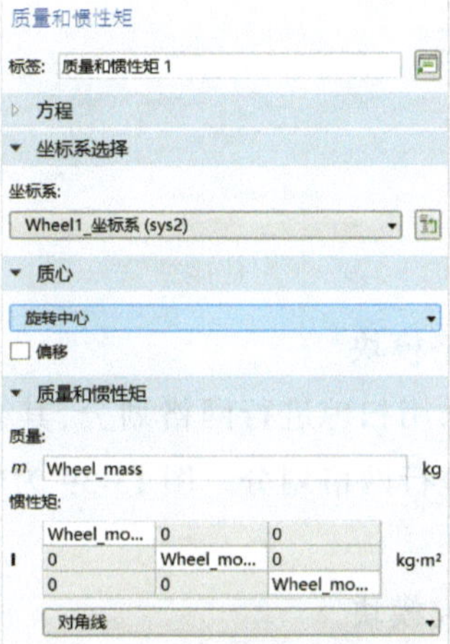

图13-34　质量和惯性矩设置

创建“接触”，如图13-35所示。“对选择”前述的设定，比如图13-35中“右轮1接触(p2)”。接触方法，类似ABAQUS也选择罚函数的方法，相对容易收敛。罚因子，可以根据图示进行修正。

在“全局”中设置“基座运动”，用于牵动车辆运动，基础运动设置如图13-36所示。坐标系为全局坐标系，基座运动类型选择速度，输入列车运行速度30 m/s(注意和前述两个模型不同)。

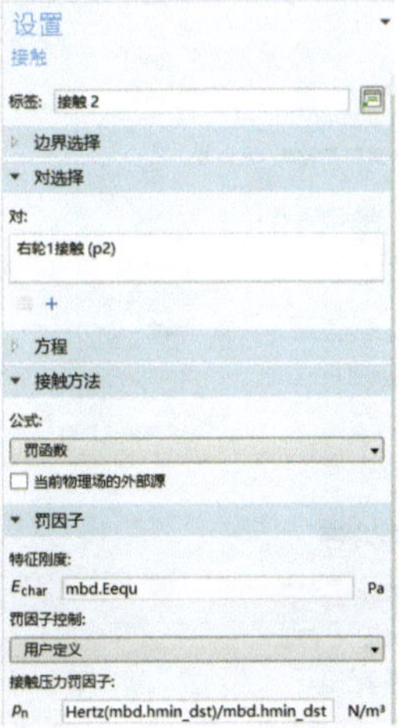

图13-35　接触设置

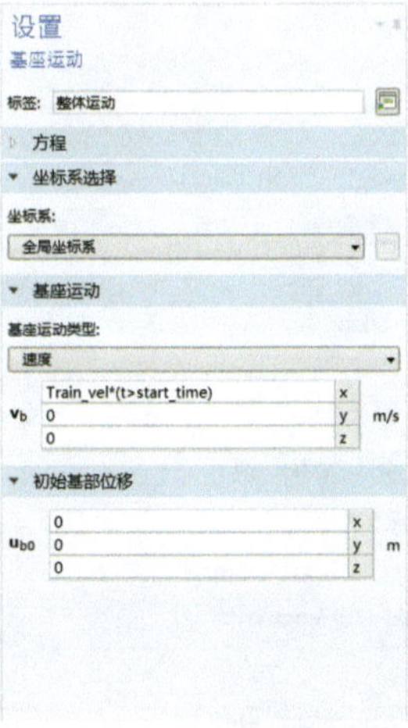

图13-36　基础运动设置

在“全局”中选择固定关节，类似 ABAQUS 的 Connector，创建悬挂。图 13-37 为一系悬挂设置，图 13-38 为一系悬挂阻尼设置。

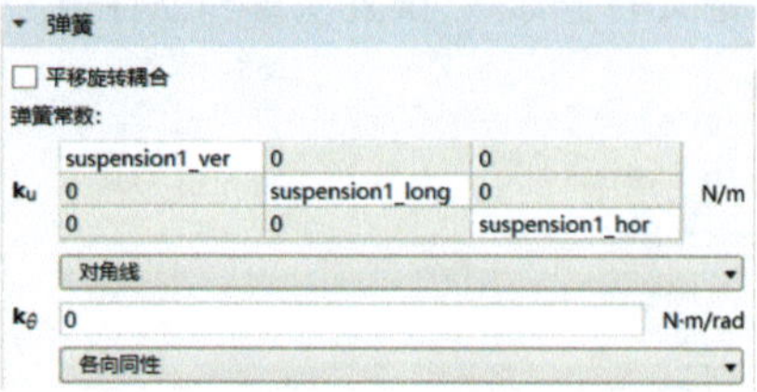

图 13-37 一系悬挂弹簧

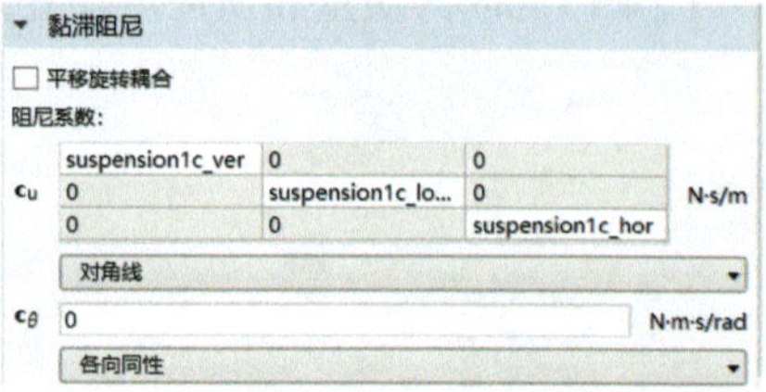

图 13-38 一系悬挂阻尼

5. 网格模块

钢轨采用扫琼进行网格划分，其余域采用自由四面体进行网格划分。图 13-39 为轮对的网格划分。

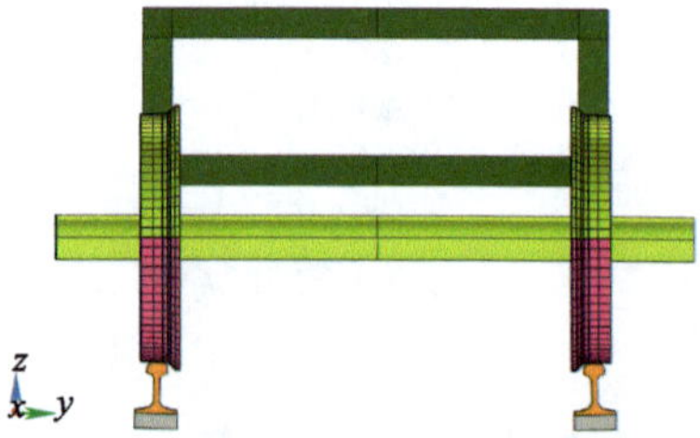

图 13-39 轮对的网格划分

6. 研究模块

添加研究为“瞬态”，设置如图 13-40 所示。“时间步”通过 range 函数设定数据输出频率。勾选“求解时显示结果”的“绘制”，选择前述设定的“钢轨采集点竖向位移”。如此，求解过程就能看到对应的曲线，能够实时判断计算的准确性。因为模型复杂，通常需要好几天进行计算。等计算结束，再来判断模型的正确性，时间上不太可取。图 13-41 为“瞬态求解器设置”，“绝对容差”处的容差因子，用于控制求解的精度以及决定了模型的收敛性。默认是 0.1，在模型不容易收敛时，可以适当放大，但是会牺牲计算精度。

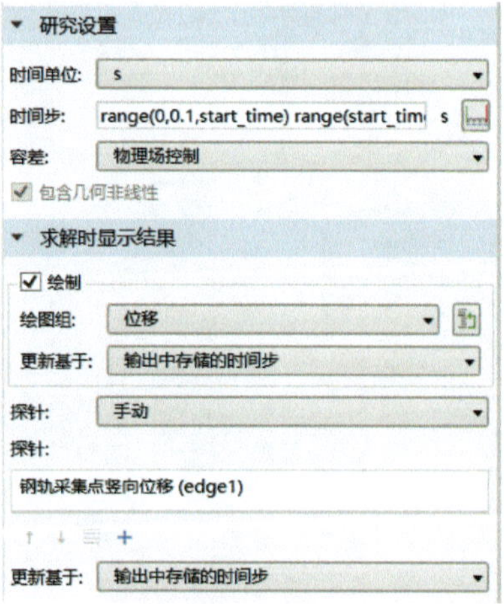

图 13-40 研究设置

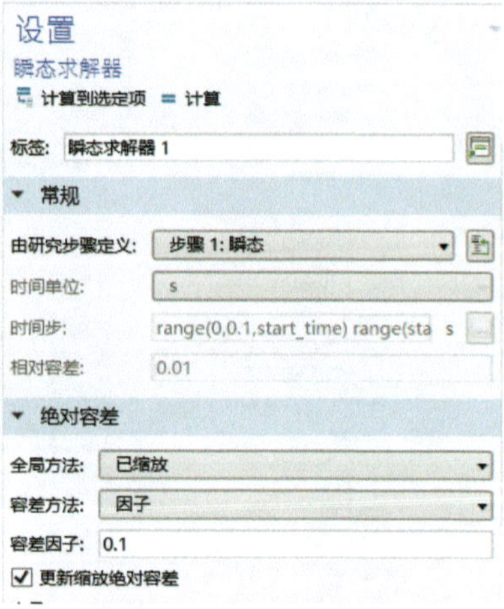

图 13-41 瞬态求解器设置

13.5.2 计算结果

钢轨竖向位移如图 13-42 所示，竖向振动加速度如图 13-43 所示。

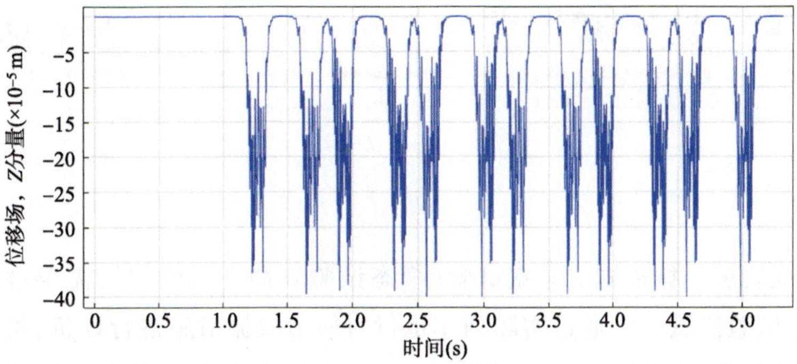

图 13-42 钢轨竖向位移

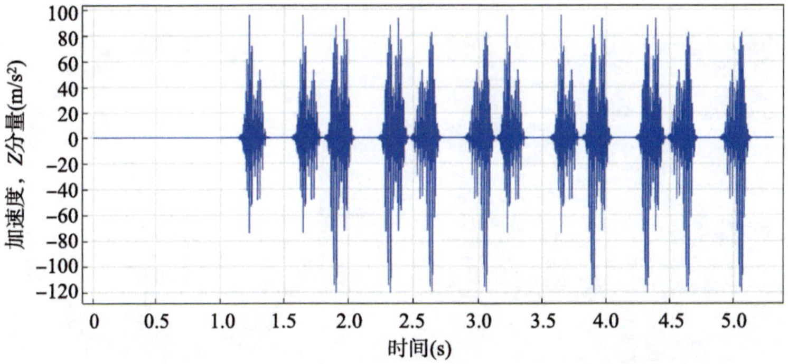

图 13-43 钢轨竖向振动加速度

14 轨道减振措施上线使用的测试及有限元计算

在完成轨道减振措施实验室试验（模态试验和冲击试验）后，需要进行线上振动测试，即试验段试验。通过实际列车运行对轨道减振措施进行评价，检验性能是否达到预期效果，以及哪些方面需要改进。图 14-1 为聚氨酯减振垫浮置板轨道的线上振动测试，图 14-2 为聚氨酯减振垫浮置板轨道的有限元模型。

图 14-1　线上振动测试

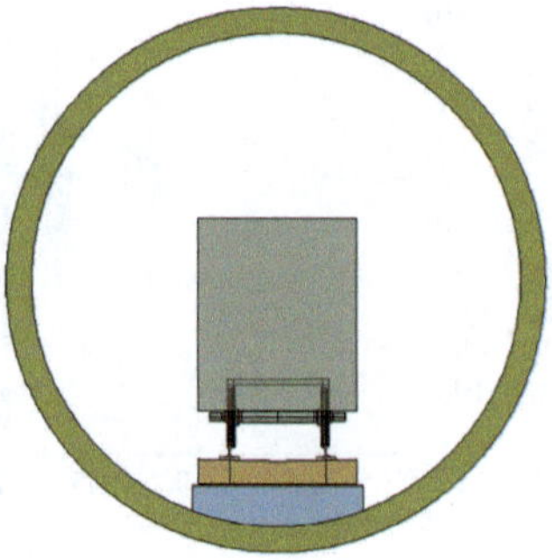

图 14-2　有限元模型

本章将以聚氨酯减振垫浮置板轨道为例，介绍线上振动测试方法，以及有限单元法建模方法。

14.1　案例 1：聚氨酯减振垫浮置板轨道上线使用的振动测试

西安地铁某线采用聚氨酯减振垫浮置板轨道，通过线上振动测试，评价此种减振垫浮置板轨道的减振效果。

14.1.1　测试概况

选取的测试断面 1 里程为 ZDK24 + 545，列车经过断面时的速度约为 40 km/h。根据《浮置板轨道技术规范》（CJJ/T 191—2012）规范要求，对比断面 2 应为整体道床，并和测试断面 1 具有相同的隧道截面、列车类型、列车运行速度等，详细信息见表 14-1。

表 14-1　测试断面 1 和对比断面 2

测试断面	断面 1	断面 2
轨道类型	聚氨酯减振垫浮置板轨道	普通整体道床
隧道截面	圆形	圆形
列车运行速度	约 40 km/h	约 40 km/h
测试断面里程	ZDK24 +545	YDK24 +825

14.1.2　测点布置

根据《浮置板轨道技术规范》(CJJ/T 191—2012)规范要求，对于地下线路，测点设在隧道壁，测量铅垂向振动的传感器安装高度应在轨面 1.25 m ±0.25 m 的范围内，具体测点布置示意如图 14-3 所示。图中测点 1 用于测量隧道壁铅垂向振动加速度，钢轨(触发)处振动加速度传感器用于触发采集系统。

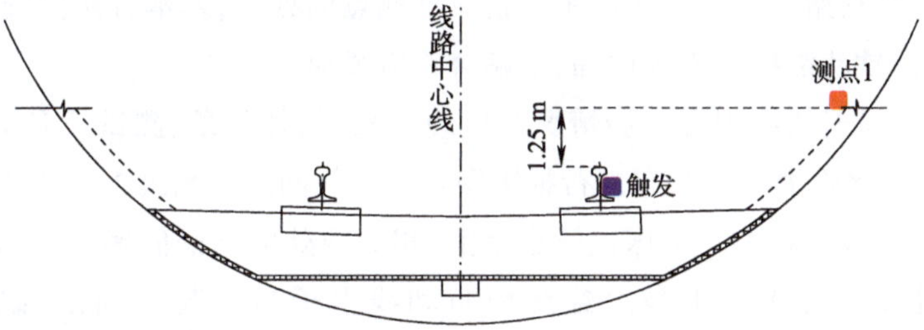

图 14-3　测点布置示意

14.1.3　测试设备

14.1.3.1　INV3062T2 型云智慧采集仪

INV3062T2 云智慧采集仪(图 14-4)采用 24 位 Δ-Σ 方式的 AD 转换器，单机 4 通道，最多可 8 台级联采集 32 通道，单通道最高采样频率 51.2 kHz，动态范围 120 dB。采用 256 倍过采样 + 数字滤波 + 模拟抗混叠的抗混叠滤波方式。

14.1.3.2　内装 IC 压电加速度传感器

隧道壁振动加速度传感器，采用 Lance ult2066 系列振动加速度传感器。性能指标：0.1 ~2 kHz，1 006 mV/g，量程 5 g，安装谐振频率：7.5 kHz，分辨率 0.000 02 g。

钢轨振动加速度传感器(用于触发)，采用 Lance ult2509 系列振动加速度传感器，如图 14-5 所示。性能指标：1 ~12 kHz，10.05 mV/g，量程 500 g，安装谐振频率：40 kHz。

图 14-4 INV3062T2 云智慧采集仪

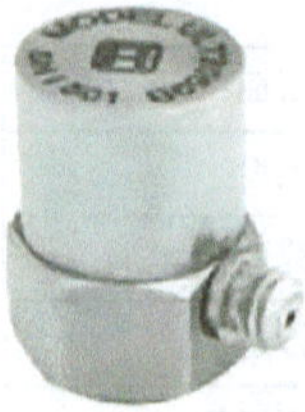

图 14-5 Lance ult2509 系列传感器

14.1.4 设备安装

线上振动测试不同于实验室试验，因为涉及列车安全运行，所以，需要严格按照各地铁公司要求进行设备安装。

传感器：隧道壁处测点先清除表面污迹，粘贴直角铁片（粘贴 5 min 502 胶即可固化，外敷设 302 胶加强），待达到一定强度（30 min 以后）安装磁座和传感器，采用 502、302 胶粘贴，如图 14-6 所示。钢轨处测点的处理，基本方法同隧道壁测点。但是，采用的铁片需要一面为曲面，以贴合钢轨弧面。

线缆：测试时线缆根据现场情况与电缆支架、扣件弹条、测试设备等处采用绑扎带和 3M 防水强力绝缘胶布进行捆绑固定。绑扎间距不超过 1 m，然后根据现场情况采用绝缘胶布粘贴于道床或隧道壁上，相邻两处的粘贴间距不超过 20 cm；线缆穿越轨道时用 3M 防水强力绝缘胶布和线卡子与混凝土固定，线缆固定如图 14-7 所示。

图 14-6 隧道壁传感器安装

图 14-7 线缆固定

数据采集仪：采用无人值守的智能化采集系统，根据预设程序自动判断、自动采集、自动存储于计算机硬盘上，设备不会发射和接收无线信号，不会对行车信号造成干扰。根据各地铁公司要求，可以紧固于消防管或者其他不会列车运行产生影响的地方。

14.1.5 评价标准

按照《浮置板轨道技术规范》(CJJ/T 191—2012)的规定,减振效果测量的频率范围为1～200 Hz,测量的量为铅垂向振动加速度,评价计算的浮置板轨道和普通整体道床比较时振级的差值ΔL_a。振级的差值ΔL_a公式为

$$\Delta L_z = 10\lg\left(\sum_{i=1}^{n} 10^{\frac{VL_q(i)}{10}}\right) - 10\lg\left(\sum_{i=1}^{n} 10^{\frac{VL_h(i)}{10}}\right)$$

式中,$VL_q(i)$为选择没有采取浮置板轨道的地段为参考系,其隧道壁测点铅垂向振动加速度在1/3倍频程第i个中心频率的分频振级(dB);$VL_h(i)$为选择采取浮置板轨道的地段,其隧道壁测点铅垂向振动加速度在1/3倍频程第i个中心频率的分频振级(dB)。

14.1.6 测试结果

聚氨酯减振垫浮置板轨道所处断面,隧道壁测点竖向振动加速度如图14-8所示。

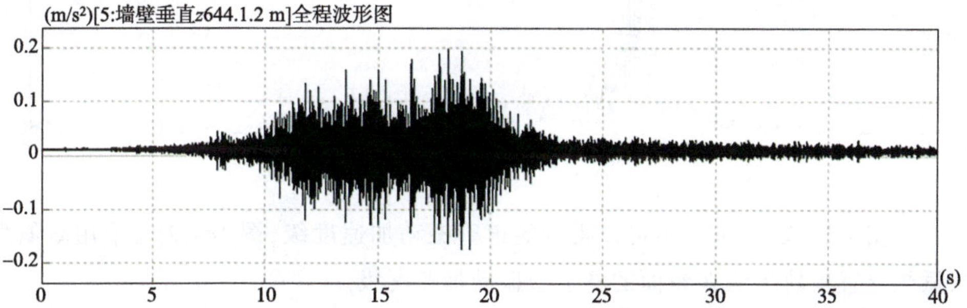

图14-8 隧道壁振动加速度时程

聚氨酯减振垫浮置板轨道所处断面,隧道壁测点振动加速度频谱如图14-9所示。

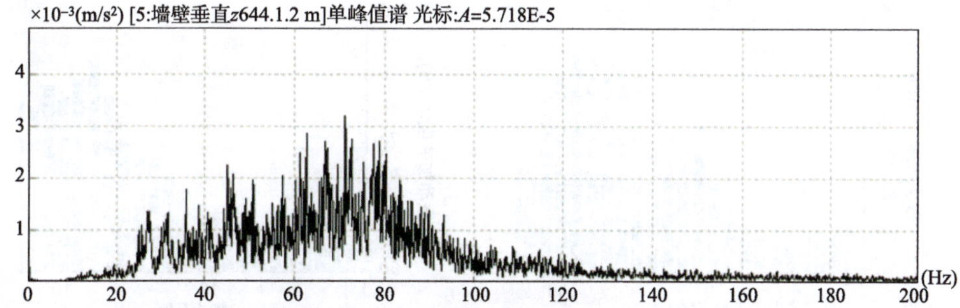

图14-9 隧道振动加速度频谱

普通整体道床所处断面,隧道壁测点竖向振动加速度如图14-10所示。

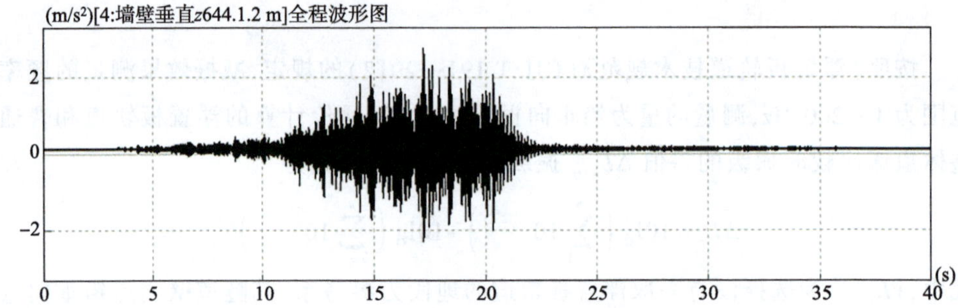

图 14-10 隧道壁振动加速度时程

聚氨酯减振垫浮置板轨道所处断面，隧道壁测点振动加速度频谱如图 14-11 所示。

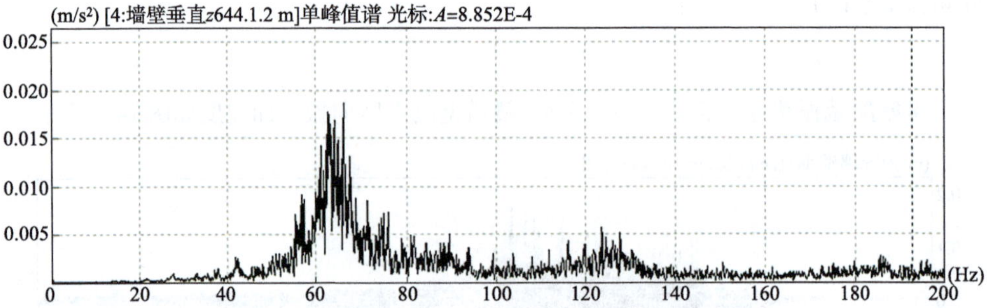

图 14-11 隧道振动加速度频谱

根据上述数据，进一步可以得到隧道壁振动加速度级，图 14-12 为采用聚氨酯减振垫浮置板轨道所在断面的隧道壁振动加速度级。

同样，也可以得到普通整体道床所在断面的隧道壁振动加速度级，如图 14-13 所示。进一步，可以得到插入损失、振级的差值 ΔL_a 等，对聚氨酯减振垫浮置板轨道进行综合评价。因为涉及产品性能，此处不再赘述。

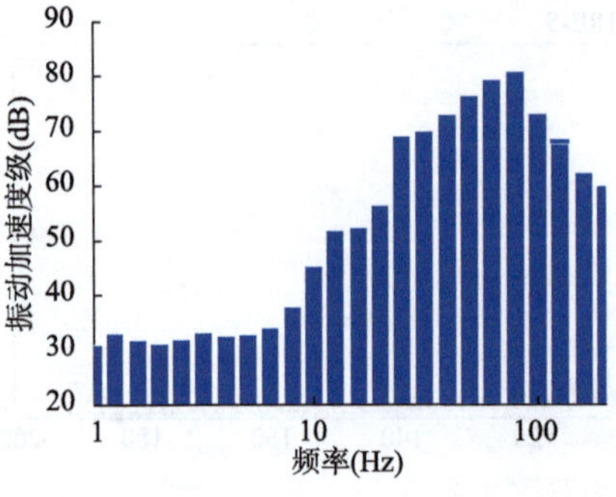

图 14-12 断面 1 隧道振动加速度级

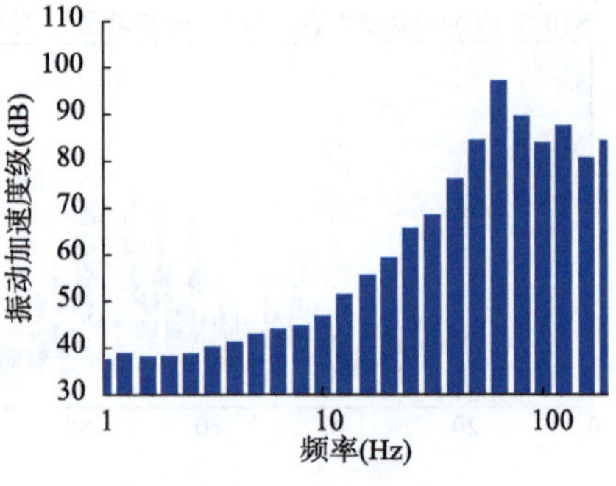

图 14-13 断面 2 隧道振动加速度级

14.2 案例 2:聚氨酯减振垫浮置板轨道上线使用的有限元计算

14.2.1 计算背景

某地铁线拟采用聚氨酯减振垫浮置板轨道。列车采用 6 节编组的 B 型车。钢轨采用 60 kg/m、U75V 普通热轧钢轨。标准轨距 1 435 mm,轨底坡 1:40。通过有限元计算,评价该种减振垫浮置板轨道的减振效果。

14.2.2 ABAQUS 建模

1. Part 模块

在 Part 中构建钢轨、轮对、转向架以及车体。考虑到单元最小尺寸问题,钢轨截面采用第 13 章提到的简化截面。本例采用美国六级轨道不平顺谱作为激励输入。轮对、转向架以及车体采用离散刚体建模,钢轨、轮对模型如图 14-14(a)、(b)所示。

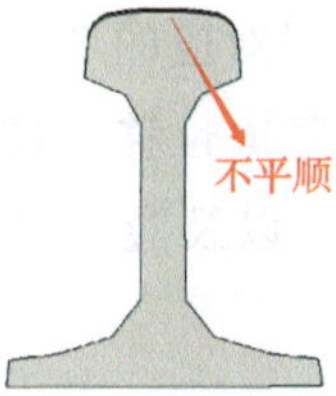

(a)钢轨

(b)轮对

图 14-14 模型部件 1

在 Part 中继续创建减振垫浮置板以及隧道(包含 Invert),减振垫浮置板和隧道如图 14-15(a)、(b)所示。

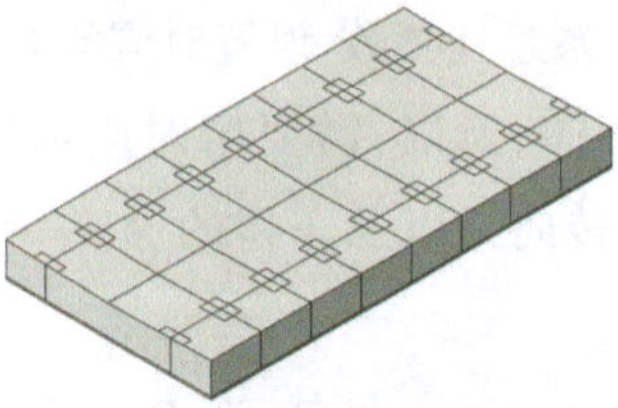
(a)减振垫浮置板

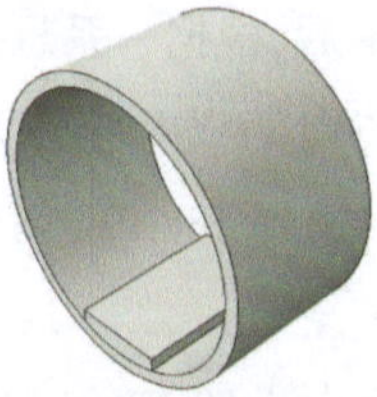
(b)隧道

图 14-15 模型部件 2

2. Property 模块

钢轨密度 7 850 kg/m^3,弹性模量 210 GPa,泊松比 0.3。等效扣件垫板密度 1 000 kg/m^3,弹性模量 70×10^6 N/m^2,泊松比 0.49。浮置板密度 2 500 kg/m^3,弹性模

量 35×10^9 N/m^2,泊松比 0.2。板下减振垫密度 1 000 kg/m^3,弹性模量 1.72×10^5 N/m^2,泊松比 0.49。隧道密度 2 500 kg/m^3,弹性模量 35×10^9 N/m^2,泊松比 0.2。

3. Assembly 模块

将钢轨、等效扣件垫板、浮置板、板下减振垫、轮对、转向架、车体以及隧道导入 Assembly,Assembly 模型如图 14-16 所示。

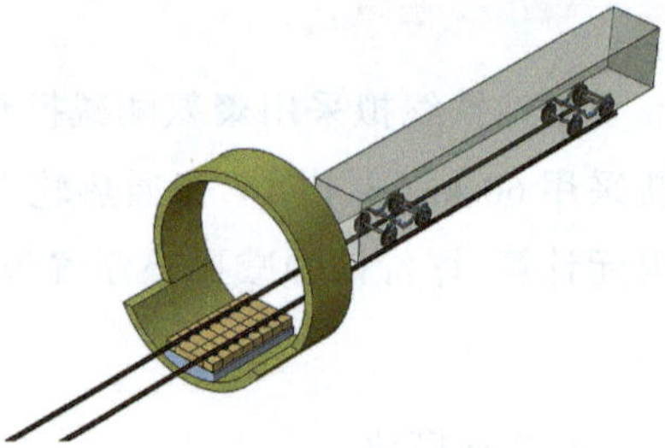

图 14-16　Assembly 模型(显示处理)

4. Step 模块

在 Step 模块中选择 General 的 Dynamic、Explicit。Time Period 处输入计算时长,此处输入 8.5。几何非线性开关 Nlgeom 选择 On,打开。其他参数保持默认。

场变量输出(Field Output)选择 Whole Model,输出频率方式采用 Every x Unit of Time,$x=0.1$。Output Variables 中选择 UT。

时间变量输出(History Output)中根据需要,设置对应的 Set。我们可以设置车体竖向/横向振动加速度、轮轨接触力、钢轨某点的竖向位移、钢轨某点的竖向振动加速度、扣件位置的支反力、浮置板竖向振动加速度以及隧道壁某点的竖向/横向振动加速度。

5. Interaction 模块

首先,需要设置轮轨接触关系。在 Create Interaction 中选择 General Contact (Explicit)。Interaction 设置中,Included Surface Pairs 可以默认选择,即 All * with Self。也可以选择 Selected Surface Pairs。Contact Properties 中的 Global Property Assignment 选择设置好的轮轨接触关系。其次,接触属性(Contact Property)可以设置轮轨法向接触关系以及摩擦等。最后,根据一系悬挂以及二系悬挂参数,设置对应的 Connector。

因为轮对、转向架以及车体是离散刚体,所以,需要给对应部件设置质量等属性。在 Special 中选择 Inertia,创建轮对、转向架以及车体的 Mass 和 Inertia。

6. Load 模块

在 Load 模块中设置 Whole Model 的 Gravity。另外,在 Boundary Condition 中给轮对、转向架以及车体设置平动速度 20 m/s。考虑到振动波的反射会影响采集点的计算结果,因此,隧道外弧面需要设置无反射边界,即使用无限单元达到振动波的透射功能。此步骤需要在 Mesh 以及 inp 中完成,因此,此步骤不设置边界条件。

7. Mesh 模块

车体、转向架以及轮对等离散刚体,需要划分网格。钢轨宜采用映射方法划分网格，浮置板、减振垫以及基底宜采用六面体单元。隧道必须采用映射方法划分网格。因为隧道外弧面需要单独划分一层网格，用于修改为无限单元。网格划分如图 14-17 所示。

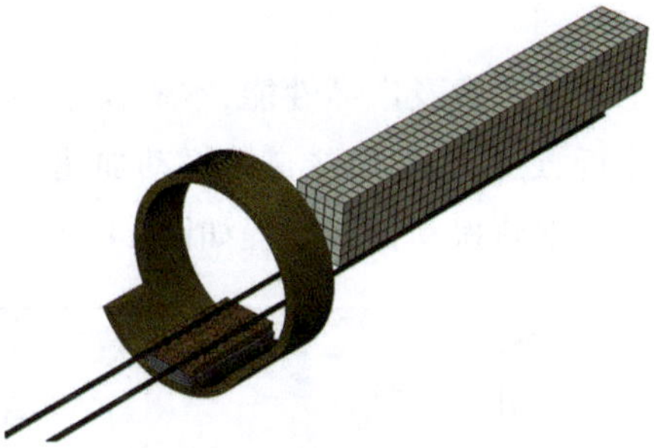

图 14-17　网格划分（无限单元处理前）

ABAQUS 中 2D 平面应变问题的无限单元主要为 CINPE4，2D 平面应力问题的无限单元主要为 CINPS4，3D 问题的无限单元主要为 CIN3D8。在 ABAQUS 的 CAE 中无法直接设置无限单元，需要通过 inp 文件完成。主要步骤：

（1）在 Part 中通过偏移，剖分隧道外弧面的一层；

（2）在 Mesh 中，剖分出来的那一层，单独设置某种单元（比如 C3D8R），区别于隧道内层实际使用的单元（比如 C3D8）；

（3）通过后续 Job 中生成的 inp 文件，修改如 C3D8R 为 CIN3D8。

8. Job 模块

诚如 Mesh 中对于无限单元的描述，首先需要生成一个 inp 文件，以达到修改单元类型的目的。其次，在 Creat Job 中将 Source 调整为 Inputfile，注意不要选择 Model。最后，选中已经修改过单元类型的 inp 文件，提交计算即可。

14.2.3　评价指标

1. 安全性

安全性主要指标为脱轨系数和钢轨最大垂向位移。

钢轨脱轨系数是用来评定机车在轮轨间横向力和垂向力综合作用下防止轮缘爬上钢轨的安全程度的指标。

钢轨最大垂向位移按照《浮置板轨道技术规范》（CJJ/T 191—2012）的规定，浮置板轨道在列车额定荷载作用下钢轨的最大垂向位移不应大于 4 mm。

2. 舒适性

车体振动加速度是评价车辆乘坐舒适性的最直接的指标，包括垂向振动加速度和横向振动加速度。

3. 减振效果

同 14.1.5 节，按照《浮置板轨道技术规范》（CJJ/T 191—2012）的规定，采用振级的差值 ΔL_a 对浮置板轨道进行评价。

14.2.4 计算结果

因为涉及产品性能，本例仅给出钢轨振动位移和钢轨振动加速度。实际工程分析，还需要输出隧道壁振动加速度、轮轨接触力、车体振动加速度等。

钢轨振动位移时程如图 14-18 所示。

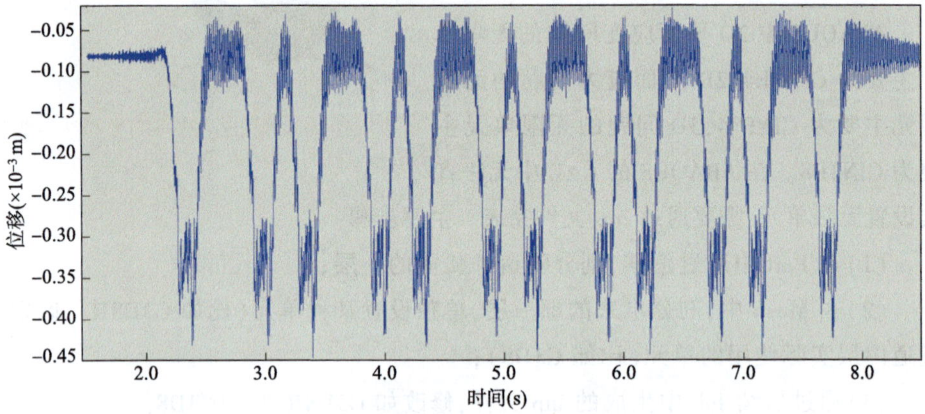

图 14-18 钢轨振动位移时程

钢轨振动加速度时程如图 14-19 所示。

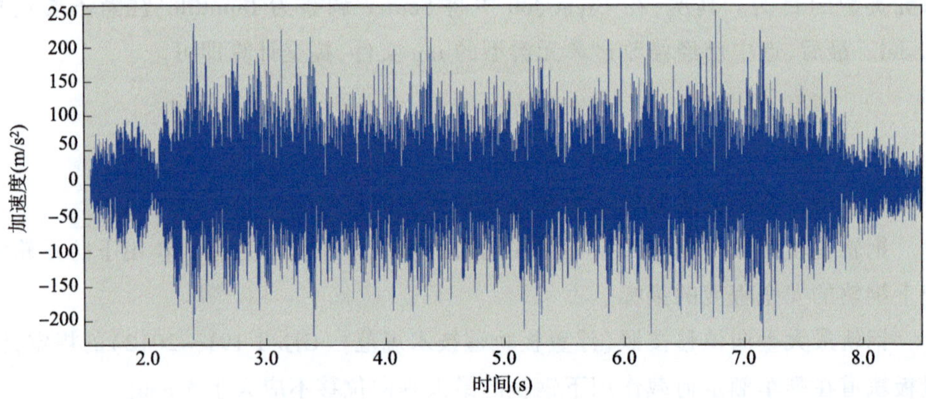

图 14-19 钢轨振动加速度时程

15 轨道交通沿线砌体结构的振动测试及有限元计算

诚如第 1 章所述，城市轨道交通振动问题可以划分为振源处问题、传播途径问题以及受振体问题。第 10 ~ 14 章内容，我们已经介绍了轨道减振措施的相关研究，即振源处问题。本章，再补充介绍受振体问题的相关研究。

通过前文已知，受振体主要包括沿线现代建筑结构以及古建筑结构。其中，沿线现代建筑结构内居住有老百姓及可能安装有精密仪器，使其成为城市轨道交通环境振动问题的突出对象。目前，相关研究热点有轨道交通振动对砌体结构的影响（图 15-1）、轨道交通振动对上盖建筑结构的影响（图 15-2）等。

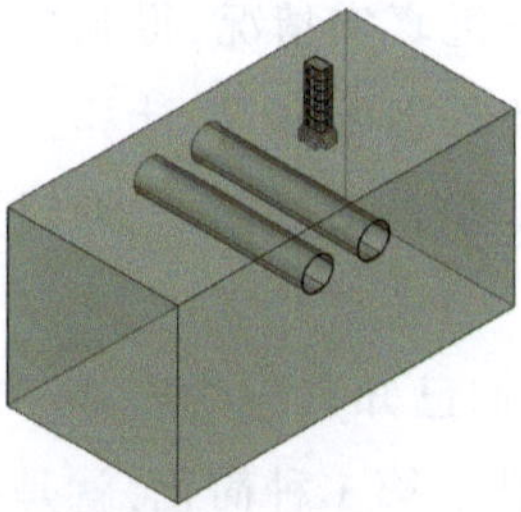

图 15-1　砌体结构计算模型

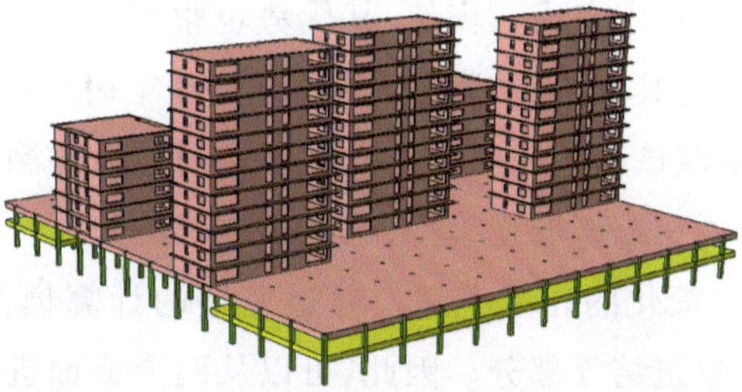

图 15-2　上盖建筑结构几何模型

本章以城市轨道交通对沿线砌体结构的振动影响为例，介绍轨道交通环境振动的一般测试方法及有限元计算方法。

15.1　城市轨道交通对沿线砌体结构的振动影响

近年来，轨道交通振动扰民成为一个亟待解决的问题。从统计来看，扰民问题多发生于沿线老旧建筑结构。砌体结构作为建筑结构的传统结构形式。在这些老旧建筑结构中，振动较为严重的多为上个世纪末建起的砌体结构民用住宅。

这方面的研究方法，主要还是现场振动测试和有限元计算。比如：作者通过现场动试测振，对北京某单层砌体结构群的振动规律和振动预测开展过研究。采用有限单元法，对轨道交通运营条件下不同基础形式砌体结构的振动响应规律进行了分析。另外,还有其他学者对此开展过相关研究。

这方面的研究内容,主要聚焦于振动随楼层的传播规律。作者在处理某城市轨道交通振动扰民问题时,也曾遇到沿线砌体结构二层居民投诉,而一层居民无明显振感的情况。已有学者得出建筑物内振动随楼层传播时,并不是单调递减的,而是特定楼层出现振动加速度级突然增大的现象。作者在相关的文章里面,对砌体结构振动放大现象也有一定研究。如何解释振动在特定楼层或者特定区域的放大现象,能够为有效解决振动扰民问题提供有力的支撑。

15.2 城市轨道交通环境振动的有限元计算方法

城市轨道交通环境振动的计算方法,不管是有限单元法,还是其他数值计算方法,从计算系统完整性来讲,都需要包含车辆—轨道—地层(分地下、地面、高架3种情况)—建筑结构等4个部分。我们可以看到,这是一个非常庞大和复杂的计算系统。因此,城市轨道交通环境振动计算方法自然而然发展为完整的计算模型和简化的计算模型。

(1)完整的计算模型。这种模型需要非常强大的计算机硬件,往往需要超高性能服务器来完成。当然,其优势也很明显,它能够贴近真实情况,得到更为准确的结果,尤其是频域结果。根据作者多年研究经验,此处想要强调,计算模型的准确性,更应该从频域角度出发。不能简单对比测试和计算的时域结果,通过数量级相当来说明模型的正确性,这是不准确的。

(2)简化的计算模型。通过完整的计算模型,我们已知其包含车辆—轨道—地层—建筑结等部分。因此,可以从两个方面进行简化。第1种简化,就是把完整的计算模型拆开成车辆—轨道耦合动力计算子模型和地层—建筑结构子模型。车辆—轨道耦合动力计算子模型采用第13章介绍的方法,将得到的列车荷载施加于地层—建筑结构子模型。至于如何施加列车荷载,将在下文中详细介绍。第2种简化,就是将地层进行简化,比如:通过Fourier变换,将列车运行方向维度转换到波数域,形成2.5维计算方法;引入周期性理论,并用Floquet变换代替Fourier变换,将列车运行方向映射到一个单位厚度中进行计算。此类方法很多,核心思想就是通过数学变换,达到空间简化的目的。但是,这类方法的变换都需要满足数学变换的前提以及工程简化的前提,比如列车运行方向不考虑差异性等。此两种简化,带来的最大好处就是计算模型的复杂度降低、运算时间减少、收敛性提高。

与上述相同,城市轨道交通环境振动的有限元计算方法也包含完整的计算模型和简化的计算模型两大类。已经在第13章讲解了车辆—轨道耦合动力计算的有限单元法，接下去重点介绍地层建模方法。因此，采用的建模方法为简化的计算模型。当然，读者如果需要建立完整的计算模型，仅需将第 13 章的子模型，嫁接于本章的地层—建筑结构子模型即可。

15.3 城市轨道交通环境振动有限元建模的要点

15.3.1 模型尺寸

实际地层是半空间体，而有限元模型是有界的。因此，环境振动有限元建模的第一个问题便是模型尺寸的确定。一般来说，可以按照公式 $\lambda = C_s/(2f_{min})$ 来确定截断边界距离振源的距离，其中，C_s 是对应地层的剪切波速，f_{min} 是关心频段的最小频率。通常，根据地勘资料获得的地层分类是比较详细的，可以根据密度、剪切波速等指标，进行初步归类。由此，计算得到不同地层下截断边界距离振源的距离 λ。进而，可以取最大的 λ，作为整个计算模型的尺寸。

15.3.2 材料阻尼

不管是采用哪种动力求解方法，考虑材料阻尼，都会极大地降低计算速度，延长计算时间。因此，作者建议慎重设置材料阻尼。对于有些结构，阻尼效应不明显的，完全可以不考虑其材料阻尼。对于必须要考虑材料阻尼的地层，通常采用瑞利(Rayleigh)阻尼进行施加，详见本书第 9 章。瑞利阻尼假定体系的阻尼矩阵为质量矩阵和刚度矩阵的线性组合，即

$$\boldsymbol{C} = \alpha \boldsymbol{M} + \beta \boldsymbol{K} \tag{15-1}$$

相应地，阻尼比也分为两项，与质量成正比项 ζ_M 和与刚度成正比项 ζ_K，即

$$\zeta = \zeta_{\mathrm{M}} + \zeta_{\mathrm{K}} \tag{15-2}$$

式中，$\zeta_{\mathrm{M}} = \alpha/(2\omega_n)$，$\zeta_{\mathrm{K}} = \beta\omega_n/2$。

瑞利阻尼常数 α 和 β 的表达式为

$$\alpha = \frac{2\omega_i\omega_k}{\omega_i + \omega_k}\zeta \tag{15-3}$$

$$\beta = \frac{2}{\omega_i + \omega_k}\zeta \tag{15-4}$$

式中，ζ 为体系的阻尼比，ω_i、ω_k 为体系两个关心模态的角频率。部分文献中，取为第一、二阶模态，作者认为是不合理的，应该取为关心频段上下限附近的模态。

15.3.3 边界约束

实际情况，地层是一个无限大的半空间体。轮轨相互作用产生的振动波，随地层向无限远处传播。有限元计算模型则不同，地层尺寸是有限的(如前述)。如

此,则面临振动波反射的问题。针对此问题,主要有两种方法。第 1 种方法,可以施加弹簧—阻尼边界条件,即每个边界节点连接一个弹簧单元和阻尼器单元,用于提供一定的弹性和阻尼,起到耗能的目的。第 2 种方法,则是将边界处单元替换为无限单元,振动波透射过边界,达到振动波不反射的目的。

15.3.4　网格大小

根据本书第二部分的学习,相信大家已经明确网格大小会影响计算结果。一般来说,为了准确捕捉振动效应,网格不应大于相应土层中最小波长的 1/6,即 $l = C_s/(6f_{max})$,其中 f_{max} 为关心频段的最大频率。

15.3.5　列车荷载

15.3.5.1　列车荷载的施加方法

作为简化的计算模型,如何准确的施加列车荷载,是影响计算结果准确性的核心问题。针对二维计算模型,通过车辆—轨道耦合动力计算模型得到扣件支反力,并将其施加于扣件位置即可。注意:早期二维计算模型采用的列车荷载,有通过实测轨道或者隧道壁振动加速度,反算得到的数定列车荷载。更早期,还有通过简单计算公式,获得的列车荷载。目前,这些方法已经不常用,所以,本书不再赘述。读者如感兴趣,可以查找早期的文献。

对于三维计算模型,通常的做法是,按照特定时间间隔施加扣件支反力于列车运行方向上的扣件位置。时间间隔 $\Delta t = L/v$,其中,v 为列车运行速度,L 为扣件间距。该方法已经默认每个扣件的支反力是相同的,实际情况因为存在不平顺,每个扣件的支反力不可能相同。所以,该种荷载施加方法和真实情况是有差别的。换句话说,简化模型的计算结果和完整模型的计算结果也会有差别。

15.3.5.2　ABAQUS 中列车荷载的施加方法

由于二维计算模型荷载施加比较简单,此处主要讲解三维计算模型。在 ABAQUS 中实现列车荷载的施加,可以分为 3 种方法。

1. 第 1 种方法

按照前述介绍,在每个扣件位置施加扣件支反力,并且时间上需相差 $\Delta t = L/v$。在 ABAQUS 中,可以建立多 Step,每个 Step 添加一个扣件位置的支反力。另外,也可以只建立一个 Step,但需要建立多个荷载 Load。每个荷载对应一个扣件位置,相邻扣件的荷载时间相差 $\Delta t = L/v$。该种方法相对贴近真实情况,但是操作比较繁琐。尤其随着模型越来越大,荷载施加耗费时间将越来越多。当然,如果采用 Python 进行二次开发,这个繁琐的操作则会变得容易。此种方法,是后续建模的主要方法。

2. 第 2 种方法

第 2 种方法是更为简化的方法,主要是利用了 ABAQUS 的子程序。沿列车运行方向上的动态轮轨接触力简化为常力,即静态轮轨接触力。如此,则可以采用ABAQUS的子程序Dload和VDload来完成。

ABAQUS调用Dload子程序或VDload子程序,需要电脑已安装Microsoft Visual Studio和Intel Visual Fortan,安装Intel Visual Fortan之前,必须先安装Microsoft Visual Studio,并且使ABAQUS、Microsoft Visual Studio、Intel Visual Fortan三者成功建立起关联,否则不能调用子程序。Dload子程序或VDload子程序需用Fortan语言编写,保存为 . for文件,在Job中进行调用。

15.4　案例1:轨道交通引起砌体结构振动的测试分析

15.4.1　测试背景

测试区域位于北京某地铁线附近,图15-3黄色区域主要建筑结构形式为单层砌体结构。红线代表该地铁线由西南→东北方向穿过此单层砌体结构群。考虑到测试空间的限制,本次测试的最终位置落于地铁线Y车站到B车站的区间,如图15-4所示。

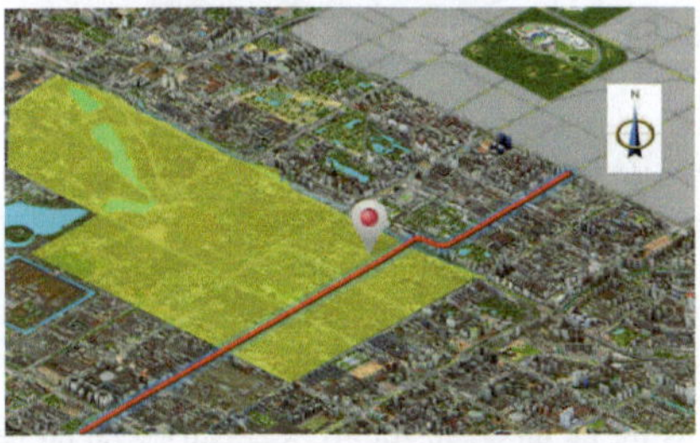

图15-3　测试区域

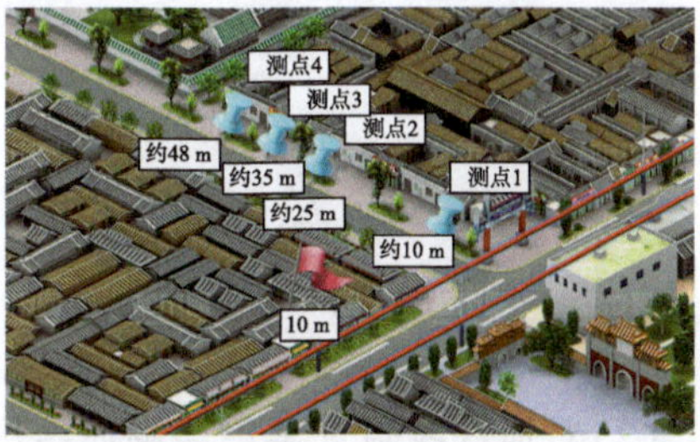

图15-4　地表测点位置示意

15.4.2　测试设备

测试使用0.12 g压电加速度传感器(频率范围0.3～600 Hz)4个,传感器底座4个,INV3018C型24位高精度数据采集仪1台,设置采样频率512 Hz,测试设备如图15-5所示。

(a)传感器

(b)数据采集仪

图15-5　测试设备

15.4.3　测点布置

(1)沿地铁线垂向,每隔一定距离进行地表铅垂向振动加速度测试(图 15-4 和图 15-6)。本次测试,共布置了 4 个测点,分别命名为测点 1,测点 2,测点 3 和测点 4,如图 15-4 所示。测点 1 和地铁左线的距离约为 10 m,测点 2 和地铁左线的距离约为 25 m,测点 3 和地铁左线的距离约为 35 m,测点 4 和地铁左线的距离约为 48 m。

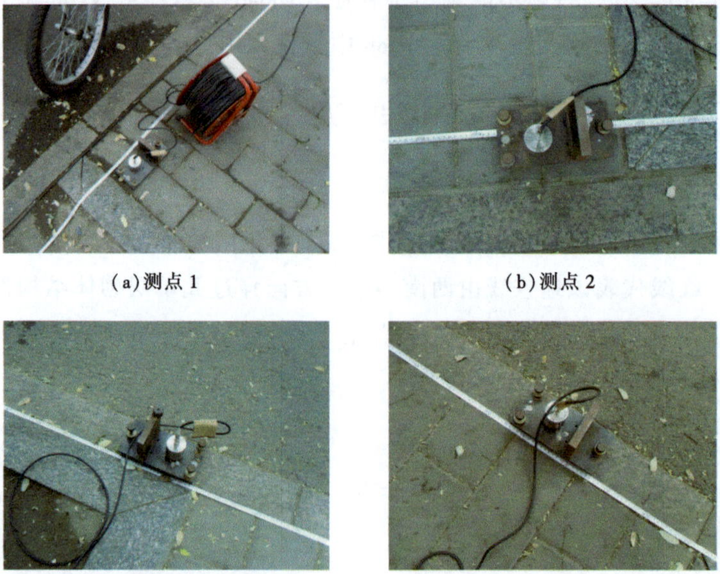

(a)测点 1　(b)测点 2　(c)测点 3　(d)测点 4

图 15-6　测点布置

(2)对地铁线附近某单层砌体结构进行室内地面铅垂向和水平向振动加速度测试,测点位于室内地面的中心。

15.4.4　地表振动测试结果

测点 1、测点 2、测点 3 和测点 4 的铅垂向振动加速度时程,如图 15-7 所示。

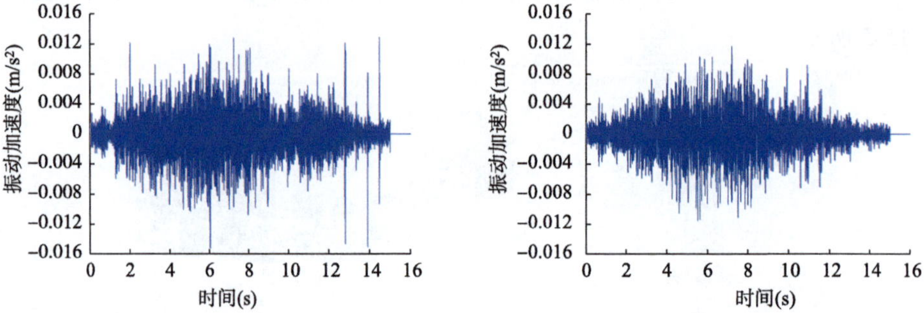

(a)测点 1　(b)测点 2

图　15-7

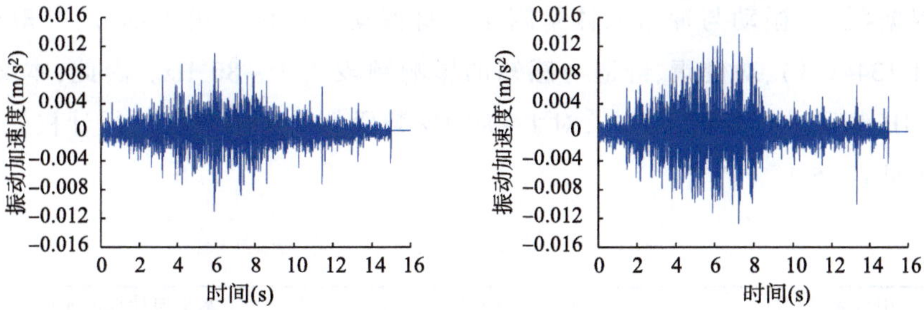

(c)测点 3　　(d)测点 4

图 15-7　地表铅垂向振动加速度时程

根据测试得到的时程数据，可以进行频谱分析，进一步可以得到 1/3 倍频程，对传播规律进行分析，用于本区域的地铁振动预测。

15.4.5　单层砌体结构振动测试结果

基于最不利因素考虑，本文只对地铁左线(更靠近单层砌体结构)引起的振动进行测试分析。当地铁左线列车通过时，测试得到室内地面的铅垂向振动加速度时程和水平向振动加速度时程，如图 15-8 所示。

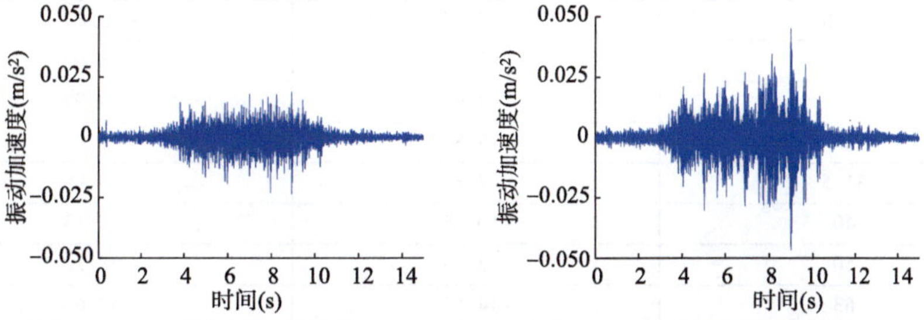

(a)垂向振动加速度时程　　(b)水平向振动加速度时程

图 15-8　室内测点振动加速度时程

通过 Matlab 对时程数据进行 FFT，得到 1 ~ 256 Hz 振动加速度频谱，如图 15-9 所示。

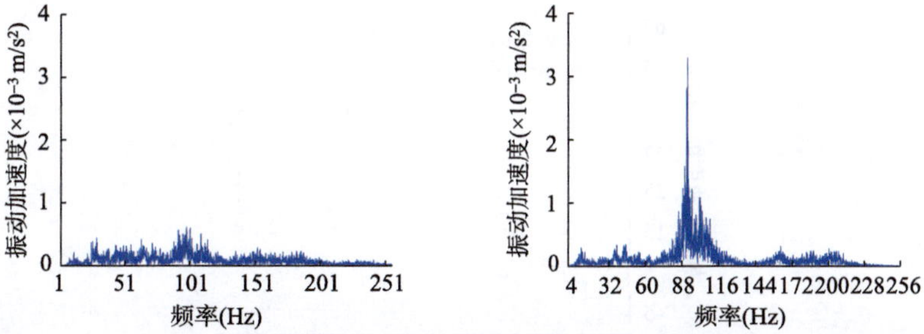

(a)垂向振动加速度频谱　　(b)水平向振动加速度频谱

图 15-9　室内测点振动加速度频谱

根据《机械振动与冲击人体暴露于全身振动的评价　第1部分:一般要求》(GB/T 13441.1),对健康、舒适与感知的影响频段为1～80 Hz。因此,本文只对1～80 Hz频段进行分析。另外,对1～80 Hz频段的1/3倍频程进行计权处理,计权因子见表15-1。

表15-1　1/3倍频程中心频率的计权因子

中心频率(Hz)	铅垂向计权因子(dB)	水平向计权因子(dB)
1	-6.33	0.10
1.25	-6.29	0.07
1.6	-6.12	-0.28
2	-5.49	-1.01
2.5	-4.01	-2.20
3.15	-1.90	-3.85
4	-0.29	-5.82
5	0.33	-7.76
6.3	0.46	-9.81
8	0.31	-11.93
10	-0.10	-13.91
12.5	-0.89	-15.87
16	-2.28	-18.03
20	-3.93	-19.99
25	-5.80	-21.94
31.5	-7.86	-23.98
40	-10.05	-26.13
50	-12.19	-28.22
63	-14.61	-30.60
80	-17.56	-33.53

计权后的三分之一倍频程,如图15-10所示。进一步,可以通过《城市区域环境振动标准》(GB 10070—88)等国家或行业标准,对振动是否超标进行评价。

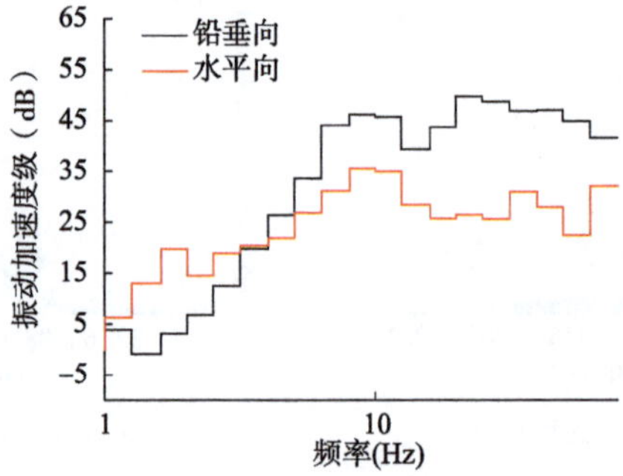

图15-10　计权后室内测点1/3倍频程

15.5　案例2:砌体结构受轨道交通振动影响的有限元计算

15.5.1　计算背景

北京地铁某线附近有一栋6层砌体结构,按照要求,需要分析振动在砌体结构内的传播规律,并提出可能的振动控制方案。

15.5.2　ABAQUS建模

1. Part模块

隧道建模参照北京市城市轨道交通线路情况,隧道外径6.0 m,内径5.4 m,隧道壁厚0.3 m。隧道埋深10 m,道床上表面离隧道内壁垂直距离0.6 m。本例模型,取最小关心频率$f_{min}=1$ Hz,地层剪切波速$C_s=300$ m/s,则可以根据公式$\lambda=C_s/(2f_{min})$,确定地层尺寸为320 m×160 m×60 m。

模型中砌体结构为6层,层高3 m,总高度为18 m。房屋每层之间有0.08 m厚度的钢筋混凝土楼板。砌体结构中心点距隧道中心线水平距离10 m。

对于砌体结构基础型式,一般可分为桩基础、条形基础和筏板基础。桩基础和筏板基础,一般用于地基承载力不够的情况,且楼层层数较高,故对于模型确定的1~6层砌体结构,均采取墙下条形基础型式,6层砌体结构模型如图15-11所示。

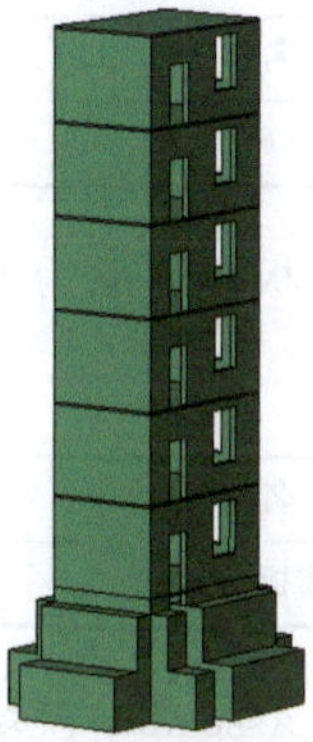

图15-11　Part中砌体结构

砌体结构尺寸详细见表15-2。

表15-2　砌体结构尺寸

部　件	尺寸(m)	部　件	尺寸(m)
墙厚	0.24	基础上半部宽度	1.44
楼板厚度	0.08	基础下半部宽度	3.84
窗	1.20×1.80	基础上/下半部高度	1.8
门	1.00×2.00	墙体底端插入地层深度	0.5
窗下缘距地面高度	0.90		

2. Property模块

选取北京地区常见的砂卵石地层,地层假设为均质地层,参数取值见表15-3。针对实际工程问题,可以按照地勘资料进行归类。取地层的阻尼比为0.03,并假定关心频段为1~160 Hz,从而可以得出$\alpha=3.7465\times10^{-1}$,$\beta=5.9312\times10^{-5}$。

表 15-3 地层参数

地层	弹性模量(MPa)	泊松比	最大干密度(kg/m^3)	剪切波速(m/s)
砂卵石	200	0.25	2 010	300

隧道为 C50 混凝土,道床为 C30 混凝土,材料参数见表 15-4。

表 15-4 隧道、道床材料参数

名称	弹性模量(MPa)	泊松比	密度(kg/m^3)
隧道 C50	3.5×10^4	0.2	2 500
道床 C30	3×10^4	0.3	2 500

墙下条形基础和墙体材料选取为砖材料,参数见表 15-5。

表 15-5 砖材料参数

名称	弹性模量(MPa)	泊松比	密度(kg/m^3)
砖	3 040	0.15	1 850

楼板材料取为 C10 混凝土,参数见表 15-6。

表 15-6 楼板材料参数

名称	弹性模量(MPa)	泊松比	密度(kg/m^3)
楼板 C10	1.85×10^4	0.2	2 360

3. Assembly 模块

将上述几何模型导入,组装成需要分析的装配体。

4. Step 模块

在 Step 模块中选择 General 的 Dynamic、Explicit。Time Period 处输入计算时长,此处输入 10。几何非线性开关 Nlgeom 选择 On,打开。其他参数保持默认。

场变量输出(Field Output)选择 Whole Model,输出频率方式采用 Every x Unit of Time,$x=0.1$。Output Variables 中选择 UT。

时间变量输出(History Output)中根据需要,设置对应的 Set。本例可以设置砌体结构各楼层中心的三向振动加速度。

5. Load 模块

依据第 13 章建立的车辆—轨道耦合动力计算模型,获得 6 节编组车辆的扣件支反力,扣件支反力如图 15-12 所示(此例没有施加轨道不平顺)。按照前述荷载施加方法,将 6 节编组车辆的扣件支反力施加于模型中。

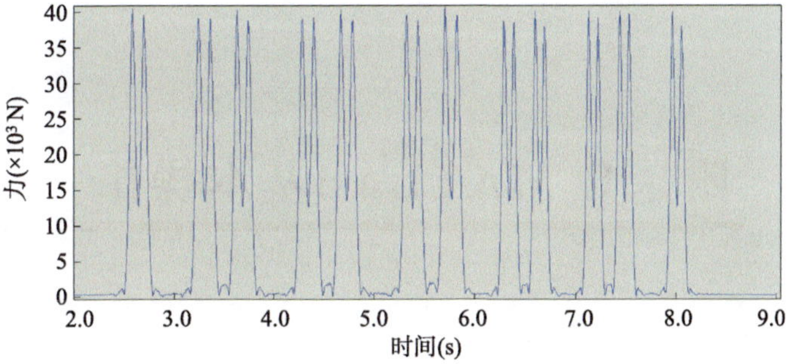

图 15-12　扣件支反力

6. Mesh 模块

根据地层剪切波速，得出 $l=\dfrac{C_s}{6f_{\max}}=0.3125\ \text{m}$。按照最大网格尺寸要求，划分模型网格如图 15-13 所示。此处，还需要设置无限单元。具体设置无限单元的方法，参考第 14 章的方法。

图 15-13　网格划分(尚未设置无限单元)

15.5.3　计算结果

一层楼板水平向振动加速度如图 15-14 所示，二层楼板竖向振动加速度如图 15-15所示。

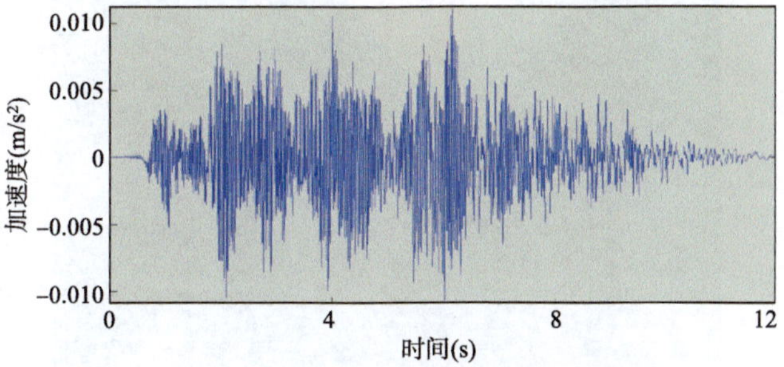

图 15-14　一层楼板水平向振动加速度

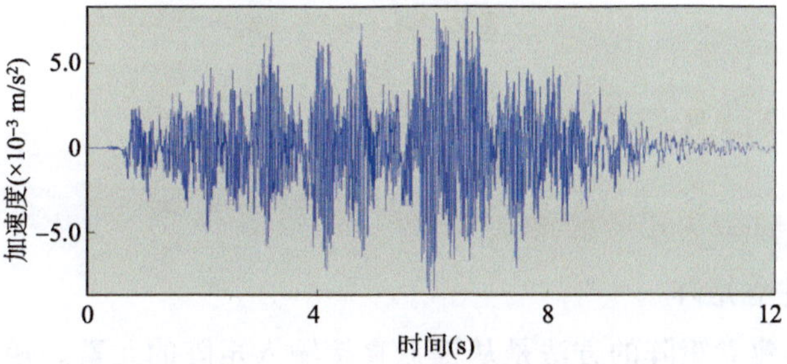

图 15-15　二层楼板竖向振动加速度

附录1 MATLAB基本操作

MATLAB 即 Matrix Laboratory 矩阵实验室的意思，是美国 Math Works 公司出品的商业数学软件。MATLAB 将数值分析、矩阵计算、科学数据可视化等诸多强大功能集成在一个易于使用的视窗环境中，为科学研究、工程设计以及必须进行有效数值计算的众多科学领域提供了一种全面的解决方案，代表了当今国际科学计算软件的先进水平。MATLAB 如附图 1-1 所示。

附图 1-1　MATLAB

附 1.1　MATLAB 矩阵运算

附 1.1.1　MATLAB 矩阵的建立

1. 直接建立矩阵

最简单的建立矩阵的方法是从键盘直接输入矩阵的元素。矩阵的所有元素用

方括号[ ]括起来,按矩阵行的顺序输入各元素,同一行的各元素之间用空格或逗号分隔,不同行的元素之间用分号分隔。例如:

```
a=[1 2 3;4 5 6;7 8 9]
```

```
a =
1    2    3
4    5    6
7    8    9
```

MATLAB 中"="为赋值。

2. 利用数据文件建立矩阵

对于比较大且比较复杂的矩阵,可以利用数据文件建立。首先,用文本编辑程序输入待建矩阵,如下所示:

```
1,2,3;
4,5,6;
7,8,9;
```

然后保存,并重命名为 example. txt。将 example. txt 文件保存在工作目录下。在 MATLAB 的命令窗口中输入 load example. txt 加载该文件,就会自动建立一个名为 example 的矩阵。

3. 利用 M 文件建立矩阵

与前述方法类似,用文本编辑程序输入待建矩阵,如下所示:

```
data=[1,2,3;4,5,6;7,8,9]
```

然后保存,并重命名为 example. m。在 MATLAB 命令窗口输入 example 运行该文件,就会自动建立一个名为 data 的矩阵。

4. 利用已建矩阵建立新矩阵

由已建好的矩阵建立新矩阵,例如:

```
a=[1 2 3 4;5 6 7 8];
b=[4 3 2 4;8 7 6 5];
c=[a b;b a]
```

```
c =
1    2    3    4    4    3    2    4
5    6    7    8    8    7    6    5
4    3    2    4    1    2    3    4
8    7    6    5    5    6    7    8
```

附 1.1.2 MATLAB 矩阵的基本运算

附 1.1.2.1 矩阵的加减运算

矩阵的加减运算，首先需要保证矩阵的维数相同。若矩阵 ***a*** 和矩阵 ***b*** 的维数相同，则矩阵 ***a*** 和矩阵 ***b*** 的加减，即矩阵相应元素的加减。例如：

```
a=[1 2 3 4;5 6 7 8];
b=[4 3 2 1;8 7 6 5];
c=a-b
```

```
c=
 -3     -1     1     0
 -3     -1     1     3
```

附 1.1.2.2 矩阵的乘法运算

矩阵的乘法需满足第一个矩阵的列数和第二个矩阵的行数相同。例如：

```
a=[1 2 3 4;5 6 7 8];
b=[4 8;3 7;2 6;4 5];
c=a*b
```

```
c=
32     60
84     164
```

矩阵也可和标量相乘，结果为标量乘矩阵每一元素。

附 1.1.2.3 矩阵的除法运算

在 MATLAB 中，有左除(\)和右除(/)两种矩阵除法运算。如果 ***a*** 矩阵是非奇异方阵，则 ***a\b*** 和 ***b/a*** 运算可以实现。***a\b*** 等效于 ***a*** 的逆左乘 ***b*** 矩阵，而 ***b/a*** 等效于 ***a*** 矩阵的逆右乘 ***b*** 矩阵。

```
a=[1 2;6 5];
b=[9 10; 15 16];
c=a\b
d=b/a
```

```
c=
 -2.142 9   -2.571 4
  5.571 4    6.285 7
```

```
d =
2.1429    1.1429
3.0000    2.0000
```

对于矩阵运算，一般 **a\b** 不等于 **b/a**。左除和右除表示两种不同的除数矩阵和被除数矩阵的关系。但是，对于含有标量的运算，两种除法运算的结果相同，如 1/2 和 2\1 有相同的值。

附 1.1.2.4 矩阵的乘方运算

一个矩阵的乘方运算可以表示成 **a**^x，要求 **a** 为方阵，x 为标量。例如：

```
a = [1 2;6 5];
c = a^3
```

```
c =
85    86
258   257
```

若 x 是一个正整数，则 **a**^x 表示 **a** 自乘 x 次。若 x 为 0，则得到一个与 **a** 维数相同的单位矩阵。若 x 小于 0 且 **a** 的逆矩阵存在，则 **a**^x = inv(**a**)^(−x)。

```
a = [1 2;6 5];
c = a^(-3)
```

```
c =
 -0.7493    0.2507
  0.7522   -0.2478
```

附 1.1.2.5 矩阵的点运算

当运算矩阵维数相同时，矩阵的点运算即对应元素（行列指标相同）的“乘”“除”“乘方”运算。例如：

```
a = [1 2;6 5];
b = [9 10; 15 16];
c = a.*b
d = b./a
e = b.^a
```

```
c =
9     20
90    80
```

```
d =
9.000 0      5.000 0
2.500 0      3.200 0
e =
        9          100
11 390 625    1 048 576
```

附 1.1.3　MATLAB 常用数学函数

为了简化编程,MATLAB 提供了许多常用数学函数,见附表 1-1。

附表 1-1　MATLAB 常用数学函数

函数名	含　义	函数名	含　义
sin	正弦函数	sinh	双曲正弦函数
cos	余弦函数	cosh	双曲余弦函数
tan	正切函数	tanh	双曲正切函数
asin	反正弦函数	asinh	反双曲正弦函数
acos	反余弦函数	acosh	反双曲余弦函数
atan	反正切函数	atanh	反双曲正切函数
sqrt	平方根函数	conj	复数共轭运算
log	自然对数函数	rem	求余数或模运算
log10	常用对数函数	mod	模除求余
log2	以 2 为底的对数函数	fix	向零方向取整
exp	自然指数函数	floor	不大于自变量的最大整数
pow2	2 的幂	ceil	不小于自变量的最小整数
abs	绝对值函数	round	四舍五入到最邻近的整数
angle	复数的幅角	sign	符号函数
real	复数的实部	gcd	最大公因子
image	复数的虚部	lcm	最小公倍数

附 1.2　MATLAB 编程

附 1.2.1　M 文件

用 MATLAB 语言编写的程序,称为 M 文件,它是一个扩展名为.m 的文本文件,可以用任何文本编辑器来编写,但默认情况下是用 MATLAB 文本编辑器进行编写。

1. M 文件的建立

在命令窗口键入 edit 回车，打开 MATLAB 编辑窗口。在此编辑窗口中输入编程内容，保存后，建立一个新 M 文件。亦可通过菜单栏“新建脚本”，如附图 1-2 所示，打开编辑器窗口。

附图 1-2　M 文件建立

2. M 文件的打开

打开已有的 M 文件，有多种方法：

(1)在命令窗口键入 edit example(M 文件名称)，回车；

(2)在命令窗口或编辑器的 File 菜单下打开当前目录下的 example. m 文件。

3. M 文件的运行

在命令窗口键入 example(M 文件名称)，回车，即可运行 example. m 文件。

4. M 文件的分类

MATLAB 的 M 文件分为两类：命令文件(Script File)和函数文件(Function File)。它们的扩展名一样，均为 m，两者的主要区别如下：

(1)命令文件没有输入参数，也不返回输出参数，而函数文件可以带输入参数，也可返回输出参数。

(2)命令文件对 MATLAB 工作空间中的变量进行操作，文件中所有命令的执行结果也完全返回到工作空间中，而函数文件中定义的变量为局部变量，当函数文件执行完毕时，这些变量被清除。

(3)命令文件可以直接运行，在 MATLAB 命令窗口输入命令文件的名字，就会顺序执行命令文件中的各项命令，而函数文件不能直接运行，而要以函数调用的方式来调用它。

附 1.2.2　顺序结构

顺序结构是指按照程序中语句的排列顺序依次执行，直到程序的最后一个语句。这是最简单的一种程序结构，一般涉及数据的输入、数据的计算或处理、数据的输出等内容。

1. 数据的输入

从键盘输入数据，则可以使用内部函数 input 来进行，该函数的调用格式为

A = input('提示信息,选项')

其中,“提示信息”为一个字符串,用于提示用户输入什么样的数据。

2. 数据的输出

MATLAB 提供的命令窗口输出函数主要是 disp 函数,其调用格式为

disp('输出项')

其中,输出项既可以为字符串,也可以为矩阵。

3. 程序的暂停

当程序运行时,为了查看程序的中间结果或者观看输出的图形,有时需要暂停程序的执行,这时可以使用 pause 函数,其调用格式为

pause(延迟秒数)

如果省略延迟时间,直接使用 pause,则将暂停程序,直到用户按任一键后程序继续执行。若要强行中止程序的运行,则可用 Ctrl + C 组合键实现。

附 1.2.3 选择结构

选择结构是根据给定的条件成立或不成立来决定选择不同的语句进行执行的一种控制。MATLAB 中用于选择结构的语句有 if 语句、switch 语句和 try 语句。

附 1.2.3.1 if 语句

1. 单分支 if 语句

```
if 条件
语句块;
end
```

当条件成立时执行语句块,然后执行 end 后的语句。否则,直接执行 end 语句后面的语句。

2. 双分支 if 语句

```
if 条件
语句块 1;
else
语句块 2;
end
```

当条件成立时执行语句块 1,然后执行 end 后的语句。否则,执行语句块 2,然后执行 end 后的语句。

3. 多分支 if 语句

```
if 条件 1
语句块 1;
else if 条件 2
语句块 2;
else if 条件 3
……;
end
```

当条件 1 成立时执行语句块 1,然后执行 end 后的语句。当条件 2 成立时执行语句块 2,然后执行 end 后的语句。以此类推。

附 1.2.3.2　switch 语句

switch 语句的表达格式为

```
switch 表达式
case 结果表 1
语句块 1 ;
case 结果表 2
语句块 2;
……
case 结果表 n
语句块 n;
otherwise
语句块 n+1;
end
```

switch 子句后面的表达式应为一个标量或一个字符串,case 子句后面的结果不仅可以为一个标量或一个字符串,而且还可以为一个将多个结果用大括号括起来的单元数据(cell)。如果 case 子句后面的结果为一个单元数据,则表达式的值等于该单元数据中的某个元素时,执行相应的语句块。

附 1.2.3.3　try 语句

try 语句是一种试探性执行语句,为开发人员提供了一种捕获错误的机制,其语句格式为

```
try
语句块 1;
catch
语句块 2;
end
```

try 语句先试探性执行语句块 1,如果语句块 1 在执行过程中出错,则将出错信息赋给保留的 lasterr 变量,并转去执行语句块 2。

附 1.2.4 循环结构

循环是指按照给定的条件,重复执行指定的语句,这是十分重要的一种程序结构。MATLAB 提供了两种实现循环结构的语句:for 语句和 while 语句。

附 1.2.4.1 for 语句

for 语句的格式为

```
for 循环变量 = 表达式 1:表达式 2:表达式 3
循环体语句;
end
```

其中:表达式 1 的值为循环变量的初值,表达式 2 的值为步长,表达式 3 的值为循环变量的终值。步长为 1 时,表达式 2 可以省略。

按照 MATLAB 的定义,for 语句的循环变量可以是一个列向量。For 语句更一般的格式为

```
for 循环变量 = 矩阵表达式
循环体语句;
end
```

执行过程是依次将短阵的各列元素赋给循环变量,然后执行循环体语句,直至各列元素处理完毕。

附 1.2.4.2 while 语句

while 语句的一般格式为

```
while(条件)
循环体语句;
end
```

其执行过程为:若条件成立,则执行循环体语句,执行后再判断条件是否成立,

如果不成立则跳出循环。

附 1.2.4.3　break 语句和 continue 语句

与循环结构相关的语句还有 break 语句和 continue 语句。它们一般与 if 语句配合使用。break 语句用于终止循环的执行。当在循环体内执行到该语句时，程序将跳出循环，继续执行循环语句的下一语句。continue 语句控制跳过循环体中的某些语句。当在循环体内执行到该语句时，程序将跳过循环体中所有剩下的语句，继续下一次循环。

附 1.2.4.4　多重嵌套循环

如果一个循环结构的循环体内又包括一个循环体结构，就称为循环的嵌套，或称为多重循环结构。因为任一循环语句的循环体部分都可以包含另一个循环语句，这种循环语句的嵌套为实现多重循环提供了方便。多重循环的嵌套层数可以是任意的，可以按照嵌套层数，分别叫作二重循环、三重循环等。处于内部的循环叫作内循环，处于外部的循环叫作外循环。

附 1.2.5　程序调试

使用 MATLAB 的调试菜单（Debug），通过图形界面操作来实现程序调试。MATLAB 的 M 文件编辑器除了能编辑修改文件外，还能对程序进行调试。通过调试菜单，可以查看和修改函数工作空间中的变量，从而准确地找到运行错误。通过调试菜单设置断点可以使程序运行到某一行暂停运行，这时可以查看和修改各个工作空间中的变量。

附 1.2.5.1　断点操作

有关断点操作的菜单命令共有 4 个，包括在程序中设置和清除断点以及设置停止条件，如附图 1-3 所示。

附图 1-3　断点操作

（1）Clear all：清除所有文件中的一切断点。

（2）Set/Clear：设置或清除当前行的断点。

（3）Enable/Disable：使当前行断点有效或无效。

（4）Set Condition：设置或修改条件断点。条件断点可以使程序执行到满足一定条件时停止。

附 1.2.5.2 调试运行控制

控制调试运行的菜单命令共有 5 个。在程序运行之前,有些菜单命令未激活。只有当程序中设置了断点,且程序停止在第一个断点处时这些菜单命令才被激活,这些菜单命令如附图 1-4 所示。

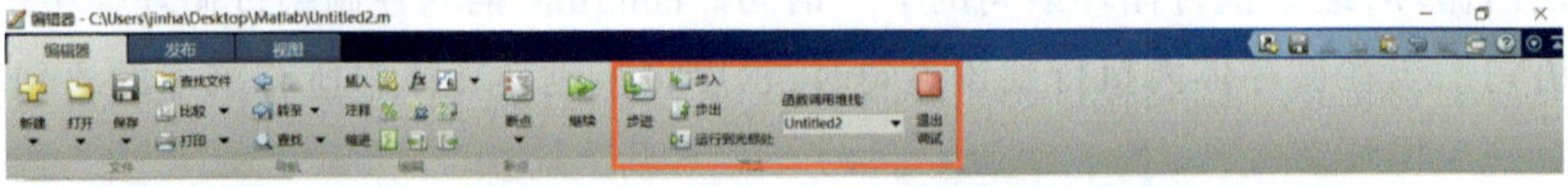

附图 1-4 调试运行控制

(1)Step:单步运行。每单击一次,程序运行一次,但不进入函数。

(2)Step In:单步运行。遇到函数时进入函数内,仍单步运行。

(3)Step Out:停止单步运行。如果是在函数中,跳出函数;如果不在函数中,直接运行到下一个断点处。

(4)Run to Cursor:直接运行到光标所在的位置。

(5)Out Debugging:退出调试。

附录2 ABAQUS基本操作

ABAQUS 是一套功能强大的工程模拟的有限元软件，其解决问题的范围从相对简单的线性分析到许多复杂的非线性问题，ABAQUS 如附图 2-1 所示。ABAQUS 包括一个丰富的、可模拟任意几何形状的单元库。并拥有各种类型的材料模型库，可以模拟典型工程材料的性能，其中包括金属、橡胶、高分子材料、复合材料、钢筋混凝土、可压缩超弹性泡沫材料以及土壤和岩石等地质材料。

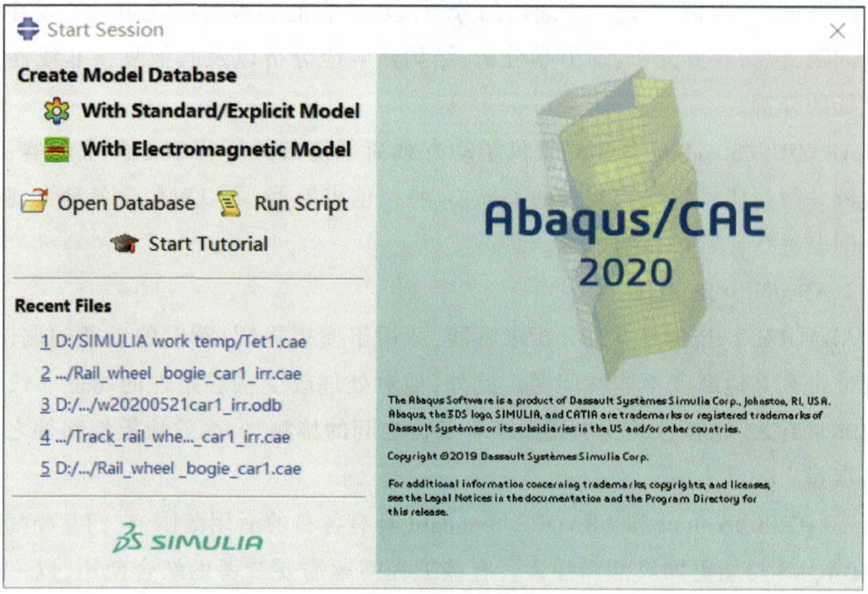

附图 2-1 ABAQUS

作为通用的模拟工具，ABAQUS 除了能解决大量结构（应力/位移）问题，还可以模拟其他工程领域的许多问题，例如热传导、质量扩散、热电耦合分析、声学分析、岩土力学分析（流体渗透/应力耦合分析）及压电介质分析。

附 2.1 ABAQUS 的主要模块

ABAQUS/Standard、ABAQUS/Explicit 和 ABAQUS/CFD 是 ABAQUS 三个主要的分析模块。

1. ABAQUS/CAE

ABAQUS/CAE(Complete ABAQUS Environment)是 ABAQUS 的交互式图形环境。它具有强大的几何体划分网格的功能,可以检测所形成的分析模型,并在模型生成后,提交、监视和控制分析作业。最后,通过可视化模块显示得到的结果。

ABAQUS/CAE 是目前为止唯一用“特征(feature-based)”参数化建模方法的有限元前处理程序。用户可通过拉伸、旋转、放样等方法来创建参数化几何体,也可以导入各种通用 CAD 系统建立的几何体,并运用参数化建模方法对模型进行编辑。

2. ABAQUS/Standard

ABAQUS/Standard 是一个通用的分析模块。它能够求解广泛领域的线性和非线性问题,包括静力分析、动力学分析、结构热响应分析以及其他复杂非线性耦合物理场的分析。

ABAQUS/Standard 为用户提供了动态载荷平衡的并行稀疏矩阵求解器、基于域分解并行迭代求解器和并行的 Lanczos 特征值求解器,可以对包含各种大规模计算的问题进行非常可靠的求解。

3. ABAQUS/Explicit

ABAQUS/Exlicit 为显式分析求解器,适用于模拟短暂、瞬时的动载问题,以及求解冲击和其他高度不连续问题。此外,他对处理改变接触条件的高度非线性问题也非常有效,能够自动找出模型中各部件之间的接触对,高效地模拟部件之间的直接接触。

ABAQUS/Explicit 和 ABAQUS/Standard 具有各自的适用范围,它们互相配合使得 ABAQUS 功能更加灵活和强大。有些工程问题需要二者的结合使用,以一种求解器开始分析,分析结束后将结果作为初始条件与另一种求解器继续进行分析,从而结合显式和隐式求解技术的优点。

4. ABAQUS/CFD

ABAQUS/CFD 是流体仿真模块,使得 ABAQUS 能够模拟层流、湍流等流体问题以及自然对流、热传导等流体传热问题。流体的材料特性、流体边界、载荷以及流体网格等流体相关的前处理定义等都可以在 ABAQUS/CAE 里完成,同时还可以

ABAQUS 输出等值面、流速矢量图等多种流体相关后处理结果。

附 2.2　ABAQUS/CAE 的功能模块

ABAQUS/CAE 划分为一系列的功能单元,称为功能模块。每一个功能模块都只包含与模拟作业的某一指令部分相关的一些工具。下面列出 ABAQUS/CAE 的各个模块,并简要介绍建立模型所需要在各个模块中可能进行的任务。

1. 部件(Part)

部件模块用于创建各个单独的部件,用户可以在 ABAQUS/CAE 环境中用图形工具直接生成,也可以从第三方图形软件导入部件的几何形状。

2. 属性(Property)

整个部件中的任一个部分的特征,如与该部分有关的材料性质定义和截面几何形状,包含在截面(section)定义中。

3. 装配(Assembly)

创建一个部件时,部件存在于自己的局部坐标系中,独立于模型的其他部分。用户可以应用该模块建立部件的实例,并且将这些实例相对于其他部件定位于总体坐标系之中,从而构成一个接配件。一个 ABAQUS/CAE 模型只能包含一个装配件。

4. 分析步(Step)

用户可以应用分析步模块生成和构建分析步骤,并与输出需求联系起来。分析步序列给模拟过程的变化提供了方便的途径(如变边界问题)。

5. 相互作用(Interaction)

在该模块中,可指定模型各区域之间或者模型的一个区域与周围环境之间的热力学或者力学方面的相互作用,如两个传热的接触表面。其他可以定义的相互作用包括约束,如同刚体(rigid body)约束、绑定(tie)等。ABAQUS/CAE 不会自动识别部件实体之间或者一个装配件的各个实体之间的力学(或热学)的相互作用,要实现该需求,必须在相互作用模块指定接触关系。

6. 载荷(Load)

在载荷模块中指定载荷、边界条件和场变量。边界条件和载荷与分析步有关,这就说明用户必须指定载荷和边界条件在哪些分析步骤中起作用。某些场变量仅仅作用于分析的初始阶段,而其他的场变量与分析步有关。

7. 网格(Mesh)

网格模块包含了与 ABAQUS/CAE 为装配件生成网格所需要的同格划分工具。

利用所提供的各个层次上的自动划分和控制工具,用户可以生成满足自己需要的网格。

8. 作业(Job)

一旦完成了所有定义模型的任务,用户就可以用作业模块分析计算模型。该模块允许用户交互地提交分析作业并进行监控。可以同时提交多个模型和运算并对其进行监控。

9. 可视化(Visualization)

可视化模块提供了有限元模型和分析结果的图像显示。它从数据库中在得模型和结果信息,通过分析步修改输出要求,从而用户可以控制写入数据库中的信息。

10. 草图(Sketch)

草图是二维轮廓图,用来帮助形成几何形状,定义 ABAQUS/CAE 可以识别的部件。应用草图模块创建草图,定义二维平面部件、梁、剖面,或者创建一个草图,然后通过拉伸、扫掠或旋转的方式将其形成三维部件。

附录3 LS-DYNA基本操作

LS-DYNA 程序是功能齐全的几何非线性(大位移、大转动和大应变)、材料非线性(140 多种材料动态模型)和接触非线性(50 多种)程序。它以 Lagrange 算法为主,兼有 ALE 和 Euler 算法。LS-DYNA 可以在显式分析和采用不同时间步长的隐式分析之间进行切换。不同学科如热耦合分析、计算流体动力学(CFD)、流固耦合、光滑粒子流体动力学(SPH)、无网格伽辽金法(EFG)、颗粒法(CPM)、边界元法(BEM)等可以与结构动力学相结合进行分析。LS-DYNA 如附图 3-1 所示。

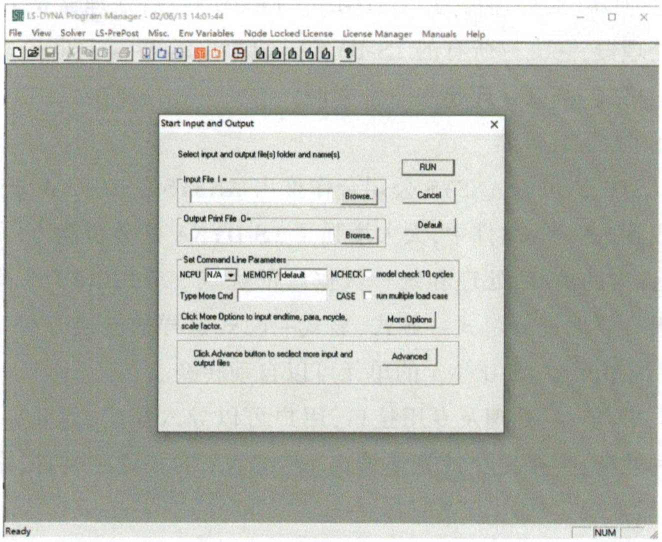

附图 3-1 LS-DYNA

附 3.1 LS-DYNA 的 k 文件

LS-DYNA 是求解器,支持它的前处理器很多,如:ANSYS、FEMB、LS-PREPOST 等。通过这些前处理器把 CAD 模型转化为有限元模型,再施加边界条件、约束和荷载,最后输出 LS-DYNA 的递交文件,称之为关键字文件或 k 文件。

k 文件主要包含以下 6 个部分的内容：(1)模型所有网格和节点信息；(2)所有部件类型属性信息；(3)所有部件材料信息；(4)所有连接和接触信息；(5)所有约束和载荷信息；(6)所有控制参数和计算设置信息。

应用 LSTC 公司提供的 LS-DYNA Program Manager，用户可以方便地修改关键字文件、递交计算、重启动分析和调用各种前后处理器等。

附 3.2　LS-DYNA 的通用前/后处理器

LS-DYNA 作为通用的显示动力学分析软件，许多通用前后处理器都支持它，如 FEMB、ANSTS、FEMAP、HYPERMESH、PATRAN 等，还有 LSTC 公司自身开发的前后处理器 LS-PREPOST。由于前后处理器太多，下面仅简单介绍几种常用的前/后处理器。

1. FEMB 前/后处理器

FEMB 前/后处理器是美国工程技术合作公司(ETA)公司的产品，该公司是美国最大的汽车 CAE 咨询公司，其针对 LS-DYNA 在汽车行业的广泛应用，开发了 FEMB 前/后处理器(后处理器为 POSTGL)。FEMB 前/后处理器是 LS-DYNA 的缺省配置前后处理器，它支持所有的 LS-DYNA 关键字，在界面上也采取与 LS-DYNA 关键字一样的格式，所以处理起来非常方便。

2. ANSYS 前/后处理器

1996 年 LSTC 公司与 ANSYS 公司合作推出 ANSYS/LS-DYNA，把 LS-DYNA 求解器完全集成到 ANSYS 软件中，大大增强了 LS-DYNA 的分析能力，用户可以充分利用 ANSYS 强大的前/后处理和统一数据库的优点。应用 ANSYS 前处理有一个优点就是能很方便地进行隐式—显式、显式—隐式这样的转换分析。因为在该环境下，ANSYS 的单元与 LS-DYNA 的单元可以自动转换。

应用 ANSYS 前/后处理及专用接口，用户可以导入模型，划分有限元网格，施加边界条件和载荷，直接递交计算或输出 LS-DYNA 的关键字文件，求解完后进行动画、图片等后处理工作。

3. LS-PREPOST 前/后处理器

LS-PREPOST 是一套由 LSTC 公司自身开发，专为 LS-DYNA 使用的高级有限元前/后处理软件。其专门用于基于关键字输入文件的 LS-DYNA 模型的导入、编辑和导出。LS-PREPOST 的核心功能包括 CAD 几何数据的创建和处理、全面支持 LS-DYNA 关键字、LS-DYNA 数据创建及修改、LS-DYNA 模型编辑及检查、高级后处理及可视化等。

附录4 COMSOL Multiphysics基本操作

COMSOL Multiphysics 是以有限元法为基础，通过求解偏微分方程(单场)或偏微分方程组(多场)来实现真实物理现象的一款大型高级数值仿真软件。COMSOL Multiphysics 内置了一系列预定义物理场接口，涉及流体流动、传热、结构力学和静电学等众多领域，这些物理场接口可以根据具体需求自由组合，还可以与其他专业模块耦合使用，轻松实现多物理场仿真。其已经在声学、生物科学、化学反应、弥散、电磁学、流体动力学、燃料电池、地球科学、热传导、微系统、微波工程、光学、光子学、多孔介质、量子力学、射频、半导体、结构力学、传动现象、波的传播等领域得到了广泛的应用。COMSOL Multiphysics 如附图 4-1 所示。

附图 4-1　COMSOL Multiphysics

附 4.1　COMSOL 的建模方式

COMSOL 主要优势在于多物理场耦合求解。总的来说，COMSOL 可以用两种方式进行建模求解。第一种是用 COMSOL 自带的基于物理场建模(Physics module)。第二种是基于方程建模(Equation-based modelling)。

1. 基于物理场建模

COMSOL Multiphysics 内置了大量的核心物理场接口,涉及固体力学、声学、流体流动、传热、化学物质传递和电磁学等诸多领域。这些物理场接口可以根据具体需求自由组合,还可以与其他专业模块耦合使用,轻松实现多物理场仿真。

当选定某个特定的物理场接口后,软件会给出相应的研究类型以供选择,例如瞬态或稳态求解。除此之外,软件还会自动推荐合适的数值离散化方法、求解器设置,以及对应于该物理现象的可视化和后处理图表。物理场接口是专门针对特定科学或工程领域问题建模的用户界面,用户在其中可以自由设定模型的各个方面,从参数定义、离散化,到分析和求解结果。

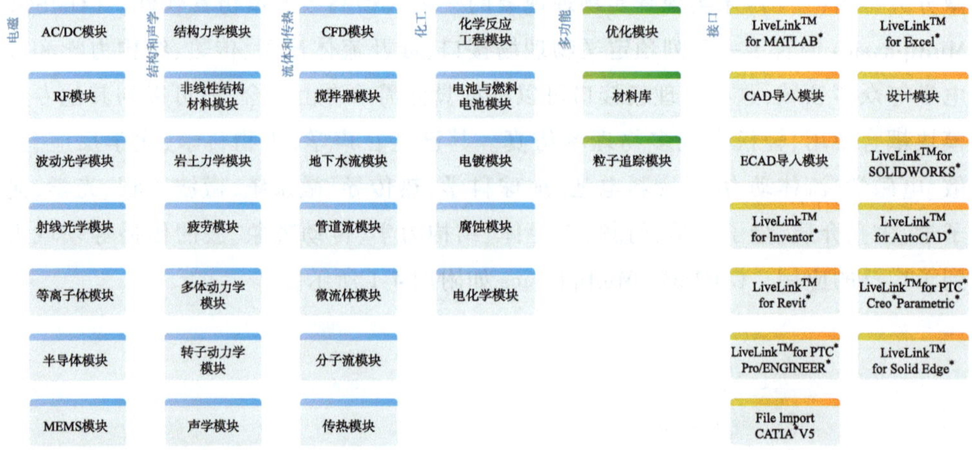

其中结构力学模块可用于分析计算零件和子系统在载荷作用下产生的变形,模块提供了用于模拟板、壳、膜、梁、桁架等分析的专业用户接口。结构力学模块适用于多种分析类型,包括静态、瞬态、特征模态、参数化、准静态、频率响应和屈曲分析。支持几何非线性分析和机械接触模拟。结构力学模块包含四个附加模块:非线性结构材料模块、岩土力学模块、疲劳模块以及多体动力学模块。将结构力学模块与其他模块相结合,可以进一步扩展建模功能,考虑传热、电磁和流体流动等物理效应,实现在一个仿真环境中多种物理效应的耦合分析和求解。

2. 基于方程建模

一般仿真分析是将物理模型转化为数学模型再进行求解。通常将物理模型转化为数学模型这一步骤会由仿真软件完成,用户只需要选择相应的模块,并对数学方程的某些参数进行完善即可。目前,COMSOL 内置的模块能够满足绝大多数的仿真需求,但是 COMSOL 没有预置所有的物理场方程,或者现有的模块我们需要太多的修正才能够使用。这时候,选择基于方程的建模方式是一种可行的方案。在生成数值模型之前，COMSOL 内置的方程编译器可以先快速地编译表达式、方程及其他数学描述。COMSOL 支持在物理场接口中添加和定制表达式，用户可以将这些表达式自由耦合，从而模拟多物理场现象。

附 4.2　COMSOL 的建模流程

COMSOL 提供了完整的仿真环境和始终一致的建模工作流程，用户可以在一个软件环境中，任意地切换电磁学、结构力学、声学、流体流动、传热和化学反应现象，或通过偏微分方程组建模的任何其他物理场等多个仿真。也可以在单个模型中将这些领域的物理现象进行组合。无论分析或开发哪种类型的设计或过程，都可以遵循同样的建模流程，即沿着菜单栏，从左到右系统地进行操作，步骤分别为定义、几何、材料、物理场、网格、研究和结果。

1. 定义

定义菜单为建立、求解和后处理模型时用到的常数、变量和表达式提供了定义的空间。

2. 几何

在几何菜单下，用户可以使用内置的绘图工具创建几何，或者从 CAD 软件中直接导入几何。

3. 材料

材料菜单中支持通过表达式和函数指定材料属性，或从库中导入材料。

4. 物理场

在物理场菜单中定义物理场，选择材料模型、边界条件以及载荷。

5. 网格

自动生成和定制网格，实现最优化的分辨率和求解。

6. 研究

研究即为求解过程。可在此菜单下运行仿真、配置参数化研究和各种求解器序列。

7. 结果

结果即为后处理过程。结果菜单提供了多种图形和计算处理方法。

参考文献

[1]金浩. 基于改进蚁群算法梯式轨道及橡胶混凝土隔振基础优化研究[D]. 北京：北京交通大学,2013.
[2]徐芝纶. 弹性力学[M]. 北京：高等教育出版社,2016.
[3]陈明祥. 弹塑性力学[M]. 北京：科学出版社,2007.
[4]曾攀. 有限元基础教程[M]. 北京：高等教育出版社,2009.
[5]克劳斯. 有限元法：理论、格式与求解方法(第2版)[M]. 轩建平,译. 北京：高等教育出版社,2019.
[6]朱伯芳. 有限单元法原理与应用[M]. 北京：中国水利水电出版社,2018.
[7]王勖成. 有限单元法[M]. 北京：清华大学出版社,2003.
[8]辛克维奇,泰勒,朱. 有限元方法：基础理论(第7版)[M]. 北京：世界图书出版公司,2016.
[9]刘维宁,马蒙. 地铁列车振动环境影响的预测评估与控制[M]. 北京：科学出版社,2015.
[10]陈惠发. 弹性与塑性力学[M]. 北京：中国建筑工业出版社,2004.
[11]薛守义. 弹塑性力学[M]. 北京：中国建材工业出版社,2005.
[12]刘晶波,杜修力. 结构动力学[M]. 北京：机械工业出版社,2005.